# 데이터 통신과 네트워크 원론

-실무를 중심으로-

신봉식(Bongsik Shin, San Diego State University) 저

김선희 · 권오병 공역

도서출판 기한재

## 헌정사

이 책을 만들 수 있도록 물심양면으로 지원해 준 아내 유진에게 바칩니다.

# 들어가는 말

이 책은 기본적으로 컴퓨터(전산/전산) 공학, MIS, 회계정보시스템, 또는 기타 관련 분야 학문을 공부하는 학부생과 대학원생들을 위해서 썼다. 이 책에서 다루고 있는 내용의 수준으로 볼 때 컴퓨터(전산/전자) 공학을 전공하는 학생들의 입문 수준 전공 과정 교재로서 가장 적합할 것 같다. 이 책에서 다루고 있는 주제를 처음 접하는 학생들을 염두에 두고 집필을 하였기 때문이다. 또한 책의 제목에서도 암시하듯이 이 책은 성공적인 커리어 관리를 위해 필요한 이론적 지식뿐 아니라 실무적인 지식들도 함께 담고 있다.

컴퓨터 네트워킹은 몇 가지 이유들 때문에 다루기가 까다로운 주제이다. 우선, 첫번째로 지식 영역의 범위가 방대하고 급속하게 변화하는 기술들(technologies)을 다루고 있기 때문이다. 네트워킹 기술과 패러다임의 지속적인 흥망성쇠는 하나의 보편적인 현상이 되어버렸다. 두번째, 컴퓨터 관련 연구에 있어서 실습이 포함되는 훈련이 매우 필수적임에도 불구하고, 많은 대학들이 이러한 학과 과정을 유지하지 않거나 혹은 운영할 만한 여력이 되지 않는다. 이러한 현실은 이 과정을 가르치는 교육자들에게 있어서도 또 하나의 큰 도전이 아닐 수 없다. 세번째, 학생들에게 실무적 지식을 제공하기 위해 이론과 기술, 실습과 경영적 지식을 함께 버무려 균형 있고 효과적으로 전달하는 것 또한 쉽지 않은 일이다.

처음에 나는 이 책의 10개 장을 집필하는데 한 학기에서 한 분기 정도의 기간을 염두에 두었었다. 그러나 학생들에게 실무적 지식을 전달하기 위해 입문 단계의 주제와 고급 수준의 주제를 전체적으로 모두 다 설명하려다 보니, 결과적으로 책 자체가 너무 많은 양의 정보를 압축하여 담을 수밖에 없게 되었다. 그래서 학생들이 주위 깊은 정독을 하면 이해가 가능한 수준의 책을 완성하기 위해 몇몇 도전적인 주제들에 대해서는 이를 짜임새 있게 설명하는데 매우 많은 노력을 기울여야 했다.

어떻게 하면 학생들이 교재를 읽는 동안에 실습의 경험을 제공할 수 있을까에 대한 답을 찾기 위해 많은 고민을 하였다. 이러한 목적을 위해 몇 가지의 접근법들이 사용되었다. 첫째, 각 장은 학과 수업 내외에 있을 만한 개인 및 그룹 과제에 유용한 실무 연습 자료들을 포함하고 있다. 이 자료들은 실제 사례들과 실제 산업 제품 및 시스템들(소프트웨어, 하드웨어, 및 솔루션)을 활용하는 것이기 때문에 학생들이 이론과 실무를 훨씬 잘 연결지어 학습할 수 있도록 해준다.

두번째, 이 책의 각 장에는 학생들의 시각적 학습을 지원하기 위해 사려깊게 구성한 20개 이상의 스크린 화면, 그림, 표 등이 담겨 있다. 학생들은 지식을 쌓기 위해 각 시각 자료들을 주의깊게 참고하여야 한다.

보안(security), 네트워크 기획/설계(network planning/design) 및 네트워크 경영(network management) 등 모든 장에서 다루고 있는 주요 개념들은 책 전반에 걸쳐 실무자적 관점에서 설명되어 있다. 그 중에서도 네트워크 보안 이슈는 매우 중요하다고 생각하기에, 책 전반에서 연관성이 있을 때마다 다루고 있음을 유념해 주기 바란다.

# 목 차

## 제1장 기본적인 구성 요소_13

## 제2장 아키텍처와 표준_53



## 제3장 중계 기기_89

## 제4장 데이터 전송 구성 요소_131



## 제5장 IP 주소의 기획과 관리_167

## 제6장 패킷 라우팅의 기초_205

## 제7장 이더넷(IEEE 802.3)_233



## 제8장 무선 랜(WIRELESS LAN)_273

## 제10장 인터넷_349

# 제1장 기본적인 구성 요소

## 1.1 입 문

컴퓨터 네트워크를 정의하자면 컴퓨터와 하드웨어 장치들이 데이터를 포함한 자료들을 서로 주고 받는 통신 연결들의 집합이라고 할 수 있다. 하나의 네트워크는 집 안에 설치되는 정도의 작은 규모일 수도 있고, 인터넷처럼 사실상 전 지구를 커버하는 수준의 큰 규모일 수도 있다. 특정 네트워크의 규모는 당연히 그것이 설치되는 장소의 규모(예, 방, 빌딩, 캠퍼스)를 반영하게 된다. 무선 및 유선의 네트워크 링크는 다양한 자료들을 공유할 수 있도록 하거나, 전례없는 규모의 데이터(혹은 메시지)를 교류할 수 있도록 해줌으로써, 우리 삶의 곳곳에 혁신을 가져오고 사회와 조직(예, 회사나 학교)의 동맥이 되고 있다. **이 책에서 '데이터'와 '메시지'는 이러한 맥락을 의미하는 용어로서 서로 유사어로 사용된다**.

**정보 및 통신 기술**의 급격한 진보와 함께 기존에는 대부분 컴퓨터 위주였던 컴퓨터 네트워크 영역에 더욱 많은 기기들이 추가되었다. 디지털 스마트 폰, 고화질 IPTVs, 음악 및 비디오 게임 플레이어, 아이패드 등의 태블릿 PC, 기타 무수히 많은 다른 유무선 기기(예, 가전 기기)들이 네트워크 확장에 동참하고 있다. 이러한 디지털 기기들이 등장하면서 기존의 네트워크가 더욱 동적이고, 다양하면서도, 복잡한 플랫폼이 되어가고 있다.

사실 이러한 디지털 혁명(디지털 컴퓨터 네트워크)이 우리 앞에 등장하기 훨씬 오래 전부터 또 다른 형태의 전통적인 네트워크 플랫폼이 존재해 왔다. 그것은 바로 지역, 장거리, 또는 국제 전화나 라디오/TV 방송 네트워크를 위한 **공중 회선 교환 전화망**(PSTN: public switched telephone network)이라 불리는 전화 시스템 인프라 체계이다. 그러나 이러한 기존 네트워크들은 이 책에서 다루는 주제 영역이 아니다.

기존의 네트워크 인프라 체계(예, PSTN)와 디지털 컴퓨터 네트워크는 각각 별개의 영역으로 발전해 왔음에도 불구하고, 상호 간의 서비스 융합이 빠른 속도로 이루어지고 있다. 예를 들면, 많은 음성 통화들이 디지털화되어 인터넷을 통해 전송되고 있다. Skype, Vonage, 그리고 Google Voice와 같은 다양한 인터넷 전화 서비스들의 인기를 생각해 보라. 이러한 서비스 융합은 컴퓨터 네트워크가 비실시간성 데이터 흐름(예, 이메일과 웹 브라우징)과 실시간성 데이터 흐름(예, 음성 및 라이브 비디오), 이 두 가지 모두를 처리할 수 있는 안정적인 플랫폼이 될 수 있도록 가속화되고 있다.

한편, 컴퓨터 네트워크의 광범위한 보급은 개인과 조직(예, 비즈니스 및 학교), 그리고 정부에 상당한 보안 위협을 가한다. 이러한 위협들은 점점 더 잠행적이고 교묘해 지고 있으며, 위협의 결과는 이전보다 훨씬 더 큰 악영향을 미치고 있다. 해커들과 조직적인 범죄자들은 다양한 보안 파괴행위를 일삼고 있으며, 이로 인해 준비되어 있지 않은 희생자들(예, 개인들 및 공공/개인 조직들)이 상당히 고통받고 있다. 네트워크 공간에서 발생하는 대부분의 공격들에 대비하여 리스크 모니터링 및 예방 등의 적절한 준비를 하는 것이 컴퓨터 네트워크를 설계하고 운영하는데 있어서 매우 필수적인 작업이 되고 있다. 이번 장에서는 컴퓨터 네트워킹에 필수적인 기초 지식들부터 다루기 시작한다. 이 장의 주요 목적은 다음의 내용들을 배우고 익히는 데 있다.

- 컴퓨터 네트워크의 핵심 구성요소
- 네트워크 노드들이 데이터 분배를 하는 방식
- 컴퓨터 네트워크에서 데이터 전파의 방향성
- 컴퓨터 네트워크의 구조적 형태로 본 네트워크의 유형
- 전달 영역의 범위에 따른 네트워크 분류
- 네트워크 성능의 주요 측정 기준
- 2진법, 10진법, 16진법 체계 등의 넘버링 체계
- 네트워크 노드의 주소화(addressing) 방법들과 그 차이점

## 1.2 네크워크 구성요소

컴퓨터 네트워크는 호스트, 중계 기기, 네트워크 링크(혹은 통신 연결), 어플리케이션, 데이터(혹은 메시지), 네트워크 프로토콜 등의 다양한 하드웨어와 소프트웨어들로 이루어진다. 그림 1.1의 예시는 두 개의 호스트(PC와 서버)가 어플리케이션(예, 웹 브라우저와 웹 서버)이 생성한 데이터를 프로토콜이라 부르는 사전-정의된 통신 규칙에 따라 **중계 기기**를 통해 연결되어 두 개의 **네트워크 링크** 간에 상호 교환하는 방식을 보여주고 있다. 이번 세션에서는 이 각각의 구성요소들에 대해 간단히 설명할 것이다.

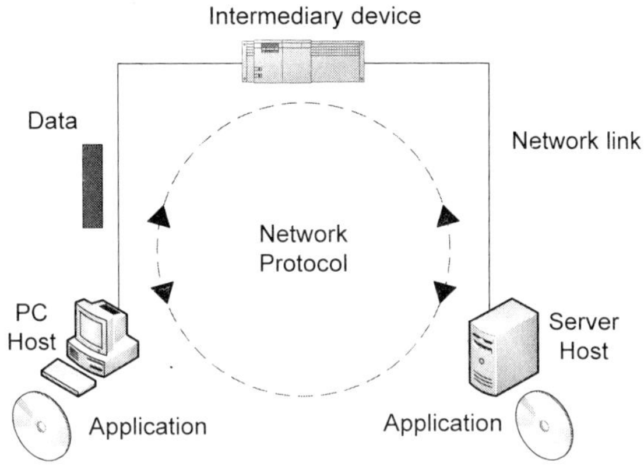


그림 1.1 컴퓨터 네트워크의 핵심 요소들

## 1.2.1 호스트

호스트(hosts)는 네트워크에서 데이터를 생산해내는 개체로서 기본적으로는 주로 컴퓨터였다. 때로 호스트를 **최종 기기**(end devices), **최종 시스템**(end systems), 혹은 **최종 단말기**(end stations) 라고 부르기도 한다. 호스트는 입력을 받아서(예, 사람에 의한 키보드 타이핑, 카메라에 의한 비디오 피드), 그것을 처리하여, 1과 0으로 출력을 하고, 저장하는 기능들을 지니고 있다. 처리된 데이터 출력값은 컴퓨터 네트워크를 통해 전송될 수 있는 형태의 디지털화된 문서, 음성, 이미지, 비디오 혹은 기타 다른 멀티미디어 콘텐츠 등이 될 수 있다. 호스트는 일반적으로 자료 제공원이거나 데이터를 전송받는 목적지 둘 중에 하나가 되며, 과거에는 워크스테이션, 노트북, 메인프레임, 또는 슈퍼 컴퓨터와 같은 일반 목적의 혹은 고성능의 컴퓨터들이 대부분이었다. 하지만 오늘날에는 기존과 다른 컴퓨팅 기기 및 통신 기기들이 네트워크에 지속적으로 추가되면서, 호스트의 유형 또한 훨씬 더 다양해졌다. 새로운 호스트의 유형으로는 스마트 폰, PDA(Personal digital assistants), 비디오 게임 콘솔, 가전 기기 그리고 프린터, 복사기, 팩스 등의 기타 주변 기기들을 들 수 있다. 호스트가 네트워크 상에서 데이터를 교환하는 방식은 다음 두 가지 중에 하나로 정의된다: 클라이언트/서버 방식 또는 피어-투-피어(peer-to-peer)(혹은 P2P) 방식

### [클라이언트/서버 방식]

클라이언트/서버 방식에서 호스트는 클라이언트 혹은 서버 전용 목적으로 활동한다. 클라이언트 호스트는 서버가 제공하는 자료들(예, 파일, 저장 영역, 데이터베이스, 웹 페이지, 그리고 CPU 프로세싱 용량)을 활용한다. 서버 호스트는 일반적으로 클라이언트 호스트로부터의 자원 요청에 빠르게 반응할 수 있도록 고성능의 처리 역량을 가지고 있다. 초기에는 클라이언트 호스트에 설치된

많은 프로그램들(예, 이메일용 마이크로소프트 아웃룩)이 특정 서버의 어플리케이션(예, 마이크로소프트 익스체인지 서버)에 연동되어 있었다. 그러나, 웹 브라우저(예, 파일폭스(Filefox), 구글 크롬(Chrome), 익스플로러)의 등장이 그러한 연동 방식을 모두 바꾸어 버렸다. 브라우저는 클라이언트 호스트가 네트워크를 통해 다수의 서로 다른 서버들(예, 이메일, 데이터베이스, 및 웹 서버)과 커뮤니케이션할 수 있도록 해 주었다. 이와 같은 '**하나의 클라이언트(웹 브라우저) 대 다수의 서버 어플리케이션**' 패러다임은 개인과 조직의 삶에 엄청난 혜택을 가져다 주었다. 클라이언트 호스트가 서버에서 제공되는 다양한 자원들을 활용하는데 있어 오직 웹 브라우저 하나만을 필요로 하는 이 날씬한 클라이언트 덕분에, 조직들은 무엇보다도 기술 확보에 드는 비용을 조절할 수 있고 클라이언트 호스트의 프로그램들을 유지하고 업그레이드하는데 드는 노력을 축소시킬 수 있게 되었다.

### [피어-투-피어(P2P) 방식]

오늘날 네트워크 흐름은 기본적으로 설계된 클라이언트 및 서버 간의 관계 교류의 결과이지만, 그 관계 정의에 있어서 피어-투-피어 네트워킹이라고 부르는 대안적인 방식이 존재한다. P2P 방식에서는 클라이언트 혹은 서버 전용이라는 역할 분배가 존재하지 않는다. 네트워크에 참여하는 호스트들은 자원을 공유하는데 있어서 클라이언트인 동시에 서버로서 활동하기 때문이다. 예를 들어, kazaa.com과 같은 인터넷 P2P 사이트에 가입하게 되면 내가 사용하는 노트북이 다른 컴퓨터로부터 멀티미디어 파일을 다운로드할 수 있으며(클라이언트 모드), 또는 내 노트북 하드에 서장되어 있는 파일들을 다른 컴퓨터가 다운로드할 수 있도록 허용할 수 있다(서버 모드). P2P 기술의 다른 예로는 오늘날 Windows와 같은 운영 시스템들이, 특히 WiFi 무선 표준을 이용해, 다른 컴퓨터들을 참여시키는 P2P 네트워크를 손쉽게 만들어 낼 수 있도록 지원하는 것을 들 수 있겠다.

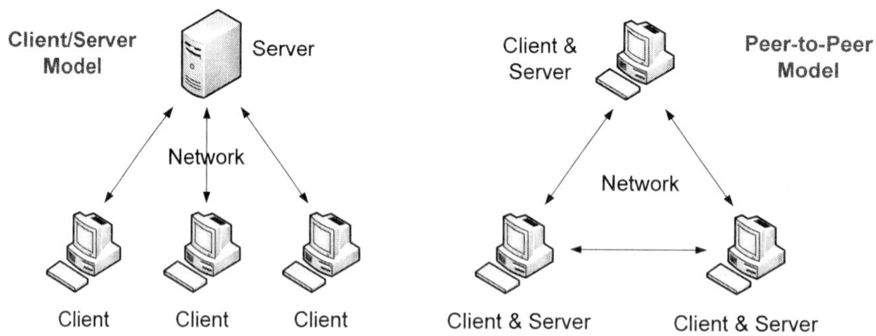


그림 1.2 클라이언트/서버 vs. 피어-투-피어 네트워킹

### 연습문제 1-1

1. 일반적으로 클라이언트/서버 접근법이 피어-투-피어 방식에 비해 많은 장점을 지닌다는데 대부분 동의하고 있다. 다음과 같은 측면에서 그 이유를 설명해 보라. 필요하면 인터넷 검색을 활용하여 답하라.
   ① 데이터 자원의 보안 유지를 더욱 용이하게 하는 측면
   ② 서버 자원에 대한 접근성을 향상시키는 측면
   ③ 서버 자원들의 백업을 용이하게 하는 측면
   ④ 서버의 프로그램들(또는 어플리케이션들)의 유지 및 업그레이드에 있어 비용 효율적인 측면
   ⑤ 수요 증가에 대응하기 위해 서버에 더 많은 자원을 추가하는 측면(서버 확장성이라고 부름)

2. 간단한 사설 P2P 네트워크를 만들어 파일 교류를 수행해 보라. 이 실습을 위해 각각 자신의 컴퓨터를 가진 두 학생이 한 팀을 이루어야 한다. 케이블선(예, 크로스오버 케이블, USB 전송 케이블) 혹은 WiFi 연결을 이용해 두 개 컴퓨터를 연결하는 P2P 네트워크를 만들어라. 이외에도 P2P는 추가적인 환경설정(예, Windows 상에 하나의 워크그룹을 정의)을 필요로 한다. 환경설정이 완성되면, 해당 P2P 네트워크를 통해 파일을 교환해 보라. 필요하다면 환경설정 과정을 배우기 위해 인터넷 검색을 이용해도 좋다.

### [네트워크 인터페이스 카드(network interface cards)]

네트워크가 작동하기 위해서는 하나의 호스트가 전자회로기판에 적어도 하나의 네트워크 인터페이스 카드(NIC)를 장착하고 있어야 한다. **어뎁터**(adaptor) 혹은 **LAN 카드**라고도 부르는 이 네트워크 인터페이스 카드는 요즘 대부분의 컴퓨터에 장착되어 있으며, 호스트가 생성해 내는 2진수의 데이터를 시그널(예, 전자신호, 빛신호, 라디오신호)로 변환하여 네트워크에 전파하는 역할을 한다. 네트워크 인터페이스 카드는 네트워크를 통과해 도착한 시그널을 받아서 그 원시 데이터를 재저장하고 처리하기 위해 이를 호스트의 CPU로 보내는 역할 또한 수행한다.

오늘날 대부분의 사용자 컴퓨터는 두 개의 네트워크 인터페이스 카드를 지니고 있다: 하나는 케이블로 연결된 이더넷 LAN용 카드이고, 다른 하나는 필요에 따라 유무선 네트워킹 둘 모두를 가능케 하는 **무선**(혹은 WiFi)용 카드이다. 그림 1.3은 이더넷용 카드(왼쪽)와 WiFi용 카드(오른쪽)의 한 예를 보여주고 있다. 이더넷 네트워크 인터페이스 카드의 경우 컴퓨터와 유선 네트워크 선의 물리적 연결이 가능하도록 **포트**(port)를 가지고 있는 반면, 무선 네트워크 인터페이스 카드(또는 WNIC)의 경우는 오직 라디오 통신만을 위한 한 개 이상의 안테나만 가지고 있는 것을 관찰할 수 있다.

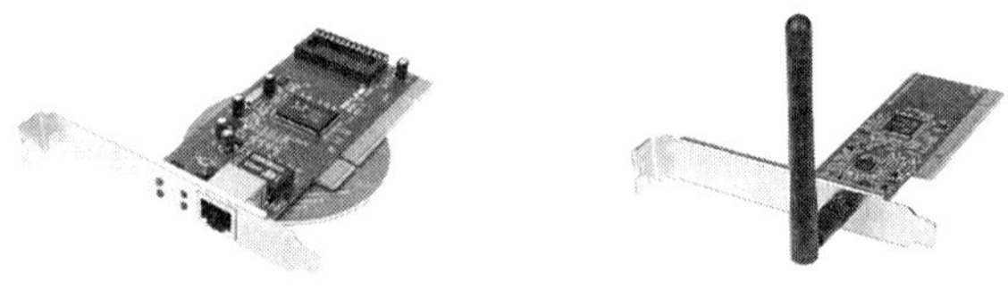

그림 1.3 유선 vs. 무선 NIC(출처: bargainhopping.com)

## 1.2.2 중계 기기

네트워크는 그 규모에 따라 소스와 목적지 호스트들 간에 데이터를 주고받는데 필요한 기능을 수행하는 여러 개의 다양한 중계 기기들을 보유할 수 있다. 중계 기기는 데이터를 생산하지는 않지만, 그것을 효과적이고, 안정적이며, 안전하게 전송해야 하는 역할을 담당하고 있다. 이러한 중계 기기에는 **모뎀, 방어벽, 다중화기(또는 멀티플렉서), CSU/DSU, 허브(또는 다중 포트 리피터), 스위치, 라우터, 브릿지, 그리고 무선 엑세스 포인트** 등이 있다. 이들 다양한 중계 기기들의 기능에 대한 상세한 설명은 3장에서 주로 다룰 예정이다.

허브, 브릿지, 무선 엑세스 포인트, 및 스위치는 **서브 네트워크**(또는 서브넷)라고 부르는 하나의 네트워크 범위 내에서 호스트들(예, 클라이언트 또는 서버) 간의 상호연결성을 제공한다. 반면에, 라우터는 서로 다른 네트워크들(또는 서브네트워크들)을 연결하기 위해 사용된다. 데이터 전송 활동(예, 두 개 노드들 간의 이메일 전송)이 하나의 서브네트워크 범위 내에서 발생할 경우를 **인트라-네트워킹**(intra-networking)이라고 부르는 반면, 라우터에 의해서 두 개 이상의 서브네트워크들 사이에서 발생할 경우를 **인터-네트워킹**(inter-networking)이라고 부른다(그림 1.4 참조). 즉, 허브, 브릿지, 무선 엑세스 포인트 및 스위치는 인트라-네트워킹 장비들인 반면, 라우터는 인터-네트워킹 장비인 것이다. 인트라-네트워킹과 인터-네트워킹에 대한 사항은 1장의 섹션 1.6에서 좀 더 살펴볼 것이다.

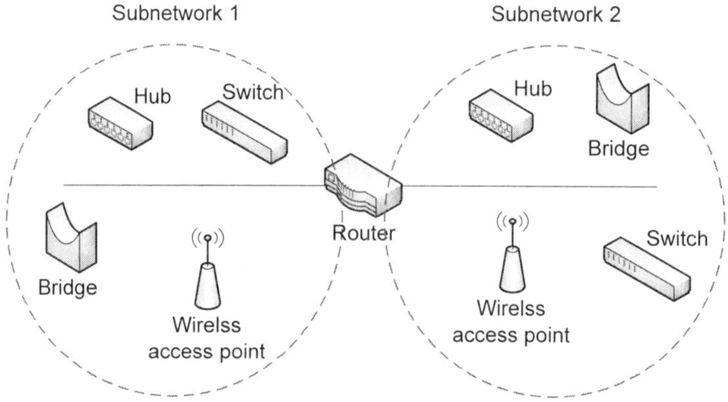


그림 1.4 인트라-네트워킹과 인터-네트워킹 장비

중계 기기들은 여러가지 다양한 측면에서 서로 차별적이다. 예를 들어, 일부 기기들(예, 허브)은 데이터를 반이중 방식(the half-duplex mode)으로 전송하는 반면 다른 기기들(예, 스위치와 라우터)은 전 이중 방식(the full-duplex mode)으로 전송한다(섹션 1.3 참조). 어느 기기들은 자체 기능을 수행함에 있어 하드웨어에 의존하는 반면, 다른 기기들은 소프트웨어 역량에 의존한다. 소프트웨어 기반의 기기들을 일반적으로 하드웨어 기반의 기기들에 비하여 네트워크 기능을 수행하는데 있어서 높은 수준의 지능을 활용한다. 한편, 중계 기기들은 메시지 전송; 처리 용량; 메시지 필터링 및 보안 제공 역량 등을 위해 사용하는 주소화 매커니즘 측면에서도 각각이 서로 다르다. 호스트처럼 중계 기기 또한 유무선의 네트워크 링크를 위해서 내장 포트(또는 인터페이스)에 한 개 이상의 내부 네트워크 카드를 지니고 있다. 중계 기기는 컴퓨터 네트워킹에 있어서 상당히 중요한 역할을 담당하기 때문에 그 구조적 그리고 기능적인 특성들에 대해서는 3장에서 보다 상세히 다룰 예정이다.

네트워크 노드(network nodes)라는 용어는 중계 기기와 호스트 둘 다를 일컫는 포괄적인 개념으로 이 책에서 자주 사용된다.

네트워크 노드 = 중계 기기 + 호스트(최종 기기)

### 1.2.3 네트워크 링크

네트워크 링크(network link)란 네트워크 노드들 간의 데이터 교환을 가능하게 하는 유선 및 무선의 연결을 말한다. 네트워크 링크를 위해 다양한 통신 미디어 도구들이 사용되어 왔다. 구리 선(예, 이중 와선(twisted pair)과 동축 케이블)이나 매우 순수한 유리로 만들어진 광섬유 케이블선 등이 오늘날 가장 널리 사용되는 유선 미디어(혹은 유도 매체)이다. 한편, 지구의 공기(혹은 대기)는 무선 통신(혹은 비유도 매체)의 중심이 되고 있다. 다양한 종류의 시그널(혹은 신호)들이 이러한 유무선 미디어를 통한 데이터 전송에 활용되고 있는데, 예를 들자면 구리 선 및 동축 케이블용의 전자 신호, 광섬유 케이블용의 빛 신호, 공기 중의 라디오/마이크로파 신호 등이 그것이다. 각 미디어 및 통신 시그널에 대한 자세한 사항은 4장에서 설명될 것이다.

네트워크 링크는 **엑세스 링크**(access links) 또는 **트렁크 링크**(trunk links) 중에 하나가 될 수 있다. 엑세스 링크란 호스트와 중계 기기 간의 직접적인 연결성을 의미하는 반면, 트렁크 링크는 중계 기기들(예, 라우터-라우터, 라우터-스위치, 스위치-스위치) 간의 상호 연결을 통해 결과적으로 네트워크의 범위를 확장한다. 트렁크 링크는 하나의 포인트-투-포인트 연결이며, 일반적으로 다중 엑세스 링크들을 통해 들어오는 전송 흐름들을 처리한다. 두 개 호스트가 두 개 이상의 중계 기기들을 통해 데이터를 교환할 때, end-to-end 데이터 전송을 완성하기 위해서는 한 개 이상의 트렁크 링크를 거치게 된다(그림 1.5 참조). 그림 1.1에서와 같이 작은 규모의 네트워크를 형성하는 데에는 트렁크 링크가 필요치 않지만, 사설 및 공공 기업들 중 다수는 기업 네트워크를 형성하기 위해 트렁크 링크에 많이 의존을 하는 편이다.

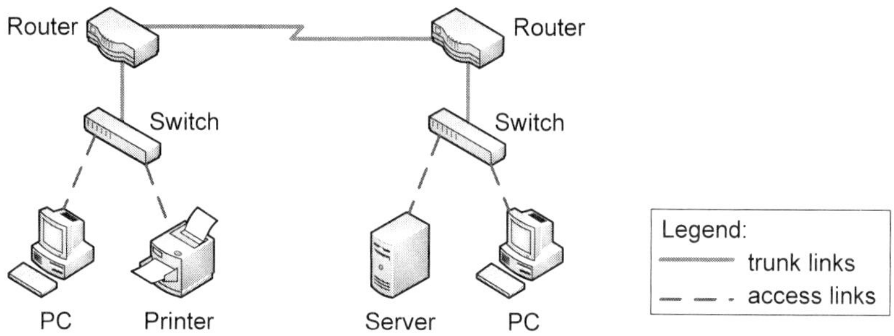


그림 1.5 엑세스 링크 vs. 트렁크 링크

### 연습문제 1-2

그림 1.6에서 한 조직의 가상적인 기업 네트워크는 하나의 메인 오피스와 두 개의 멀리 떨어져 있는 지점들을 커버하고 있다. 각각의 오피스는 자체 LAN(근거리 통신망)을 보유하고 있어, 총 3개의 LAN들이 AT&T라는 WAN(원거리 통신망) 서비스 제공 업체에서 제공하는 3개의 WAN과 라우터(R1, R2, R3)를 통해 상호적으로 연결되어 있다.

1. 각각의 LAN은 몇 개의 호스트들을 포함하고 있는가?

2. 각각의 LAN은 몇 개의 중계 기기들을 포함하고 있는가?

3. 각각의 LAN에는 몇 개의 엑세스 링크와 트렁크 링크가 있는가?

4. 이 기업 네트워크에는 총 몇 개의 엑세스 링크와 트렁크 링크가 있는가?

5. 이 기업 네트워크에는 총 몇 개의 네트워크 노드가 있는가?

6. 각 LAN에서 인트라-네트워킹을 위해 몇 개의 중계 기기들이 사용되었는가?

7. 인터-네트워킹을 위해서는 몇 개의 중계 기기들이 사용되었는가?

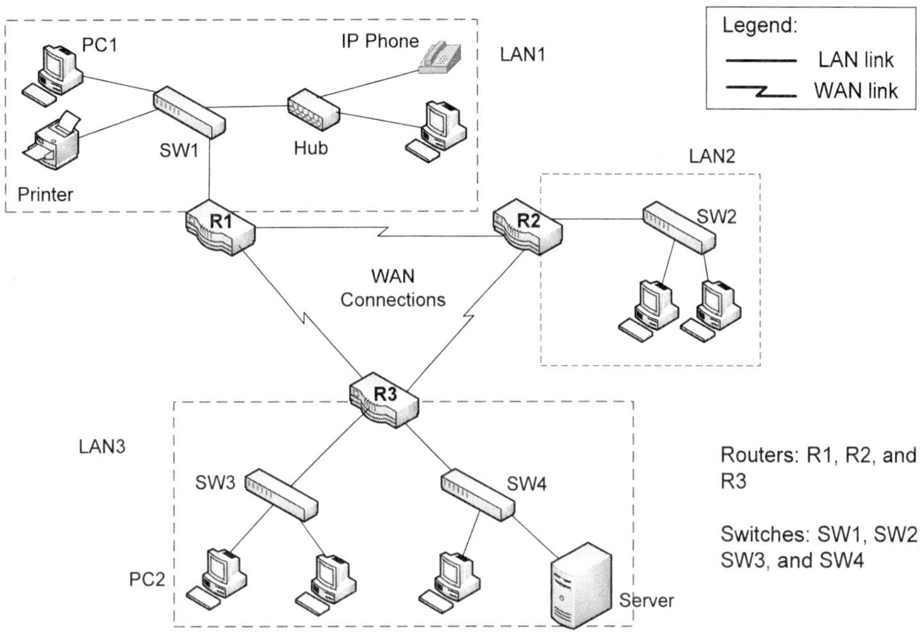


그림 1.6 가상적인 기업 네트워크

## 1.2.4 어플리케이션

어플리케이션(applications)(예, MS 워드나 웹 브라우저)이란 특화된 사용자 작업(예, 워드 작업이나 웹 서핑)을 지원하기 위해 개발된 소프트웨어 프로그램을 의미한다. 수많은 종류의 어플리케이션들이 컴퓨터 네트워크 상의 다양한 작업 처리 지원을 위해 소개되어 왔다. 그것들 중 다수는 이메일(예, 아웃룩이나 Thunderbird), 실시간 메시징(예, AOL이나 야후의 메신저), 음성과 비디오(예, 스카이프나 구글 보이스) 등 통신 기능의 향상을 목적으로 개발되었다. 또한, 웹 브라우저는 인터넷을 통해 온갖 종류의 온라인 서비스들(예, 페이스북과 같은 소셜 네트워킹, 온라인 뱅킹, 전자상거래 사이트 서비스)을 제공할 수 있게 해 준, 두말할 것 없이 인기 있는 어플리케이션이라고 할 수 있다.

어플리케이션은 서로 다른 관점을 기준으로 그 특징을 구분할 수 있다. 어플리케이션이 개인용인지 기업용인지 여부는 어플리케이션의 유형과 네트워크 성능 요건 간의 긴밀한 연관 관계 때문에 컴퓨터 네트워크의 설계에 있어 중요한 시사점을 준다. 예를 들어서 다음과 같은 분류가 가능하다.

- 예상 가능한 혹은 보장할 수 있는 네트워크 **안정성**이 요구되는 어플리케이션(예, 금융 거래용 어플리케이션)

- 예상 가능한 혹은 보장할 수 있는 네트워크 **용량**을 요구하는 어플리케이션(예, 비디오 컨퍼런스용 어플리케이션)
- 메시지의 **지연**을 감당할 수 없는 어플리케이션(예, 오디오 컨퍼런싱 및 비디오 스트리밍)
- 실시간은 아니지만 응답이 가능한 인터렉션이 요구되는 어플리케이션(예, 웹 브라우저 및 실시간 메시징 어플리케이션)
- 네트워크 안정성, 용량 및 지연에 있어 특정한 요건을 지니고 있지 않은 어플리케이션(예, 이메일)

## 1.2.5 데이터/메시지

어플리케이션은 네트워크를 통해 전송될 데이터(혹은 메시지)를 생산해 낸다. 데이터는 실시간성일 수도 있고, 인터렉티브한 오디오/비디오, 또는 웹 페이지나 이메일 같이 고정된 시점의 컨텐츠일 수도 있다. 컴퓨터 네트워킹에서 생산된 데이터는 이산적 단위들로 패키지화되어 차례로 목적지로 전달된다. 간단한 예시를 통해 두 사람 간에 일어나는 네트워크 기반의 대화를 상상해 보고, 그들 간의 대화가 어떻게 이산적인 유닛들로 패키지화되어 전달되는지를 관찰해 보자(그림 1.7 참조). 각 데이터 유닛의 보편적 명칭은 바로 **패킷**(packet)이다. 보다 구체적으로 말하면, 하나의 패킷에는 자료 데이터와 그것을 배달하는데 필요한 소스/목적지의 주소 정보가 함께 포함되어 있다. 자료 데이터와 패킷의 관계를 좀 더 시각적으로 표현해 보자면, 우편 주소가 적힌 봉투에 자료 데이터가 담긴 편지를 (패킷으로) 상상해 볼 수 있겠다.

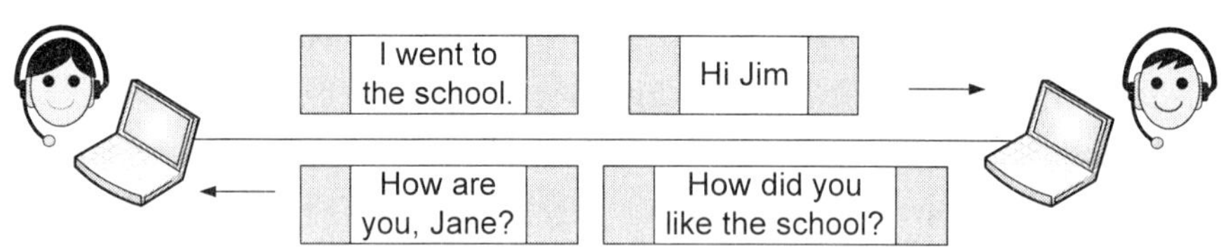


그림 1.7 컴퓨터 네트워크를 통한 이산적 데이터 유닛의 전송

## 1.2.6 프로토콜

웹 브라우저나 이메일 프로그램 같은 호스트 어플리케이션은 프로토콜(protocol)이라 부르는 상세한 통신 규칙들에 따라 데이터(혹은 메시지)를 생산하고 서로 교환한다. 이 때문에 어플리케이션은 반드시 내장된 프로토콜을 가지고 있어야만 한다. 어플리케이션은 그 프로토콜에 의해 정의된 규약들의 집합에 기반하여 엄격하게 보내야 할 데이터를 생산하고, 들어오는 데이터를 해석해 낸다. 프로토콜의 통신 규칙들은 크게 다음과 같은 두 가지 유형으로 구분될 수 있다.

- 문법적 규칙(Syntactic rules): 구조적인 면에서의 메시지 형식과 관련된 규칙
- 의미적 규칙(Semantic rules): 메시지의 의미 또는 해석과 관련된 규칙

예를 들어, 한 컴퓨터 사용자가 **http://www.facebook.com**이라는 주소를 웹 브라우저의 **URL(Uniform Resource Locator)**란에 입력하면, 브라우저는 내장된 **하이퍼텍스트 전송 프로토콜**(Hypertext Transfer Protocol)에 기반하여 간단한 요청 메시지를 만들어 낸다. 그 요청 메시지는 아래와 유사한 형태(문법적 규칙)를 지닌다:

```
GET / HTTP / 1.1
Host: www.facebook.com
```

그러면 목표 호스트(www.facebook.com 서버)가 그 의미를 이해하고/해석할 수 있게 되는 것이다(의미적 규칙). 위 구문의 의미(semantics)는 '**1.1 버전의 HTTP 프로토콜을 이용하여 www.facebook.com의 메인 페이지를 전송해 달라**'가 된다. 그래서 생산된 요청 메시지가 목표 서버에 제대로 보내질 수 있게 되는 것이다.

특정 프로토콜들은 표준화되어 있어서 하드웨어 및 소프트웨어 벤더들이 그것을 자사 제품에 결합시킬 수 있도록 되어 있다. 예를 들어, HTTP는 모든 웹 브라우저들(예, Firefox, Explorer, Chrome)과 웹 서버들(예, Apache, microsoft IIS)이 사용하는 표준 프로토콜이다. 또한, 벤더들이 자체적 상용 제품용으로 배타적으로 개발한 수많은 사설 프로토콜들도 존재한다(예, Skype에 사용되는 프로토콜). 몇몇 표준화된 프로토콜들은 이 교재에서 소개될 예정이다.

## 1.3 커뮤니케이션 방식

이 섹션에서는 네트워크 노드가 데이터를 분배하기 위해 사용하는 방법들과 데이터 교환의 방향성에 대해 설명한다.

### 1.3.1 데이터 분배 방법

네트워크 노드들 간의 데이터 분배 방식은 크게 **유니캐스팅**(unicasting), **브로드캐스팅**(broadcasting), 그리고 **멀티캐스팅**(multicasting)으로 구분된다.

### [유니캐스팅(Unicasting)]

유니캐스팅 방식의 데이터 교환은 각각 고유한 주소로 지정된 한 개의 단일 소스 노드와 한 개의 단일 목적지 노드 간에 발생한다. 목적지 노드는 소스 노드와 같은 네트워크 내에 위치할 수도 있고, 다중 네트워크를 통해 소스 노드와 분리되어 있을 수도 있다. 한 서브네트워크 내에 소스와 목적지 노드가 함께 존재하는 경우에 데이터 전송은 인트라-네트워킹의 형태를 취한다. 반대로 소스와 목적지 노드가 서로 다른 서브네트워크들 안에 존재할 때 데이터 전송은 인터-네트워킹을 필요로 한다(섹션 1.6에서 다시 설명). 보통 하나의 어플리케이션에 의해 생산된 메시지는 대부분 유니캐스팅 방식으로 교환된다.

### [브로드캐스팅(Broadcasting)]

브로드캐스팅은 하나의 네트워크 내의 한 노드에서 분출된 데이터가 동시다발적으로 모든 다른 노드들에 홍수처럼 흐르는 결과를 낳는다. 사실 우리는 라디오나 TV 채널들을 통해 날마다 이 브로드캐스팅 서비스를 즐겨왔다. 라디오 및 TV 서비스 기업들이 다양한 컨텐츠(예, 음악, 드라마, 리얼리티 쇼)를 전달하는 신호를 위성이나 단말기들로부터 받아 브로드캐스팅 하고 있기 때문이다. 이러한 브로드캐스팅 방식은 여러 가지 이유로 컴퓨터 네트워크에 의해서도 광범위하게 사용되는데, 그 좋은 예가 WiFi이다.

### [멀티캐스팅(Multicasting)]

한 데이터 소스가 보낸 멀티캐스팅은 하나의 선택적인 그룹이나 목적지들에 동시적인 전송을 수행한다. 우리는 멀티캐스팅 서비스 또한 폭넓게 사용해 왔다. 예를 들면, 인터넷 상의 라이브 뉴스, 음악, TV 프로그램, 영화나 비디오 시청을 위해 오디오 및 비디오 스트리밍을 제공하는 수많은 웹사이트들을 생각해 볼 수 있다. 이러한 서비스들은 멀티캐스팅 프로토콜을 따르기 때문에 서버가 멀티미디어 컨텐츠를 요청한 여러 클라이언트에 동시적으로 데이터를 흘려보낼 수 있다. 이렇듯 멀티미디어 기반 서비스들에 대한 수요가 증가해 감에 따라, 멀티캐스팅의 사용 또한 증가할 것으로 보인다.

그림 1.8의 예시는 호스트들 간의 데이터 분배 형태만 구성되어 있지만, 스위치나 라우터를 포함한 중계 노드들 또한 감시 정보를 홍보하거나 기획된 혹은 기획되지 않은 통제 기능들을 수행하는데 필요한 정보를 교환하기 위하여 이러한 방법들을 활용한다.

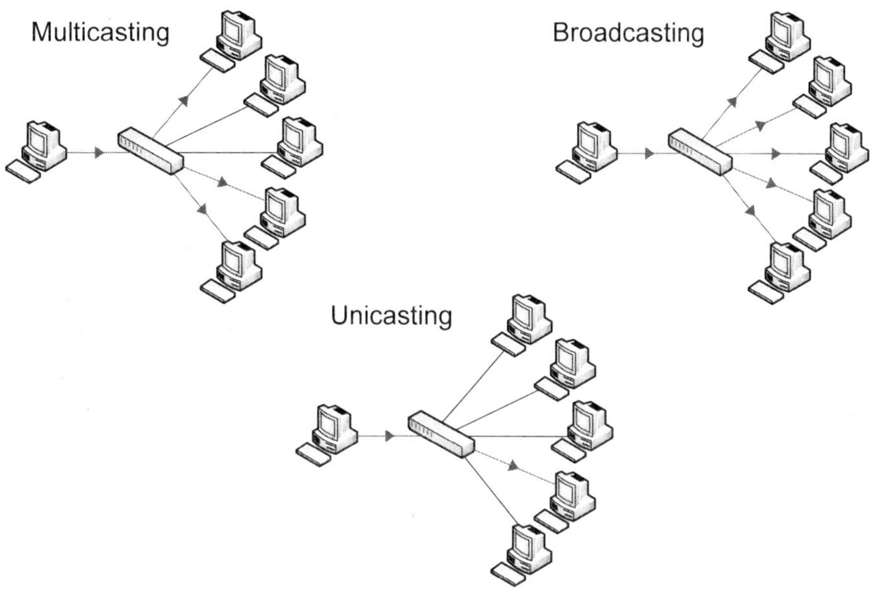


그림 1.8 유니캐스팅, 브로드캐스팅, 그리고 멀티캐스팅

### 1.3.2 데이터 교환의 방향성

두 개 네트워크 노드 간의 데이터 흐름은 방향성의 측면에서 다음 세 가지 유형 중 하나가 될 수 있다: **단일 방식**(simplex), **반이중 방식**(half-duplex), 그리고 **이중 방식**(full-duplex).

#### [단일 방식(Simplex)]

단일 방식 전송에서, 데이터는 오직 한 방향으로 흐른다. 라디오와 TV 브로드캐스팅 서비스가 좋은 예이다. 또한 이러한 통신 방식은 컴퓨터와 키보드와 마우스 같은 입력 장치들 간에도 존재한다. 그러나 단일 전송 방식은 컴퓨터 네트워크에 있어서 많이 사용되는 방식은 아니다.

#### [이중 방식(Duplex)]

이중 방식에서 데이터는 두 개 네트워크 노드들 간에 양방향으로 흐른다. 따라서 각 노드는 데이터를 주는 기능과 받는 기능 둘 다를 갖고 있다. 이중 전송 방식은 다시 반이중 방식(half-duplex)과 이중 방식(full-duplex)으로 나뉜다.

반이중 방식: 이 방식에서는 한 시점에 오직 한 노드만 전송이 허락되며 다른 노드는 자신의 차례가 돌아올 때까지 기다려야만 한다. 반이중 방식 통신의 한 가지 좋은 비유로는 한 개 단일 레인의

철도에서 일어나는 양방향 교통 흐름을 상상해 볼 수 있다. 또 하나의 잘 알려진 기술의 예로는 두 통신 주체가 차례로 이야기를 주고받을 수 있는 휴대용 라디오 기기인 워키 토키를 들 수 있다. 이 방식은 컴퓨터 네트워킹의 초기 시절에는 자주 사용되었지만(예, 허브) 더 효과적인 이중 방식의 통신으로 상당 부분 대체되었다.

이중 방식: 이중 전송 방식에서 데이터 흐름은 두 개 네트워크 노드 간에 동시적으로 양쪽 방향으로 흐른다. 이러한 연유로 일반적으로 하나의 링크(혹은 회로)에 두 개의 채널이 설치되는데, 전송을 위한 한 개 채널과 수신을 위한 또 하나의 채널이 그것이다. 이는 양방향 교통을 위해 더블 레인을 가지고 있는 것과 마찬가지라고 할 수 있다. 기존의 전화 시스템은 이 이중 전송 방식을 사용하기 때문에 한 개 링크에서 두 주체가 말하고 듣는 것을 동시에 할 수 있는 것이다. 오늘날 대부분의 컴퓨터 네트워크들은 이 이중 방식의 기술을 활용한다.

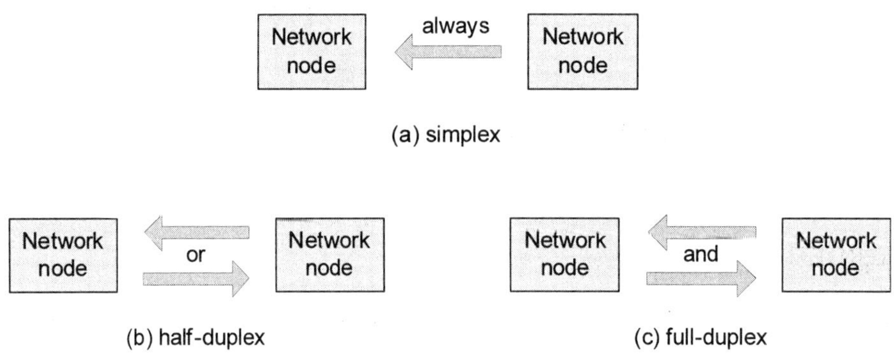


그림 1.9 단일 방식, 반이중 방식, 그리고 이중 방식 통신

## 1.4 네트워크의 구조

네트워크의 구조란 네트워크의 물리적 형태를 의미한다. 논리적인 형태의 네트워크 구조 개념 또한 존재하지만, 여기서는 네트워크 노드와 링크의 물리적 배치에 좀 더 초점을 맞추고 있다. 따라서 네트워크 구조는 네트워크 노드들(중계 기기와 호스트)을 상호 연결하는데 활용되는 하나의 설계 방법론을 의미한다고 할 수 있다. 네트워크의 물리적 형태는 **중계 기기**와 **호스트** 간, **호스트**들 간, 혹은 **중계 기기**들 간의 관계성 측면에서 이해할 수 있다. 버스, 스타, 링, 그물, 나무(계층적), 그리고 혼합형(예, 버스-스타) 구조 등의 다양한 관계 구조들이 네트워크 노드를 배열하는데 사용

되어 왔다. 각각의 구조는 자체적인 장단점을 지니고 있으므로, 기업의 네트워크 설계 과정에서 **지역**(예, 분배 범위), **사용자**(예, 사용자들의 수), **호스트**(예, 현장 호스트들의 수), 그리고 **어플리케이션**(예, 지원 어플리케이션의 특성) 등의 다양한 고려 요인들을 감안하여 그 환경에 적합하도록 구성되어야 한다.

### 1.4.1 포인트-투-포인트(Point-to-point) 구조

가장 간단한 형태의 구조인 포인트-투-포인트는 두 개 노드 간의 직접적인 연결 형태를 취한다. 단 두 개의 최종 노드들이 직접적으로 연결될 수도 있고, 두 개 최종 노드들 사이에 두 개 이상의 노드들이 포함되어 확장된 포인트-투-포인트 연결의 형태가 될 수도 있다(그림 1.10 참조). 포인트-투-포인트 링크는 거주지와 통신 회사 간 전화 라인의 경우처럼 전용 용량이 할당될 수도 있다. 또한 필요에 따라서 다양하게 구축되거나 분해될 수도 있다. 이렇듯 다양한 형태는 확장된 포인트-투-포인트 구조에서 더욱 자주 발생한다. 예를 들어, 두 원격지 간의 장거리 전화나 국제 전화는 그 거리 사이에 여러 개의 스위치를 통과하는 동적 회로 방식을 필요로 한다.

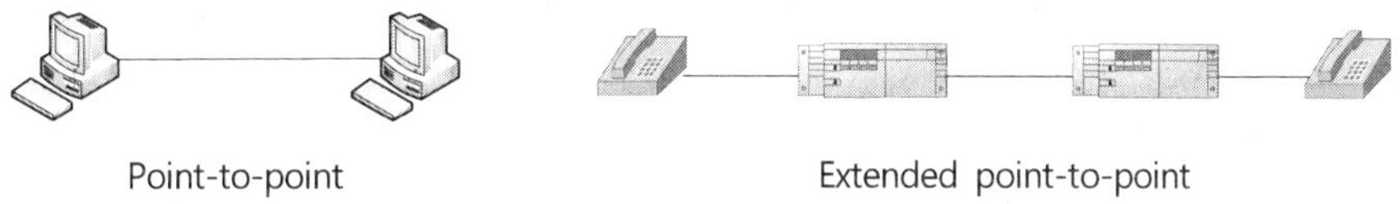


그림 1.10 (확장된) 포인트-투-포인트 구조

### 1.4.2 버스 구조(Bus Topology)

버스 구조에서는 최종 단말기들(end stations)이 네트워크에 남겨진 데이터를 흡수하는 핵심선의 각 끝 부분에 종결 지점을 지니는 메인 전송 라인에 연결되어 있다(그림 1.11). 따라서 어느 두 개 노드 간의 통신은 반드시 중추적인 중간 선을 통해서 이루어지게 된다. 일반 라인을 이용하는 이 접근법은 네트워크의 한 최종 단말기에서부터 기타 다른 모든 최종 단말기들에 도달하는 전송 작업을 수행하기 때문에 **브로드캐스팅 효과**를 야기한다. 그러므로 이러한 구조에서는 전송 충돌을 피하기 위해 한 번에 오직 한 개의 단일 최종 단말기만이 데이터 전송을 허락받는다. 그 구조적인 단순성으로 인해, 버스 구조는 작은 규모의 네트워크에서 주로 잘 작동한다. 하지만 반대로 최종 단말기들이 더 추가되어 네트워크 규모가 커지게 되면 교류의 혼잡이 발생하게 된다. 이더넷 LAN의 초기 시대에는 네트워크가 이런 버스 구조 하에서 운영되었었지만, 불필요한 데이터 브로드캐스팅이나 케이블링 문제(예, 천장 안에 라인을 숨기는 것) 등의 선천적인 한계점 때문에 오늘날 기업용 네트워크에서는 사라져 버렸다.

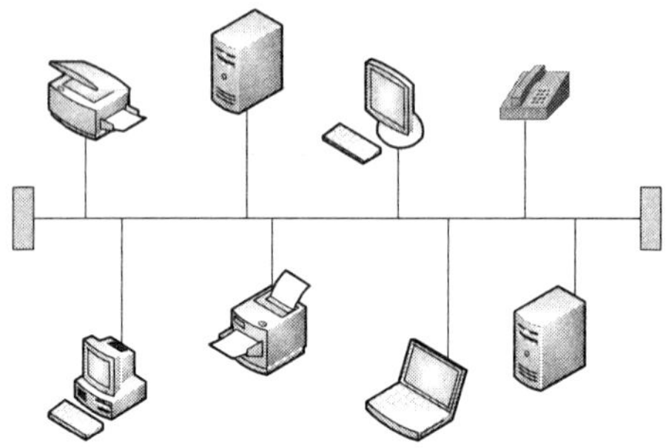

그림 1.11 버스 구조(LAN의 예)

### 1.4.3 링 구조(Ring Topology)

링 구조에서는 최종 단말기(혹은 노드)들이 구리 선이나 동축 케이블로 만들어진 하나의 중추적인 원형 선에 연결되어 있다. 기술적 표준에 기반하면, 네트워크는 하나의 단일 링 형태를 가질 수도 있고, 또는 중복성을 제공하여 연결 실패의 위험으로부터 어느 정도 안정성을 확보해주는 두 개의 링 구조 형태를 가질 수 있다. 이러한 링 네트워크 형태는 매우 높은 수준의 교류 용량을 안정적으로 처리하는데 있어서 기술적인 장점을 지니고 있다. 토큰 링(Token Ring)이나 광섬유 분산 데이터 인프라스트럭쳐(FDDI) 같은 근거리 통신망(LANs)용 링 기반 표준들이 기술적으로 활용 가능하고 발전해 가고 있음에도 불구하고, 스타(또는 확장된 스타) 구조에 기반한 비용 효율적인 이더넷에 밀려 널리 수용되지는 못하였다.

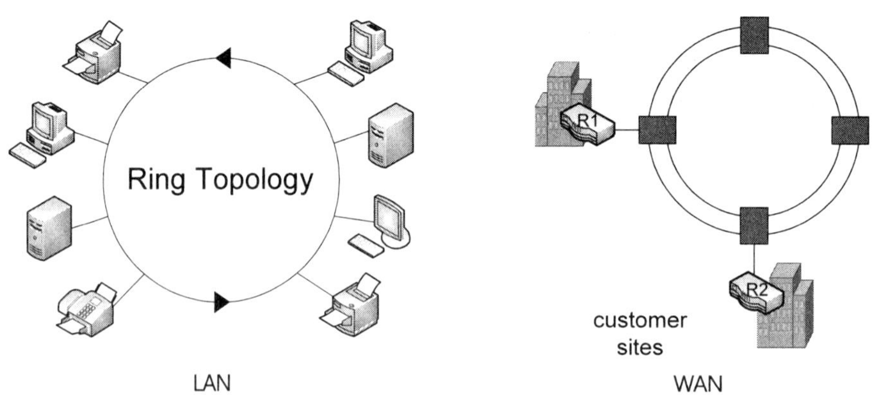


그림 1.12 링 구조(LAN과 WAN의 예)

### 1.4.4 스타(Hub-and-spoke) 구조

LAN이 스타 구조를 가지고 있는 경우에는 네트워크를 형성하는 하나의 중심 중계 기기에 호스트 노드들이 연결되어 있다. 이러한 구조의 가장 큰 장점은 네트워크에 새로운 호스트 최종 단말기를 추가하거나 제거하는 것이 용이하다는 점과 노드의 위치를 정하거나 케이블 문제의 해결에 있어서도 쉽게 처리가 가능하다는 점이다. 게다가 더 많은 수의 최종 단말기를 추가하여 네트워크의 범위를 확장하는 것 역시 매우 간단하다. 오늘날 이더넷 LAN의 대부분은 이러한 스타 구조에 기반하여 운영된다. 유선 LAN의 구조에 이더넷의 사용이 일반화되면서, 경쟁력 있는 가격의 많은 장치 옵션들(예, 케이블링, 포트, 연결 속도)이 생겨났다. 반면, 스타 구조의 주요한 단점으로는 단 하나의 중계 기기 오류가 네트워크 전체를 다운시켜 버리는 단일 고장 지점(a single point of failure)의 문제를 감수해야 한다는 점이다.

또한 기업은 WAN 연결을 이용해 분산되어 있는 몇 개의 부문 LAN들을 상호연결하기 위해 이 스타 구조를 활용할 수도 있다. 이런 경우에 네트워크 노드는 서로 다른 지역들 간 교류를 중재하는 허브의 위치(예, 본사)에 해당된다. 이때 WAN의 구조는 호스트들과 한 개 중계 기기 간의 관계라기 보다는 라우터와 같은 중계 기기들 간의 관계에 의해 형성된다는 것을 관찰할 수 있을 것이다(그림 1.13 참조).

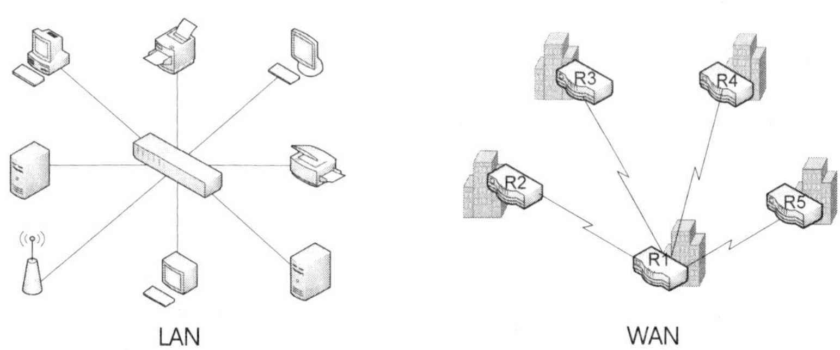


그림 1.13 스타(Hub-and-spoke) 구조(LAN과 WAN의 예)

### 1.4.5 그물 구조(Mesh Topology)

그물 구조란 네트워크 노드들 간 연결 가능한 모든 연결점들이 직접적으로 이어져 있는 형태의 배열을 말한다. 이러한 구조는 제대로 작동하지 않는 노드가 전체 네트워크를 망치지 않도록 해주는 보완적 중복성을 통해 네트워크를 매우 안정적으로 만들어 준다. 그물 네트워크는 노드의 수가 상대적으로 적을 경우에 적합한 옵션이 될 수 있다. 예를 들어, 3개의 네트워크 노드를 가진 경우에는 단지 3개의 연결만이 요구되고, 4개인 경우에는 6개의 직접적 연결만을 필요로 할 뿐이다. 그러나 기기 및 연결 위치의 개수가 증가하게 되면 요구되는 직접 연결 링크의 수가 기하급수적으로 증가하면서 폭등하는 운영 비용 때문에 더 이상 실용적인 선택일 수가 없게 된다. 부분적 그물(partial-mesh) 구조는 전체적 그물(full-mesh) 구조에 비하여 상대적으로 적은 수의 링크(그래서 비용 부담이 덜한)가 필요한 반면, 스타 구조에 비해서는 여전히 더 많은 수의 링크를 필요로 한다. 그렇지만 네트워크 연결 실패로부터 네트워크를 보호해주는 어느 정도 수준의 링크 중복성을 제공하는 구조라고 할 수 있다.

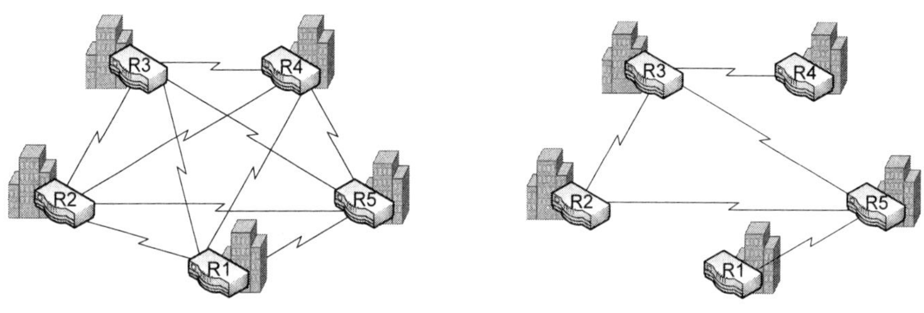


그림 1.14 전체 그물 구조와 부분 그물 구조(WAN의 예)

### 1.4.6 트리(또는 계층적) 구조(Tree/Hierarchical Topology)

트리 구조에서 노드들은 꼭대기의 노드가 뿌리 노드가 되는 계층적 형태로 배열되어 있다. 일반적으로 최소 세 개 이상의 계층(두번째 계층에서는 스타 구조를 형성함)을 지니며, 하위 수준으로 갈수록 노드의 수가 증가되는 구조로 전체적으로는 크리스마스 트리와 같은 형태를 이루고 있다. 트리 구조는 직접적인 연결수는 감소시키는 동시에 많은 수의 노드들(또는 위치들)을 상호연결하고자 하는 경우에 매우 효과적이다. 이러한 구조는 통신 서비스 공급자들이나 인터넷 서비스 공급자들(ISP)이 제한적인 스위칭(또는 상호연결) 센터를 활용하여 대규모 지역을 커버하고자 할 때 중추 네트워크를 형성하기 위해 많이들 선택하는 옵션이다.

또한 트리 구조 방식은 많은 수의 최종 단말기를 중계 기기 계층을 통하여 상호연결하고자 하는 기업 네트워크를 구축할 때에도 자주 사용된다. 예를 들어, 한 빌딩의 LAN은 각 층에서는 스타 네트워크 구조를 가지고 있을 것이다. 반면, 서로 다른 층의 여러 개 스타 네트워크들은 전체 빌딩을 커버하는 하나의 보다 큰 네트워크를 형성하기 위해 고성능 장비들에 연결될 수 있다. 이러한 계층적 구조는 관리 및 확장의 용이성 같은 스타 네트워크의 선천적 장점들을 물려받는다. 네트워크 구조가 트리 형태일 때 상위 네트워크 노드(예, 스위치)는 일반적으로 더욱 많은 통신 교류를 처리할 수 있는 위치에 놓이게 되므로, 낮은 계층에 있는 노드들에 비해 보다 빠른 속도의 장치들을 장착하고 있어야 한다.

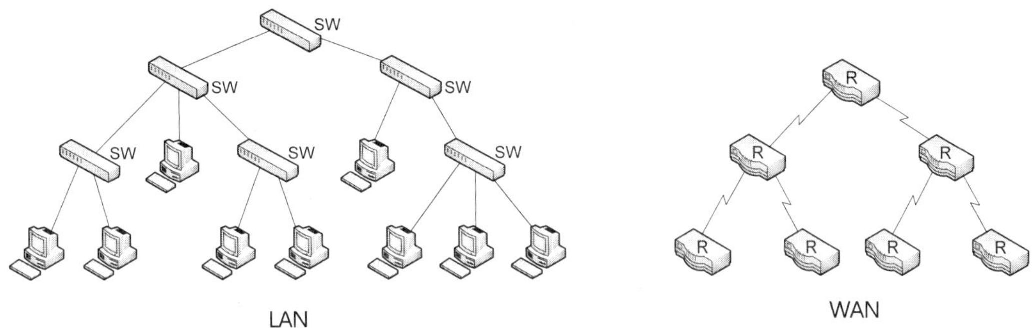


그림 1.15 트리/계층적 구조(LAN과 WAN의 예)

실제로 네트워크를 구현하는 경우에는 대부분의 네트워트가 한 가지 이상의 구조들을 결합시킨 혼합적인 구조의 형태로 형성된다. 간단한 예를 들면, 스타, 그물, 트리 구조에서 두 개 노드 간 각각의 직접적인 링크는 포인트-투-포인트 연결의 예가 될 수 있는 것처럼 말이다.

## 1.5 네트워크 유형

공간적 범위를 기준으로 하는 경우, 네트워크는 일반적으로 다음 4개 유형으로 분류될 수 있다: 개인 통신망(PAN), 근거리 통신망(LANs), 도시 지역 통신망(MANs), 그리고 원거리 통신망(WANs). 각각의 네트워크 유형은 널리 수용되고 있는 표준적인 구조를 가지고 있다.

### 1.5.1 개인 통신망(Personal Area Network-PAN)

개인 통신망은 그 커버 범위가 일반적으로 몇 미터(10미터까지 상한) 정도인 작은 규모의 네트워크이다. 이는 특히 블루투스(Bluetooth) 같은 무선 기술들이 개발되면서 널리 사용되어 왔다. 서로 가까운 근접지에 위치해 있는 블루투스 기반 기기인 호스트들은 물리적인 배선 없이도 데이터를 서로 주고 받을 수 있다. 예를 들어, 노트북, 프린터, 무선 마우스, 키보드, 스마트폰, 헤드셋, 이어폰, MP3 플레이어, 이동식 멀티미디어 플레이어(PMPs), PDA, 스피커 및 마이크로폰, GPS, 디지털 카메라, 비디오 게임 콘솔, 비디오 캠코더, 그리고 기타 핸즈-프리 기기 등이 이런 방식을 통해 상호 연결될 수 있다.

개인 통신망 기술을 통해 사용 가능한 다양한 스마트 기기들을 시각화해보기 위해 한 사람이 블루

투스 기반의 모바일 폰을 이용하는 다음 시나리오를 상상해 보자:

- 이 사람이 큰 빌딩에 들어갈 때 인도어 내비게이션 정보가 자동적으로 핸드폰에 다운로드됨
- 이 사람이 한 박물관의 그림 앞에 서면 특정 예술 작품에 대한 정보가 핸드폰에 표시됨
- 톨 부스에 장착되어 있던 블루투스 기기가 그 사람의 핸드폰과 자동 교류하여 지불 결제를 처리함
- 이 사람이 많은 상점들이 있는 쇼핑몰에 들어가면 핸드폰에 전자 쿠폰들이 자동적으로 표시됨
- 이 사람이 노트북을 인터넷에 연결하기 위해 블루투스-기반의 핸드폰을 무선 모뎀으로 사용함

그림 1.16 블루투스를 이용한 개인 통신망

한 가지 주목할 만한 점은 수많은 컴퓨팅 및 전자 기기들이 서로를 감지할 수 있고, 다양한 작업 수행을 위해 서로 통신할 수 있도록 해주는 융합 기술이다. 이와 관련하여 **유비쿼터스 컴퓨팅**(또는 **편재형 컴퓨팅**)(ubiquitous computing/pervasive computing)의 개념이 도입되어 왔다. 이는 다양한 객체에 내장된 소형 기기들이 서로 매끄럽고 투명하게 교류할 수 있고(특히 무선 형식으로) 네트워크를 통해 호스트의 혁신적인 기능들을 수행할 수 있도록 하는 새로운 패러다임의 특성을 지니고 있다. 블루투스와 같은 개인 통신망은 이러한 유비쿼터스 컴퓨팅을 현실화하는데 필요한 하나의 핵심적인 요소라고 할 수 있다. 최대 전성기는 좀 지나긴 했지만, **유비쿼터스 컴퓨팅**의 여러 기술 요소들은 지금도 꾸준히 사용되고 있다.

## 1.5.2 근거리 통신망(Local Area Network-LAN)

근거리 통신망은 일반적으로 어느 한 물리적 범위 내에 함께 위치하는 최종 기기들을 상호연결하기 위한 용도의 상대적으로 제한적인 영역을 커버한다. 그러나 그 영역의 범위는 개인 통신망이 커버하는 영역보다는 훨씬 더 크다. 호스트들이 어떻게 설정되느냐에 따라 근거리 통신망은 피어-투-피어 LAN이거나 혹은 클라이언트/서버 LAN이 된다(섹션 1.2.1 참조). LAN의 규모는 상당히 다양하다. 예를 들어, 빌딩의 한 층을 커버하는 네트워크도 하나의 LAN이고, 빌딩의 여러 개 층을 커버하는 보다 큰 네트워크 또한 하나의 LAN이기 때문이다.

대학교 캠퍼스나 기업에 속한 여러 개 빌딩들을 상호연결한 LAN 네트워크 또한 하나의 LAN으로 간주된다. 여러 개 빌딩의 LAN들이 결합된 형태의 큰 규모의 LAN을 일컫어 종종 캠퍼스 LAN 혹은 캠퍼스 통신망(campus area network)이라는 용어로 부르기도 한다. 캠퍼스 LAN이 지니는 확장된 규모는 일반 규모의 LAN에 비해서 그 설계 및 운영에 있어 보다 큰 어려움이 따른다. 하나의 캠퍼스 LAN을 형성하기 위해서는 작은 규모의 LAN들이 고성능 중계 기기들(예, 코어 라우터 혹은 코어 스위치)을 통해 다중 계층을 지닌 계층적 구조의 형태로 결합된다(그림 1.15의 트리 구조를 참조).

간단한 예로, 각각의 컴퓨터들이 하나의 고속 코어 스위치와 두 개의 워크그룹 스위치에 연결되어 있는 두 개 빌딩으로 이루어진 상대적으로 소규모인 캠퍼스 LAN을 상상해 보자(그림 1.17 참조). 실제 캠퍼스 LAN은 더 많은 수의 고속 중계 기기들이 연결되어 있어 이 예시에 비해서는 훨씬 더 복잡할 것이다. LAN 기술들에 대한 자세한 사항은 주로 쓰이는 이더넷과 WiFi LAN 표준을 중심으로 7장과 8장에서 설명할 것이다. 이미 말했듯이, 적용 범위와 관련해서는 특히 LAN의 적정 규모를 정의할 수가 없기 때문에 독자들은 그 사용 맥락적 관점에서 이 용어를 해석하여야 할 것이다.

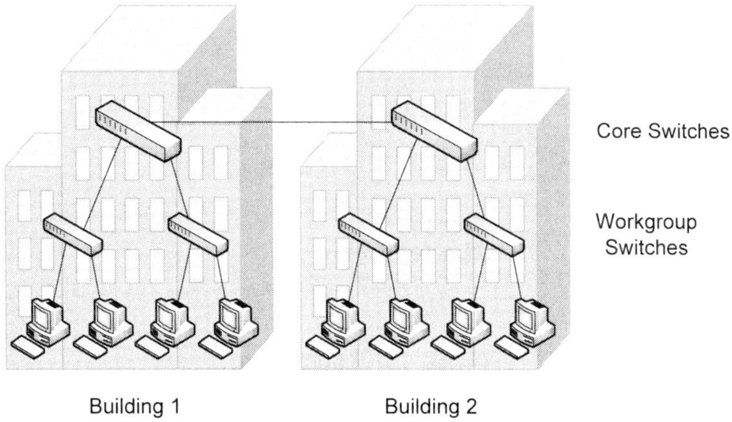


그림 1.17 캠퍼스 LAN의 예시

### 1.5.3 도시 지역 통신망(Metropolitan Area Network-MAN)

도시 지역 통신망은 일반적으로 꽤 큰 규모의 도시 하나를 커버할 수 있도록 설계된다. 따라서 LAN에 비하여 커버하는 지역적 범위 영역이 상당히 큰 편이다. 도시 지역 통신망은 하나의 도시 영역 내에서 지역-기반의 혹은 무선 표준 기반의 LAN들을 상호적으로 연결하는 용도로 사용된다. 또한 기업 고객들이 인터넷 사용을 위해 이 도시 지역 통신망 서비스에 가입하기도 한다. 일반적으로 전화 서비스 공급자(예, AT&T)와 인터넷 서비스 공급자 같은 **공공전기통신사업자**들(common carriers-줄여서 **통신사업자**)이 이러한 도시 지역 통신망의 소유권을 가지고 있다.

그림 1.18은 고속의 케이블링(예, 10 기가바이트/초)과 고속의 중계 기기들(예, 라우터)을 보유한 한 통신사업자가 제공하는 미국 보스턴 도시 지역의 계층적 MAN 인프라스트럭쳐를 보여주고 있다. 이 예시에서 보면 MAN을 통해서 세 개 클라이언트의 LAN들이 서로 연결될 수 있으며, 인터넷이나 통신사업자의 WAN 인프라(공중 회선 데이터 네트워크 또는 PSDN이라고 부른다)에 데이터를 보낼 수 있다는 것을 알 수 있다.

과거에는 프레임 릴레이(Frame Relay)와 ATM 같은 원거리 통신망(WAN) 표준들이 MAN 인프라스트럭쳐용으로 선택되는 기술이었다. 그러나 LAN 시장에서 이더넷이 우세하게 됨에 따라, **메트로-이더넷**(Metro-Ethernet)이라고 불리우는 이더넷-기반의 표준이 MAN 플랫폼을 위해서도 주로 사용되는 선택 사항이 되었다(기술적인 상세 내용은 9장에서). 한편, 무선 네트워킹의 인기가 날로 증가함에 따라, WiMax(혹은 WirelessMAN) 또한 무선 MAN 서비스를 위한 하나의 광대역 표준으로 도입되었다.

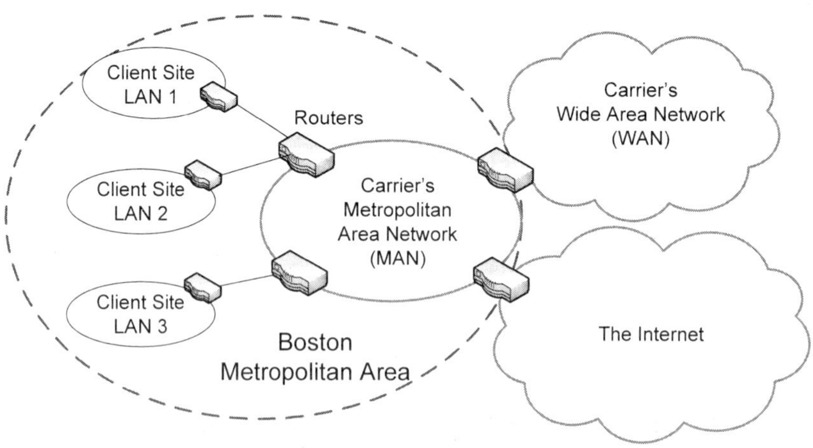


그림 1.18 MAN의 예시

### 1.5.4 원거리 통신망(Wide Area Network-WAN)

원거리 통신망은 주, 국가, 또는 국제적 영역에 이르기까지 넓게 확장된 지역 범위를 연결한다. 따라서, 원거리 통신망은 캠퍼스 네트워크, MAN, 혹은 소규모 WAN까지 포함되는 LAN들을 상호 연결할 수 있도록 설계된다. 클라이언트 조직(예, 기업, 대학교)은 지역적으로 분산되어 있는 LAN들을 서로 연결하기 위해 통신사업자가 제공하는 WAN 서비스를 이용하여 자체 소유의 WAN 네트워크를 생성한다. 통신사업자는 WAN 서비스를 제공하기 위해 자체적으로 WAN 인프라스트럭쳐를 설치하고 관리한다.

통신사업자들이 보유한 WAN 인프라스트럭쳐와는 별개로, 인터넷은 WAN 연결에 있어 그 무엇보다 가장 인기있는 플랫폼이 되어가고 있다. 인터넷은 그 자체가 어떠한 단일 조직이 그 배타적 소유권을 주장할 수 없는 가장 큰 규모의 글로벌 네트워크이다. 예를 들어, 통신사업자는 자체적 인프라스트럭쳐를 소유하고 있기는 하지만 전체 글로벌 중추 회선의 작은 일부분만을 차지하고 있을 뿐이다. 인터넷의 편재성(말 그대로 전 지구를 커버하는), 유연성(언제 어느 곳에서나 연결되는), 그리고 비용적 이점(통신사업자 소유의 WAN 인프라에 기반하여 제공되는 WAN 서비스 비용보다 상당히 저렴한) 때문에, 더욱더 많은 사설 혹은 공공 기관들이 자사 기업 네트워크용 WAN을 구축하는데 이 인터넷을 활용하고 있다. 여기서 **기업 네트워크**(enterprise network)라는 용어는 WAN/MAN 연결에 의해서 상호 연결된 LAN들(예, 본사 LAN과 지점 LAN들)로 구성된 하나의 기업용 네트워크를 말한다(그림 1.19 참조). 9장과 10장에서 통신사업자가 주로 제공하는 인기있는 WAN 서비스들과 비즈니스 클라이언트들이 자체 기업 네트워크 구축을 위해 활용할 수 있는 인터넷에 대해서 보다 자세히 설명할 것이다.

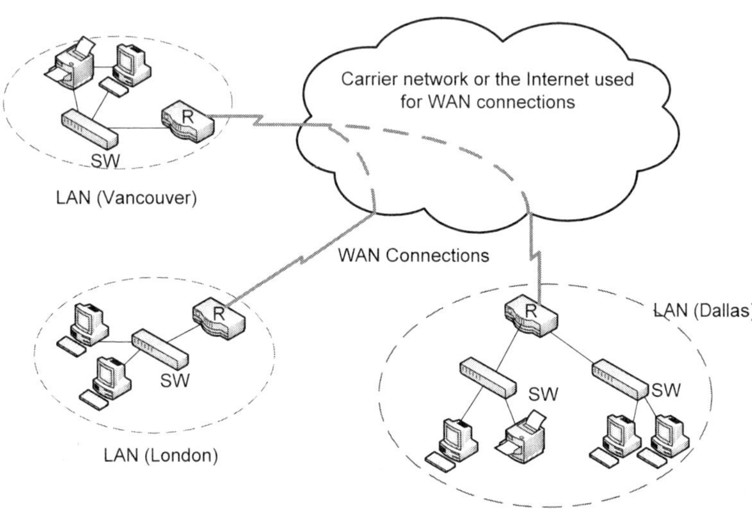


그림 1.19 WAN 링크와 기업 네트워크

### 연습문제 1-3

다음 시나리오를 읽고 PAN, LAN, MAN, 그리고 WAN 기술이 유비쿼터스 컴퓨팅을 현실화한다는 측면에서 어디에서 어떻게 적응적으로 활용되었는지를 지적해 보라.

"2017년 미국 센디에고. 롤라는 대규모 보험 비즈니스 회사의 마케팅 담당자이다. 그녀의 일일 스케쥴은 개인적 측면과 업무 활동 측면, 이 두 가지를 기준으로 수립된다. 오늘 그녀는 오전 6시에 일어나야만 한다. 시내에서 미팅 계획이 하나 있고, 로스앤젤레스 비즈니스 출장이 오후 12시에 계획되어 있기 때문이다. 그녀는 시내로 운전해 가는 동안 자신의 자동차 모니터링 시스템으로부터 브레이크 패드의 수명이 다해가고 있으며 타이어 압력이 낮다는 경고를 받았다. 또한 그녀의 자동차는 이 정보를 전담 자동차 관리샵으로 전송하여 월별 평가 보고서의 작성을 위해 사용될 수 있도록 하였다. 시내에 거의 가까워 왔을 때에는 주로 제시되는 지름길 경로가 갑작스런 사고로 인해 교통 혼잡을 겪고 있으므로 다른 대안적인 경로를 제안하기도 하였다. 또한 이 자동차는 날씨 상태를 감지하여 실내 온도와 습도를 조정하고, 햇빛 차단기를 활성화시키며, 오염된 공기의 유입을 통제하는 기능도 가지고 있다.

그녀는 시내에서의 간단한 회의를 마친 후 로스앤젤레스의 핵심 비즈니스 인사를 만나기 위한 짧은 출장을 위해 다시 길을 나선다. 그녀의 휴대폰에는 몇 일 전에 구입한 전자 티켓이 저장되어 있다. 그녀가 린드버그 공항에 들어서자마자 자동차 내비게이션 시스템이 그 티켓 정보를 공항의 고객지원센터(CSS)로 전송하여 동신을 시도한다. 그러면 고객지원센터가 출발 비행기에서 가까운 곳에 위치한 주차장뿐만 아니라 가장 가까운 진입문까지 알려준다. 그녀는 터미널에 들어선 후 가까운 무인정보단말기로 다가가 자신의 핸드폰을 스캔하여 보딩패스를 프린트한다.

그녀는 비행 중에 이틀 전에 주문한 XBOX 게임기의 배송 상태를 체크한다. 아들이 생일 선물로 이 게임기를 부탁했기 때문이다. RFID 태그를 이용해 우체국 데이터베이스를 검색하여 그 게임기가 그녀의 사무실에 도착해 있다는 사실을 알게 된다. 또한 그녀는 핸드폰을 이용해 자신의 아들이 현재 어디에 있으며 건강 상태가 어떤지도 체크한다. 아들을 돌보는 유모가 함께 있긴 하지만, 아들이 천식 때문에 고생하고 있기 때문에 염려가 된다. 아들이 원격진단 기기를 손목에 차고 있기 때문에 가족 주치의의 상시 모니터링이 가능하다. 그녀는 로스앤젤레스에 도착 후 주재 시간, 장소, 여행 거리 등을 기록하여 회사 계좌로 자동 영수증을 보낼 수 있는 기능의 스마트 칩이 장착된 렌탈 자동차를 고른다.

이제 롤라의 긴 하루가 지나갔다. 집으로 돌아가는 길에는 음식을 사기 위해 가까운 상점에 들린다. 그녀가 쇼핑 카트를 잡으면, 그것이 멤버쉽 여부를 인식하여 인사말과 함께 오늘의 특별할인 품목들을 보여준다. 그녀는 현재 홍보되고 있는 전체 제품 리스트가 나와있는 광고 전단지를 집어 든다. 또 그녀가 휴대폰을 특정 제품코드에 가까이 갖다 대자 더 상세한 제품 정보가 뜬다. 그녀는 본격적인 쇼핑을 하기 전에 홈 네트워크를 연결하여 현재 필요한 식료품 항목과 남아있는 제품들의 유통기한 등을 확인한다. 그녀는 바쁜 스케쥴 때문에 홈 네트워크를 상점의 추적 시스템에 연결하는 식료품점의 자동공급 서비스에 등록해야 한다는 사실을 이제서야 깨달았다.

롤라가 집에 도착했을 때, 그녀의 핸드폰과 노트북에 저장되어 있던 정보들이 홈 네트워크의 중앙 서버에 자동으로 동기화된다. 센서에 의해 축적된 롤라의 건강 관련 정보들(예, 혈압, 체온) 또한 홈 서버의 건강 지원 시스템에 동기화된다. 오늘밤, 건강 지원 시스템은 그녀의 맥박에서 이상 징후가 감지되므로 의사를 만나볼 것을 권유한다. 롤라가 승인을 하면, 건강 지원 시스템이 가족 주치의의 예약 시스템과 연동하여 약속을 잡고, 의사가 검토할 수 있도록 건강 관련 데이터를 전송한다. 그녀가 냉장고에 식료품들을 채우고 나면, 냉장고가 제품 정보들(예, 유효기간, 용량)을 중앙 서버에 전송한다. 벌써 10시가 되었다. 그녀는 침실에 들기 전 아들의 건강 상태에 대한 자동 진단 결과와 자동차 관리샵으로부터의 전자 보고서 등의 도착한 메시지들을 읽는다.

## 1.6 서브네트워크 vs. 인터네트워크

이번 섹션에서는 네트워크, 서브네트워크(또는 서브넷), 그리고 인터네트워크(또는 인터넷) 간의 관계성에 대해 설명할 것이다. 여기에서 특히 중요한 것은 네트워크와 서브네트워크 간의 차이점과 네트워크와 인터네트워크 간의 차이를 명확하게 이해하는 것이다. 이 장의 도입부에서 설명했듯이, 하나의 네트워크를 대략적으로 정의하면 하나의 작은 집에서부터 아파트 한 채(소유자 기준), 대학교 캠퍼스, 국가 혹은 지구 전체 범위까지 확장될 수 있다. 섹션 1.5에서는 그러한 네트워크를 PAN, LAN, MAN 그리고 WAN 등의 용어로 분류하였다. 이는 네트워크가 그 범위와 설계에 따라 단 하나의 서브네트워크만을 포함할 수도 있고, 한 개 이상의 라우터들로 결합된 다수 서브네트워크들로 구성된 인터네트워크(an internetwork의 i는 소문자임)를 포함할 수도 있음을 의미한다.

여기에서 말하는 인터네트워크는 우리가 웹 브라우징을 통해 날마다 서핑을 하기 위해 사용하는 인터넷(Internet의 I는 대문자임)과는 다른 일반 용어이다(인터넷(Internet) 아키텍처에 대한 상세 내역은 10장에서 다룬다).

그림 1.20은 인터네트워크 형성을 위해 한 개 라우터에 의해 두 개 서브네트워크가 연결되어 한 빌딩(a LAN)에 구축된 기업 네트워크의 간단한 예시이다. 컴퓨터가 두 개의 서브네트워크를 통과하며 데이터를 교환할 때 그 데이터 전송 과정은 '인터-네트워킹'이 된다. 이와 관련하여, 인트라-네트워킹과 인터-네트워킹 간의 차이를 보여주는, 하나의 서브네트워크가 여러 개의 중계 기기(특히 오늘날에는 스위치와 유선 접속 포인트)를 포함할 수 있는 예를 그림 1.4를 통해 설명한 바 있다. 요약컨대, 그림 1.20은 기업 네트워크가 두 개의 서브네트워크를 포함하고 있는 인터네트워크에 해당되는 LAN의 경우를 보여주고 있다.

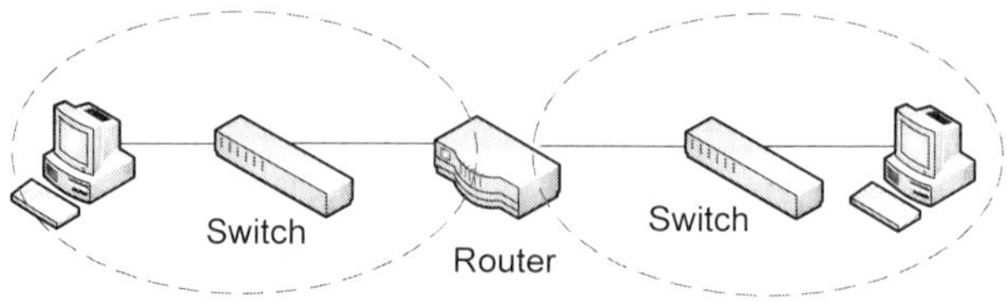


그림 1.20 시나리오 1: 기업 네트워크

그림 1.21은 두 개의 LAN과 한 개의 WAN 링크로 구성된 기업 네트워크의 또 다른 예이다. 그 두 개의 LAN은 멀리 떨어져 있는 두 개의 사무실에 각각 설치되어 있고, WAN 연결을 통해 데이터를 서로 교환한다. 예시에서 보면 LAN 내에서 메시지를 전달하는 것은 라우터의 도움을 필요로 하지 않기 때문에, 각 지사의 LAN은 오직 하나의 서브네트워크만을 포함하고 있는 것을 알 수 있을 것이다. 이것은 하나의 LAN이 두 개의 서브네트워크로 구성된 그림 1.20의 예시와는 다른 형태이다. 게다가 WAN 연결은 하나의 서브네트워크로 간주된다(그것이 5000마일의 길이에 달한다 할지라도!). 결과적으로 그림 1.21의 기업 네트워크는 전체적으로 3개의 서브네트워크를 지닌 하나의 인터네트워크가 된다. 이 두 개의 시나리오를 통해 네트워크, 서브네트워크, 그리고 인터네트워크 간의 유동적인 관계성을 확인할 수 있을 것이다.

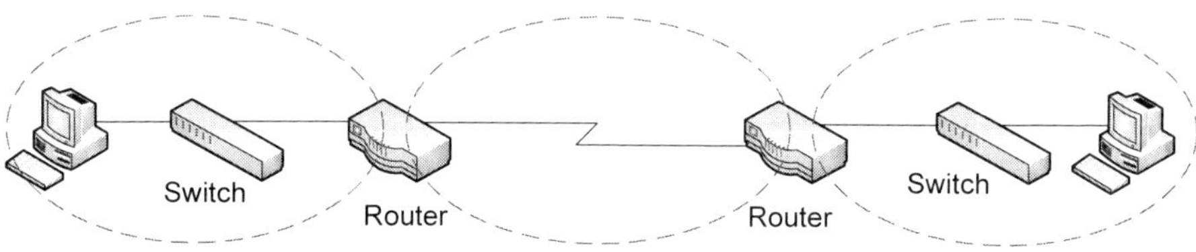


그림 1.21 시나리오 2: 기업 네트워크

### 연습문제 1-4

1. 그림 1.6을 참고하여 다음 질문들에 답하라.

① 각 LAN에는 몇 개의 서브네트워크가 존재하는가?

② LAN1의 PC1이 LAN1에 있는 프린터에 파일을 전송한다면, 이는 인터-네트워킹인가?

③ LAN1의 PC1이 LAN3에 있는 서버에 요청 메시지를 보낸다면, 이는 인터-네트워킹인가?

④ LAN1의 PC1이 LAN1의 IP 폰에 연결된다면, 이는 인터-네트워킹인가?

⑤ LAN3의 PC2와 서버가 메시지를 교환한다면, 이는 인터-네트워킹인가?

2. 그림 1.22는 한 빌딩에 구축된 소규모 기업 네트워크이다. 이는 인터넷에서 오는 침입을 막기 위한 파이어워(Firewall) 기능을 내장한 라우터와 라우터에 연결된 세 개의 스위치를 지니고 있다. 파이어워 라우터와 인터넷 사이의 연결을 무시한다면:

① 몇 개의 LAN이 존재하는가?

② 몇 개의 서브네트워크가 존재하는가?

③ PC1이 이메일 서버에 메시지 하나를 발송한다면, 이는 인터-네트워킹인가?

④ PC1이 파일 서버에 메시지 하나를 발송한다면, 이는 인터-네트워킹인가?

⑤ 인트라-네트워킹에 사용된 중계 기기는 무엇인가?

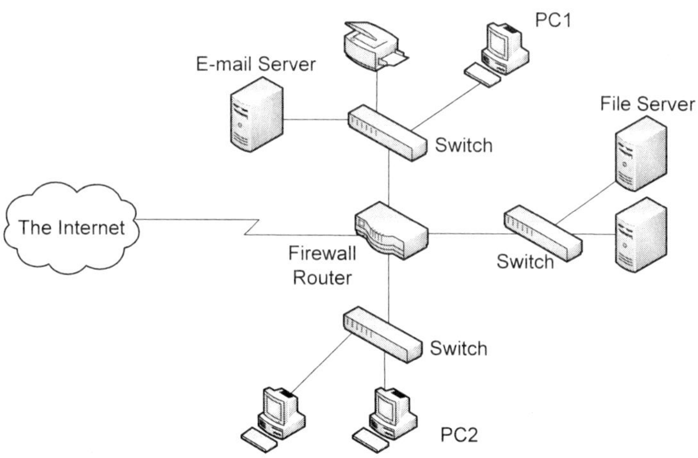


그림 1.22 계층적 기업 네트워크

# 1.7 네트워크 성능의 측정

호스트가 생성한 데이터를 효과적으로 전파하는데 있어 네트워크의 성능은 핵심 이슈이므로, 네트워크를 기획, 설계, 구현, 유지 및 업그레이드하는 각 단계에서 성능의 최적화를 위해 상당한 노력을 기울여야 한다. 보장된 네트워크 성능의 중요성은 아무리 강조해도 지나치지 않다. 특히 좀 더 실시간성(예, 보이스 콜 및 비디오 스트리밍)이고, 업무 수행의 근간이 되는 필수 어플리케이션들(예, 금융 거래)을 처리하는 경우에는 더욱 그러하다. 이러한 어플리케이션들은 주변 환경(예, 교류 혼잡)에 관계없이 일정 수준의 보장된 성능을 필요로 한다. 네트워크 성능을 측정하기 위한 여러 가지 방법들이 존재한다. 그 중에서도 특히, 용량(혹은 **속도**), **지연**(혹은 **잠복시간**), 그리고 **안정성**에 대한 측정치가 가장 중요하다.

## 1.7.1 용량(Capacity)

네트워크 용량(혹은 속도)은 초당(혹은 bps) 비트가 증가되는 요인으로서 데이터 비율 메트릭스로 표시된다. **데이터 비율(data rate)이란 데이터가 포인트 A에서 포인트 B로 가는 한 방향으로 얼마나 빨리 흐르는지를 나타낸다(양쪽 방향으로의 결합 속도가 아니다).** 바이트(byte)와 비트(bit)를 혼동하지 마라(1 바이트는 일반적으로 8비트이다). 바이트 메트릭스는 기본적으로 데이터 용량이나 메모리 용량을 표시하기 위해 사용되고, 네트워크 용량에서는 사용되지 않는다. 표 1.1은 데이터 저장/메모리 용량과 네트워크 용량의 메트릭스를 요약하고 있다.

[표 1.1] 저장 용량 및 네트워크 용량 메트릭스

| 저장/메모리 용량 | 데이터 비율에 따른 네트워크 용량 |
|---|---|
| KB(Kilobyte)=1000bytes | Kbps(kilobits/sec)=1000bits/sec |
| MB(Megabyte)=1million bytes | Mbps(Megabits/sec)=1million bits/sec |
| GB(Gigabyte)=1billion bytes | Gbps(Gigabits/sec)=1billion bits/sec |
| TB(Terabyte)=1trillion bytes | Tbps(Terabits/sec)=1trillion bits/sec |
| PB(Petabyte)=1quadrillion | Pbps(Petabits/sec)=1quadrillion bits/sec |

데이터 유형과 데이터 비율: 전파되는 데이터 컨텐츠의 유형에 따라서 요구되는 데이터 비율이 상당히 다르다. 일반 텍스트는 오디오나 비디오에 비해 훨씬 적은 용량을 필요로 한다. 오늘날에는 대부분의 네트워크 교류가 텍스트, 사운드, 이미지, 비디오 등이 결합된 멀티미디어의 형태로 이루어지기 때문에, 상당한 수준의 네트워크 용량을 필요로 한다. 표 1.2는 오디오 및 비디오 데이터를

서로 다른 품질 수준으로 전송할 때 필요한 데이터 비율의 일반적 수준에 대한 감을 잡을 수 있도록 도와준다. MP3와 MPEC2는 오디오 및 비디오 데이터를 인코딩하는데 가장 널리 사용되는 압축 표준들이다.

[표 1.2] 오디오 및 비디오 컨텐츠의 데이터 비율

| 컨텐츠의 유형 | 품질 수준 | 데이터 비율 |
|---|---|---|
| 오디오(MP3 인코딩) | 통화 음성 품질<br>AM 음성 품질<br>FM 음성 품질<br>CD 음성 품질 | 8Kbps<br>32Kbps<br>96Kbps<br>224-320Kbps |
| 비디오(MPEC2 인코딩) | DVD 품질<br>HDTV 품질 | 5Mbps<br>15Mbps |

### 연습문제 1-5

표 1.2를 참조하라. 8 Kbps는 디지털화된 전화 통신에 필요한 데이터 비율(각 방향 기준)이다. 따라서, 두 주체 간에 양방향 이중 방식(full-duplex) 통화를 하기 위해서는 16Kbps가 필요하다는 의미가 된다. 하나의 HDTV 채널을 전송하는데 필요한 데이터 비율을 가지고 얼마나 많은 수의 통화를 동시에 수행할 수 있을까?

네트워크의 전송 용량은 **채널 용량**(capacity)과 **스루풋**(throughput)의 측면에서 측정될 수 있다.

- 채널 용량(capacity): 하나의 링크가 가질 수 있는 이론적인 최대 데이터 비율을 의미하며, **대역폭**(bandwidth) 혹은 **정경 속도**(rated speed)라고도 부른다. 데이터 비율로 측정되는 채널 용량은 디지털 개념이며, 대역폭은 아날로그 개념이다(대역폭에 대한 보다 정확한 기술적 정의는 4장에서 설명된다). 그러나 이는 대역폭이 점점 커짐에 따라 채널 용량 또한 점점 커지는 직접적인 상관 관계를 지니고 있다. 따라서 당연히 실무자들은 이 용어들을 상호 교환적으로 활용한다. 예를 들어, 한 음성 회로(디지털 시그널-0 혹은 DS-0이라 부르는)의 채널 용량/대역폭은 64Kbps이다(이 속도는 일방향용임을 기억하라.).
- 스루풋(throughput): 한 링크의 실제 데이터 비율을 의미한다. 이는 네트워크 링크의 현실적인 속도로서 보통은 채널 용량보다 느린데, 이는 연결 거리의 효과, 전송 인터페이스, 그리고 내부/외부의 소음과 같은 수많은 기술적인 문제들 때문이다. 예를 들어, 흔히 사용되는 WiFi LAN 표준인 802.11g의 채널 용량은 54Mbps이다(8장을 보라.). 그런데 그것의 실제 스루풋은 두 통신 기기(예, 노트북 및 무선 엑세스 포인트) 간의 거리가 증가하면서 상당히 낮아지게 된다.

### 1.7.2 지연(Delay)

지연(혹은 잠복시간)이란 어느 두 개 노드 간에 데이터를 전송하는데 드는 네트워크 링크의 시간 양을 의미하며, 보통 초당 밀리세컨 혹은 1000$^{th}$ 단위로 측정된다. 지연은 두 개 포인트 간의 일방향 전송(one-way trip)과 양방향 전송(round trip)(요청 시간 및 응답 시간까지 포함하는), 이 두 가지 측면에서 측정될 수 있다. 예를 들어, 2장의 그림 2.10에서와 같이 특정 목표 노드에 도달하는데 걸리는 지연 시간을 검사하는 **핑**(ping) 유틸리티 프로그램은 양방향 전송에 기반한 것이다. 그림의 숫자들은 호스트에 의한 핑 요청이 4번 발행되었으며, 이에 대해 26~29 밀리세컨의 양방향 전송 지연 시간을 지닌 타겟 호스트(209.131.36.158)가 모두 응답하였다는 것을 말해준다.

컴퓨터가 데이터를 교환할 때 그 전송을 지연시키는 다양한 원인들이 존재한다. 한 사람이 www.facebook.com이란 웹 사이트에 접속하려고 시도하는 가상적인 상황을 상상해 보자. 아마 대부분의 사람들은 그 웹 페이지가 브라우저에 나타날 때 지연 현상을 경험해 보았을 것이다. 이러한 지연의 주요 원인들은 다음과 같다.

- 전파 지연: 서로 멀리 떨어져 있는 호스트들 사이에서 움직여야 하는 웹페이지 등의 시그널은 시간이 더 걸린다.
- 호스트에서의 지연: 소스 호스트는 네트워크에 데이터를 내보내기 전 내부적으로 사용자 요청 과정을 거쳐야 한다. 이 과정에는 요정 성보를 패킷의 형태로 변환하는 과정(2장에서 설명될 예정)과 전파를 위해 전자 신호로 변환하는 작업(4장에서 설명될 예정) 등이 포함된다. 한편, 그 요청이 목적지 호스트(www.facebook.com 서버)에 전달되면, 궁극적으로 응답 패킷을 생성하여 그것을 전달 가능한 신호의 형태로 변환하는 유사 내부 프로세스 또한 수행한다.
- 중계 기기에서의 지연: 라우터나 스위치 같은 중계 기기는 호스트 간의 데이터 전송을 중재한다. 그 중재 작업은 자체적인 내부 프로세스를 필요로 하는데, 참조 테이블(예, 라우팅 테이블, 스위치 테이블)을 검색하거나 전파 경로의 하위 순서를 결정하는 등의 작업이 포함된다. 또한, 중계 기기에 데이터가 끊임없이 도달하게 되면, 전파하기 전에 일시적인 대기 행렬(waiting queue)이 발생하는데, 이러한 대기 지연의 정도는 해당 노드가 처리해야 하는 데이터 교류 양에 기반한다.

지연 문제는 시간에 민감한 어플리케이션들이 네트워크를 이용할 때 특히 더 민감한 이슈가 된다. 비디오 기반의 수요 증가와 텔레 컨퍼런싱 같은 실시간(혹은 준 실시간) 멀티미디어 어플리케이션이 전례없이 인기를 끌게 되면서, 더욱더 많은 메시지들이 지연을 최소화하거나 때로 보장된 성능 하에서 전파되어야 할 필요성이 생긴 것이다.

### 1.7.3 안정성(Reliability)

이 성능 지표는 데이터를 안정적인 수준에서 전달할 수 있는 네트워크 역량에 관련된 것이다. 데이터 전송의 안전성은 다음 요인들에 의해 크고 작은 영향을 받는다. (1) 데이터 전송 중에 오염되거나 손실된 데이터가 발생한 경우 (2) 네트워크가 노드 또는 링크의 실패로 인한 복구를 위해 사용될 수 없는 경우

- 오염 및 손실 데이터: 데이터의 오염 및 손실은 광범위한 심각성을 일으킬 수 있다. 이는 비트의 변화(예, 0에서 1로)만큼 작은 것일 수도 있지만, 비트 스트림(bit stream)의 조정이나 손실같이 큰 것일 수도 있기 때문이다. 이러한 링크 안정성 문제를 일으킬 수 있는 다양한 원인들이 존재한다. 그 중에서도 네트워크 노드의 충돌, 물리적 손상이나 케이블의 절단, 네트워크 노드의 버퍼 공간 부족, 전력 중단이나 급등, 그리고 외부적 압력으로 발생한 신호 교란(예, 천둥) 등을 생각해 볼 수 있다.
- 네트워크 비가용성: 노드 혹은 링크의 기능이 중단(failure)되면 네트워크는 사용할 수 없게 된다. 컴퓨터가 고장나는 것과 마찬가지로 중계 기기 역시 업무 과다, 내장 소프트웨어의 시스템 버그, 전력 중단, 악의적 공격으로 인한 기능 중단, 또는 운영 실수 등은 몇몇 사유로 인해 제 기능을 못하게 될 수 있다. 네트워크 링크 또한 갑작스런 손상이 발생했을 경우나 노드 및 링크들 간의 케이블링이 안정적이지 못할 경우에 문제를 일으킬 수 있다. 이와 같이 노드 및 링크의 기능 실패로 인해 네트워크를 부분적 혹은 전체적으로 사용할 수 없게 되면, 이 또한 네트워크의 접근성을 제한하게 되는 것이다.

### 1.7.4 서비스 품질(QoS: Quality of Service)

성능 측면에서 가장 밀접하게 연관되어 있는 개념이 바로 서비스 품질(Quality of Service-QoS)이다. QoS란 링크 용량, 지연성, 그리고 안정성 등 모든 측면에서의 **성능**을 보장하는 네트워크 역량을 의미한다. 이는 특히 데이터 통신 서비스 사업자들이 비즈니스 고객들에게 제공하는 WAN 서비스와 관련이 많다. 초기에는 네트워크 플랫폼에서 운영되는 어플리케이션들이 그렇게 정교하거나 목적의 완벽성을 추구(mission-critical)하지 않았기 때문에, QoS가 WAN 서비스에 있어서 그리 중요한 이슈는 아니었다. 하지만 네트워크 공간에서 보다 목적 완벽성을 요구하는 작업 활동들이 생겨나게 되면서, QoS는 많은 비즈니스 고객들에게 중요한 필수 조건이 되었다. 아마존닷컴과 이베이닷컴은 모든 비즈니스 거래가 인터넷에 의존하여 발생되기 때문에, 단 몇 시간의 서비스 중단도 감내할 수 없다. 그 손실을 돈으로 환산하자면 몇백만 달러의 수익과 맞먹기 때문이다. 통신사업자가 비즈니스 고객들에게 QoS를 제공하는 경우 네트워크의 성능이 보장된다. 특히 실시간의 목적 완벽성을 요구하는 어플리케이션들이 상황(예, 예상치 못한 교류 혼잡)에 관계없는 성능을 보장받을 수 있는 것이다. 물론 비즈니스 고객의 입장에서는 이러한 성능 보장 서비스가 QoS를

제공하지 않는 서비스에 비하여 비용면에서 훨씬 부담이 되는 것은 사실이다. 반면 통신사업자의 입장에서는 데이터 우선 순위화와 링크 용량의 예약 체계 등을 추가적으로 측정하고 관리함으로써 보다 향상된 서비스 품질을 달성할 수 있다. 만약 비즈니스 고객이 네트워크를 주로 이메일이나 웹서핑을 하는데 사용한다면 분명 이러한 QoS 규약은 필요치 않다.

## 1.8 넘버링 체계

이번 섹션에서는 네트워킹 분야에서 수치값을 표현하기 위해 보편적으로 사용하는 세 가지 넘버링 체계(예, 2진법, 10진법, 16진법)에 대해 살펴본다. 이것들은 모두 함께 사용되고 있지만, 활용적 측면에 따라서 어느 한 체계가 다른 체계보다 선호되는 경향이 있다. 우리가 이미 다 알고 있듯이 네트워크 노드는 데이터(예, 문자, 음성, 이미지, 비디오)를 0과 1의 2진법 체계로 처리한다. 그러나 2진법 형식의 데이터를 인간들이 이해하는 데에는 어려움이 있기 때문에, 10진법(10을 기준으로 하는)과 16진법(16을 기준으로 하는)의 넘버링 체계가 가독성을 높이기 위해 활용되고 있다. 당연히, 2진법과 10진법 그리고 2진법과 16진법 간의 관련성과 변환에 대한 지식은 컴퓨터 네트워킹을 공부하는데 있어서 기초적인 부문이 된다. 이는 특히 네트워크 주소화 부문으로 넘어가면 더욱 중요하기 때문에, 이번 섹션에서는 이 체계 변환에 초점을 맞추고 있다. 표 1.3은 3가지 넘버링 체계와 그 수리적 기반에 대해 요약해 놓은 것이다.

[표 1.3] 컴퓨터 네트워킹에서 사용되는 넘버링 체계

| 넘버링 체계 | 기준이 되는 단위 숫자 (Number of Digits) | 자릿수(Digits) |
|---|---|---|
| 2진법 | 2 | 0과 1 |
| 10진법 | 10 | 0부터 9 |
| 16진법 | 16 | 0부터 9, A, B, C, D, E, and F<br>(여기서 A=10, B=11, C=12, D=13, E=14, F=15를 의미) |

참고: 10진법 값과 16진법 값을 구별하기 위하여(예, 10진법 5 vs. 16진법 5), 16진법 값은 접두어 0x 혹은 접미사 h를 표시한다. 예를 들어, 0x3256은 3256이 16진법 값이라는 것을 의미한다. 16을 기준으로 하는 16진법 값은 2진법 결합값을 표현하는데 있어서 10진법에 비해 더 효율적이다.

### 1.8.1 변환: 2진법(Binary) vs. 10진법(Decimal)

변환을 위해서는, 10진법 값에 해당하는 8비트의 조합이 32비트 IP주소의 구간별 구축을 위해 사용된다. 예를 들어, IP 주소 123.45.56.89는 01111011.00101101.00111000.01011001과 같은 값이다. 8비트의 2진법 값(01011010)과 이와 동일한 10진법 값(90)의 예를 이용하여 2진법-10진법 변환을 연습해 보자.

(1) 2진법 값(01011010)을 10진법 값(90)으로 변환

a. 첫째, 2의 승수 계산법을 이용하여 각 2진법 비트의 10진법 위치(decimal position) 값을 결정하라.

b. 10진법 위치 값이 정해지면 2진법 대응값이 1에 해당하는 값들을 모두 더하라. 그러면 다음 예에서는 64,16,8,2 의 합계인 90이 된다.

| 기초 2진법 값의 조합(8비트) | 0 | 1 | 0 | 1 | 1 | 0 | 1 | 0 |
|---|---|---|---|---|---|---|---|---|
| 2의 승수(Power of two) | $2^7$ | $2^6$ | $2^5$ | $2^4$ | $2^3$ | $2^2$ | $2^1$ | $2^0$ |
| 10진법 위치 값 | 128 | 64 | 32 | 16 | 8 | 4 | 2 | 1 |
| 10진법 값 변환 | | 64 | +16 | +8 | | | +2 | = 90 |

(2) 10진법 값(90)에서 2진법 값(01011010)으로 변환

| 10진법 위치 값 | 128 | 64 | 32 | 16 | 8 | 4 | 2 | 1 |
|---|---|---|---|---|---|---|---|---|
| a. 90 보다 작거나 같은 값 중에서 가장 큰 10진법 위치 값을 찾아라 | 128 | [64] | 32 | 16 | 8 | 4 | 2 | 1 |
| b. 나머지 값을 계산하라 | Difference between 90 and 64=26 | | | | | | | |
| c. 나머지 값 26보다 작거나 같은 값 들 중에서 가장 큰 10진법 위치 값을 찾아라 | 128 | 64 | 32 | [16] | 8 | 4 | 2 | 1 |
| d. 나머지 값을 계산하라 | Difference between 26 and 16 =10 | | | | | | | |
| e. 나머지 값 10보다 작거나 같은 값 들 중에서 가장 큰 10진법 위치 값을 찾아라 | 128 | 64 | 32 | 16 | [8] | 4 | 2 | 1 |
| f. 나머지 값을 계산하라 | Difference between 10 and 8=2 | | | | | | | |
| g. 나머지 값 2보다 작거나 같은 값 들 중에서 가장 큰 10진법 위치 값을 찾아라 | 128 | 64 | 32 | 16 | 8 | 4 | [2] | 1 |
| h. 나머지 값을 계산하라. 나머지 값이 0이 될 때, 이 과정을 멈추어라 | Difference between 2 and 2=0 | | | | | | | |
| i. 위 괄호 안의 값에 대응되는 2진법값은 1들과 나머지 0들로 이루어진다 | 0 | 1 | 0 | 1 | 1 | 0 | 1 | 0 |

참고: 01011010(8비트)는 1011010(7비트)와 구별된다. 본 예시는 8비트 조합을 기준으로 하고 있다.

연습문제 1-6

1. 10진법 값 38, 110, 192, 255를 8비트의 2진법 값으로 변환하라.

2. 다음의 8비트 2진법 값들을 대응되는 10진법 값들로 변환하라.

   01100001 11110110 11100011 10100010

## 1.8.2 변환: 2진법(Binary) vs. 16진법(Hexadecimal)

네트워킹 영역에서 16진법 단위는 MAC(또는 NIC) 주소를 표현하기 위해 사용된다. 각각의 MAC 주소는 48비트로 되어 있으며, (섹션 1.9.2 참조) 12개의 16진법 자릿수로 표현된다(따라서 16진법 1개 자릿수는 4비트와 같다). 다음의 예시는 16진법 자릿수와 그에 대응되는 4개의 2진법 비트 간의 변환에 초점을 두고 있다.

16진법 값과 2진법 값 사이의 변환은 결국 16진법 값의 10진법 값을 4비트의 2진법 조합으로 변환하는 것과 다를 게 없다. 예를 들어, 16진법 자릿수 'A'는 10진법 값 '10'과 같은데, 이를 다시 섹션 1.8.1의 변환 방법을 이용하여 2진법의 1010으로 변환하는 것과 같다. 그 계산 과정은 다음과 같이 요약된다.

| 16진법 (Hexadecimal) | | 10진법 (Decimal) | | 이진법 (Binary) |
|---|---|---|---|---|
| A | → | 10 | → | 1010 |
| A | ← | 10 | ← | 1010 |

역으로 2진법 비트 '스트림'을 그에 대응되는 16진법 값으로 변환하기 위해서는, 이 비트 스트림을 우선 4비트 단위의 블락(blocks)으로 구분해야 한다. 그 다음에 각각의 4비트 단위를 그에 대응되는 10진법 값으로 변환한 후, 다시 그에 대응하는 16진법 값을 찾아야 하는 것이다. 다시 한번 A=10, B=11, C=12, D=13, E=14, F=15에 해당된다는 사실을 기억하자.

예를 들어, 2진법 비트 스트림 10010110100010101101은:

1. 4비트 블락의 생성: 10010110100010101101가 1001.0110.1000.1010.1101이 된다.
2. 각각의 블락을 하나의 10진법 값으로 변환: 1001.0110.1000.1010.1101가 9.6.8.10.13이 된다.
3. 각각의 10진법 값을 16진법의 자릿수로 변환: 9.6.8.10.13이 0x968AD이 된다.

연습문제 1-7

1. 16진법 값 0x17AB를 2진법 값으로 변환하라.

2. 다음의 16진법 값들을 각각 대응되는 2진법 값의 조합으로 변환하라.

   0xABCDEF 0x34A57 0x12DF01 0x78ADC

3. 2진법 스트림 값 '10110110100011100001'을 그에 대응되는 16진법 값으로 변환하라.

4. 컴퓨터 네트워크 카드(NIC)의 주소가 다음과 같을 때, 그에 대응되는 16진법 주소값은 무엇인가?

   001001100111100010101011010111000100100010001101

## 1.9 네트워크 주소화(Addressing)

마치 우편 메일을 배달하기 위해 우편 주소가 필요한 것처럼, 네트워크 노드는 표준화된 주소 정보에 기반하여 패킷을 전송한다. 따라서, 호스트와 중계 기기에 주소를 할당하고, 환경을 설정하며, 차후에 이를 관리하는 것은 컴퓨터 네트워크의 적절한 운영을 위한 기본적인 작업들이다. 이번 섹션에서는 오늘날 사용되는 네트워크 주소들을 영구성, 접근성 그리고 보안적 측면에서 각각 특징지어 살펴본다.

### 1.9.1 네트워크 주소화의 특징

#### [영구성(일시적 vs. 영구적)]

네트워크 주소는 **일시적**일 수도 있고 **영구적**일 수도 있다. 일시적인 주소는 각 최종 단말기에 동적으로 할당되며, 일정 기간 동안 사용하지 않으면 철회되거나 다른 최종 단말기에 재할당되어 사용 권한이 만료된다. 이러한 일시적 주소는 일반적으로 부팅(이와 관련된 개념으로, DHCP 표준이 2장과 10장에서 설명됨) 기간 동안 최종 단말기에 할당된다. 한편, 영구적 주소는 기기 제조업체들이 노드의 네트워크 카드(예, MAC 주소)에 프린트 하거나 시스템에 의해 매뉴얼에 따라 설정되는 것(예, IP 주소)을 말한다. 영구적 IP 주소의 설정은 일반적으로 서버 컴퓨터나 중계 기기, 특히 라우터에 적용된다.

### [접근성(지역 vs. 글로벌)]

접근성의 측면에서 주소는 **지역** 주소 혹은 **글로벌** 주소가 될 수 있다. 지역 주소는 한 서브네트워크 내에 국한하여 인식되기 때문에 (따라서 인트라-네트워킹용) 제한된 범위 내의 주소 할당을 위해서만 사용된다. 호스트의 네트워크 카드(NIC)에 출력되어 있는 MAC 주소는 이러한 지역 주소의 예가 된다. 반면에, 글로벌 주소는 전체적으로 고유하게 인식되기 때문에, 패킷을 근거리 통신망 영역을 벗어나는 범위까지 전송하기 위해, 즉 인터-네트워킹을 위해 사용된다. IP 주소는 글로벌 주소 할당의 표준이 된다.

### [보안성(공공용 vs. 사설용)]

IP 주소는 **공공** 주소 혹은 **사설** 주소로 구분할 수 있다. 공공 주소를 포함하고 있는 패킷들은 인터넷 상의 목적지 호스트에 전송될 수 있다. 반면에, 용어가 말해주듯이, 사설 주소는 오직 하나의 조직이나 홈 네트워크 내에서만 사용된다. 따라서 사설 주소를 지닌 패킷들은 동일 조직이나 홈 네트워크의 범위 내에 위치한 목적지 노드로만 전송이 가능하고 그 밖으로는 전송이 불가능하다. 대신에 이 사설 주소를 활용할 경우에는 내부 노드들이 공공 네트워크나 스파이에게 노출되지 않기 때문에, 높은 수준의 보안성을 제공한다. 많은 조직들이 내부 네트워크를 보호하기 위해 그리고 내부 호스트 및 중계 기기에 유연한 주소 할당을 하기 위해 이 사설 주소 체계를 활용하고 있다(공공 및 사설 IP 주소에 대한 상세 사항은 5장에서 설명될 예정이다).

컴퓨터 네트워킹을 위해서는 두 가지의 서로 다른 주소 체계가 동시에 사용되고 있는데, 바로 MAC(Media Access Control)과 IP 주소이다.

## 1.9.2 MAC 주소

컴퓨터나 중계 기기의 네트워크 인터페이스 카드(NIC)에는 적어도 하나의 MAC 주소가 할당된다. MAC 주소는 네트워크 인터페이스 카드에 영구적으로 프린트되어 변하지 않기 때문에, 비록 소프트웨어를 사용해 한시적으로 바뀔 수 있다 하더라도 물리적 주소 혹은 하드웨어 주소라고 부른다. 가장 널리 사용되는 2가지 LAN 표준인 이더넷이나 WiFi용 NIC는 48비트의 MAC 주소를 사용하는데, 이 MAC 주소는 **ROM(Read Only Memory)**에 영구적으로 박혀 있다. 하나의 노드가 작동하기 시작하면, 해당 노드가 네트워킹 기능을 수행할 수 있도록 그 MAC 주소가 NIC의 **RAM(Random Access Memory)**에 복사된다.

앞서 언급했듯이 48비트의 MAC 주소는 일반적으로 각 자릿수가 4개의 2진법 비트를 나타내는 총

12개의 16진법 숫자로 표시된다. 16진법의 MAC 주소는 다음 세 개 형식 중 하나로 쓰여진다.

- 01-35-A7-BC-48-2D(두 개의 16진법 자릿수가 '-'로 구분되어 있는)
- 01.35.A7.BC.48.2D(두 개의 16진법 자릿수가 '.'로 구분되어 있는)
- 0135.A7BC.482D(네 개의 16진법 자릿수가 '.'로 구분되어 있는)

- 12개의 16진법 글자들 중에서, 첫 부분 6개 글자는 조직별로 할당된 고유한 식별자(Organizationally Unique Identifier-OUI)이다. 즉, OUI는 네트워크 카드 제조 업체를 가르키는 고유 번호 또는 이더넷과 WiFi 등의 LAN 표준을 담당하고 있는 선도적인 표준화 기관인 IEEE **(Institute of Electrical and Electronics Engineers: 미국전기전자기술자협회)**에 의해 할당된 것이다. 나머지 6개 글자는 각 NIC에 고유하게 할당되는 숫자 조합 값이다. 이러한 할당 체계에서는 어느 두 개의 NIC가 같은 MAC 주소를 공유하게 되는 일이 발생하지 않는다.

**연습문제 1-8**

시스코, 애플, 인텔, 마이크로소프트 등의 기술 조직들에 할당된 OUI를 인터넷 검색을 통해 확인해 보자. 각 회사가 몇 개의 서로 다른 OUI를 소유하고 있는지 확인해 보라.

### 1.9.3 IP 주소

IP 주소는 또 하나의 중요한 주소 체계이다. 앞서 설명했듯이 일시적인 IP 주소는 요청이 있을 때마다 호스트 최종 단말기에 동적으로 할당되며 만료 기간을 가진다. 반면에, 영구적 IP 주소는 하나의 호스트(예, 서버)에 할당되어 그대로 유지되기 때문에, 해당 호스트는 어떠한 제약없이 의도한 서비스를 제공할 수 있다. MAC 주소는 물리적 주소인 반면 IP 주소는 어느 한 노드에 물리적으로 국한되지 않는 논리적 주소이다.

IP 주소에는 두 가지 서로 다른 표준이 존재하는데, 바로 IPv4(버전 4)와 IPv6(차세대 IP 또는 IPng라고도 부름)이다. IPv4에 기반한 IP 주소 체계가 오늘날의 네트워크 공간을 지배하고 있다. IPv4 주소는 32비트로 구성되어 있어서 주기적으로 구분되는 4개 10진법 숫자의 조합으로 변환된다(예, 127.232.53.8). IP 주소는 네트워크 및 호스트의 식별 정보들로 구성된다. 예를 들어, 127.232.53.8에서, 127.232과 53.8은 각각 해당 네트워크와 호스트 구별 정보를 나타낸다. 컴퓨터 네트워킹을 이해하는데 있어서 IP 주소 할당에 대한 지식은 매우 기초적인 내용이기 때문에, 5장 전체에서 이 주제에 대해 설명한다.

## 1.9.4 MAC 주소와 IP 주소의 매핑

호스트 최종 단말기는 네트워크 간 패킷을 교환하기 위해 MAC 주소와 IP 주소 한 쌍을 필요로 한다. 그림 1.23은 이 MAC 주소와 IP 주소의 일대일 매핑의 예를 보여주고 있다. 중계 기기의 경우에는 이러한 매핑 관계가 약간 다른데, 이는 3장에서 설명될 것이다.

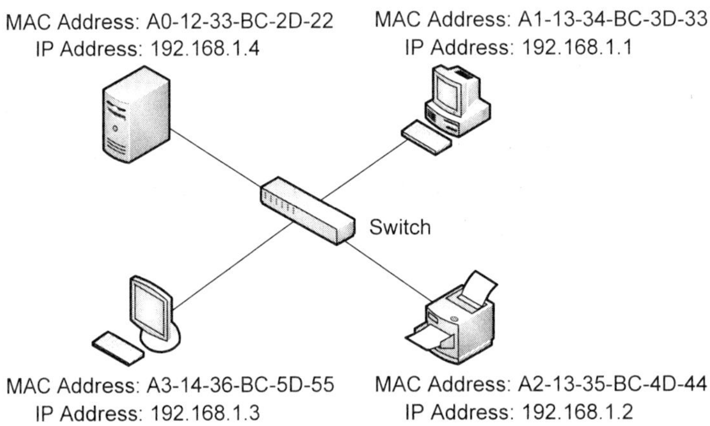


그림 1.23 MAC 주소와 IP 주소의 매핑

왜 MAC 주소와 IP 주소가 반드시 쌍을 이루어야 하는지에 대해 의문이 드는 것은 당연하다. 간단하게 답하자면, MAC 주소는 인트라-네트워킹용이고 IP 주소는 인터-네트워킹용이기 때문이다. 다시 말해, 하나의 서브네트워크 내에서는 목적지 호스트의 MAC 주소만 있으면 소스 호스트에서부터 모든 패킷을 전송할 수 있다. 그런데 만약 패킷이 궁극적인 목적지에 도달하기 전까지 여러 개의 서브네트워크들을 거쳐야 한다면(인터-네트워킹), 목적지의 IP 주소가 가는 도중에 계속적으로 참조되어야만 한다. 이 두 가지 주소화 체계의 동시적 사용에 대한 다소 복잡한 논리는 2장과 3장에서 다시 한번 더 설명된다. 표 1.4는 MAC 주소와 IP 주소 체계의 각 특성을 요약해 놓은 것이다.

[표 1.4] MAC 주소와 IP 주소 체계의 일반적 특성 비교

| 속성 | MAC 주소 | IP 주소 |
|---|---|---|
| 영구성 | 영구적 | 일시적 또는 영구적 |
| 보안성 | 사설용 | 공공용 또는 사설용 |
| 접근성 | 지역적 | 글로벌 |

### 연습문제 1-9

명령어 입력창에 Windows 환경에서는 ipconfig/all을 Linux/Unix 환경에서는 ifconfig를 쳐 넣어, 자신의 컴퓨터의 MAC 주소와 IP 주소를 찾아보라. 그림 1.24에서 볼 수 있듯이, 오늘날의 컴퓨터는 일반적으로 두 개의 MAC 주소:이더넷 NIC(또는 LAN 카드)용 한 개와 WiFi NIC용 한 개를 보유하고 있다. 그러나, 이 둘 중에 현재 사용하고 있는 단 하나의 MAC 주소만이 호스트의 IP 주소와 연결되어 있다. 그림 1.24에 기반하여 아래 질문에 답하라.

1. 컴퓨터의 현재 IP 주소는 무엇인가?

2. 호스트 최종 단말기는 몇 개의 NIC와 MAC 주소를 보유하고 있는가?

3. MAC 주소는 무엇이며, 왜 한 개 이상의 MAC 주소가 존재하는가?

4. NIC의 제조 업체는 어디인가?

5. WiFi LAN의 MAC 주소가 IP 주소, 192.128.1.2에 연동되어 있는 것을 볼 수 있다. 이는 무엇을 의미하는가?

그림 1.24에서 등장하는 자동 환경설정, 서브넷 마스크, 디폴트 할당 게이트웨이, DHCP 서버, 그리고 DNS 서버 같은 항목들은 본 교재에서 차후에 설명될 것이다.

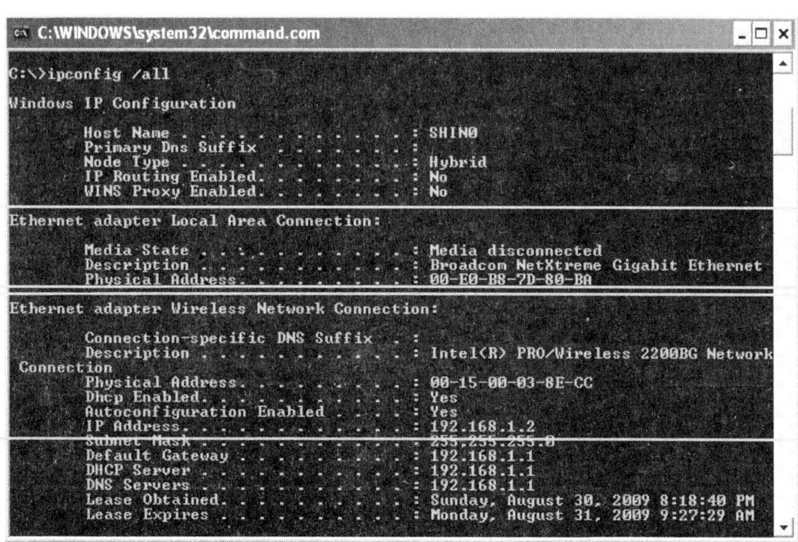
```
C:\WINDOWS\system32\command.com
C:\>ipconfig /all
Windows IP Configuration
        Host Name . . . . . . . . . . . . : SHIN0
        Primary Dns Suffix  . . . . . . . :
        Node Type . . . . . . . . . . . . : Hybrid
        IP Routing Enabled. . . . . . . . : No
        WINS Proxy Enabled. . . . . . . . : No
Ethernet adapter Local Area Connection:
        Media State . . . . . . . . . . . : Media disconnected
        Description . . . . . . . . . . . : Broadcom NetXtreme Gigabit Ethernet
        Physical Address. . . . . . . . . : 00-E0-B8-7D-80-BA
Ethernet adapter Wireless Network Connection:
        Connection-specific DNS Suffix  . :
        Description . . . . . . . . . . . : Intel(R) PRO/Wireless 2200BG Network
 Connection
        Physical Address. . . . . . . . . : 00-15-00-03-8E-CC
        Dhcp Enabled. . . . . . . . . . . : Yes
        Autoconfiguration Enabled . . . . : Yes
        IP Address. . . . . . . . . . . . : 192.168.1.2
        Subnet Mask . . . . . . . . . . . : 255.255.255.0
        Default Gateway . . . . . . . . . : 192.168.1.1
        DHCP Server . . . . . . . . . . . : 192.168.1.1
        DNS Servers . . . . . . . . . . . : 192.168.1.1
        Lease Obtained. . . . . . . . . . : Sunday, August 30, 2009 8:18:40 PM
        Lease Expires . . . . . . . . . . : Monday, August 31, 2009 9:27:29 AM
```

그림 1.24 호스트 최종 단말기의 IP 환경설정(MS Windows)

# 제2장 아키텍처와 표준

## 2.1 개 요

이 장에서는 네트워크의 아키텍처(구조), 계층, 표준 및 프로토콜의 개념과 그것들 간의 관계성에 대해 설명한다. 개념들이 매우 축약적이어서 이해를 하는데 다소 어려움이 있을 수 있다. 그럼에도 불구하고, 이 장에 등장하는 개념들은 컴퓨터 네트워킹에서 가장 기본적인 것들이고 우리가 가장 자주 만나게 되는 것들이다. 그렇기 때문에, 이 어려운 주제를 책의 앞부분에서 소개하고자 한다. **소개되는 개념들 및 관계성을 보다 잘 이해하기 위해서는 이 장을 전체적으로 여러 차례 반복 학습할 것을 권장한다.**

우선 네트워크 노드 간 통신을 위해서는 사전에 정의된 수많은 기능들(또는 활동들)이 수행되어야 한다. 만약 그 기능들 중 단 하나라도 적절히 수행되지 않는다면, 노드들은 신호를 잘못 이해하거나 전혀 이해하지 못할 것이다. 그 수많은 기능들은 근본적인 유사성을 기준으로 그룹화될 수 있다. 컴퓨터 네트워킹에서 표준 **아키텍쳐**란 **광의의 의미로서** 다중-계층 구조에서 수행되는 기본적인 네트워크 기능들을 정의하는 하나의 틀(프레임웍)을 말한다. 계층들과 각 계층의 기능들이 표준 **아키텍쳐**에 따라 결정되고 나면, 보다 구체적인 표준(주로 프로토콜 형태인)들이 각 계층별로 사전-정의된 기능들을 수행하기 위해 개발된다. 표준 아키텍쳐의 계층적 접근은 차별적인 장점을 제공하는데, 특히 어느 한 계층 내 소프트웨어나 하드웨어의 변경 사항들이 다른 계층의 표준들과는 독립적으로 반영될 수 있다는 점에서 그러하다.

**표준 아키텍쳐**와 각 **계층**, 그리고 각 **표준** 간의 관계성에 대한 전반적인 설명을 통해, 이 장에서 다루고자 하는 주요 학습목표는 다음과 같다.

- TCP/IP와 OSI 표준 아키텍쳐
- 프로토콜 데이터 유닛(PDU)의 여러 가지 유형
- 응용, 전송, 인터넷, 데이터 링크 및 물리적 계층의 기본 기능
- 각 계층별 핵심 표준(대분분 프로토콜의 형태인)
- 네트워킹 프로토콜의 매커니즘
  - 인터넷 계층의 IP와 ICMP

  ○ 전송 계층의 TCP와 UDP

• 표준 계층들을 실행하는 호스트의 소프트웨어/하드웨어 구성 요소

• 표준 계층들 간의 캡슐화(encapsulation)와 캡슐화 해제(de-encapsulation) 과정

## 2.2 TCP/IP vs. OSI 구조

### 2.2.1 표준 아키텍처

TCP/IP와 OSI(Open Systems Interconnection-개방형 시스템 간 상호접속 체계)는 두 개의 가장 지배적인 표준 아키텍쳐이다. 이 TCP/IP는 인터넷용으로 처음 소개되었다. IETF(**Internet Engineering Task Force**)가 TCP/IP 표준의 개발을 책임지고 있다. 네트워크 설계자, 운영자, 판매자 및 연구자들의 국제적 커뮤니티 같은 조직들이 **RFC(Request for Comments)**들을 개발하는 다수의 프로젝트 그룹들을 보유하고 있다. 그 중에서도 일부 RFC들이 성숙화 단계와 IETF의 승인을 거친 후 공식적인 TCP/IP 표준이 된다. 이 프로젝트 그룹들의 명단과 RFC들은 IETF의 웹사이트(www.IETF.org)에서 확인할 수 있다.

OSI는 미국의 **ANSI(American National Standards Institute)** 등 여러 국가의 표준화 기관을 대표하는 국제적 표준화 기구인 **국제표준화기구(ISO: International Organization for Standardization)**가 제안한 또 하나의 표준 아키텍쳐이다. TCP/IP와 OSI, 이 두 개 표준 아키텍쳐는 전체적인 네트워크 기능들이 서로 약간 다른 두 가지 계층 구조를 기준으로 구분된다. TCP/IP는 4개의 기능 계층으로 정의되는 반면, OSI는 7개의 계층으로 구성된다(그림 2.1 참조). OSI는 TCP/IP의 응용 계층의 기능을 다시 응용, 표현 그리고 세션 계층으로 더 세분화하기 때문이다. 또한 OSI는 TCP/IP의 서브넷 계층을 다시 데이터 링크 계층과 물리적 계층으로 구분한다.

실제 OSI와 TCP/IP용으로 소개된 표준들은 서로 경쟁적인 성격을 지닌다기 보다는 서로 보완적인 성격을 지닌다. 응용, 전송 그리고 네트워크 계층에서 주로 사용되는 표준들의 대부분은 데이터 링크 및 물리적 계층에서 널리 사용되는 TCP/IP와 OSI의 표준들로부터 왔다. 결과적으로는 응용, 전송, 인터넷(혹은 네트워크), 데이터 링크, 그리고 물리적 계층으로 구성된 5개 계층의 혼합적 아키텍처가 실무에서 가장 널리 수용되고 있다. 이 혼합적 구조가 이 책에서 설명하는 기초이기도 하다.

그림 2.1에서 볼 수 있듯이, 응용 계층의 핵심 기능은 '웹 브라우저-웹 서버' 혹은 '이메일 클라이

언트-이메일 서버' 등과 같은 어플리케이션 대 어플리케이션 간 통신을 가능하게 하는 것이다. 전송 및 인터넷 계층은 기본적으로 네트워킹 간의 통신을 지원하기 위해 설계된 것이며, 나머지 아래의 두 개 계층(데이터 링크 및 물리적 계층)은 서브네트워크 내에서의 네트워킹 내부 수행 활동들을 지원하기 위한 것이다.

인터-네트워킹(inter-networking) 혹은 인트라-네트워킹(intra-networking) 통신을 위해서는 노드들(호스트 및 중계 기기들)이 필수적으로 다양한 서로 다른 계층에서 수행되어야 한다. 호스트 컴퓨터는 5개 계층 모두의 역량을 수행하는 반면, 중계 기기는 5개 계층 중 일부 기능만을 수행한다. 예를 들어, 전통적 방식의 **스위치**는 데이터 링크 및 물리적 계층의 작업들을 수행하며, **라우터**는 인터넷, 데이터 링크, 그리고 물리적 계층의 작업들을 수행하기 위해 설계된 것이다(보다 자세한 사항은 3장을 참조).

<table>
<tr><th>TCP/IP</th><th>OSI</th><th>혼합(Hybrid)</th><th>계층(Layer)</th><th>핵심 기능(Key Tasks)</th></tr>
<tr><td rowspan="3">응용<br>Application</td><td>응용<br>Application</td><td rowspan="3">응용<br>Application</td><td rowspan="3">5</td><td rowspan="3">어플리케이션 대 어플리케이션 간 통신</td></tr>
<tr><td>표현<br>Presentation</td></tr>
<tr><td>세션<br>Session</td></tr>
<tr><td>전송<br>Transport</td><td>전송<br>Transport</td><td>전송<br>Transport</td><td>4</td><td rowspan="2">서브네트워크들간 패킷 전송<br>(인터네트워크 통신)</td></tr>
<tr><td>인터넷<br>Internet</td><td>네트워크<br>Network</td><td>인터넷<br>Internet</td><td>3</td></tr>
<tr><td rowspan="2">네트워크 접속<br>Network Access<br>(또는 서브넷)</td><td>데이터 링크<br>Data link</td><td>데이터<br>링크Data link</td><td>2</td><td rowspan="2">한 서브네트워크 내 패킷 전송<br>(인트라 네트워크 통신)</td></tr>
<tr><td>물리적<br>Physical</td><td>물리적Physical</td><td>1</td></tr>
</table>

그림 2.1 TCP/IP와 OSI의 계층

## 2.2.2 표준 & 프로토콜

모든 계층에서는 각 계층의 기능들이 **표준**(standards)의 형태로 형성되어 있다. 각 계층에는 수많은 사전 정의된 작업들이 주어져 있으며, 여기에 몇 가지 표준들이 함께 수반되는 것이다. 특정 계층은(예, 응용 계층 및 물리적 계층)은 다른 계층(예, 인터넷 및 전송 계층)에 비해 훨씬 더 많은 표준들을 가진다. 각 계층별로 잘 알려져 있는 표준들이 표 2.1에 요약되어 있으며, 이후에 보다 자세히 설명될 것이다. 표준들은 소프트웨어 혹은 하드웨어 혹은 두 가지 모두의 형태로 구현된다.

[표 2.1] 각 계층별 선택적인 표준들

| 계층 | 표준 |
|---|---|
| 응용 | • SMPT(단순 메일 전송 프로토콜)<br>• HTTP(하이퍼텍스트 전송 프로토콜)<br>• DNS(도메인 네임 시스템)<br>• DHCP(동적 호스트 환경설정 프로토콜) |
| 전송 | • TCP(전송 통제 프로토콜)<br>• UDP(사용자 데이터그램 프로토콜) |
| 인터넷 | • IP(인터넷 프로토콜)<br>• ICMP(인터넷 통제 메시지 프로토콜) |
| 데이터 링크 | • LAN 표준(예, 이더넷, WiFi) |
| | • WAN/MAN 표준(예, 프레임 릴레이(Frame Relay), Metro Ethernet) |
| 물리적 | • 네트워크 케이블링 표준(예, 이중 와선, 광섬유) |
| | • 포트/인터페이스 표준(예, RJ-45, 직렬 포트, 병렬 포트) |
| | • 전송 기술 표준(예, 변조(Modulation), 다중화(Multiplexing)) |

소프트웨어를 실행시키기 위해서는 마치 **표준**의 서브셋과 같은 형태의 많은 **프로토콜**들을 필요로 한다. 각 프로토콜은 서로 데이터를 주고받기 위해 네트워크 노드가 지켜야 할 수많은 통신 규칙들을 포함하고 있다(문법적 및 의미적 규칙들에 관해서는 항목 1.2.6를 참조). 응용 계층의 HTTP, 전송 계층의 TCP, 인터넷 계층의 IP 등은 그 중에서도 매우 잘 알려져 있는 프로토콜들이다. 단, 물리적 계층은 수많은 하드웨어 관련 표준들을 포함하고 있지만 (표 2.1 참조), 그것들을 가리켜 프로토콜이라고 부르지는 않는다.

## 2.2.3 프로토콜 데이터 유닛(PDU)

각 호스트 컴퓨터는 네트워킹을 위해 모든 계층 기능들을 내장하고 있어야 한다. 두 호스트 간에 통신을 할 때, 물리적 계층을 제외한 모든 계층들은 **프로토콜 데이터 유닛**(PDU)이라고 부르는 이산된 메시지의 단위를 만들어 낸다. 다시 말해, 응용 계층의 프로토콜 데이터 유닛, 전송 계층의 프로토콜 데이터 유닛, 인터넷 계층의 프로토콜 데이터 유닛, 데이터 링크 계층의 프로토콜 데이터 유닛이 각각 존재한다는 의미이다. 전송 계층 PDU, 인터넷 계층 PDU, 그리고 데이터 링크 계층 PDU는 각각 **세그멘트**(segment) 혹은 **데이터그램**(datagram), **패킷**(packet), 그리고 **프레임**(frame)이라고 불리운다. 단, 응용 계층 PDU는 지정된 명칭을 가지고 있지 않다. 1장에서 간략하게 **패킷**의 개념을 설명한 바 있는데, 왜 그랬는지 궁금했을 수도 있을 것이다. 간단히 말하자면, 컴퓨터 네트워킹의 궁극적인 목적이 최종 노드들(호스트 컴퓨터들) 간에 효과적이고 안정성 있는 패킷 전송을 이루어 내는데 있기 때문이다. 그림 2.3을 이해하고 난 후에는 그 논리를 알 수 있을 것이다.

PDU는 **데이터**(data), **헤더**(header) 그리고 **트레일러**(trailer) 영역의 선택적 조합이라고 할 수 있다. 데이터 영역이란 이메일, 음성 또는 비디오 등의 원시 데이터가 놓여있는 장소를 말한다. 데이터 영역 내에 있는 원시 데이터를 전송하기 위해서는 추가적인 오버헤드 정보(overhead information)가 헤더(header)와 트레일러(trailer)에 포함되어야 한다. 오버헤드(Overhead)에는 소스와 목적지 주소 등과 같은 정보가 포함되어 있다.

TCP와 IP 같은 표준 프로토콜은 PDU를 다음 세 가지 포맷 중 하나로 생성해 낸다(그림 2.2 참조).

1) 헤더, 데이터, 그리고 트레일러 영역을 가지고 있는 PDU

2) 헤더와 데이터 영역만 가지고 있는 PDU

3) 오직 헤더만 가지고 있는 PDU

헤더와 트레일러는 데이터 영역의 전후 부분에 추가되는데, 프로토콜이 요구하는 다양한 유형의 정보를 포함하기 위해서 다시 몇 개의 하위 영역으로 구분된다.

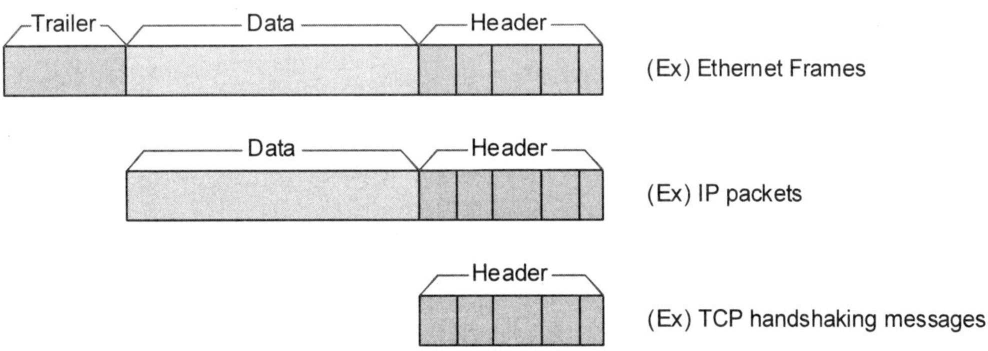


그림 2.2 PDU 형식의 세 가지 유형

## 2.3 계층 기능(Layer functions)–청사진

이번 섹션에서는 혼합적 아키텍쳐의 핵심적인 계층 기능들에 대해 설명할 것이다. 학생들이 이 분야를 처음 접한다면 각 계층의 기본 기능을 이해하기 어려울 수도 있다. 그래서 각 계층의 역할을 쉽게 이해할 수 있도록 하기 위해 실생활의 시나리오를 시각화한 자료를 이용해 설명을 할 예정이다. 즉, **비즈니스 우편**(응용 PDU의 아날로그 형태 중 하나인)이 서로 다른 도시에 살고 있는 제인과 브라이언 간에 교환되는 시나리오를 시각화한 것이다(그림 2.3 참조).

다음의 행위들이 순차적으로 발생하였다고 가정해 보자:

1. 제인은 영어로 비즈니스 우편을 작성한다.
2. 우편을 보내기 전에 브라이언에게 전화를 해서 비즈니스 우편이 보내질 것이니 그것을 받으면 연락을 해 달라고 말한다. 브라이언은 접수 확인을 해주겠다고 동의한다.
3. 그 편지는 제인과 브라이언의 우편 주소 정보가 적힌 봉투에 담겨 우체통에 넣어진다.
4. 제인의 메일은 우편 배달부의 차를 통해 지역 우체국으로 이동된다. 그 편지는 지역 우체국에서 목적지의 주소에 따라 분류된 후, 좀 더 큰 우편물 운송 차량에 의해 목적지에서 좀 더 가까운 지역의 우체국으로 배달된다. 이와 같은 주소 기준의 분류 작업은 목적지 우체국 사무소에 도착하기 전까지 몇 차례 반복된다
5. 목적지 관할 지역 우체국에서 우편 배달부가 제인의 편지를 브라이언의 주소지까지 자신의 차량으로 배달한다.

이러한 시나리오는 제인의 우편물 전송 과정과 IP 패킷의 전송 과정 간에 다음과 같은 유사점이 존재한다는 것을 보여준다.

1. 제인에 의해 쓰여진 비즈니스 우편: 응용 계층의 기능(편지를 쓰는 활동)
2. 제인이 브라이언에게 전화를 해서 편지가 갈 것을 알려주고 그것을 수령할 것을 브라이언에게 인식시켜 주는 행위(핸드쉐이킹-handshaking): 전송 계층의 기능
3. 우편 주소를 편지 봉투에 기재(IP 패킷의 개발): 인터넷 계층의 기능
4. 우편 주소에 따라 제인의 편지가 분류되는 것(IP 패킷의 라우팅 결정) : 인터넷 계층의 기능
5. 우편 트럭, 우편 항공 등과 같은 여러 가지 운송 매커니즘을 통한 우체국들 간의 우편 전송 (IP 패킷 전송): 데이터 링크 계층의 기능

컴퓨터 네트워크의 궁극적인 목적은 기본적으로 통신 호스트 간에 IP 패킷(예, 봉투 안에 담겨진 제인의 편지)을 안전하게 전송하는데 있다. 이러한 측면에서 데이터 링크 기술들(예, 이더넷, WiFi, 그리고 프레임 릴레이(Frame Relay))은 단지 패킷을 전달하기 위해 사용 가능한 여러 가지 운송 수단들(예, 트럭이나 항공기)을 나타낸다. 인트라 네트워크 통신은 한 서브네트워크 내에서 하나의 특정 운송 수단에 의해 패킷이 전달되는 것을 의미하는 용어라고 할 수 있다. 반면, 패킷의 개발이나 분류(위의 단계 3과 4)는 인터네트워크 통신의 핵심적인 활동이라고 할 수 있다. 이 많은 내용들을 함축적으로 표현하고 있는 그림 2.3을 자세히 자세히 살펴보자.

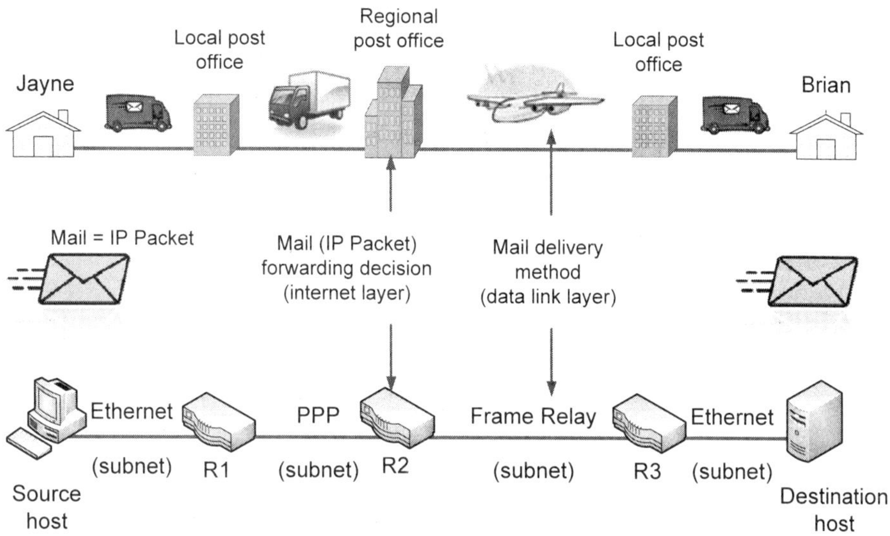


그림 2.3 계층 기능들의 실 생활 시나리오와 유사점

이 그림을 이해했다면 물리적 계층(계층1)에서부터 응용 계층(계층5)까지에 대한 상세 설명을 시작해 보겠다. 기본적으로 물리적 계층은 하드웨어 관련 표준들을 다루는 반면, 인터넷, 전송, 그리고 응용 계층의 표준들은 주로 소프트웨어의 구현을 위한 것이다.

## 2.4 물리적 계층(계층1)

물리적 계층(계층1)은 유선(예, 광섬유 혹은 구리선 케이블)의 혹은 무선(예, 공기)의 미디어를 통한 노드 간의 데이터 시그널링(signaling) 기능을 담당하고 있다. 따라서 물리적 계층의 기능은 호스트 기기에 의해 생산된 데이터 링크 계층 PDU(프레임)의 전파를 위해 **전자**, **라디오**, 혹은 **빛 신호**로 변환하는 NIC와 같은 하드웨어 기기에 의해서 구현된다. 데이터 링크 계층에서 생산되는 프레임은 1과 0 값으로 구성되는데, 이것이 네트워크로 전송될 수 있는 적절한 형태의 신호 체계로 변환되어야 한다. 그 변환 프로세스를 **신호 표기법(시그널링)**이라고 하는데, 바로 그림 2.4가 '10110'의 2진법 비트 스트림을 전자 신호로 변환하는 전자 시그널링의 간단한 예를 보여주고 있다. 높은 전자 상태는 0비트를 나타내는 반면, 낮은 상태는 1비트를 나타낸다.

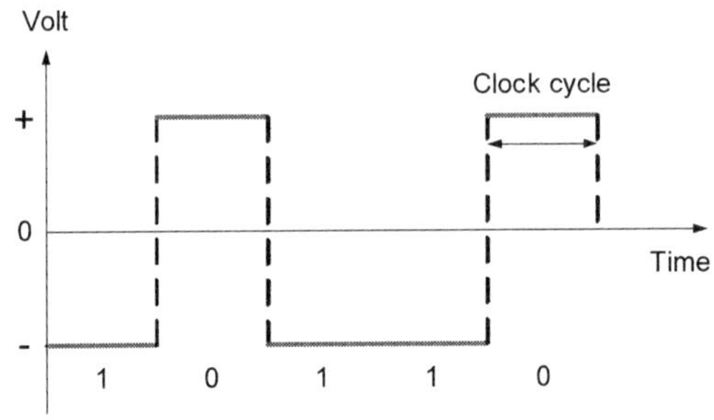


그림 2.4 시그널링의 예시

**이중 와선**(twisted pairs)과 **광섬유**(optical fibers)가 주로 많이 쓰이는 유선 미디어이고, **대기**(air)는 무선 네트워킹을 위한 매개체이다. 네트워크 노드를 연결하는 전송 매개체의 유형에 따라 전자 신호(이중 와선 및 동축 케이블을 통한), 빛 신호(광섬유를 통한), 혹은 라디오 신호(공기를 통한) 등이 전파된다. 비트 스트림과 전자 신호를 서로 변환할 수 있는 수많은 방법들이 산업 표준으로 소개되어 왔다. 사실 그림 2.4에서 설명한 것보다 훨씬 더 정교한(그래서 더 복잡한) 변환 방법들이 비트 스트림을 더 빨리 전송시키기 위해 사용되고 있다. LAN과 WAN 링크 또한 다양한 특성(예, 신호의 형태 및 강도)을 지닌 여러 가지 수많은 시그널링 방법들을 사용한다. 시그널링에 관한 보다 자세한 내용은 4장에서 설명될 것이다.

### 연습문제 2-1

그림 2.5에서와 같이 세 개의 LAN과 세 개의 WAN 연결로 구성된 하나의 기업 네트워크를 상상해 보자.

1. 이 기업 네트워크에 몇 개의 LAN과 몇 개의 WAN이 존재하는가?(인터넷 연결을 포함하여)

2. 패킷이 R1과 R3를 거쳐 간다고 가정하면, PC1과 Server1 사이에는 몇 개의 물리적 링크들이 존재하는가?

3. Laptop1이 R3-R1-R2 라우터를 지나 PC2와 통신한다고 가정하자. End-to-end 연결을 위해 몇 개의 물리적 링크들이 존재하는가?(무선 연결을 포함해서)

4. 시그널링 특성(예, 형태, 강도)이 SW1-Hub 링크와 R1-R2 링크 간에 동일한가?

참고 1: SW1=스위치 1, R1=라우터 1, WAN 링크는 시리얼 라인(serial line)이라고도 불린다.
참고 2: 각 WAN 연결은 직접적인 선처럼 보이지만, 사실상 두 개의 멀리 떨어져 있는 라우터(예, R1과 R3)를 연결하기 위해서는 하나 이상의 물리적 링크가 필요하다. WAN에 대한 상세한 내용은 9장에서 설명된다.

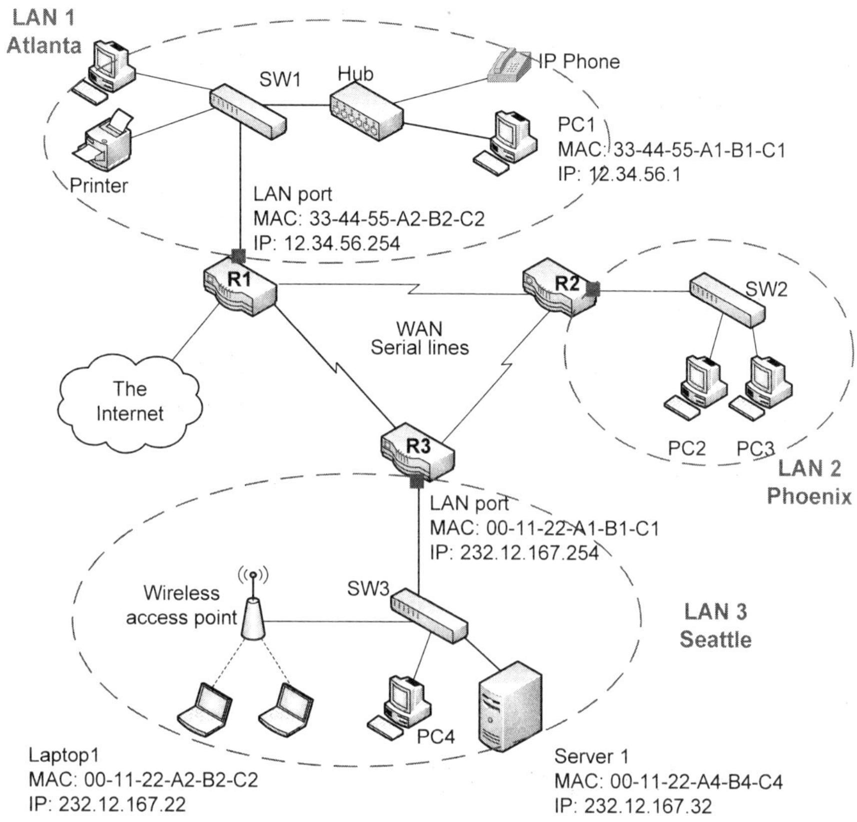


그림 2.5 기업 네트워크와 물리적 계층의 연결

두 노드 간의 시그널링을 위해서는 여러 가지 물리적 계층 기술들이 표준화되어야 한다. 그래야만, 서로 다른 제조사에서 만든 하드웨어 제품들이 해당 표준에 맞추기만 하면 서로 호환되어 사용될 수 있기 때문이다. 아래는 물리적 계층에서 구체적으로 표준화되는 사항들 중 일부이다(그림 2.6 참조).

- 이중 와선(Twisted Pair), 동축 케이블, 그리고 광섬유 등 유선 미디어의 물리적 특성
- 시그널링 방법(예, 디지털 vs. 아날로그 시그널링)이나 신호 강도 같은 전자, 빛, 라디오/극초단파 신호의 속성들이 데이터 전송에 사용됨
- 포트 및 인터페이스의 속성(예, 포트 속도)
- 전송을 위해 서로 다른 소스들로부터의 신호들을 결합하는 방법

그림 2.3에서는 물리적 계층의 표준을 실세계의 시나리오에 대응시킨 내용은 포함되어 있지 않다. 기기 운영을 가능케 하는 부속품들에 관한 상세한 표준들이 바로 물리적 계층의 표준들과 동일하다고 할 수 있기 때문이다.

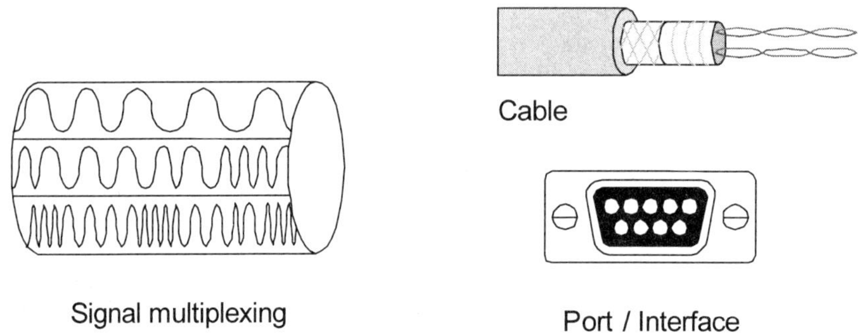


그림 2.6 물리적 계층 표준의 예

## 2.5 데이터 링크 계층(계층2)

데이터 링크 표준(예, 이더넷 및 WiFi)은 하나의 서브네트워크 내에 존재하는 노드들 간의 IP 패킷 전송 기능을 수행한다. 즉, 이 계층은 네트워크 내에서의 통신을 담당하고 있는 것이다(예, 그림 2.3에서 두 개의 이웃 우체국 간 혹은 집과 우체국 간의 이동). 다음 섹션에서는 LAN과 WAN 환경 내에서의 데이터 링크 계층을 각각 설명할 것이다. 다음 하위 섹션에서는 데이터 링크 계층을 LAN과 WAN의 측면에서 각각 살펴볼 것이다.

### 2.5.1 LAN 데이터 링크

#### [프레임(Frame)과 스위칭(Switching)]

앞서 1장에서 인트라-네트워킹 통신은 스위치나 무선 엑세스 포인트 등 하나 이상의 인트라-네트워크 통신 기기에 의존해서 이루어진다고 설명했다. 다시 말해서, 두 개 노드 간(예, 호스트-대-호스트)의 IP 패킷 전송이 라우터를 거치지 않고 이루어질 때, 그것을 인트라-네트워킹이라는 용어로 표현하는 것이다(그림 1.4 참조). 인트라-네트워킹을 위해서는 인터넷 계층에서 생성되는 IP 패킷이 하나의 프레임으로 변화되어 전송되어야 한다(섹션 2.2.2를 참조하면 프레임이란 데이터 링크 계층에서 생성되는 PDU의 명칭이다). 이 과정을 패킷의 **캡슐화**(encapsulation)라고 부른다(그림 2.22에서 설명될 예정). 인트라-네트워킹을 위한 프레임의 전달을 일컫어 **스위칭**(switching)이라고 부르는데, 한 서브네트워크 내에서의 스위칭은 순전히 MAC 주소에만 기반하여 수행된다. 이 때문에 각 프레임의 헤더(header)는 48비트의 소스와 목적지의 MAC 주소를 포함하고 있어야만 한다(섹션 1.9.4 참조).

### [링크 유형(Link Types)]

그림 2.7(그림 2.5의 LAN 3)의 예시는 PC4가 하나의 패킷(하나의 프레임 내에 캡슐화된)을 Server1에 전달하는 상황과, 스위치 SW3이 목적지 MAC 주소에 기반하여 그 프레임을 전달하는 상황을 보여주고 있다. 이 상황에서 SW3을 통과하는 두 개 호스트 간(PC4와 Server1)의 논리적 경로가 하나의 데이터 링크가 된다.

조금 다른 예로, 그림 2.7에서 PC4가 IP 패킷(하나의 프레임 내에 캡슐화된)을 라우터(R3)를 통해 서브네트워크 영역 밖으로 내보내는 상황을 생각해 보자. 그 패킷은 R3의 어떤 포트를 통해 다른 네트워크로 보내지기 전에 우선은 R3의 LAN 포트(Fa0/1)에 먼저 도달해야만 한다. 이러한 상황에서 PC4에서 R3의 LAN 포트(Fa0/1)까지의 논리적 경로 또한 하나의 데이터 링크가 된다.

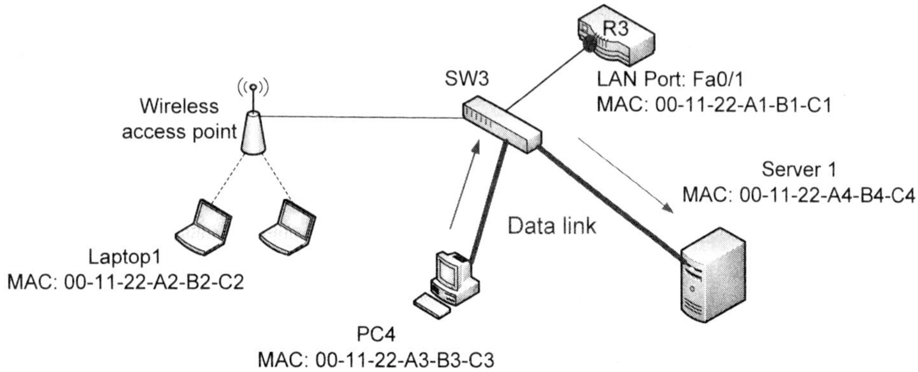


그림 2.7 인트라-네트워킹을 위한 MAC 주소 체계의 활용

### [기술 표준(Technology Standard)]

일반적으로 하나의 데이터 링크는 한 가지 표준 기술(예, 이더넷)에 의존한다. 그러나 하나 이상의 표준 기술이 인트라-네트워킹의 데이터 링크를 형성하기 위해 사용되는 경우도 많다. 어느 한 조직이 자체 네트워크 인프라스트럭쳐를 구성할 때 이더넷과 WiFi 기술 두 가지 모두를 사용하는 경

우가 그런 경우이다. 예시 그림 2.7를 보면, Laptop1과 Server1 간의 데이터 링크가 이더넷(무선 엑세스 포인트와 Server1 사이의)과 WiFi(Laptop1과 무선 엑세스 포인트 사이의) 표준 두 가지 모두에 의존하고 있는 것을 알 수 있다. 이런 경우에 무선 엑세스 포인트가 이더넷과 WiFi 프레임을 융합한다(보다 자세한 사항은 8장에서). LAN용으로 가장 널리 사용되는 두 개의 데이터 링크 표준인 이더넷과 WiFi는 프레임에는 구조적 차이가 있지만, 동일한 48비트의 MAC 주소 체계를 사용한다.

### [단일 활성화 전송 경로(Single Active Delivery Path)]

한 서브네트워크 내에서는 두 개 노드 간에 오직 하나의 단일 전송 경로만이(따라서 오직 하나의 단일 데이터 링크만이) 활성화된다는 것을 기억하자. 이는 서브네트워크 내에 몇 개의 호스트 최종 단말기와 중계 기기가 존재하든지와는 상관없이 그러하다. 많은 서브네트워크들이 중복성을 제공하기 위해 두 개 노드 사이에 이용 가능한 하나 이상의 **물리적** 경로를 보유하고 있음에도 불구하고, 중계 기기들(특히 스위치)은 중복된 경로를 알아내어 한 시점에 그 중 오직 하나의 단일 데이터 링크 경로만이 활성화될 수 있도록 중복된 경로들을 막는다(7장에서 보다 자세히 설명된다).

### [프레임의 MAC 주소]

프레임의 소스와 목적지의 MAC 주소는 여러 개의 중계 기기들을 거쳐간다 하더라도 데이터 링크 전송 단계에서 전혀 변하지 않는다. 예를 들어, PC4가 Server1에 프레임 하나를 보낼 때, 프레임의 소스 MAC 주소(00-11-22-A3-B3-C3)와 목적지 MAC 주소(00-11-22-A4-B4-C4)는 SW3에 의해 보내질 동안 동일하게 유지된다.

#### 연습문제 2-2

그림 2.7을 참조하여 다음 질문에 답하라.

1. Laptop1으로부터 몇 개의 데이터 링크가 형성될 수 있는가? 그것들을 나열하라.

2. PC4로부터 몇 개의 데이터 링크가 형성될 수 있는가? 그것들을 나열하라.

3. 위 문제 1에서 밝혀낸 데이터 링크들 중 몇 개가 하나 이상의 중계 기기들과 연결되어 있는가?

4. 위 문제 2에서 밝혀낸 데이터 링크들 중 몇 개가 하나 이상의 중계 기기들과 연결되어 있는가?

5. Server1이 R3의 LAN 포트(Fa0/1)에 프레임 하나를 보낼 때, 그것의 소스와 목적지 데이터 링크 계층 주소는 무엇인가? 그 주소는 그 프레임이 스위치(SW3)를 통과해 지나가는 동안 변경되는가?

6. Laptop1이 라우터 R3의 LAN 포트(Fa0/1)에 프레임 하나를 보낸다면, 그것의 소스와 목적지 데이터 링크 계층 주소는 무엇인가? 그 주소는 그 프레임이 무선 엑세스 포인트와 스위치(SW3)를 통과해 지나가는 동안 변경되는가?

힌트: 이더넷과 WiFi가 동일하게 48비트의 MAC 주소 체계를 사용한다는 사실을 기억하라.

## 2.5.2 WAN 데이터 링크

앞에서는 데이터 링크의 개념이 LAN의 측면(예, 이더넷과 WiFi)에서 설명되었지만, WAN 연결에서도 또한 적용될 수 있다. 그림 2.5의 예시를 참고해 보자. LAN과 WAN의 연결로 구성된 기업 네트워크에서 PC1에서부터 Server1으로 가는 패킷이 반드시 R1과 R3의 라우터를 거쳐가야 한다고 가정해보자. 그러면 이 패킷은 R1과 R3라는 2개의 경계 라우터에 의해 분리된 세 개의 서로 다른 데이터 링크들을 거치게 된다.

- 데이터 링크 #1: PC1에서 R1으로의 연결
- 데이터 링크 #2: R1에서 R3로의 연결
- 데이터 링크 #3: R3에서 Server1으로의 연결

데이터 링크 #1과 데이터 링크 #3은 지역 네트워크 내에서 형성되며, 데이터 링크 #2는 하나의 WAN 연결이라는 것을 관찰할 수 있다. 따라서 그림 2.5에서 라우터들 간 3개의 WAN 연결 각각이 하나의 데이터 링크가 된다. 단, R1과 R3 간 데이터 링크 #2는 몇 천 마일 정도의 먼 거리일 수도 있다. 하지만 거리와 상관없이 그것은 여전히 기업 네트워크 내에 있는 하나의 데이터 링크가 되는 것이다. 각각의 데이터 링크는 end-to-end(예, R1과 Server1) 연결을 가능케 하기 위해, 서로 다른 기술 표준들을 사용한다. 예를 들어, 데이터 링크 #1과 데이터 링크 #3은 이더넷 LAN 기반이고, 데이터 링크 #2는 PPP(포인트-투-포인트 프로토콜) WAN 표준으로 운영되는 전파 라인일 수 있는 것이다.

앞서 언급했듯이 데이터 링크 주소(MAC 주소)는 오직 인트라-네트워킹을 위해서만 필요하다. 따라서 PC1에서부터 Server1으로 IP 패킷 하나가 전송될 때, 그 IP 패킷을 캡슐화한 프레임은 오직 데이터 링크 #1(PC1에서 R1)의 인트라-네트워킹을 위해서만 생성된다. IP 패킷을 전송하는데 있어서, R1은 다시 데이터 링크 #2(R1에서 R3)의 인트라-네트워킹을 위해 새로운 프레임을 생성한다. 이러한 신규 프레임의 생성 작업은 IP 패킷을 Server1까지 전송하기 위해 R3에 의해 다시 반복된다. 동일한 IP 패킷에 대해 각 데이터 링크마다 새로운 프레임을 생성하는 것은 그림 2.3의 실

생활 시나리오에서 제인의 편지(= IP 패킷)를 브라이언에게 배달하기까지 각 단계마다 운송 수단(= 프레임)이 변경되는 것과 닮았다.

### 연습문제 2-3

그림 2.5를 참조하여 질문에 답하라.

1. IP 폰으로부터 형성될 수 있는 서로 다른 데이터 링크는 모두 몇 개인가? 그것들을 나열하라.
2. PC1으로부터 형성될 수 있는 서로 다른 데이터 링크는 모두 몇 개인가? 그것들을 나열하라.
3. 위 질문 1에서 지적한 데이터 링크들 중 하나 이상의 중계 기기들에 연결되어 있는 것은 모두 몇 개인가?
4. 위 질문 2에서 지적한 데이터 링크들 중 하나 이상의 중계 기기들에 연결되어 있는 것은 모두 몇 개인가?
5. IP 폰에서 Laptop1으로 전화를 걸고 있다고 가정하자. 그 전화 연결은 R1과 R3를 통과해 성립된다. End-to-end 연결을 위해서는 몇 개의 데이터 링크가 존재하는가?
6. Laptop1이 R3-R1-R2 라우터를 통해 PC2에 연결되어 있다고 가정하자. End-to-end 연결을 위해서는 몇 개의 데이터 링크가 존재하는가?
7. 만약 PC1이 Server1으로 IP 패킷을 보낸다면, PC1에 의해 부여된 소스 및 목적지 데이터 링크 계층 주소는 무엇인가? Server1까지 가는 동안에 주소의 변화가 있는가?
8. 만약 IP 패킷이 PC1으로부터 R1과 R3을 통해 Server1으로 전송된다면, 그 과정에서 몇 개의 서로 다른 프레임들이 형성되는가?
9. 만약 IP 패킷이 PC1으로부터 R1과 R3을 통해 Server1으로 전송된다면, 그것이 Server1에 도착할 때 소스 및 목적지 데이터 링크 계층 주소는 무엇인가?
10. 만약 IP 패킷이 PC1으로부터 R1과 R3을 통해 Laptop1으로 전송된다면, 그 전송 과정을 완료하기 위해 몇 개의 서로 다른 프레임들이 형성되는가?

힌트: 예외적인 경우로, WiFi와 이더넷은 두 개의 서로 다른 프레임 구조를 가지고 있다.

## 2.6 인터넷 계층(계층3)

이 계층은 라우터에 의해 연결된 여러 개의 서브네트워크들을 지나는 IP 패킷의 라우팅 의사결정과 관련된 인터-네트워킹의 기능을 수행한다. 데이터 링크 계층에서 프레임의 **스위칭**이 한 서브네트워크 내의 두 개 노드 간에 단 하나의 활성화된 전송 경로를 가지는 것과는 달리, 패킷의 라우팅은 소스와 목적지 사이에 많은 수의 전송 경로들을 가정한다. 따라서 패킷 라우팅은 프레임 스위칭에 비해 의사 결정이 더욱 복잡하다. 인터넷 계층은 인터-네트워킹을 지원하기 위한 몇몇 주요한 혹은 보완적인 기능 수행을 담당한다. 그 기능들은 다음과 같다.

(1) 패킷과 생성과 라우팅 의사결정

(2) 추가적인 관리 기능 수행

### 2.6.1 패킷의 생성과 라우팅의 결정

인터넷 계층은 어플리케이션 데이터를 포함하고 있는 IP 패킷을 만들어내고, 그것을 여러 서브네트워크들을 통과해 목적지로 전송하는 작업을 담당하고 있다. 따라서 인터넷 프로토콜이 담당하는 주요 기능은 다음과 같다.

- **IP 패킷의 생성**: 패킷은 어플리케이션 데이터(예, 이메일, 웹페이지)와 헤더 영역 등을 포함한 사전 정의된 구조를 가지고 있다(그림 2.2와 그림 2.8을 참조).
- **IP 패킷의 라우팅 의사결정**: 소스와 목적지 간에 다중의 전송 경로가 상정되어 있는 상황에서 라우터가 IP 패킷을 보내면 그것을 궁극적인 목적지 호스트로 보낸다.

#### [패킷 생성]

인터넷 프로토콜(IP) 표준에는 두 가지 버전이 있는데, 바로 IPv4와 IPv6(또는 IPng 혹은 차세대 IP라고도 부름)이다. IPv6은 여러 가지 측면에서 IPv4를 뛰어넘는 상당한 발전을 보이고 있지만, 인터넷은 아직 패킷의 생성 및 운송을 위한 표준으로서 IPv4를 주로 사용하고 있다(보다 자세한 사항은 10장에서 설명). 그림 2.8은 IPv4의 패킷 구조와 각 헤더 영역에 대한 간략한 설명을 제공하고 있다.

Bit0 Bit31

<table>
<tr><td>Version 4<br>(= 0100)</td><td>Header Length<br>(4bits)</td><td>Diff-Serv(8bits)</td><td colspan="2">Total Length in Octets(16bits)</td></tr>
<tr><td colspan="3">Identification(16bits)</td><td>Flags<br>(3bits)</td><td>Fragment Offset(13bits)</td></tr>
<tr><td colspan="2">Time to Live(8bits)</td><td>Protocol in the<br>Data field(8bits)</td><td colspan="2">Header Checksum(16bits)</td></tr>
<tr><td colspan="5">Source IP address(32bits)</td></tr>
<tr><td colspan="5">Destination IP address(32bits)</td></tr>
<tr><td colspan="4">Options(if any)</td><td>Padding</td></tr>
<tr><td colspan="5">Data Field</td></tr>
</table>

참고: 각 행은 32비트를 나타낸다. 그림 2.2에서처럼 필드 정보는 순차적으로 전송된다. 예를 들어, Identification 영역은 Total Length in Octets 영역 다음에 전송된다. 위 여러 계층에 표시된 것들은 페이지 제약 때문에 간단히 나타낸 것이다. 헤더의 길이는 Options과 Padding 영역을 포함해 총 20바이트이다.

그림 2.8 IPv4의 패킷 구조

- **Version 4**(항상 0100): 이 필드는 패킷의 버전을 나타낸다.
- **Header Length**(4비트): 이 필드는 헤더의 길이를 나타낸다.
- **Diff-Serv**(8비트): 이 필드는 네트워크 서비스 품질을 향상시키기 위해 실시간 데이터(예, 비디오 스트리밍, IP 전화)에 우선순위를 제공하도록 설계되어 있다.
- **Total Length in Octets**(16비트): 이 필드는 한 패킷의 전체 사이즈를 나타낸다.
- **Identification**(16비트): 이 필드는 IP 패킷의 분할(fragmentation) 여부를 식별하는데 사용된다(패킷분할은 네트워크로 전송되기 이전에 발생한다). 오늘날에는 최종 노드가 초기 협상 프로세스(initial negotiation process)를 이용해 IP 패킷의 파편화를 피하고 있으므로, 자연히 이 필드가 활용되는 경우는 제한적이다.
- **Time to Live(TTL)**(8비트): 숫자값을 지니는 이 필드는 패킷이 거쳐갈 수 있는 최대한의 라우터 개수를 의미한다. 만약 패킷의 TTL 숫자값이 0에 도달하기 전까지 목적지에 도착하지 않으면, 해당 패킷은 라우터에 의해 버려지게 된다.
- **Protocol in the Data field**(8비트): 이 필드는 IP 패킷의 데이터 영역에 포함된 프로토콜 데이터 유닛(PDU)을 의미한다. 예를 들어, ICMP=1, TCP=6, 그리고 UDP=17 등이 있을 수 있다.
- Header Checksum(16비트): 이 영역은 헤더에 있는 오류를 감지하기 위해 사용된다(예, 변화된 비트). 헤더 부문에 전송 에러가 있는 IP 패킷은 네트워크의 성능에 영향을 미칠 수 있기 때문에 제거되어야 한다. 그러나 인터넷 계층에서는 제거된 패킷을 복원하는 기능을 수행하지 않

는다. 그것은 전송 계층의 역할이다.

- **Source and Destination IP address**(각 32비트): 이 영역은 패킷 전송에 필요한 32비트의 IP 주소 체계 정보를 포함하고 있다.

[패킷 라우팅 의사결정]

인터넷 프로토콜은 인터-네트워킹(인터넷을 포함하는)을 지나는 패킷의 **라우팅 경로**를 결정하는 기능을 담당한다. 예를 들어, 그림 2.5는 패킷이 PC1과 Server1 사이에 R1과 R3를 통과하는 하나의 선택된 라우팅 경로를 보여주고 있다. 또 다른 전송 방법으로는 R1-R2-R3 라우터를 통과하는 경로도 존재한다. 만약 한 패킷이 PC1으로부터 Server1에 도달하기 위해 R1-R3 라우터를 거친다면, R1의 **다음 연결 라우터**(next hop router)는 R3가 된다. 따라서 라우터에 의한 라우팅 의사결정이란 다음에 연결되는 라우터(next hop router)가 하나의 패킷을 받아다가 궁극적으로 그것을 목적지 호스트까지 전달하기까지 관련된 모든 것들을 결정하는 것이다. 따라서 IP 패킷의 라우팅 의사결정은 기타 다른 중계 기기(예, 스위치)에 의해서가 아니라 패킷이 거쳐 지나가는 각 라우터에 의해 이루어진다.

여기서 패킷의 소스 및 목적지 주소는 여러 서브네트워크들을 지나는 동안 변경되지 않는다는 점을 기억하라. 예를 들어, PC1에 의해 생성된 패킷은 PC1의 소스 IP 주소와 Server1의 목적지 IP 주소를 수반하고 있다. 그리고 그 IP 주소는 3개의 서로 다른 서브네트워크들을 지나는 end-to-end의 여정 동안에 동일하게 유지된다. 이러한 IP 주소의 일관성은 오직 한 서브네트워크 영역 내에서만 변하지 않고 유지되는 데이터 링크 주소와는 다른 차별점이라고 할 수 있다.

다음으로는 패킷 라우팅 의사결정의 매커니즘에 관하여 좀 더 알아볼 것이다. 라우터는 패킷 라우팅을 위해 **라우팅 테이블**에 도착하는 패킷의 목적지 IP 주소의 지도를 만들어 메모리에 저장하고, 목적지 네트워크까지의 최적 이동 경로를 찾아내어, 그 패킷을 다음에 연결된 라우터(next hop router)로 보낸다(패킷 라우팅 의사결정에 대한 보다 자세한 내용은 6장에서 설명). 패킷이 네트워크들을 거쳐 실질적으로 전송되기 위해서는, 그것이 하나의 프레임 안에 캡슐화된다. 언급한 바와 같이, 패킷 라우팅이 목적지 호스트까지 도달하기 위해 서브네트워크(인터-네트워킹)들을 통과할 수 있는 IP 주소를 사용하는 것이 한 서브네트워크(인트라-네트워킹) 내에서의 프레임 운반에 초점을 두고 있는 MAC 주소 기반의 스위칭과 서로 다른 점이다.

### 2.6.2 추가적인 관리 기능의 수행

인터넷 계층은 중요한 관리 기능들 또한 수행한다. **인터넷 통제 메시지 프로토콜**(ICMP: Internet Control Message Protocol)이 바로 이 계층에서 감시 패킷들을 교환하기 위해 설계된 프로토콜이다. ICMP는 두 네트워크 노드 간의 연결성 진단과 전송 에러(예, 도달할 수 없는 목적지 호스트)

의 레포팅 등 많은 기능들을 수행한다. ICMP 프로토콜은 IP 패킷의 데이터 영역 내에 목적지 노드(예, 호스트나 라우터)에 전송될 자체 PDU를 생성해 낸다(그림 2.9 참조).

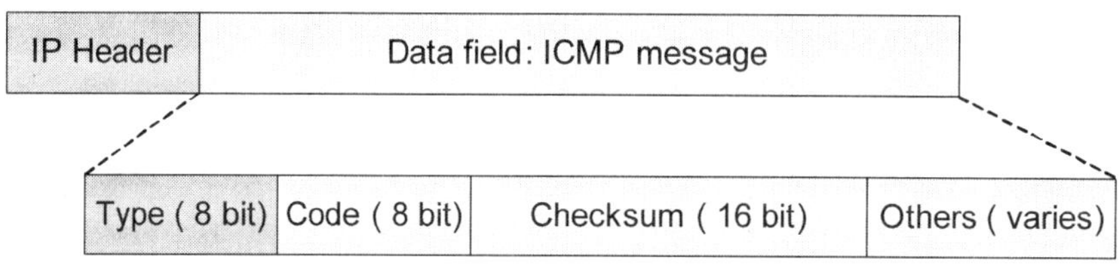


그림 2.9 ICMP 패킷의 구조

**타입**(Type), **코드**(Code), **체크썸**(Checksum)은 모든 ICMP PDU에 포함되어 있는 세 가지 전형적인 필드들이다. 다른 필드에 어떤 정보가 있을지는 유형(Type) 필드에 기초하여 결정된다.

- **타입**(Type) 값은 특정 ICMP PDU의 관리 기능을 표시한다. 그 중에서도 가장 많이 쓰이는 것은 0(echo reply), 3(도달할 수 없는 목적지), 8(echo request)이다.
- **코드**(Code) 값은 타입 값과 관련된 추가적인 정보를 제공한다. 예를 들어, 타입 값이 3(도달할 수 없는 목적지) 이면 코드값은 그 이유를 설명한다.
- **체크썸**(Checksum)은 전체 ICMP PDU에 대해 계산되는 에러 감지 코드이다.

다양한 관리 기능들 중에서도 **핑**(Ping)과 **트레이스라우트**(Traceroute)가 보다 더 잘 알려져 있으므로, 이에 대해 좀 더 자세히 설명하겠다(www.iana.org 참조).

### [핑(Ping)(그림 2.9에서 타입값=8)]

**핑(ping 혹은 echo reply)**은 네트워크 링크와 노드들을 검증하고, 그 문제를 해결하는데 있어 중요한 도구이다. 호스트 최종 단말기와 라우터는 핑을 이용하여 타겟 노드의 이용 가능성과 네트워크 연결성 체크를 하는 echo request를 전송한다. 예를 들어, 명령어 입력창에 **C: \ >ping www.yahoo.com**를 입력하면 Yahoo 웹 서버에게 보낼 핑 요청을 담은 ICMP PDU가 생성된다. 만약, Yahoo 서버가 활성화되어 있으면, 이 **echo request**에 답하기 위한 설정을 하고 다시 echo **response**를 응답으로 보낸다(타입 값=0). 이 응답은 다음 두 가지 의미를 가진다: (1) 서버가 깨어서 운영 중에 있다는 것과 (2) 두 통신 노드 간의 링크가 올바르게 작동한다는 것이다.

중계 기기들, 특히 라우터는 이 핑 명령어에 대해 응답을 하지만, 오늘날 대부분의 서버 호스트들은 서비스 거부 공격(denial-of-service)과 같은 보안 우려로 인해 이를 무시하도록 설정되어 있다. 그림 2.10은 저자가 자신의 컴퓨터에서 Yahoo 서버(www.yahoo.com)로 보낸 4차례의 핑 요청을 보여주는 예시이다. 아래는 그림 2.10을 통해 알아낼 수 있는 주요 정보들에 대한 간단한 설명이다.

- 209.131.36.158: Yahoo 서버의 IP 주소
- bytes=32: ICMP 패킷은 32바이트 길이
- **time=29ms**: 소스와 목적지 사이의 양방향 전송 지연 시간은 29밀리세컨(millisecond=100분의 1초)
- **TTL=56**: Time-To-Live(그림 2.8의 설명 참조). TTL=56이란 되돌아온 echo reply 패킷의 TTL 영역 값이 56이라는 의미이다. 만약 Yahoo 서버가 초기 TTL 값을 64로 설정했다면, 이는 각 echo response 패킷이 전송되어 오는 길에 8개의 라우터(64-56=8)를 거쳤다는 것을 의미한다.

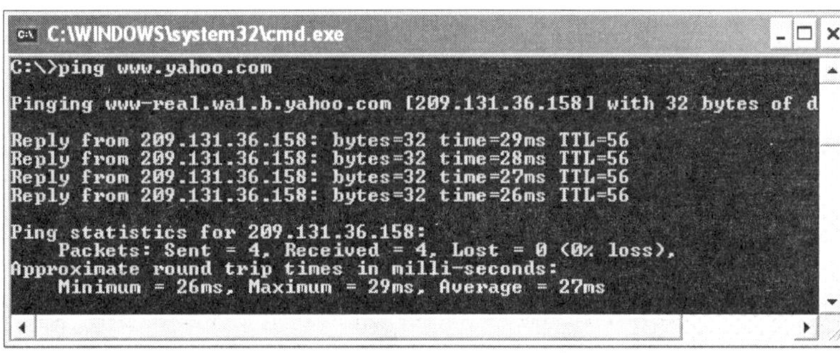


그림 2.10 핑 명령어 실행의 예시

## [트레이스라우트(Traceroute-그림 2.9에서의 타입 값=30)]

ICMP 하에서 운영되는 또 하나의 유용한 프로그램인 **트레이스라우터(traceroute)**는 인터넷을 가로지는 동안 패킷의 라우팅 경로와 지연 시간을 보여준다. 이 기능은 운영 시스템에 따라서 서로 약간씩 다른 명령어를 이용해 활성화된다(예, Windows에서는 **tracert**이며 Linux에서는 **traceroute**). 전송 과정에 있는 각각의 라우터가 이 ICMP 요청에 응답함으로써 라우팅 경로를 추적하는 것이 가능해진다. 예를 들어, 그림 2.11은 Yahoo 웹 서버(209.131.36.158)로 보내기 위해 입력된 **C:\>tracert-d www.yahoo.com** 코드의 결과를 보여주고 있다.

이 명령어는 목적지 호스트로 가는 도중에 있는 모든 라우터 각각(첫번째 열에 hop number(*통과한 라우터 개수)로 표시되는)에 3번씩 echo request를 실행한다. 그 다음에 이어지는 세 개 열의 값(예, 첫번째 라우터에 대해 2ms, 2ms, 1ms)은 echo response를 받기 위해 걸린 양방향 전송 시간(밀리세컨 단위)을 가리킨다. 마지막 열은 응답하는 라우터 각각의 IP 주소를 나타낸다.

```
C:\WINDOWS\system32\cmd.exe
C:\>tracert -d www.yahoo.com

Tracing route to www-real.wa1.b.yahoo.com [209.131.36.158]
over a maximum of 30 hops:

  1     2 ms     2 ms     1 ms  75.15.86.45
  2    22 ms    11 ms    10 ms  75.15.87.254
  3    11 ms    11 ms    11 ms  63.200.206.195
  4    11 ms    11 ms    10 ms  151.164.94.4
  5    27 ms    27 ms    27 ms  151.164.52.215
  6    26 ms    26 ms    26 ms  151.164.248.58
  7    27 ms    26 ms    27 ms  216.115.107.83
  8    30 ms    29 ms    28 ms  209.131.32.17
  9    28 ms    26 ms    27 ms  209.131.36.158

Trace complete.
```

그림 2.11 tracert 명령어의 결과 예시

**연습문제 2-4**

1. 웹 사이트 *www.arin.net*을 방문한 후, 'SEARCH Whois' 기능을 이용하여 그림 2.11의 9개 IP 주소를 소유한 각 기업을 찾아보라. 그 중에 마지막 것이 www.yahoo.com의 IP 주소라는 것을 확인할 수 있을 것이다.

2. 지연 시간을 확인해 보기 위해, 처음 세 개 노드(라우터)에 대해 핑(ping)을 보낸 후, 그 결과를 *tracert* 명령어의 결과와 비교해 보라.

## 2.7 전송 계층(계층4)

이 계층이 담당하고 있는 주요 기능은 통신에 관여된 두 최종 단말기(호스트) 간 데이터 교환의 안정성을 높이는 것이다. 따라서 전송 계층의 기능은 중계 기기가 아닌 최종 노드에서 구현된다. 이 계층에는 구체적으로 다음 세 가지의 핵심 기능이 있다.

(1) 데이터 무결성의 제공

(2) 세션 관리

(3) 포트 관리

**전송 통제 프로토콜**(TCP: Transmission Control Protocol)과 **사용자 데이터그램 프로토콜**(UDP: User Datagram Protocol)이 이 기능들을 실행한다. 특히 (1)번과 (2)번 기능은 TCP와 관련되어 있고, (3)번은 TCP와 UDP, 둘 모두에 의해 수행된다.

### 2.7.1 메시지 무결성 규약

전송 계층은 두 최종 단말기 간 교환되는 어플리케이션 계층 데이터의 무결성을 유지하는 기능을 담당한다. 이는 TCP의 두 가지 매커니즘에 의해서 이루어진다: **에러 컨트롤(error control)**과 **플로우 컨트롤(flow control)**.

#### [에러 컨트롤]

에러 컨트롤은 전송 오류(예, 어플리케이션 계층의 데이터 변경 및 손실)를 감지하고 수정하기 위한 것이다. TCP는 에러 컨트롤을 위해 **인증(Acknowledgment)** 절차를 활용한다(그림 2.12 참조). 결과적으로 에러가 없는 어플리케이션 데이터(예, 이메일)를 받은 호스트 최종 단말기는 그것을 보낸 노드에 인증을 되돌려 보낸다. 만약 목적지 호스트로부터 인증을 받지 못하면, 소스 호스트는 전송 에러가 없다고 상정하고 어플리케이션 데이터를 다시 전송한다. 인증 기반의 에러 컨트롤 방식의 실제 매커니즘은 이보다 훨씬 더 복잡하지만 그 자세한 사항을 여기서 다루지는 않겠다.

#### [플로우 컨트롤]

플로우 컨트롤(flow control)은 서로 다른 처리 용량을 가진 두 개 호스트 간 전송 속도를 평준화하기 위해 사용된다. 따라서 한 호스트가 다른 호스트의 전송 맹공격에 의해 압도당하지 않도록 해준다. **플로우 컨트롤**의 핵심 매커니즘은 **Window Size** 필드를 통해 이루어진다(그림 2.12 참조). Window Size란 한 호스트가 다른 호스트에게 인증을 받지 않고도 기본적으로 얼마나 많은 데이터 바이트를 보낼 수 있는지를 의미하는 것이다. Window Size는 호스트가 데이터를 보낼 때마다 감소하며, 그 값이 0에 다다르면 데이터를 보낸 호스트는 목적지 노드로부터의 인증이 되돌아올 때까지 전송을 멈추어야만 한다. 데이터를 받는 호스트가 인증을 하면, Window Size가 확대되어 데이터를 보내는 호스트가 데이터 전송을 재개할 수 있도록 허용된다. 이는 데이터를 받는 호스트가 데이터 플로우를 낮추기 위해 의도적으로 인증을 잠시 유예한다고도 볼 수 있다.

#### [TCP와 데이터 무결성]

TCP는 두 호스트 간의 에러 컨트롤과 플로우 컨트롤 모두를 관장하므로, 대용량 파일의 안전한 교환을 필요로 하는 사용자 어플리케이션용으로 이상적이다. 어플리케이션 계층 프로토콜로는 **단순 메일 전송 프로토콜**(SMTP: Simple Mail Transfer Protocol), **파일 전송 프로토콜**(FTP: File Transfer Protocol), 그리고 **하이퍼텍스트 전송 프로토콜**(HTTP: Hypertext Transfer Protocol)

등이 있다. TCP는 호스트 간 통신의 신뢰성을 향상시키기 위한 인증 절차를 사용함으로써, **안정성 있는 프로토콜**이 되었다. 그러나, 그 안정성을 얻기 위해 (1) 인증을 만들어 내는 최종 호스트의 처리 부담 (2) 인증을 수행하기 위한 네트워크 용량의 추가적 소모의 측면에서 상당한 초과 비용을 야기시킨다.

앞서 언급했듯이, TCP에 의해 생성된 PDU를 **세그멘트**(segment)라고 부른다. 그림 2.12는 이 세그멘트의 헤더 영역을 보여주고 있다. 세그멘트는 어플리케이션-계층 PDU가 전송 계층에 전달되고 TCP 헤더가 덧붙여짐으로써 생성된다. 어플리케이션-계층 PDU는 데이터 **캡슐화** 과정을 거쳐 최종 세그멘트의 데이터 영역에 놓이게 된다.

헤더와 데이터 영역을 모두 가지고 있는 보편적인 세그멘트와는 달리, 오직 인증 작업만을 포함한 세그멘트 또한 존재한다. 이러한 세그멘트는 인증 정보가 헤더 영역에 포함되어 있기 때문에, 헤더 영역은 지니고 있지만 데이터 필드는 가지고 있지 않다(그림 2.2 참조).

Bit0 Bit 31

<table>
<tr><td colspan="3">Source Port #(16)</td><td colspan="2">Destination Port #(16)</td></tr>
<tr><td colspan="5">Sequence Number(32bits)</td></tr>
<tr><td colspan="5">Acknowledge Number(32bits)</td></tr>
<tr><td>Hdr Len(4)</td><td>Reserved(6)</td><td>Flags(6)</td><td colspan="2">Window Size(16)</td></tr>
<tr><td colspan="3">TCP Checksum(16)</td><td colspan="2">Urgent Pointer(16)</td></tr>
<tr><td colspan="4">Options(if any)</td><td>PAD</td></tr>
<tr><td colspan="5">Application PDU</td></tr>
</table>

그림 2.12 TCP 세그멘트

아래는 TCP 헤더 필드들에 대한 간단한 설명이다.

- **Source Port**와 **Destination Port**는 한 세그멘트 내에서 운송되는 데이터를 주고 받는 어플리케이션들을 가리킨다.
- **Sequence Number**는 전송되는 세그멘트에 할당되는 고유한 식별자이다. 하나의 발신 호스트가 여러 개의 세그멘트를 전송할 때, 수신 호스트는 이 넘버링 정보에 기반하여 정확한 순서를 인식한다.
- **Acknowledgement Number**는 하나 이상의 세그멘트를 인증하는데 사용된다.
- **Window size**는 플로우 컨트롤을 위한 것이다.
- **Flags**는 세션 수립(핸드쉐이킹)과 세션 종료 같은 추가적인 컨트롤 기능을 위한 것이다.
- **Checksum**은 세그멘트 내에서 발생할 수 있는 전송 에러를 감지하기 위한 것이다(에러 감지).

### [UDP와 데이터 무결성]

UDP는 TCP의 대안적 전송 계층 프로토콜이다. UDP는 TCP가 하는 것처럼 응용 계층 데이터의 무결성과 안정성을 유지하는데 중점을 두지 않는다. 따라서 UDP는 플로우 컨트롤과 에러 컨트롤을 수행하지 않는 **불안정(unreliable) 프로토콜**이다. 그림 2.13은 UDP 프로토콜 데이터 유닛(**데이터그램**(datagram)이라고 부름)의 간결성과 그 헤더의 구조를 보여주고 있다. UDP는 안정성 특징이 없기 때문에, 소스와 목적지 호스트의 작업량을 줄였으며, 또한 인증 절차의 혼잡으로 인한 네트워크의 부담이 없다. 이러한 UDP의 간결성과 효율성으로 인해, 인증 작업의 부하로 인한 지연을 감당할 수 없는 IP 상의 음성, 비디오 컨퍼런싱, 온라인 게임, 멀티미디어 스트리밍에 의해 생성되는 실시간 데이터용으로 이상적인 전송 프로토콜이 되었다. 이러한 실시간 어플리케이션들에서는 지연을 피하는 것이 교환되는 데이터의 무결성을 보장하는 것보다 더 중요하기 때문이다.

Bit0 … Bit 31

| Source port(16bits) | Destination port(16bits) |
|---|---|
| Length(16bits) | Checksum(16bits) |
| Data(Application PDU) | |

그림 2.13 UDP 데이터그램(datagram)

TCP를 제외한, 다른 계층에서 많이 사용되는 프로토콜들(예, IP)은 전송 에러의 감지 및 수정을 수행하는 자체 내장된 프로세스를 가지고 있지 않기 때문에 **안정적이지 않다**. 이는 다른 계층에서 전송 에러(예, 버려진 IP 패킷)가 발생한다 하더라도, 전송 계층의 TCP가 그것을 찾아서 수정할 수 있기 때문에 가능한 것이다(그러나 UDP는 이 작업을 수행하지 않는다).

## 2.7.2 세션 관리

### [세션 vs. 비세션]

두 호스트가 하나의 네트워크 범위를 벗어나서 어플리케이션 계층 데이터를 교환하려 할 때, 어플리케이션의 유형에 따라 서로 다른 두 가지 옵션이 존재한다.

- 핸드쉐이킹(세션 수립을 위한)은 데이터 교환 이전에 두 개 최종-노드 간에 이루어지는 것이다. 즉, 데이터 교환을 위한 호스트 간 상호 조약을 의미한다.
- 또 다른 방법으로 소스 호스트가 핸드쉐이킹 없이 목적지 호스트에 어플리케이션 데이터를 보낼 수도 있다. 이런 방식에서는 소스 호스트가 데이터를 보내기 전 상대방으로부터의 승인(혹은 동의)을 구할 필요가 없다.

TCP는 두 최종 호스트 간 핸드쉐이킹을 위해 사용된다. 이 경우 최종 노드들은 데이터 교환에 들어가기 전에 세션을 수립하기 때문에, TCP는 **접속 지향 프로토콜**(connection-oriented protocol)이 된다. 반면에, UDP는 소스가 사전 핸드쉐이킹 없이 어플리케이션 계층 데이터를 전파하는 **무접속 프로토콜**(connection-less protocol)이다. 접속 지향성과 프로토콜의 안정성은 같이 가는 경향이 있다. 예를 들어, TCP는 접속 지향 프로토콜이고 신뢰할 수 있는 프로토콜이지만, UDP는 무접속 프로토콜이고 비신뢰성인 프로토콜이다.

### [세션 수립 & 종료]

TCP는 핸드쉐이킹 과정을 수행하기 위해, TCP 헤더의 **플래그**(Flags) 필드에 **SYN**, **ACK**, 그리고 **FIN**비트를 담고 있다(그림 2.12 참조): SYN은 초기 핸드쉐이킹용, ACK는 인증용, FIN은 핸드쉐이킹 종료용이다. 이 세 가지 영역에 0 또는 1의 비트를 각각 세팅함으로써, 두 호스트는 자신의 의사를 전달할 수 있다. 예를 들어, 소스 호스트가 타겟 호스트에 핸드쉐이킹(또는 세션 수립) 의사를 전달하기 위해서는 TCP 헤더에 SYN=1을 설정한다.

그림 2.14는 TCP에 기반한 두 호스트 간 어플리케이션 데이터 교환이 다음과 같은 일련의 과정으로 구성되어 있음을 보여주는 예시이다.

1. 다음 세 단계의 핸드쉐이킹을 통한 세션 수립:

```
(a) SYN => (b) SYN + ACK => (c) ACK
```

2. 어플리케이션 계층 데이터의 교환(예, 웹 페이지)
3. 다음 네 단계의 대응 과정을 통한 세션 종료:

```
(a) FIN => (b) ACK => (c) FIN => (d) ACK
```

그렇다면 실제 현실에서는 무슨 일이 일어날까?

그림 2.14의 세션 수립에 대해 좀 더 잘 이해하기 위해, 한 대학교 홈페이지(www.sdsu.edu)의 예를 살펴보자. 그림 2.15에서 브라우저에 해당 웹 페이지를 표시하기 위해서는, 메인 문서 페이지와 몇몇 JPEG과 GIF 이미지 파일이 포함된 객체들을 다운로드해야만 한다. 때로는 TCP 세션 동안 단 하나의 TCP 세그멘트만으로도 목표한 객체를 전송하는데 충분하다. 하지만 그렇지 않은 경우에는, 하나의 오버사이즈 객체(그림 2.15의 2개 객체)를 전송하기 위해, 한 TCP 세션 동안 여러 개의 분할(fragmentation)된 TCP 세그멘트가 이용된다. 그림 2.15에서는 최소 4개의 이미지 파일이 존재하며, 그것을 다운로드하기 위해서는 최소한 4개의 서로 다른 TCP 세션들이 필요하다. 각각의 TCP 세션이 상당한 처리 작업과 네트워크 과부하를 야기할 것이라는 걸 어렵지 않게 짐작할 수 있다. 최신 HTTP 표준은 웹 페이지를 구축하는데 필요한 파일들을 다운로드하는데 드는 수많은 세션들을 좀 더 줄일 수 있도록 설계되었다.

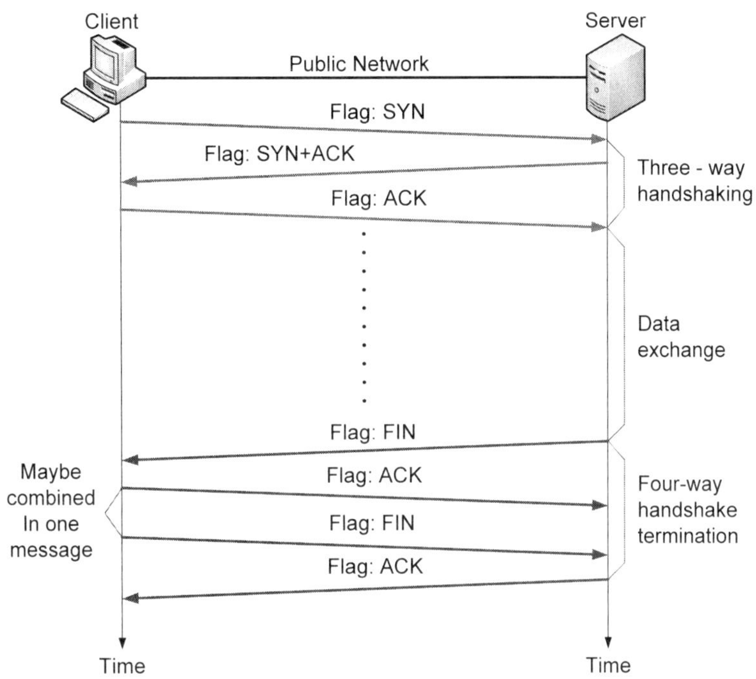


그림 2.14 세션 수립과 세션 종료

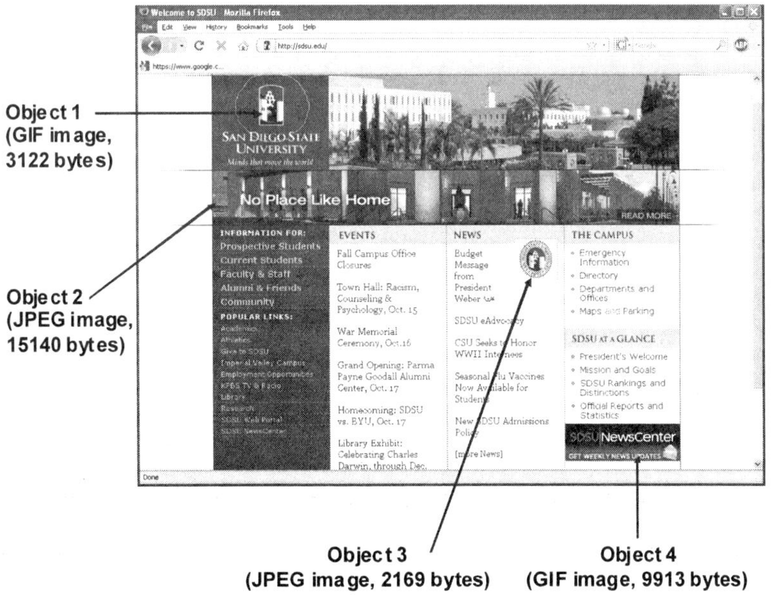


그림 2.15 한 웹 페이지의 객체들과 TCP 세션들(소스 웹사이트: www.sdsu.edu)

[추가적인 참고 사항]

많은 어플리케이션 계층의 프로토콜들(예, HTTP와 SMTP)이 전송 계층에서의 TCP에 의한 핸드쉐이킹 기능을 필요로 한다. 한번 TCP에 의한 논리적 연결(혹은 세션)이 수립되고 나면, 두 개 호스트가 어플리케이션 데이터(예, 웹 페이지와 이메일)를 교환하기 시작한다. 하지만, 핸드쉐이킹은 보장되는 프로세스가 아니다. 예를 들어, 한 서버 호스트가 현존하는 세션들을 처리하기에 너무 무리가 되는 경우, 추가적인 핸드쉐이킹 요청을 받지 못하거나 그에 대해 응답을 하는 시간이 오래 걸리게 될 것이다. 결과적으로 핸드쉐이킹에 실패하면 그림 2.16와 같은 에러 메시지가 표시된다.

그림 2.16 실패한 TCP 핸드쉐이킹의 알림창

## 2.7.3 포트 관리

전송 계층의 또 하나의 중요한 기능은 포트 관리이다(주의, 여기서 말하는 포트는 스위치나 라우터의 포트를 의미하는 것이 아니다). TCP와 UDP는 0에서 65535까지 범위의 고유한 16비트 포트 넘버에 기반해 어플리케이션들을 구별한다. 예를 들어, 호스트에 도착한 TCP 세그먼트가 목적지 포트 필드에 80을 지니고 있다면, 그것은 호스트의 HTTP 서버 어플리케이션으로 보내지게 되어 있는 것이다.

[포트 타입 & 범위]

포트 넘버는 세 개의 그룹으로 나뉜다: 잘 알려진(well-known) 포트, 등록된(registered) 포트, 그리고 사설(private) 포트.

- 잘 알려진 포트(0부터 1023): 이것들은 주로 표준화된 서버 어플리케이션들을 표시하는데 사용된다. 표 2.2는 표준 어플리케이션 계층 프로토콜에 할당된 잘 알려진 포트 넘버들 중 일부를 요약해 놓은 것이다.

[표 2.2] 잘 알려진 포트 넘버들

| 프로토콜 | 기능 | 서버 포트 |
|---|---|---|
| Telnet | Remote access | 23 |
| FTP | File transfer | 20, 21 |
| SMTP | E-mail transfer | 25 |
| DNS | Domain name service | 53 |
| DHCP | Dynamic IP address provision | 67, 68 |
| HTTP | Hypertext transfer | 80 |
| POP3 | E-mail transfer | 110 |

- 등록된 포트(1024부터 49151): 이 포트 넘버들은 MS SQL(1433)이나 MSN Messenger(1863) 같이 등록 상표가 있는 어플리케이션들을 표시하기 위한 목적으로 사용된다.
- 사설/동적 포트(49152부터 65535): 이 포트 넘버들은 클라이언트(서버가 아닌) 포트들에 임시적으로 할당하기 위한 것이다.

### [소스 vs 목적지 포트]

**소스 포트**와 **목적지 포트** 필드(그림 2.12와 그림 2.13을 참고)는 각각 데이터를 보내는 어플리케이션(예, HTTP 웹 브라우저)과 데이터를 받는 어플리케이션(예, HTTP 웹 서버)을 가리킨다. 일반적으로 클라이언트는 가용한 자료들(예, 웹 페이지, 데이터베이스, 비디오 파일, 및 이메일)에 접근하거나 그 자료들을 다운로드 하기 위해 서버 연결을 시도하는데, 이때 클라이언트를 소스(source), 서버를 목적지(destination)라고 부른다. 연결을 수행하기 위해, 클라이언트 호스트는 소스 포트 넘버를 무작위로 선택하는데, 이를 임시 포트(ephemeral port)라는 용어로 부른다. 반면, 잘 알려진 포트 넘버(표 2.2 참조)는 이 소스 포트에 대응되는 목적지 포트가 된다. 이후에는 동일한 포트 넘버들이 한 세션 동안 다시 사용되게 된다.

클라이언트의 임시 포트 넘버와 관련하여, IETF가 이를 사설/동적 포트 범위에서 정하도록 권고하였음에도 불구하고, 여러 벤더들의 운영 시스템들이 반드시 그 가이드라인에 따라 프로그램되어야 할 필요는 없기 때문에 때로는 등록 포트 넘버의 범위에서 선택되기도 한다.

**연습문제 2-5**

1. *nslookup* 명령어를 사용하여 특정 웹 서버의 IP 주소를 찾아내라(예, *C:>nslookup www.yahoo.com*). *www.yahoo.com*의 IP 주소가 11.22.33.44라고 가정하고, http://11.22.33.44와 http://11.22.33.44:80(혹은 *www.yahoo.com:80*)을 입력해 보자. 무슨 일이 일어나는가?

2. 또, http://11.22.33.44:70(혹은 *www.yahoo.com:70*) 또는 80 이상 다른 포트 넘버를 입력했을 경우를 관찰해 보자. 그 관찰 결과를 설명해 보라.

## [소켓(Socket)]

IP 패킷이 최종 노드에 도달하면 반드시 목표 어플리케이션으로 정확히 전달되어야 한다. 예를 들어서, Firefox(HTTP 웹 브라우징용), MS Outlook(SMTP 이메일용), Skype(사설 VoIP용)을 포함한 여러 개의 사용자 프로그램을 동시에 사용하고 있는 개인 노트북을 상상해 보자. 이메일을 담은 IP 패킷이 노트북에 도착했을 때, 그 이메일이 Firefox나 Skype가 아닌 MS Outlook에 반드시 전달되어야 한다는 것을 어떻게 구분하는 것일까?

이를 위해서는 각 어플리케이션에 할당된 IP주소와 포트 넘버가 결합된 소켓(socket)이 사용된다.

소켓 = IP 주소 : 포트 넘버

호스트는 IP주소와 포트 넘버를 결합시킴으로써 들어오는 데이터를 적절한 어플리케이션에 전달할 수 있는 것이다. 그림 2.17은 클라이언트 소켓(10.10.10.1:50000)과 서버 소켓(120.30.40.1:80)을 보여주고 있다. 이를 통해 포트 넘버가 도착한 데이터를 타켓 프로그램으로 정확하게 전달하는데 있어서 하나의 핵심적인 정보가 된다는 것을 이해할 수 있다.

보다 엄밀하게 말하면, TCP는 전송 계층에서 사용되는 반면, 소켓은 교환 데이터를 올바른 세션에 정확히 전달하기 위해 어플리케이션의 각 세션에 할당된다. 이는 하나의 어플리케이션이 다수의 소켓과 연결될 수 있음을 의미한다. 즉, 각 소켓이 하나의 특정 TCP 수립 세션에 할당되기 때문이다. 예를 들어, 그림 2.15로 되돌아가 보면, 웹 페이지가 적어도 4개의 서로 다른 TCP 세션들을 받았으므로 그 만큼의 서로 다른 소스와 목적지의 결합 정보들을 가지게 되는 것이다.

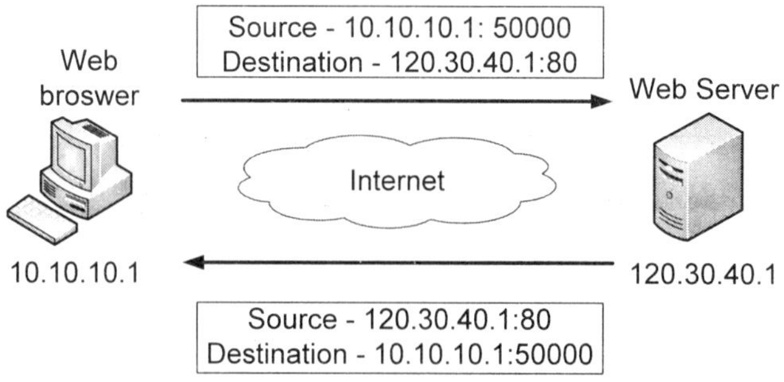


그림 2.17 소켓의 예시

### 연습문제 2-6

운영 시스템은 컴퓨터 사용자가 *netstat* 명령어를 활용해 TCP와 소켓 연결 정보를 확인할 수 있도록 해준다. 예를 들어, 명령어 *C:>netstat–n*는 활성화되어 있는 TCP 연결 정보를 표시한다.

1. 그림 2.18은 브라우저를 통해 특정 웹 사이트를 방문한 후에 *C:>netstat–n*를 실행한 결과 스크린샷을 보여준다. 출력 결과는 다음 4개의 컬럼을 보여준다: 프로토콜(예, TCP), 소스 소켓, 목적지 소켓, 그리고 현재 상태(예, 세션 수립). 이 스크린샷 정보에 기반하여 아래 질문에 답하라.

   ① 특정 웹 사이트를 방문하는데 몇 개의 서로 다른 세션들이 생성되었는가?

   ② 그 세션들을 가져오는데 몇 개의 서로 다른 소스 소켓들이 사용되었는가?

   ③ 소스 소켓들에 할당된 포트 넘버의 범위는 어떻게 되는가?

   ④ 해당 세션에서 몇 개의 서로 다른 목적지 소켓들이 보이는가?

   ⑤ 목적지 소켓에 의해 사용된 서버 포트 넘버는 무엇인가?

   ⑥ *nslookup* 명령어를 사용하여 130.191.8.198의 서버 이름을 알아내라.

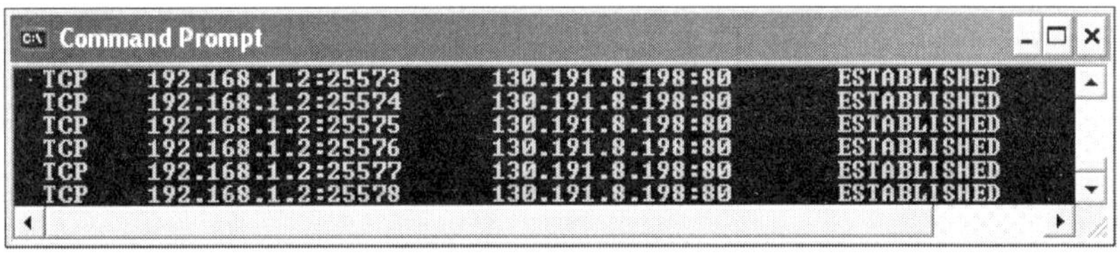


그림 2.18 TCP 세션과 소켓

2. 다음 과정을 실행하라.

   ① 한 개 웹 브라우저와 명령어 입력창을 동시에 열어라.

   ② 브라우저의 URL란에, 당신이 원하는 여러 웹 사이트 주소들을 입력하고 *C:>netstat–n*를 입력 실행하여 세션과 소켓 정보의 변화를 관찰하라.

## 2.8 응용 계층(계층5)

응용 계층에서는 호스트에 설치된 사용자 프로그램들이 자체 내장된 프로토콜을 이용하여 데이터를 전달하거나 교환한다. 예를 들어, 클라이언트 프로그램인 **Firefox**와 **인터넷 익스플로러**는 HTTP를 사용하여 웹 서버 프로그램들(예, MS IIS 혹은 Apache)과 서로 정보를 주고 받는다. 또 다른 예로는 SMTP와 POP3 표준 프로토콜이 이메일 클라이언트(예, MS Outlook)와 서버(예, MS Exchange)에 내장되어 있어 서로 이메일을 주고 받을 수 있도록 해주는 것이다.

컴퓨터 사용자로부터 어떤 요청을 받으면(예, 하이퍼링크를 클릭한다던가 이메일을 보내는 등), 해당 프로토콜은 타겟 컴퓨터에 보내질 **프로토콜 데이터 유닛**(PDU)을 생성한다. 수많은 종류의 어플리케이션-계층 프로토콜이 개발되어 왔으며, 표 2.3의 리스트는 잘 알려진 것들 중 일부를 보여주고 있다. 특정 사용자 프로그램과 연결되지는 않지만, 호스트 기기인 컴퓨터에서 매우 기초적인 기능들을 수행하는 중요한 어플리케이션 계층 프로토콜(특히, **DHCP**와 **DNS**)들이 존재한다. 동적 호스트 환경설정 프로토콜(DHCP: Dynamic Host Configuration Protocol)은 요청하는 컴퓨터에 IP 주소를 동적으로 할당해 주는 표준 프로토콜이다. 도메인 네임 시스템(DNS: Domain Name System)은 호스트 이름(예, www.michigan.edu)과 그 IP 주소를 서로 연결하는 기능을 제공하는 프로토콜이다. HTTP, DHCP, DNS에 대한 보다 자세한 구조적 설명들은 인터넷 인프라스트럭쳐에 대해 다루는 10장에서 이루어질 것이다.

[표 2.3] 잘 알려진 어플리케이션 계층 프로토콜

| 유형 | 어플리케이션 프로그램 | 내장된 표준 프로토콜 |
|---|---|---|
| 사용자 어플리케이션 지향 | 이메일(Email) | SMTP(Simple Mail Transfer Protocol)<br>POP3(Post Office Protocol 3) |
| | 컨퍼런싱(Conferencing) | IRC(Internet Relay Chat) |
| | 원격 파일 전송(Remote file transfer) | FTP(File Transfer Protocol) |
| | 원격 접속(Remote access) | SSH(Telnet, Secure Shell) |
| | 월드 와이드 웹(World Wide Web) | HTTP(Hyper Text Transfer Protocol) |
| | 네트워크 관리<br>(Network management) | SNMP(Simple Network Management Protocol) |
| | IP 전화(인터넷 전화) | H.323 |
| 일반 서비스 지향 | IP 주소와 호스트 이름 간 매핑 | DNS(Domain Name Service) |
| | 임시 IP 주소 관련 규약 | DHCP(Dynamic Host Configuration Protocol) |

# 2.9 계층의 구현

호스트 컴퓨터는 내부적으로 모두 다섯 가지의 계층 기능을 수행한다. 이 섹션에서는 각 계층에서 정의된 기능들의 수행을 담당하는 소프트웨어 및 하드웨어 요소들에 대해 설명할 것이다.

## 2.9.1 응용 계층

이 계층의 프로토콜들 중 대다수는 사용자 어플리케이션에 내장되어 있다(예, 이메일 및 웹 브라우저). 한편, 특정 사용자 어플리케이션에 연동될 필요 없이 네트워킹을 하는데 필수적인 역할을 수행하는 DNS와 DHCP와 같은 어플리케이션 계층 프로토콜도 존재한다. 예를 들어, Windows상에서 활성화되어 있는 모든 어플리케이션들을 확인하려면, **Ctr-Alt-Del** 키 조합을 눌러 **Windows 작업 관리자**(그림 2.19 참조) 화면을 통해 볼 수 있다. 여기에서 어플리케이션 및 프로세스의 목록을 확인할 수 있다. 프로세스란 어플리케이션 프로그램의 한 일부분으로서 어플리케이션은 하나 이상의 연관 프로세스를 가질 수 있다.

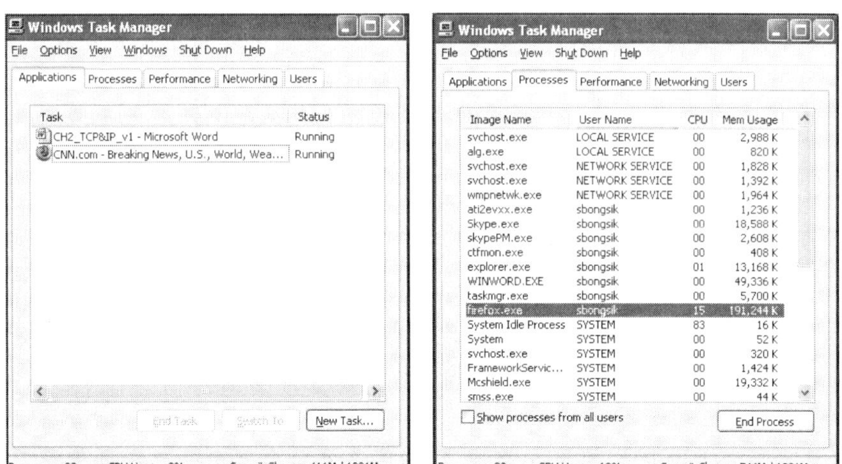


그림 2.19 Windows 작업 관리자 화면에 나타난 어플리케이션과 프로세스 목록

### 2.9.2 전송 및 인터넷 계층

TCP, UDP 및 IP 등 전송 계층 및 인터넷 계층 프로토콜을 실행하는 프로그램들은 컴퓨터의 운영 시스템에 내장되어 있다. 그림 2.20은 Windows OS에서 TCP/IP 환경설정을 하기 위한 작업창화면을 보여주고 있다.

### 2.9.3 데이터 링크 및 물리적 계층

호스트의 데이터 링크와 물리적 계층의 기능들은 **네트워크 인터페이스 카드**(NIC)에 내장되어 있다. NIC는 이더넷 또는 WiFi 같은 데이터 링크 프로토콜을 실행하며, RJ-45와 같은 물리적 포트를 통하여 전송 미디어(예, 이중 와선, 동축 케이블)들을 연결한다. 호스트의 운영 시스템은 장치 드라이버 소프트웨어를 통해 NIC와 교류한다. 요컨데, 호스트 컴퓨터들 간 어플리케이션 계층 데이터의 교환은 1) 사용자 어플리케이션 2) 운영 시스템, 그리고 3) NIC를 통하여 이루어지는 것이다.

그림 2.20 Windows에서 TCP/IP 환경설정

어플리케이션 계층 데이터의 교환을 위해서는 PDU(프로토콜 데이터 유닛)가 물리적 계층을 제외한 각 계층에서 생성되어 계층 간에 전달되어야 한다. 표 2.4는 계층별 핵심적인 기능과 그 기능들의 구현 과정, 그리고 각 계층에서 생성되는 PDU의 이름을 요약해 놓은 것이다. 다시 한번 강조하지만, **5개 모든 계층의 기능들이 호스트 컴퓨터 내에서 수행되며, 오직 5개 계층들의 하위셋(a subset)들 만이 중계 기기에서 구현된다는 점**을 기억하라.

[표 2.4] 계층별 핵심 기능들과 그것들의 구현

| 계층 | 핵심 기능 | 계층 기능들의 구현 | PDU 네임 |
|---|---|---|---|
| 응용 (Application) | 어플리케이션-대-어플리케이션 통신 | 어플리케이션 (예, browser) | PDU 이름이 만들어지지 않음 |
| 전송 (Transport) | 호스트-대-호스트(혹은 end-to-end) 핸드쉐이킹과 플로우/에러 통제 | 운영 시스템 (예, Windows) | 세그먼트, 데이터그램 (예, TCP segment, UDP datagram) |
| 인터넷 (Internet) | 패킷 생성과 인터넷상의 라우팅 의사결정 | 운영 시스템 | 패킷 (예, IP Packet) |
| 데이터 링크 (Data link) | 프레임 생성과 서브넷 내에서의 스위칭 | 네트워크 인터페이스 카드(NIC) | 프레임 (예, Ethernet frame) |
| 물리적 (Physical) | 프레임을 코드화한 신호의 생성과 그것의 물리적 전송 | 네트워크 인터페이스 카드(NIC) | PDU를 생산하지 않음 |

그림 2.21은 사용자에 의해 초기화된 어플리케이션 계층 데이터를 처리함에 있어서 호스트 컴퓨터 내부에서 무슨 일이 일어나는지를 예시화한 것이다. 스위치나 라우터 같은 중계 기기는 네트워킹을 가능케 하는 자체적인 운영 시스템(예, 시스코의 Internetwork Operating System, IOS)과 NIC를 보유하고 있다. 그러나 중계 기기는 단지 호스트가 생산하는 데이터를 네트워크 상에 전달하기 위해 존재하기 때문에, 어플리케이션 기능들은 보유하고 있지 않다.

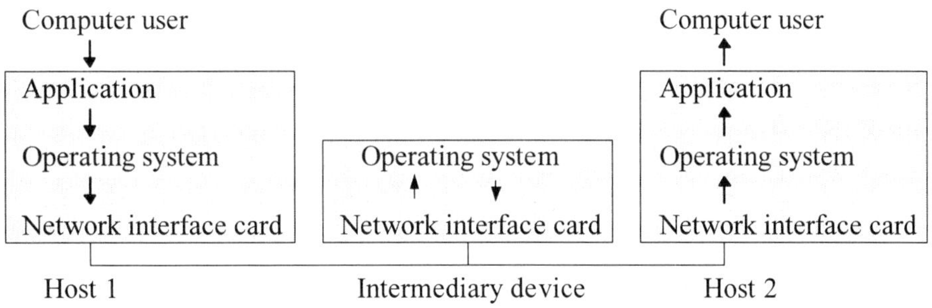


그림 2.21 네트워크 노드의 하드웨어/소프트웨어 요소들

## 2.10 계층 프로세싱

이 섹션에서는 네트워크 노드의 서로 다른 계층들이 어떻게 함께 작동하여 사용자 데이터를 최종

노드까지 성공적으로 전송하는지에 대해 설명한다. 전송 과정은 기본적으로 그림 2.22에서와 같이 계층들을 통과하면서 **캡슐화**(encapsulation)와 **캡슐화 해제**(de-encapsulation) 작업을 끊임없이 반복한다. 각 계층에서 캡슐화가 일어날 때마다 새로운 PDU가 생성된다. 그러므로 (어플리케이션 계층에서) PDU의 생성은 이후 전송, 인터넷, 데이터 링크 계층에서의 PDU 생성을 야기한다고 볼 수 있다. 상위 계층의 PDU가 다음 하위 계층의 PDU 내에 캡슐화되기 때문이다.

그림 2.22는 웹 브라우저에 의해 요청 메시지가 생성되어, 궁극적으로 목표한 웹 서버에 전달되기까지 여러 계층들을 통과하는 시나리오를 예시로 설명하고 있다.

1. 어플리케이션 계층: HTTP 요청은 (어플리케이션 PDU) 어플리케이션 계층에서 생성된다. 그 다음으로 어플리케이션 PDU가 전송 계층으로 전달된다.
2. 전송 계층: TCP 헤더가 어플리케이션 PDU에 첨부되어 결합된 개체가, 또 다른 형태의 PDU인 세그멘트가 된다. 어플리케이션 PDU를 캡슐화한 TCP **세그멘트**는 인터넷 계층으로 옮겨진다.
3. 인터넷 계층: 전송 계층으로부터 도착한 TCP 세그멘트는 IP 헤더가 첨부되어(또 다른 캡슐화) PDU, 즉 **패킷**이 된다. 이 패킷은 데이터 링크 계층으로 전달된다.
4. 데이터 링크 계층: 패킷에 데이터 링크의 헤더 혹은 트레일러가 첨부되고, 또 다른 캡슐화 과정을 거쳐, 데이터 링크의 PDU인 **프레임**이 된다. 오직 헤더만을 포함하고 있는 상위 PDU들과는 달리, 데이터 링크의 프레임은 일반적으로 헤더와 트레일러 둘 다를 가지고 있다. 이는 데이터 링크가 물리적 계층에 의한 전송이 일어나기 전 PDU를 정의하는 마지막 계층이기 때문이다. 따라서 헤더와 트레일러는 프레임의 시작 지점과 끝나는 지점을 알려주는 지표가 된다.
5. 물리적 계층: 데이터 링크 계층으로부터 전달된 프레임(0과 1의 비트 스트림으로 표시되는)은 전자, 빛, 혹은 라디오 신호로 변환(또는 코드화)되어 유무선 네트워크를 통해 전파된다.

그 신호들이 목적지 호스트에 도착하면, 각 계층의 PDU에서 헤더와 트레일러가 제거되고 남은 부분들이 다음 상위 계층으로 전달되는 역의 과정이 이루어진다. 각 계층에서 캡슐화 해제 과정을 반복한 결과, 어플리케이션 계층의 웹 서버 프로그램이 해당 브라우저의 요청 메시지만을 받아 그것을 처리할 수 있게 된다.

그림 2.22는 단순히 두 개 최종 호스트 간에 무슨 일이 일어나는지를 예시적으로 설명하고 있지만, 실제 어플리케이션 계층 데이터의 전송은 중계 기기, 특히 스위치와 라우터에 의해 매개된다.

그림 2.23은 어플리케이션 PDU가 소스 호스트로부터 목적지 호스트에 도달하기 전까지 두 개의 스위치(계층2 장치인)와 한 개의 라우터(계층3의 장치인)를 통과하는 상황을 묘사하고 있다. 여기서는 어플리케이션 PDU가 스위치 포트와 라우터 포트에 도달할 때 마다, 이를 전달하는 과정에서

캡슐화 해제와 재캡슐화의 과정이 또 다시 발생한다는 것을 보여주고 있다.

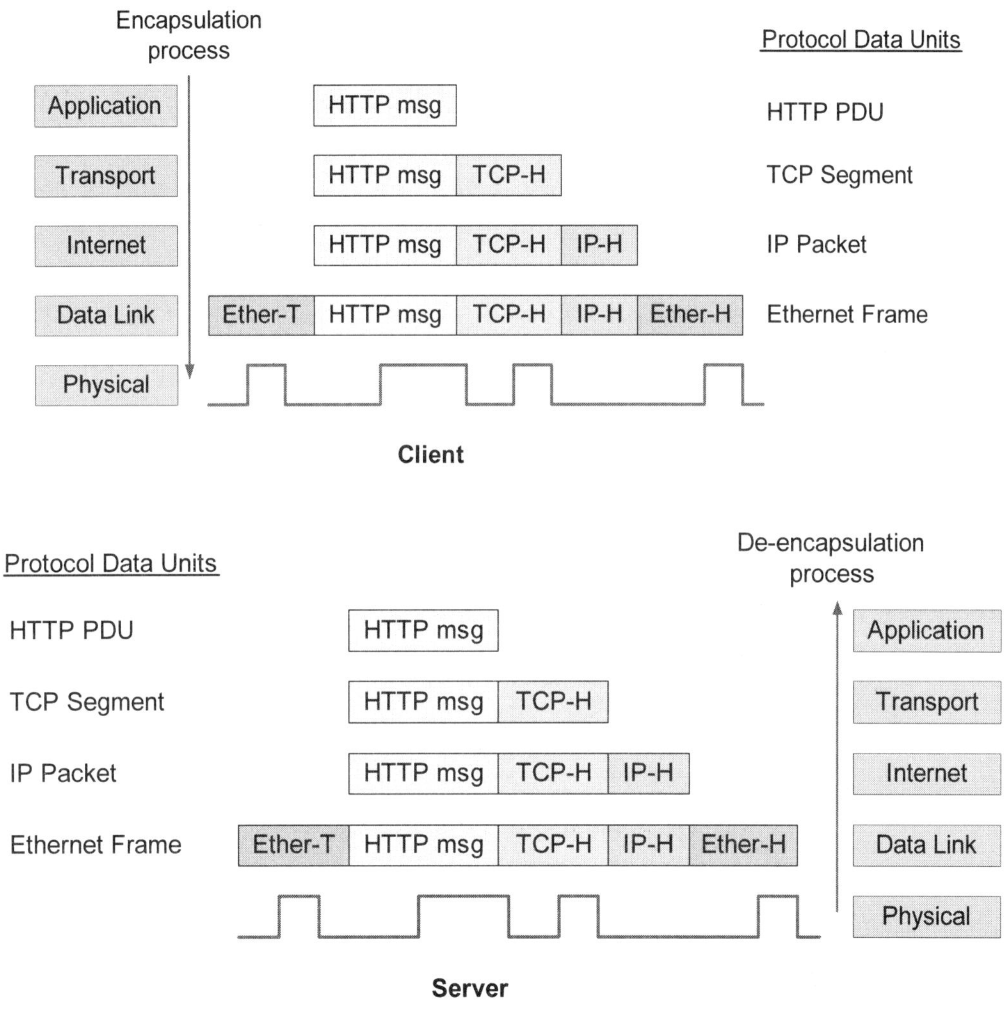


그림 2.22 PDU 캡슐화/캡슐화 해제

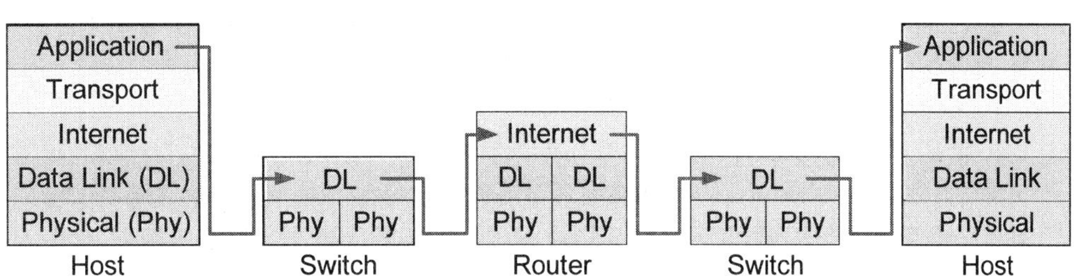


그림 2.23 중계 기기에 의한 계층 프로세싱

예를 들어, 그림 2.24는 라우터가 이더넷 LAN과 PPP(포인트-투-포인트 프로토콜) WAN(그림 2.24)을 상호 연결하고 있는 시나리오에 기반하여 하나의 라우터에 의한 캡슐화/비캡슐화 과정을 보여주고 있다. 두 가지 데이터 링크 계층 표준들은 서로 대립되는 것이 아니며(예, 서로 다른 프레임 구조들과 신호화 방법들), 라우터가 캡슐화와 캡슐화 해제 과정을 수행하는데 필요한 프레임 변환 기능을 제공한다. 이것이 어떻게 작동하는지 한번 살펴보자. 이더넷 프레임이 LAN 포트에 도달했을 때, 라우터는 이더넷 프레임의 헤더와 트레일러를 제거하고(캡슐화 해제), 남은 IP 패킷을 인터넷 계층으로 전달한다. 라우터의 인터넷 계층은 패킷의 라우팅 경로 결정 및 나머지 기능들을 수행하고, 패킷 헤더의 TTL(time to live) 값을 하나씩(1) 줄인다(그림 2.8의 예시를 보라). 그러면, 패킷이 데이터 링크 계층으로 옮겨져 라우터는 WAN 링크로 전달하기 위해 PPP 프레임 내에 IP 패킷을 캡슐화한다. 이와 같이, 라우터는 서로 이질적인 데이터 링크 연결을 지원하기 위해 널리 사용되는 데이터 링크 계층의 LAN(예, 이더넷)과 WAN(예, PPP) 프로토콜을 지원하는 것이다.

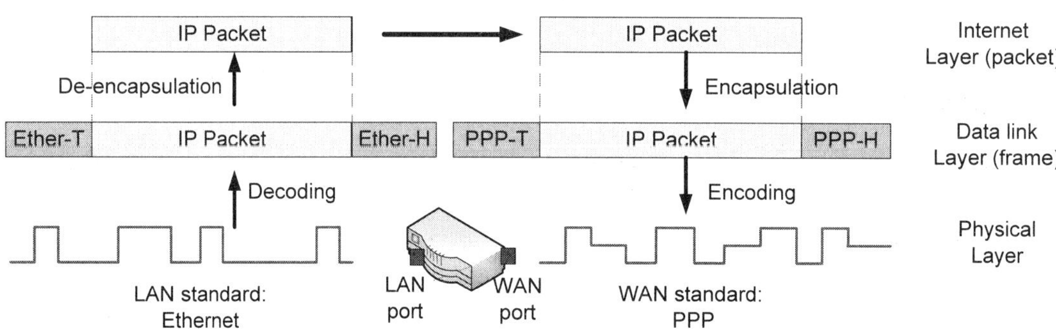


그림 2.24 라우터에 의한 패킷의 캡슐화와 캡슐화 해제

### 연습문제 2-7

1. 한 개의 라우터가 두 개의 이더넷 LAN에 연결되어 있고, 하나의 서브네트워크에서 다른 서브네트워크로 HTTP 메시지를 보내고 있다고 가정해보자. 내부적 캡슐화/캡슐화-해제 프로세스를 보여주는 그림 2.24와 유사한 그림을 그려보자.

2. 앞서 배운 바와 같이, 스위치는 인트라-네트워킹을 위해 사용되는 계층2의 기기이다. HTTP 메시지를 포함한 프레임이 스위치 포트에 도달하면, 이를 전달하기 위해 어떤 캡슐화/캡슐화-해제 과정이 발생하는가? 그 내부적 과정을 보여주는 그림 2.24와 유사한 그림을 그려보자.

# 제3장 중계 기기

## 3.1 개 요

최종 단말기 간 패킷 교환을 가능하게 하기 위해 설계된 여러 종류의 수많은 중계(혹은 네트워킹) 기기들이 존재한다. 그것들 중에는 **허브**, **브릿지**, **스위치**, **라우터**, **모뎀**, **방어벽**(firewall), **멀티플렉서**(multiplexers), **채널 서비스 유닛/데이터 서비스 유닛**(CSU/DSU), **무선 엑세스 포인트**(WAP) 등이 있다. 허브, 브릿지, 스위치, 라우터, 및 WAP이 담당하는 주요 기능은 패킷을 LAN과 WAN을 통해 전달하는 것이다. 다른 중계 기기들은 WAN 데이터 전송을 위한 전자 및 빛 신호의 생성과 전파(예, 모뎀과 CSU/DSU), 네트워크 보안 규약(예, 방어벽), 그리고 여러 데이터 전송 소스들(예, 멀티플렉서)의 신호를 번들링/언-번들링 하는 등의 보다 특화된 기능을 수행한다. 이 장에서는 허브, 브릿지, 스위치, 그리고 라우터 등 일반적 용도의 중계 기기들에 대해 설명한다. 그 중에서도 특히 스위치와 라우터에 초점을 맞추고 있다.

이 장의 주요 목적은 다음 내용들에 대해 배우는 것이다.

- 중계 기기와 그 운영 계층
- 중계 기기의 운영 시스템 및 그 기본 기능
- 다음 중계 기기들의 일반 특성
  - 허브
  - 브릿지 & 무선 엑세스 포인트
  - 스위치
  - 라우터
- 스위칭과 라우팅의 개념적 차이
- 주소 해석 프로토콜(ARP: Address resolution protocol)
- 충돌 영역(Collision Domain)
- 브로드캐스트 도메인(Broadcast domain)

# 3.2 중계 기기

## 3.2.1 운영 계층

표 3.1은 주로 사용하는 중계 기기들을 각각 속한 표준 계층들의 측면에서 요약한 것이다. 이중에서 계층3 스위치에 관한 기술적 상세 사항들은 이 장에서 간략히 다루기는 하지만, 전반적으로 이 책의 범위를 벗어난다.

[표 3.1] 중계 기기들과 해당 표준 계층

| 계층 | 중계(혹은 네트워킹) 기기 |
| --- | --- |
| 응용 | |
| 전송 | |
| 인터넷 | 라우터, 계층3 스위치 |
| 데이터 링크 | 브릿지, 무선 엑세스 포인트, 스위치 |
| 물리적 | 허브(다중포트 리피터) |

중계 기기는 전송 계층 이하 계층에서만 각자의 기능을 수행한다(그림 2.23 참조). 즉, 중계 기기들은 어플리케이션 및 전송 계층에서 생성한 PDU는 이해하지 못한다는 의미다. 예를 들어, 라우터는 인터넷 계층의 기기이므로, 일반적으로 데이터 링크 계층에서 운영된다. 물리적 계층(예, 허브 및 리피터(repeater))을 제외한 중계 기기들은 운영 시스템을 가지고 있으며, 대부분 IT 인력들이 **명령어 입력창**(CLI: Command Line Interface)이나 **그래픽 사용자 인터페이스**(GUI: Graphical User Interface)은 통해 운영 시스템에 접속할 수 있도록 되어있다. 예를 들면, 시스코의 스위치와 라우터에 설치된 사설 운영 시스템을 일컬어 **IOS(Internetwork Operating System)**라고 한다. 시스코는 이 IOS를 스위치와 라우터 둘 모두에서 사용한다.

일반적으로 스위치/라우터의 운영 시스템은 특별한 네트워크 기능들을 지원하는 특징이 있다. 네트워크 관리자는 명령어 입력창이나 그래픽 사용자 인터페이스를 통해 기기의 시스템 환경설정 내역을 변경할 수 있다. 즉, 스위치/라우터의 테이블 엔트리를 추가하거나, 인터페이스/포트의 관리(예, 포트에 IP 할당, 포트 활성화, 포트 정지), 장치 및 포트의 보안 설정(예, 패스워드 보호) 등에 관한 환경설정을 할 수 있다는 의미이다. 중계 기기의 운영 시스템은 그 기능적 특성 때문에 상대적으로 규모가 작다. 예를 들어, 마이크로소프트 Windows의 사이즈가 적어도 몇 기가바이트에 이르는 것에 비해, 시스코 IOS의 파일 크기는 100 메가바이트보다도 작다.

작은 사이즈를 가진 운영 시스템은 파일 읽기 접속을 보다 빠르게 할 수 있도록 **비휘발성기억장치**(non-volatile flash memory)에 저장될 수 있다. 그래서 기기가 정지한다 할지라도 그 컨텐츠를 잃지 않고 유지할 수 있다. 스위치나 라우터에 전원이 연결되면, 플래쉬 메모리의 운영 시스템은 프로세스가 가동되는 동안 **RAM(Random Access Memory)**에 복사된다. 이것은 운영 시스템(예, Windows와 리눅스)이 하드디스크 안에 저장되어, 초기 부팅 시간 동안 휘발성 RAM에 복사되는 기존의 전통적 컴퓨터와는 다소 다른 점이다.

## 3.2.2 운영 시스템 접속

중계 기기의 환경설정을 위해서는 해당 운영 시스템에 **명령어 입력창**(예, 그림 3.1 참조)이나 **그래픽 사용자 인터페이스**를 통해 접속을 해야한다. 예를 들어, 라우터 제조사인 시스코와 주니퍼 네트워크(Junifer Network)는 각각 **시큐리티 디바이스 매니저**(SDM: Security Device Manager)와 **J-Web**이라는 GUI 툴을 가지고 있다.

이러한 GUI 툴들은 운영 시스템과의 교류가 기본적으로 웹 브라우저를 통해 이루어지기 때문에, 보다 사용자 친화적이고 중계 기기에 대한 빠르고 직관적인 환경설정과 모니터링, 문제 해결 등을 가능하게 해준다. 예를 들어, 8장에 제시된 그림 8.22와 그림 8.23은 무선 라우터 운영 시스템에 GUI 기반으로 접속을 하는 예를 보여주고 있다. 반면 명령어 입력창은 강력한 유연성과 통제력을 제공하기 때문에, 특히 기업 단위에서 중계 기기의 환경을 관리하고자 하는 IT 전문가들이 많이 선호한다. 명령어 입력창을 사용하고자 할 경우에는, 크게 두 가지 방법을 통해 운영 시스템에 접속할 수가 있다(표 3.2 참조).

[표 3.2] 스위치/라우터 OS에의 CLI 접속

| OS 접속을 위해 사용되는 포트 | 설명 |
|---|---|
| 콘솔(Console) 포트 | • 단말기가 콘솔 케이블을 이용해 스위치/라우터의 콘솔 포트로 직접 연결된다.<br>• IP 환경설정을 하지 않으면, 무설정 상태의 라우터/스위치 OS는 네트워크에 접근을 할 수가 없다. 이러한 상황에서는 콘솔 포트에 직접 케이블을 연결하는 것이 OS에 접근할 수 있는 유일한 방법이다.<br>• 단말기는 스위치/라우터의 OS에 접근하기 위해 터미널 프로그램(예, Windows용 하이퍼-터미널 프로그램)을 이용한다.<br>• 시스템에는 원격 접속용으로 하나의 IP만이 설정될 수 있으므로, 로그인 네임과 패스워드를 설정해서 권한이 있는 사람들만 OS에 접속할 수 있도록 해야 한다. |
| LAN 또는 WAN 포트 | • 콘솔 포트를 통해 라우터/스위치에 IP 주소가 주어지면, 장치는 네트워킹을 할 준비가 된 것이다. |

- 그러면, 환경설정을 변경하는데 있어, 텔넷(Telnet), 시큐어 셸(SSH: Secure Shell), 웹 브라우저 같은 원격 접속 프로그램들을 네트워크를 통한 OS 접근에 사용할 수 있다.
- 이런 상황에서 호스트 단말기는 정확한 로그인 및 패스워드 정보만 있으면, 스위치/라우터의 일반 포트(콘솔 포트가 아닌)를 통해 OS에 접근할 수 있다(그림 3.16 참조).
- 텔넷(Telnet)은 일반 문자를 사용하기 때문에 도청 등에 취약하다. 시큐어 셸(SSH)은 모든 커뮤니케이션을 암호화하는 텔넷의 보안 버전이다.

참고: 스위치는 계층2 장치임에도 불구하고, 네트워크 간 원격 접속을 위해 IP 주소를 가질 수도 있다. 그러나, 할당된 IP 주소는 온전히 장치 관리를 위해서만 사용되고, 2계층의 프레임 스위칭 기능은 전혀 하지 않는다. 그 어떤 기기도 IP 주소의 할당 없이는 네트워크에 연결될 수 없다는 점을 기억하라.

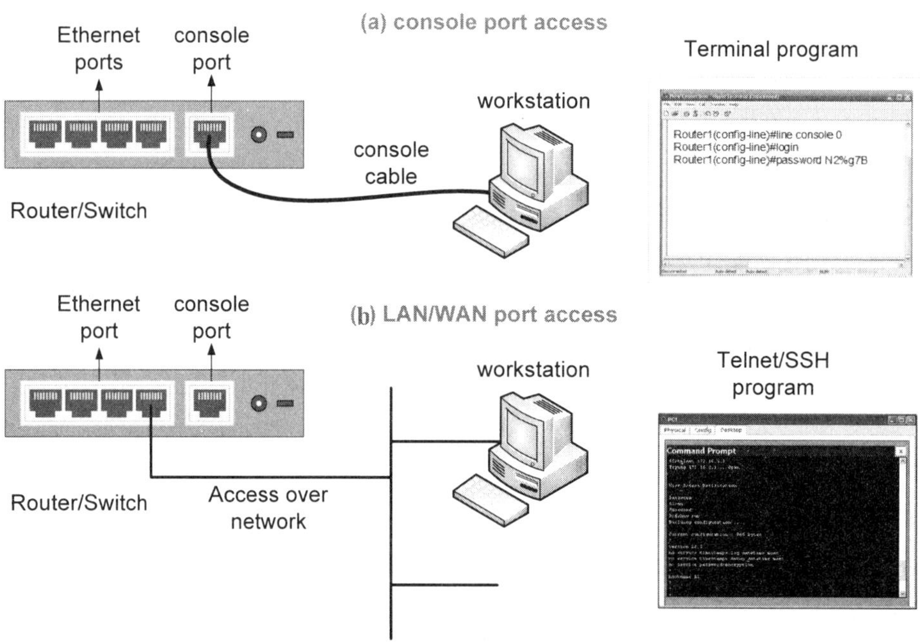


그림 3.1 중계 기기의 관리를 위한 OS 접속

### 예시 : 시스코의 IOS와 접속 보호

CLI 환경에 관련된 예를 보자면, 시스코의 라우터/스위치의 기본적인 환경설정을 위해 사용되는 간단한 명령어들이 있다. 이 명령어들은 시스코 라우터/스위치의 OS에 인증되지 않은 접근을 막을 수 있도록 패스워드를 설정하는데 사용된다.

| 사용된 명령어 | 각 명령어들의 의미 설명 |
|---|---|
| *Line console 0* | 한 콘솔 포트에 대한 접근 권한을 설정 |
| *Login* | 로그인을 요구하는 시스템에 접속 |
| *Password N2%g7B* | 접속 패스워드는 N2%g7B |

그림 3.2는 위 세 개 명령어의 입력 예시 화면이다. 명령어를 차례로 입력하고 나면, 다음 환경설정 변경을 위하여 반드시 라우터/스위치의 OS 접속용 패스워드를 기억해 두어야 한다.

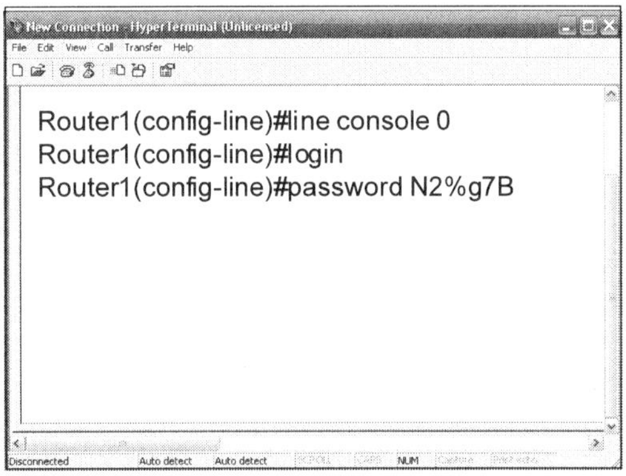


그림 3.2 패스워드 보호 설정

## 3.3 허브(다중 포트 리피터(Multi-Port Repeaters))

허브는 들어오는 신호를 받아서 프레임을 전송하고, 신호의 강도 및 형태를 재생성하며, 그 전파를 연결된 포트로 재생하여 중계하는 물리적 장치이다. 따라서, 이 물리적 계층 기기는 운영 시스템이 필요치 않다. 허브는 프레임을 받으면, 입력 포트를 제외한 모든 연결된 포트에 그것을 전송한다. 그러면, 매칭되는 목적지 MAC 주소를 가진 최종 단말기가 해당 프레임을 자신의 NIC 메모리에 복제하고 처리한다. 그러나 MAC 주소가 매칭되지 않으면, 해당 프레임을 버린다. 이러한 전달 기능 때문에, 허브를 일컬어 **다중 포트 리피터**(Multi-Port Repeaters)라고도 부른다.

이러한 허브의 비차별적 전송 기능 때문에, 허브에 아무리 많은 최종 단말기가 연결되어 있어도 한 번에 오직 하나의 단말기만 프레임을 전송할 수 있다. 이렇듯 제한된 네트워크 접속만 허용하는 **공유된 매체** 환경은 결과적으로 네트워크 용량의 비효율적 활용을 야기한다. 이러한 특성으로 인해, 허브의 포트는 프레임이 한 번에 오직 한 방향으로만 흐르도록 하는 **반이중 방식**(half-duplex mode)으로 운영된다. 결과적으로, 만약 하나의 포트가 10Mbps 용량을 가졌다면, 각 방향(주거나 받는 경로의)에서의 실제 속도는 대기 시간 때문에 약 5Mbps가 줄어들게 된다.

게다가 이러한 네트워크는 갑자기 프레임을 보내는 단말기가 여러 대일 경우 시그널의 충돌(collisions) 가능성이 커질 수 있다. 이러한 충돌 위험은 네트워크에 많은 수의 단말기가 추가되어 네트워크의 크기가 커질 경우 더욱 높아지며, 충돌이 발생하면 데이터 전송에 있어 스루풋이 저하되고 지연 시간이 길어지는 결과를 낳는다. 그러므로 허브를 활용할 경우 네트워크의 확장성이 당연히 제한된다. 허브가 설치되면, 호스트의 NIC는 네트워크 접속을 통제하기 위해 **CSMA/CD**(반송파 감지 다중 접속(Carrier Sense Multiple Access)/충돌 감지(Collision Detection))프로토콜을 활성화시킨다. 이는 **공유된 매체** 환경 하에서 프레임의 충돌을 피하고, 충돌 발생 시에 대처하기 위해 설계된 매커니즘이다(CSMA/CD는 이후에 다시 설명된다).

또 다른 한계점으로는 프레임 브로드캐스팅과 상대적으로 프레임 도용이 쉬운 특성으로 인해 호스트 단말기가 보안에 취약해 진다는 점이다. 예를 들어, 단말기의 NIC가 **무차별 모드**(promiscuous mode)에 있을 경우에는, NIC의 MAC 주소와 프레임의 목적지 MAC 주소가 일치하지 않아도 들어오는 모든 프레임을 받아서 읽고 처리한다. 이러한 **무차별 모드** 옵션의 장점(예, 네트워크 관리자가 트래픽을 모니터링 할 때 사용)도 있긴 하지만, 너무 쉽게 남용되는 경우도 종종 볼 수 있다. 허브는 이러한 단점들(특히 보안 취약성과 네트워크 채널의 비효율적 활용 등) 때문에 기업 환경에서 대부분 스위치로 대체되어 왔다. 허브는 최종 단말기와 접속하기 위해 내장된 RJ-45 혹은 USB 포트들을 가지고 있다.

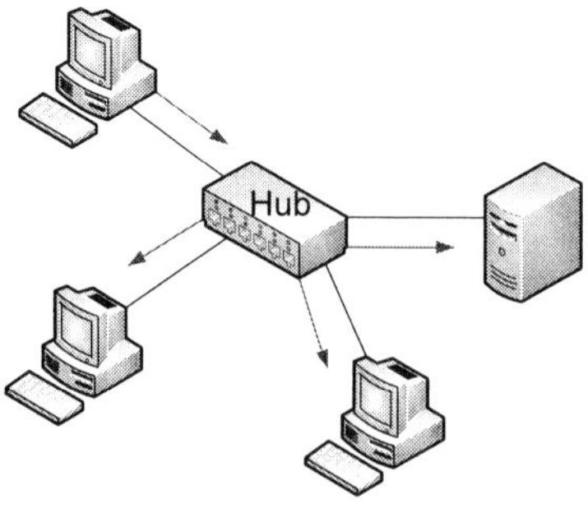


그림 3.3 소규모 허브-기반 네트워크

## 3.4 브릿지 & 무선 엑세스 포인트

브릿지는 네트워크를 관리 가능한 작은 단위로 세분화하기 위해 설계된 2계층의 장치이다. 네트워크 세분화는 네트워크 규모가 커져 가면서 발생하는 문제들을 해결하는데 있어 중요하다. 브릿지, 스위치, 라우터, 이 모두는 하나의 네트워크를 좀 더 관리가 쉬운 규모로 세분화하여 하나의 세그먼트에서 다른 쪽으로 불필요한 트래픽이 흐르는 것을 통제할 수 있게 해준다. 그러나 허브의 경우는 프레임을 거를 수 있는 능력이 없기 때문에, 그러한 세분화 장치라고 부를 수 없다.

브릿지는 자기 포트에 도착하는 모든 프레임의 MAC 주소를 읽어서, 자체 **브릿지 테이블**(그림 3.4 참조)에 있는 정보들을 참조하여 그 프레임을 전달하거나 혹은 걸러버린다. 브릿징 프로세스는 들어오는 프레임의 목적지 주소가 같은 네트워크 세그먼트 내에 있으면 해당 프레임을 걸러내는 유니캐스트 방식에서 좀 더 이해하기가 쉽다. 예를 들어, 그림 3.4에서 만약 PC1이 동일한 네트워크 세그먼트 내의 PC2에 프레임을 보낸다면, 브릿지 또한 그것을 브로드캐스트 하는 허브를 통해 그 프레임을 받을 것이다. 브릿지는 해당 프레임을 받으면 자체 브릿지 테이블을 참조하여 PC2의 목적지 MAC 주소가 동일한 포트 0(동일한 세그먼트에 속한)에 연결되어 있다는 것을 알아내어 그 프레임을 걸러버리는 것이다.

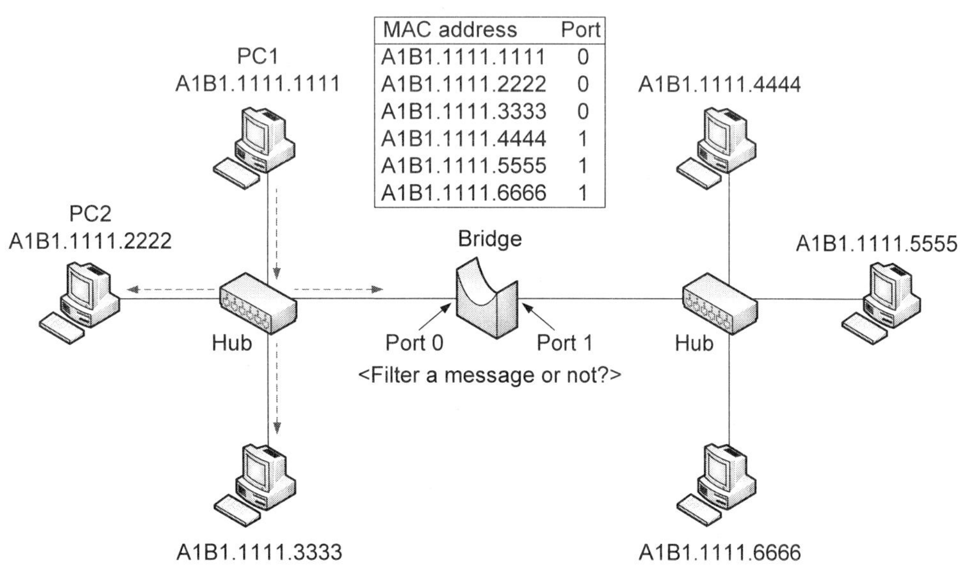


그림 3.4 브릿지 테이블의 예

네트워크 세그먼트들 간에 프레임을 필터링 하는 것은 불필요한 트래픽 흐름을 줄여서 네트워크의 대응 시간을 향상시키는 효과를 가져온다. 그러나 만약 프레임이 소스 호스트에 의해 브로드캐스팅(유니캐스팅 대신에) 된다면, 브릿지는 그것을 막지 않고 모든 포트들을 통해 전달한다. 결과적으로 브릿지는 독립된 내부-세그멘트의 유니캐스트 전송에 대해서는 효과적으로 기능하지만, 다른 네트워크 세그멘트로 브로드캐스팅된 프레임들이 넘쳐나는 상황은 통제할 수가 없다. 기존의 전통적인 브릿지는 오늘날 LAN 환경을 지배하고 있는 스위치가 그와 동일한 필터링 역량들을 갖추면서 많이 사용되지는 않고 있다.

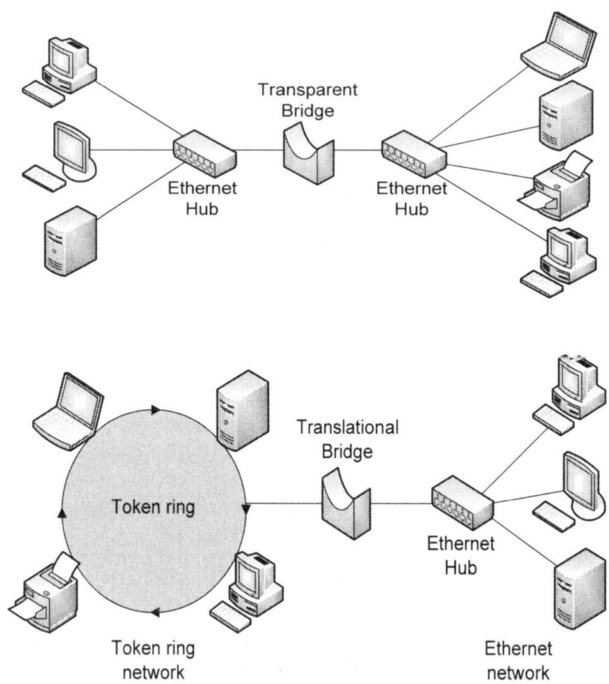


그림 3.5 투과적 브릿지 vs. 변환 브릿지

브릿지는 **투과적**(transparent)이거나 **비투과적**(non-transparent)이다(그림 3.5 참조). **투과적 브릿지**는 동일한 표준(예, 이더넷)을 사용하는 네트워크 세그먼트들을 상호 연결한다. 따라서, 투과적이라는 것은 브릿지가 단순히 프레임만을 전달한다는 것을 뜻한다. 네트워크 세그먼트들이 서로 다른 표준(예, 이더넷과 토큰 링)에서 운영될 경우에 활용되는 브릿지는 **비투과적 브릿지**이다. 이러한 브릿지는 한 세그먼트에서 다른 세그먼트로 넘겨지기 전에 프레임의 포맷을 변환해야 하기 때문에 **변환 브릿지**(translational bridge)라는 용어로 부르기도 한다.

변환 브릿지 중에서도 가장 많이 알려져 있는 것이 **무선 엑세스 포인트**(WAP: wireless access point)이다. 무선 LAN의 장소에 구애받지 않고 활용할 수 있는 특성(ubiquity)으로 인해, 이더넷

(선으로 연결된 세그먼트)과 802.11 WiFi(무선 세그먼트) 간에 연결성을 제공하는 WAP이 보편화되었다. 이더넷과 WiFi는 서로 다른 정보 필드 항목들을 가진 고유한 프레임 구조를 가지고 있는데, WAP이 그것들 간의 변환을 담당한다. WAP에 대한 보다 자세한 사항은 8장에서 설명한다.

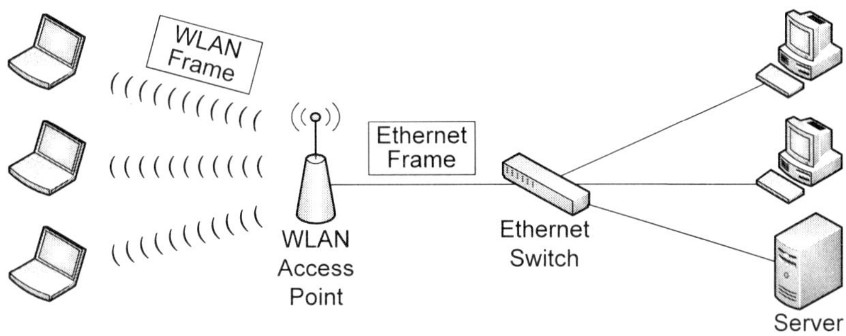


그림 3.6 변환 브릿지로서의 무선 엑세스 포인트

### 연습문제 3-1

두 개의 포트(0과 1이라고 하자)를 가진 무선 브릿지가 두 개의 허브(허브 A는 포트 0에 허브 B는 포트 1에)에 연결되어 있는 가상적인 네트워크를 상상해 보자. 브릿지 포트와 컴퓨터의 간접적인 연결 현황을 아래의 브릿지 테이블에서 확인할 수 있다. MAC 주소는 16진법을 사용한다는 점을 기억하라.

| 최종 단말기 | MAC 주소 | 포트 |
|---|---|---|
| 1 | 1100.0000.1111 | 0 |
| 2 | 1100.0000.2222 | 0 |
| 3 | 1100.0000.3333 | 0 |
| 4 | 1100.0000.4444 | 1 |
| 5 | 1100.0000.5555 | 1 |

브릿지가 들어오는 프레임들을 어떻게 판단하는지 확인하기 위한 브릿지 테이블을 완성하라. 아래는 각 컬럼들에 대한 설명이다:

- 필터/전송(Filter/Forward): 브릿지에 의해 각 프레임들이 걸러질 것인지 아니면 전송될 것인지를 결정하라
- 출력 포트(Output port): 프레임이 전송되는 포트는 무엇인가?

- 수신 단말기(Receiving stations): 어떤 단말기가 해당 프레임을 받게 되는가? 비록 그것을 받아서 처리하지는 않는다 할지라도 말이다.

힌트: 어느 프레임의 목적지 주소가 모두 1값(즉, 48개의 1값)으로 되어있거나 브릿지 테이블에서 찾을 수 없는 경우에, 해당 프레임은 모든 단말기로 브로드캐스팅된다.

| 소스 MAC 주소 | 목적지 MAC 주소 | 필터 또는 전송 | 출력 포트 | 프레임을 받는 수신 단말기 |
|---|---|---|---|---|
| 1100.0000.1111 | 1100.0000.2222 | | | |
| 1100.0000.1111 | 1100.0000.4444 | | | |
| 1100.0000.5555 | 1100.0000.4444 | | | |
| 1100.0000.3333 | FFFF.FFFF.FFFF | | | |
| 1100.0000.4444 | 1100.2B22.4A4C | | | |
| 1100.0000.5555 | FFFF.FFFF.FFFF | | | |

## 3.5 스위치

### 3.5.1 일반적 특성

스위치(Switches)는 **최종 단말기들 간에 데이터 링크를 형성**하는데 가장 많이 사용되는 중계 기기이다. 여러 가지 LAN과 WAN 표준(예, 이더넷과 ATM)용으로 설계된 스위치들이 존재하긴 하지만, 대부분은 오늘날 LAN 시장을 장악하고 있는 이더넷 표준이 중심이 된다. 스위치는 이중와선용의 여러 개 RJ-45 포트들을 가지고 있으며, 모델에 따라서는 파이버 매체용으로 추가적인 고-속도의 포트를 가지고 있는 경우도 있다. 각 포트에는 영구적인 MAC 주소가 할당된다. 예를 들어, 그림 3.7의 스위치는 24개의 서로 다른 MAC 주소를 가진 24개의 RJ-45 포트를 가지고 있다.

스위치는 프레임을 모든 포트에 브로드캐스트 하는 허브와는 달리 도착한 프레임을 오직 해당 목적지 호스트에 직접 혹은 (다른 스위치를 통해) 간접적으로 연결되어 있는 포트에만 전달한다. 이러한 입력 포트와 출력 포트(예, 포트#1에 도착한 프레임은 포트#16을 통해서 나감) 간의 일대일 대응 전송은 네트워크 혼잡을 상당량 막아주며, 서브네트워크 내에서의 프레임 충돌 가능성을 없애준다.

만약 두 개의 프레임이 동일한 호스트를 향해 동시에 전송되면, 스위치는 그 중 한 개 프레임의 전송이 완료될 때까지 다른 프레임을 대기시킨다. 스위치는 각 포트 별로 대기를 명령할 수도 있고,

또는 공동 대기 공간(common queue)을 두어 모든 포트들이 이를 공유하게 할 수도 있다.

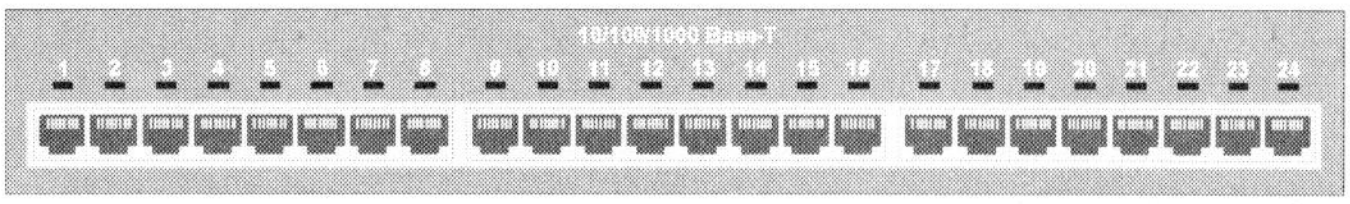

그림 3.7 이더넷 스위치-외관 모양(실제 제품은 아님)

스위치는 **한 개 입력 포트와 한 개 출력 포트**를 연결하는 방식을 통해, 두 개 최종 단말기 사이에 프레임을 **이중 전송**(full-duplex) 방식으로 전송하는 여러 개 데이터 링크들이 동시에 생성될 수 있게 한다. 스위치 포트는 이중 전송 연결을 하기 위해 두 개의 분리된 노선(각각의 입수되는 트래픽 용도과 출력되는 트래픽 용도인)을 가진다. 스위치를 통해 연결된 LAN("switched LAN")에서는 호스트의 NIC 안에 있는 이더넷의 충돌 감지 기능(CSMA/CD)이 활성화되지 않는다. 왜냐하면 프레임 간 충돌을 막기 위해 트래픽을 통제할 필요가 없기 때문이다. 반면, 이웃해 있는 스위치들은 링크의 속도나 이중 방식 유형(이중 방식 혹은 반이중 방식)을 결정하기 위해 서로 자동적으로 협상을 할 수 있다. 스위치는 일반적으로 유니캐스팅 방식에 의존하지만, 필요에 따라서 브로드캐스팅이나 멀티캐스팅 방식을 사용하기도 한다.

스위치의 역량을 다양한 관점에서 평가하기 위해 사용되는 몇몇 일반적 용어들이 있다.

- **Port density**: 스위치의 가용한 포트 개수(예, 24개 포트)
- **Wire speed**: 스위치 포트의 최대 데이터 전송 속도(예, 100Mbps, 1Gbps)
- **Forwarding rate**: 모든 스위치 포트들의 결합 데이터 전송 속도. 예를 들어, 10개의 100Mbps 포트들을 가진 스위치는 1000Mbps의 Forwarding rate을 가진다.
- **Aggregate throughput**: 한 시점에 스위치를 통해 내보낼 수 있는 실제 데이터 전송 속도. 대부분의 LAN 스위치들은 내부 아키텍쳐 문제로 인해 Forwarding rate보다 상당히 낮은 수준의 Aggregate throughput을 가진다.
- **Non-blocking vs. blocking**: 스위치의 Aggregate throughput이 그것의 Forwarding rate과 동일한 경우를 가리켜 non-blocking이라고 하는데, 이는 모든 포트들이 내부 아키텍쳐로 인한 제약 없이 최고의 전송 속도를 동시에 달성할 수 있기 때문이다. 사실상, 대부분의 스위치들은 blocking이다. 예를 들어, Forwarding rate이 1000Mbps이고 Aggregate throughput이 600Mbps인 스위치의 경우 60퍼센트(600/1000)의 non-blocking 역량을 가진 것이다.

**연습문제 3-2**

그림 3.7에서 각 포트가 10/100/1000Mbps의 전송 속도를 자동으로 인지할 수 있는 스위치라고 가정하자.

1. 스위치의 Port density는 무엇인가?

2. 스위치의 Wire speed는 무엇인가?

3. 스위치의 Forwarding rate는 무엇인가?

4. 스위치가 Forwarding rate의 80%에 해당하는 Aggregate throughput을 갖고 있다고 가정해 보자. Aggregate throughput은 무엇인가? 이 스위치는 Non-blocking인가?

5. 스위치 자체가 가진 Forwarding rate 보다 더 높은 Aggregate throughput을 가진 스위치가 있을 수 있는가? 있다면 그 이유를 설명하라.

### 3.5.2 스위치 포트

스위치는 이더넷 LAN에서 많이 사용되고 있다. 스위치를 통해 연결된 이더넷에서 스위치가 각 호스트 단말기들을 덧붙이기 위한 중심적인 집중 장치로 사용되는 스타 구조의 경우 물리적인 선으로 연결된다. 스위치 포트는 호스트 단말기의 NIC와 유사한 전자 회로 보드, 즉 **LAN 카드**의 일부분이라고 할 수 있다. 각 포트는 각각의 명칭과, MAC 주소, 그리고 유선 속도 정보를 가지고 있다. 포트의 네이밍에 사용되는 보편적인 법칙 같은 것은 없고, 벤더들이 각각 자체 명칭을 부여하는 식으로 이루어진다. 예를 들어, 표 3.3은 24개의 고속 이더넷 포트와 2기가비트의 이더넷 포트를 가진 스위치에 대한 네이밍 방식을 보여준다. 여기의 0/3에서 0은 구역의 숫자를 3은 운영 시스템에 의해 인증된 포트 넘버를 의미한다. 보다시피, 각 스위치 포트에는 고유한 데이터 링크 계층의 MAC 주소가 딸려있다. 스위치의 운영 시스템은 표 3.3의 정식 포트 네임과 축약식 포트 네임 둘 다를 판독할 수 있기 때문에 환경설정 시에 그 둘을 혼용하여 사용할 수 있다.

스위치 포트는 이더넷(10Mbps), 고속 이더넷(100Mbps), 기가비트 이더넷(1000Mbps) 등을 포함하여 몇 가지 속도 체계를 가지고 있다. 일부 스위치는 오직 한 가지 유형의 속도만 지원하고, 다른 것들은 혼합된 유형의 포트 속도를 지원한다(예, 100Mbps 고속 이더넷+1Gbps 기가비트 이더넷). 대부분의 스위치는 연결되는 호스트의 속도에 따라서 자체 속도를 동적으로 적응시킬 수 있는 포트(예, 10/100/1000Mbps)들을 지니고 있다. 동적인 적응을 위해, 호스트의 이더넷 NIC와 스위치 포트가 미리 쌍방간 비트 셋의 교환을 통해 (일반적인 프레임이 아닌) 지원 가능한 최고 속도를 협상한다. 이러한 프로세스를 자동-협상(auto-negotiation)이라고 부르는데, IEEE 표준에 의해 정의된다. 일부 스위치는 오직 이중와선 연결만 지원하는 반면, 나머지는 한 가지 이상의 케이블링 옵션을 제공하기도 한다(예, 이중와선과 광섬유).

[표 3.3] 스위치 포트 네이밍과 MAC 주소화

| Port full name | Abbreviation | MAC address |
|---|---|---|
| FastEthernet 0/1 | Fa0/1 | 0005.B119.6A01 |
| FastEthernet 0/2 | Fa0/2 | 0005.B119.6A02 |
| – | – | – |
| – | – | – |
| FastEthernet 0/23 | Fa0/23 | 0005.B119.6A03 |
| FastEthernet 0/24 | Fa0/24 | 0005.B119.6A04 |
| GigabitEthernet 1/1 | Gi1/1 | 0005.B119.7C03 |
| GigabitEthernet 1/2 | Gi1/2 | 0005.B119.7C04 |

## 3.5.3 스위치 테이블

### [스위치 테이블 엔트리(entry)]

스위치는 들어오는 프레임을 자체 스위치 테이블의 엔트리들을 참조하여 전송한다. **스위치 테이블**은 직간접적으로 연결된 **호스트**의 MAC 주소들과 그것의 **출력 포트**들을 저장하고 있다(표 3.4 참조). 스위치 테이블은 그 이외에도 **주소 유형**(address type)과 **가상 LAN**(VLAN) 정보 또한 가지고 있다. 주소 유형 필드는 해당 엔트리가 **정적**(static)인지 아니면 **동적**(dynamic)(스위치 러닝을 통해 자동적으로 얻어지는)인지를 알려주는 역할을 한다.

정적 엔트리에서는 네트워크에 어떠한 호스트 단말기가 추가될 수 있는지를 네트워크 관리자가 결정하기 때문에 스위치 관리(예, 보안)를 보다 통제적으로 유지할 수 있다. 따라서 정적 엔트리는 관리자가 직접 제거하기 전까지는 스위치 테이블에 계속 유지된다. 하지만 정적 엔트리는 이러한 장점에도 불구하고 시간 소모적인 접근 방식이기 때문에 특히 네트워크가 커질수록 관리의 어려움이 있다. 반대로, 동적 자기-학습 프로세스를 통해 스위치 테이블 엔트리를 자동으로 추가하는 방식은 통제성 및 보안성이 부족하긴 하지만 보다 정확하고 비용 효과적이다. VLAN 필드의 경우, 모든 스위치 테이블 엔트리는 초기에 디폴트 VLAN으로 되어 있다. VLAN의 개념은 7장에서 설명될 것이다. 여러 필드들 중에서도 MAC 주소와 출력 포트 컬럼이 프레임 스위칭을 이해하는데 있어서 기본적인 것들이다.

[표 3.4] 스위치 테이블의 예시

| 목적지 MAC 주소 | 출력 포트 | 주소 유형 | VLAN |
|---|---|---|---|
| 0002.584B.16E0 | FastEthernet 0/1 | Static | 1 |
| 00B0.D0F3.47AC | FastEthernet 0/2 | Static | 1 |
| 00C1.4AC7.23D2 | FastEthernet 0/3 | Dynamic | 1 |
| 00B0.D045.963A | FastEthernet 0/3 | Dynamic | 1 |

### [스위치 학습(Switch Learning)]

앞서 설명한 바와 같이 표 3.4에서 예시로 소개된 엔트리들은 **스위치 학습**(Learning)을 통해서 스위치 테이블에 자동적으로 추가될 수 있다. 아래의 시나리오를 살펴보자.

1. 하나의 이더넷 프레임(소스: A1B1.1111.1111이고 목적지: A1B1.1111.2222라고 하자)이 스위치 포트, Fa0/10에 도달한 경우, 해당 스위치는 스위치 테이블에서 A1B1.1111.2222을 가진 엔트리를 검색한다.
2. 해당 엔트리가 발견되면, 스위치는 그 프레임을 해당 엔트리에 대응되는 출력 포트에 전달한다.
3. 해당 엔터리가 존재하지 않으면, 스위치는 방법이 없으므로 도착한 프레임을 포트 Fa0/10을 제외한 모든 포트들에 브로드캐스트한다.
4. 그러는 동안에, 스위치는 소스의 MAC 주소인 A1B1.1111.1111가 Fa0/10포트에 **직접적** 혹은 **간접적**으로 연결되어 있는지를 학습하고 그 매칭 정보(A1B1.1111.1111와 Fa0/10)를 스위치 테이블에 업데이트한다.
5. 테이블 엔트리의 학습과 업데이트는 테이블이 정보를 모두 완성할 때까지 계속해서 발생한다.

많은 네트워크(특히 서브네트워크)에서 일부 스위치는 내부적으로 연결되어 있다. 이러한 상황에서의 스위치 테이블은 오직 **MAC 주소**와 **출력 포트** 정보 만을 한 쌍으로 리스트화한다. 단, 네트워크 구조에 따라서, 출력 포트는 오직 하나의 호스트 MAC 주소와 쌍을 이룰 수도 있고, 혹은 여러 개의 MAC 주소와 짝을 이루게 될 수도 있다. 예를 들어, 그림 3.8에서, SW1의 스위치 테이블은 Fa0/2가 A1B1.1111.1111와 한 쌍(**한 개 포트 대 한 개 MAC 주소**)을 이루고 있는 엔트리를 가지고 있다. 한편, **한 개 포트 대 여러 개 MAC 주소 대응**의 예로는, Fa0/1 포트가 SW2와 SW3를 통해 궁극적으로 4개의 서로 다른 호스트들(A1B1.1111.3333, A1B1.1111.4444, A1B1.1111.5555, 및 A1B1.1111.6666)과 연결되어 있는 경우를 생각해 볼 수 있다. SW1의 스위치 테이블은 SW2이나 SW3와 관련된 어떠한 정보도 포함하고 있지 않으며, 오직 SW2와 SW3를 통해서 연결되어 있는 호스트 컴퓨터들에 대해서만 궁극적으로 관심을 두고 있다.

### 연습문제 3-3

그림 3.8에 있는 SW3의 스위치 테이블을 완성하라.

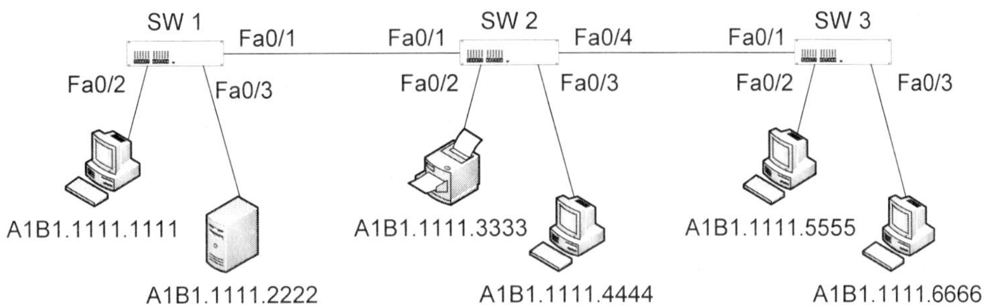


SW 1

| MAC address | Port |
|---|---|
| A1B1.1111.3333 | Fa0/1 |
| A1B1.1111.4444 | Fa0/1 |
| A1B1.1111.5555 | Fa0/1 |
| A1B1.1111.6666 | Fa0/1 |
| A1B1.1111.1111 | Fa0/2 |
| A1B1.1111.2222 | Fa0/3 |

SW 2

| MAC address | Port |
|---|---|
| A1B1.1111.1111 | Fa0/1 |
| A1B1.1111.2222 | Fa0/1 |
| A1B1.1111.3333 | Fa0/2 |
| A1B1.1111.4444 | Fa0/3 |
| A1B1.1111.5555 | Fa0/4 |
| A1B1.1111.6666 | Fa0/4 |

SW 3

| MAC address | Port |
|---|---|
| ? | |

그림 3.8 스위치 테이블

## [엔트리의 에이징 타임(Aging of Entries)]

엔트리는 에이징 타임(aging time)(예, 300초)을 지니고 있는 스위치 테이블에 **동적**으로 추가되는데, 에이징 타임이란 참조되지 않으면서도 스위치 테이블에 머무를 수 있는 시간을 나타낸다. 즉, 엔트리의 에이징 타임이 만료되면, 스위치는 해당 MAC 주소가 비활성화되어 있다고 간주하여, 그 MAC 주소와 출력 포트의 쌍대 정보를 스위치 테이블에서 삭제해 버린다.

에이징 타임은 스위치에서 조작될 수 있는데, 네트워크 관리자가 에이징 타임을 설정하기 위해서는 다음 사항들을 고려해야만 한다. 에이징 타임이 너무 짧으면, MAC 주소(적합한 것임에도)를 스위치 테이블에서 너무 빨리 제거해 버리게 된다. 이러한 경우는 스위치에서 프레임을 더 많이 브로드캐스팅하게 되는 결과를 야기할 수 있으므로 네트워크 성능에 부정적인 영향을 미친다. 반면, 너무 긴 에이징 타임을 설정할 경우, 스위치 테이블은 비활성화된 MAC 엔트리를 너무 많이 유지하고 있게 되어 스위치 테이블의 학습과 업데이트에 부정적인 영향을 미칠 수 있다. 한편, 정적 엔트리의 경우는 일부로 삭제하지 않는 한 스위치 테이블에 영구적으로 남아있기 때문에, 이러한 에이징 타임의 영향을 받지 않는다.

**연습문제 3-4**

그림 3.9의 가상 네트워크를 참조하라. 각 스위치가 6개의 고속 이더넷(100Mbps) 포트를 가지고 있으며 스위치 테이블의 모든 엔트리는 동적으로 추가된다고 가정해 보자.

1. 각 호스트 단말기에 당신이 고른 MAC 주소를 할당하라.

2. 스위치의 각 LAN 포트에 MAC 주소를 할당하라(표 3.3과 유사).

3. 각 스위치에 대하여, 호스트 혹은 다른 스위치를 연결하는 스위치 포트들을 결정하라.

4. 다섯 개 스위치 각각의 스위치 테이블을 만들어라. 스위치 테이블은 MAC 주소-출력 포트의 쌍대 정보를 포함하고 있어야만 한다.

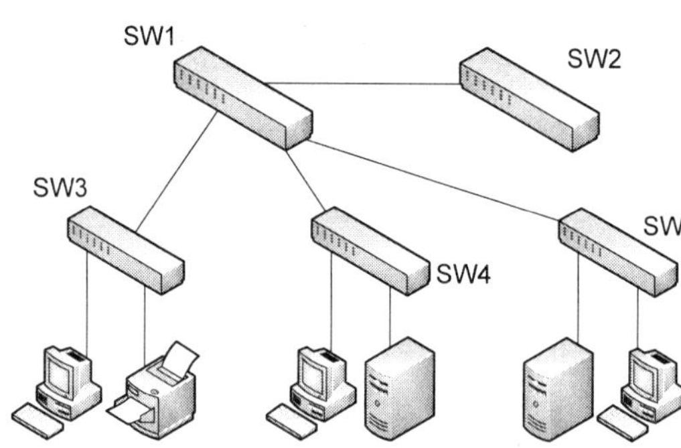


그림 3.9 가상적 스위치 LAN

## 3.5.4 스위치 유형

### [비관리형(Non-managed) 스위치 vs. 관리형(Managed) 스위치]

스위치는 비관리형이거나 아니면 관리형이거나 둘 중에 하나이다. 비관리형 스위치는 환경설정을 조작할 수 없고 말 그대로 그냥 꽂아서 사용하는 식의 상대적으로 단순하고 비싸지 않은 기기이다. 따라서 이러한 유형의 스위치는 데이터 전송 속도 및 전송 방식(예, 반이중 방식 vs. 이중 방식)의 자동 협상과 같은 한정된 기능만을 가지고 있다.

반면에, 관리형 스위치는 네트워크 관리자가 스위치의 운영 시스템에 연결하여 스위치의 기능들을 설정하고 관리할 수 있다. 설정 가능한 기능에는 장치 접근을 통제하기 위한 로그인 및 패스워드 설정, 포트 보안과 관련된 환경설정, 내장된 프로토콜들의 활성화, 가상 LAN의 생성 및 기타 관리 기능들(예, 시스템 파일 백업)이 포함된다. 따라서, 스위치로 연결된 LAN에서 관리형 스위치를 사용하려면 초기 환경설정 및 이후 관리를 위한 관련 지식들을 가지고 있어야 한다.

앞서 말했듯이 스위치는 입수한 프레임에 대한 전송 결정을 하는데 있어 오직 MAC 주소 만을 필요로 하는 2계층 기기이다. 그러나, 관리형 스위치의 경우 네트워크 관리자가 IP 주소를 할당함으로써 웹 브라우저, 텔넷(원격 접속 도구), SSH(텔넷의 보안 버전)과 같은 프로그램을 통해 원격으로 접속이 가능하다(그림 3.1 참조). 스위치에 IP 주소가 주어지는 경우, 이는 오직 네트워크 간의 원격 관리를 위한 것일 뿐 MAC 주소에만 의존하는 프레임의 전송 기능, 즉 스위치의 주요 기능과는 아무런 관련이 없다. 스위치는 3계층 기기가 아닌 2계층 기기라는 것을 항상 염두에 두자.

### [저장 후 전송(Store-and-Forward) vs. 컷-스루(Cut-Trough) 스위치]

프레임의 전송 방식 측면에서, 스위치는 **저장 후 전송 스위치**와 **컷-스루 스위치**로 구분될 수 있다.

- 저장 후 전송(Store-and-Forward) 스위칭: 프레임이 포트에 도달하면, 스위치가 전체 프레임의 스위칭이 가능할 때까지 기다린다. 기다리는 동안, 해당 프레임은 임시적으로 대기 영역에 저장된다. 전체 프레임의 전송이 가능해지면, 프레임의 **FCS(프레임 체크 순서)** 정보를 이용한 에러 감지나 프레임 길이 검증 등과 같은 일반적 기능들이 수행된다. 만약에 전송 에러가 발견되면, 해당 프레임은 버려진다. 에러가 없으면, 스위치는 스위치 테이블 정보를 참조하여 해당 프레임을 전송한다.
- 컷-스루(Cut-Trough) 스위칭: 프레임이 포트에 도달하면, 스위치는 전체 프레임이 전송 가능해질 때까지 기다리지 않는다. 대신에, 스위칭이 가능한 프레임 정보들(예, 목적지 MAC 주소)을 들어오는대로 전송해 버린다. 이러한 방식은 프레임 전송에 있어서의 지연 시간을 감소시키지만, 전송 에러 감지나 프레임 길이 검증 등과 같은 일반적 기능들이 수행될 수 없게 한다. 따라서, 이 방식에서는 문제가 있는 프레임일 경우 호스트의 NIC가 오류 프레임 제거를 위한 에러 감지를 수행하도록 목적지 단말기로 전송된다. 문제가 있는 프레임(그 안에 패킷이 포함된)이 목적지 노드에 의해 버려지는 경우, 정보 전달자의 TCP가 버려진 패킷을 재전송함으로써 에러를 감지하고 수정한다.

일부 스위치는 위 두 가지의 대안적 방식을 변경해 가며 사용할 수 있도록 설계되어 있다. 즉, 전송 에러 비율이 일정 수준 이하로 유지되는 경우에는 컷-스루 스위칭을 사용하고, 그렇지 않은 경우에는 저장 후 전송 방식으로 변경하여 사용할 수 있는 것이다.

### [대칭적(Symmetirc) 스위치 vs. 비대칭적(Asymmetric) 스위치]

가용 포트들의 스위칭 타입은 대칭적일수도 있고 비대칭적일 수도 있다. 대칭적 스위칭에서는 모든 포트들이 동일한 전송 속도(예, 100Mbps)를 사용한다. 트래픽이 한 네트워크 내에서 다소 동등하게 분배되는 경우에는 이러한 대칭적 스위칭이 적절하다. 예를 들어, 소규모 네트워크에서는 한 개의 호스트 컴퓨터가 클라이언트와 서버의 역할을 동시에 하는 피어-투-피어 관계의 형태로 운영될 것이다. 전용 서버가 없는 경우, 트래픽 흐름은 특정 호스트에 집중화되지 않는다. 하지만 그럼에도 불구하고 피어-투-피어 연결은 요즘 기업에서 많이 선택하는 형태는 아니다.

비대칭적 스위칭에서는 스위치 포트들이 서로 다른 전송 속도를 이용한다. 예를 들어, 하나의 스위치가 100Mbps의 고속 이더넷 포트와 1Gbps의 기가비트 이더넷 포트를 동시에 갖고 있거나, 10/100/1000Mbps의 자동 센싱 포트를 지니고 있을 수 있다. 비대칭적 스위칭은 네트워크 트래픽이 한 두 개의 포트에 집중되는 경우에 유용하다. 예를 들어, 클라이언트-서버 컴퓨팅에서, 클라이언트 컴퓨터는 이메일-서버, 웹-서버, 데이터베이스-서버, 협동 서버 등과 같은 전용 서버들을 통해 이용 가능한 자료에 접근한다. 당연히, 더 많은 양의 네트워크 트래픽이 해당 서버와 더 빠른 데이터 전송을 위해 서버에 연결되어 있는 스위치 포트에 집중될 것이다.

그렇게 되면, 서버 링크들에 병목 현상이 발생하여 네트워크 성능에 안 좋은 영향을 미칠 수 있다. 대부분의 기업 단위 스위치는 집중되는 트래픽을 핸들링하는데 있어 유연성을 발휘하는 비대칭적 스위칭을 주로 사용한다(그림 3.10 참조).

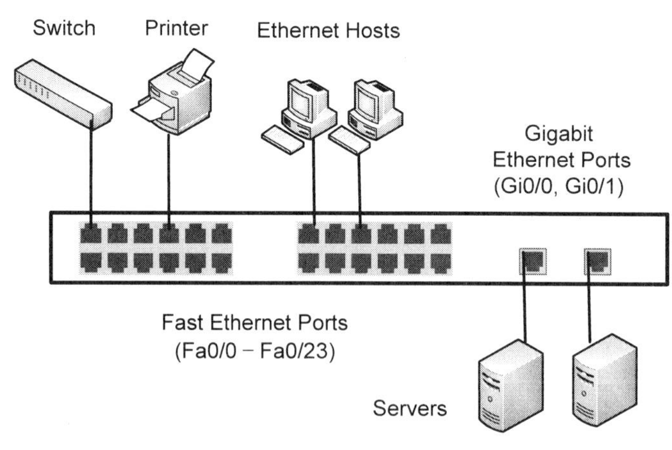


그림 3.10 비대칭적 스위치의 예시

비대칭적 스위치를 사용하는 방법 이외에, **링크 애그리게이션**(link aggregation)이 특정 링크의 통과량을 증대시킬 수 있는 또 다른 해결책으로 사용될 수 있다. 링크 애그리게이션(또는 **본딩**(bonding)

이나 **트렁킹**(trunking)이라고도 한다)은 스위치들 간 혹은 스위치와 호스트(아마도 서버인) 간의 두 개 이상의 물리적 링크들을 한데 묶을 수 있도록 해준다. 이 링크 애그리게이션에 대한 설명은 7장에서 좀 더 자세히 다룰 것이다.

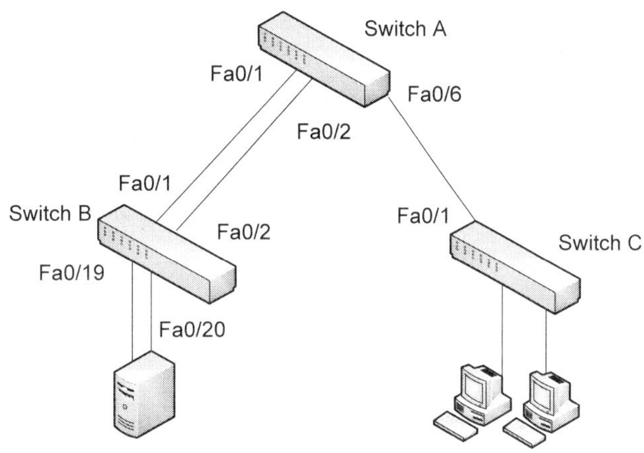


그림 3.11 링크 애그리게이션을 이용하는 스위치 기반 네트워크

## [2계층 스위치 vs. 3계층 스위치]

기존의 전통적인 스위치는 오직 MAC 주소에만 의존해 프레임 전송을 수행하는 2계층(데이터링크 계층)에서 운영된다. **3계층 스위치**(혹은 다중-계층 스위치)는 이러한 2계층 스위치와는 다른 운영이 가능하다. 3계층 스위치 포트(혹은 인터페이스)는 유연하게도 전통적인 2계층 스위치 포트(오직 MAC 주소만 할당하는)로 설정할 수도 있고, 라우터 포트(MAC 주소와 IP 주소를 쌍으로 가지고 있는)로 설정할 수도 있다. **3계층 스위치**는 스위치 포트에 할당된 IP 주소를 이용해 IP 주소에 기반하여 이더넷 프레임을 전송할 수도 있고, 라우터처럼 기능하여 기본적인 IP 기반의 라우팅을 수행할 수도 있다. 예를 들면, 여러 개의 서브네트워크들이 인터-네트워킹을 위해 **3계층 스위치**를 통해 연결될 수 있는 것이다.

그러나, 3계층 스위치는 라우터의 몇몇 기능들이 약하기 때문에 전체적으로 라우터를 대체할 수 있도록 설계된 것은 아니다. 좀 더 명확히 말하자면, 3계층 스위치의 WAN 연결 및 고급 라우팅 프로토콜 지원 기능은 라우터에 비해 상당히 부족하다(그림 3.12에서 보면 WAN 직렬 포트가 없다). 하지만, 3계층 스위치는 융통성 있는 기능 지원이 가능하기 때문에, 기업 네트워크 영역 범위 내에서는 라우터를 대체하여 많이 사용되기도 한다. 3계층 스위치의 또 다른 고유한 특성은 3계층 기능들이 하드웨어에서 실행되도록 설계되어 있어, 이를 소프트웨어에서 실행하도록 되어 있는 기존의 라우터에 비해 패킷을 빠르게 처리할 수 있다는 점이다(2장의 TCP/IP 참조). 하드웨어-기반의 처리 방식은 확실히 소프트웨어-기반 처리 방식에 비해 빠르기 때문에, 이러한 3계층 스위치가 기업 내 인터네트워킹을 위해 많이 사용되는 이유가 설명이 된다. 이처럼 3계층 스위치라는 용어가 사용되고는 있지만, 스위치는 기본적으로 2계층 기기라는 점을 기억하자.

그림 3.12 이더넷 계층3 스위치

### [픽스드(Fixed), 스태커블(Stackable), 모듈러(Modular) 스위치]

스위치는 구조적인 설계에 있어서의 차이를 기준으로 몇 가지 유형으로 나뉜다.

- **픽스드(Fixed) 포트 스위치**에서는 포트들이 추가되거나 변경될 수 없기 때문에 보이는 그대로가 스위치가 가지고 있는 것들이 된다(예시 그림 3.7 참조).
- **스태커블(Stackable) 스위치**에서는 여러 개의 스위치가 다른 것 위에 서로 겹쳐서 올려질 수 있고, 그 전체가 많은 포트들을 가진 오버사이즈 스위치로서 기능한다. 서로 겹쳐진 스위치들은 고속 케이블을 이용하여 데이지 체인(daisy chain) 방식으로 결합된다.
- **모듈러(Modular) 스위치**는 여러 개 포트들을 가진 하나의 라인 카드(혹은 모듈)를 연결할 수 있는 구멍을 한 개 이상 가지고 있다. 그림 3.13은 각각 여러 개 포트를 지닌 모듈을 몇 개씩 가지고 있는 스위치의 예시를 보여주고 있다.

네트워크에 어떤 종류의 스위치를 적용할 것인지에 대한 의사 결정은 다양한 기술적 상황과 비기술적 상황(예, 예산)을 함께 고려하여야 한다. 기술적 요인들에는 다음과 같은 것들이 있다.

- 설치된 컴퓨터들을 지원하기 위해 필요한 NIC의 속도와 매체
- 필요한 스위치 포트의 개수
- 연결 중복의 필요성
- 기업 네트워크의 성장 가능성
- 이미 설치된 스위치의 유형

- 적용할 스위치의 역할(예, 워크그룹, 분배, 혹은 코어)
- 보안 등 기타 기능적 특성들

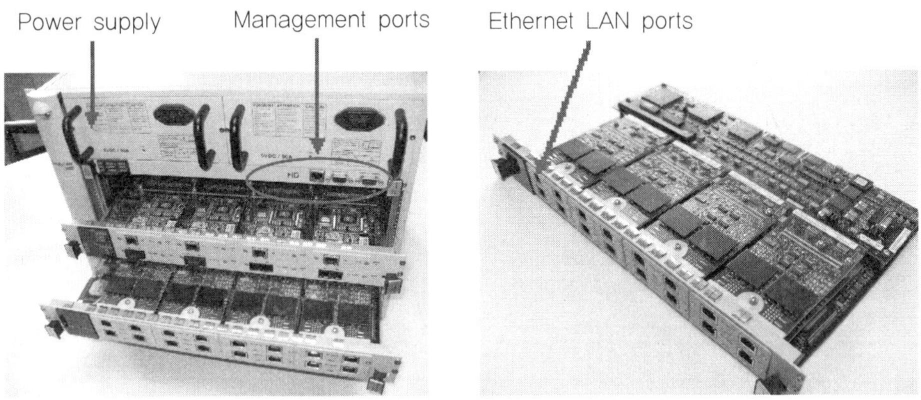


그림 3.13 모듈러 코어 스위치와 다중 포트 스위치 카드

[PoE(Power over Ethernet-*한 개 케이블을 통해 데이터 공급과 전력 공급을 동시에 받는 기능)]

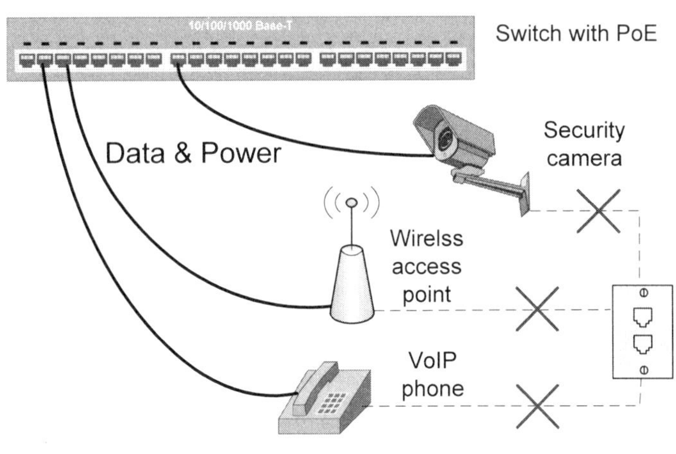


그림 3.14 PoE(Power over Ethernet)

일부 스위치는 PoE 기능을 제공한다. 관련 기술 특성이 IEEE 802.3에 의해 표준화 되어 있는 PoE는 스위치가 이더넷 케이블을 데이터 신호 전달을 위해서뿐만 아니라 무선 엑세스 포인트, VoIP 폰, 웹 카메라와 같은 연결 노드들에 전력을 공급하기 위해서도 사용할 수 있도록 해준다.

PoE 기능이 있는 스위치를 사용하게 되면, 네트워크 노드들의 기획과 배치가 전력 자원의 가용성에 제약받지 않고 보다 유연해 질 수 있다. PoE가 가능한 스위치는 이 기능이 없는 것들에 비해 일반적으로 비용이 더 많이 든다.

### 3.5.5 보호용 스위치 포트

보안된 네트워크 접근인지를 판단하는 중요한 기준 중 하나는 오직 인증받은 호스트만 중계 기기들에 연결될 수 있도록 허용하는 것을 보장하는지의 여부이다. LAN 연결용으로 이더넷 스위치가 보편화된 상황에서, 스위치 포트에 접근하는 컴퓨터들을 통제하지 않는 것은 기업에 심각한 보안 위협을 가져올 수 있다. 이러한 위험을 완화시키기 위해, IT 스탭들은 네트워크에 미인증된 접근을 막을 수 있도록 관리형 스위치를 사용해야 한다.

관리형 스위치의 운영 시스템은 하나의 포트에 오직 한 개 이상의 적합한 MAC 주소만 할당하도록 지시할 수 있으며, 혹은 미인증된 컴퓨터 접근 시도가 있을 경우 자동적으로 그것을 막아버릴 수도 있다. 이는 네트워크 내 컴퓨터들에 대한 잠행적 접근을 막고, 침입자에 의한 **MAC 주소 플로딩**(MAC address flooding)과 같은 공격으로부터 네트워크를 보호할 수 있게 해준다. 네트워크 보안을 위한 또 다른 기준으로, 사용하지 않는 스위치의 모든 포트들을 닫아 놓도록 조작하는 것도 좋은 방법이다. 이는 긴단한 명령어 입력을 통해 수행될 수 있나. 예를 들어, 시스코 스위치의 포트 Fa0/1은 명령어 입력창에서 '**interface fa0/1**'과 '**shut**'을 연속적으로 입력함으로써 포트를 닫을 수 있게 조작된다. 이렇게 발생가능한 보안 위협으로부터 네트워크를 보호하기 위한 스위치의 환경설정 방법은 관리형 스위치를 사용할 경우에만 적용이 가능하다.

## 3.6 라우터

### 3.6.1 라우터

인터-네트워킹을 위해 IP 패킷을 전송하는 라우터는 또 하나의 중요한 중계 기기이다. 라우터의 기본적인 기능들은 다음과 같다.

**[라우팅 테이블 생성 및 업데이트]**

라우터는 패킷 전송 결정에 참고하는 테이블인 라우팅 테이블을 구축하고 유지한다. 라우팅 테이블의 엔트리는 조작적으로 생성될 수도 있고, 다른 라우터들에 통해 얻어진 정보에 기반하여 라우터 자체적으로 자동 추가될 수도 있다. 라우팅 테이블 엔트리를 동적으로 업데이트하기 위해서는 라우터가 **개방 최단 경로 우선**(OSPF: Open Shortest Path First)과 같은 프로토콜을 이용하여 주기적으로 관련 정보를 업데이트해야 한다. 이와 관련된 상세 사항은 6장에서 설명한다.

[패킷 전송]

라우터의 궁극적인 역할은 IP 패킷을 라우팅(혹은 전송)하는 것이다. 라우터는 패킷을 받으면 라우팅 테이블을 이용하여 최적의 전송 경로를 찾아서 그 IP 패킷을 목적지까지 전달한다. 라우터는 각 서브네트워크가 특정한 LAN(예, 이더넷과 무선 LAN)이나 WAN(예, PPP 및 인터-네트워킹) 표준을 사용하는 경우에 서브네트워크들(예, LAN들 간 또는 LAN과 WAN 간의)을 상호적으로 연결한다(1장과 2장으로 다시 돌아가 인트라-네트워킹과 인터-네트워킹을 살펴보라). 각 서브네트워크는 그 규모에 따라서 수많은 단말기와 서버를 가진 여러 개의 2계층 스위치를 포함하고 있을 것이다. 라우터에 의해 다른 서브네트워크들과 분리된 서브네트워크는 패킷 브로드캐스팅의 제한 영역을 가진 **브로드캐스트 영역**(broadcast domain)이 된다(보다 자세한 사항은 섹션 3.10 참조). 라우터는 일반적으로 브로드캐스트된 IP 패킷은 전달하지 않기 때문에 브로드캐스트 영역을 구분하는 지점이 된다.

## 3.6.2 라우터 구성 요소

물리적으로 볼 때, 라우터는 말 그대로 서브네트워크들 간의 IP 패킷 전송을 위해 특화된 컴퓨터라고 할 수 있다. 라우터 역시 우리가 컴퓨터 내부에서 볼 수 있는 모든 하드웨어와 소프트웨어들을 가지고 있다. 즉, 다음의 것들이 포함된다.

- 중앙 처리 장치(CPU)
- 메모리: 리드 온리 메모리(ROM), 리드 랜덤 메모리(RAM), 비휘발성 플래쉬 메모리
- 운영시스템(Operating System): 벤더는 RAM에 보다 빠르게 접근하고 전송하기 위해 비휘발성 플래쉬 메모리를 운영시스템에 내장하는 것을 선택할 가능성이 높다.
- 시스템 요소들 간에 데이터 이동을 위한 시스템 버스(bus)
- 다음 것들을 포함한 다양한 포트(인터페이스)
    - 고속 이더넷과 기가비트 이더넷 등 이더넷용의 LAN 포트 (예, Fa0/1)
    - T-1과 DSL 링크 같은 시리얼 라인을 위한 WAN 포트

(예, Serial10/0)

○ 시스템 환경설정과 관리를 위해 라우터의 운영 시스템에 직접 접속하기 위한 용도의 콘솔 포트(그림 3.1 참조)

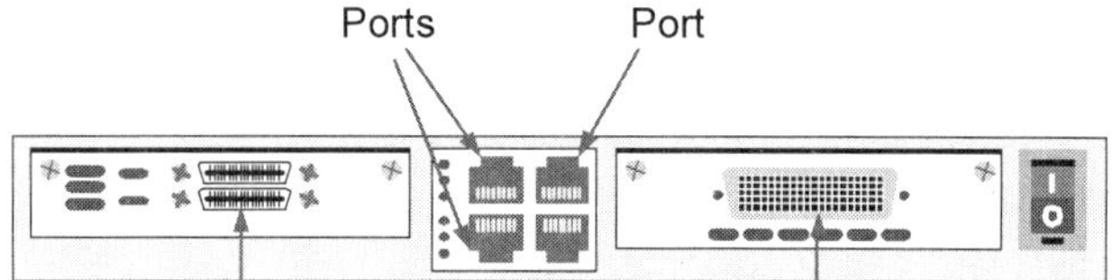


그림 3.15 라우터 포트들(실제 제품은 아님)

그림 3.15는 고속 이더넷 LAN 포트와 시리얼 WAN 포트를 가진 라우터의 예시를 보여준다. LAN 포트는 일반적으로 이더넷 스위치에서도 많이 사용되는 RJ-45 커넥터를 사용한다. 그림에는 포함되어 있지 않지만, 라우터는 광섬유용의 고속 LAN 또한 지닐 수 있다. 시리얼 WAN 포트는 기본적으로 기업 단위 라우터용으로 사용되는 것이다. 인터넷 연결을 위해 케이블이나 DSL 모뎀으로 연결되어 있는 홈 네트워크나 소규모 비즈니스 네트워크용으로 판매되는 대부분의 라우터들은 RJ-45(시리얼 포트인 경우)를 사용한다.

## 3.6.3 라우터 포트 & 명칭

대다수 라우터는 내장된(고정된) LAN과 WAN 포트를 가지고 있는 모듈식이며, 추가적인 모듈이 (하나 이상의 포트를 지닌 LAN과 WAN 인터페이스 카드) 확장 구멍을 통해 장착될 수 있다. WAN 카드는 **네트워크 인터페이스 카드**와 구별하여 **WAN 인터페이스 카드**(WIC: WAN Interface Card)라고 부른다. 라우터의 WIC는 그림 3.15에서 보듯이 다양한 WAN 시리얼 포트들을 지니고 있다. 각 라우터 포트는 하나의 서브네트워크에만 연결되기 때문에, 라우터의 두 개 포트가 동일한 서브네트워크에 연결되어 있을 수는 없다. 라우터 포트(인터페이스)에 이름을 붙이는데 있어서 일반적인 합의 같은 것은 없으며 벤더들이 자체 선호에 따라 제품에 이름을 붙인다.

### 예시 : 시스코 라우터의 포트 네이밍

스위치와 마찬가지로, 시스코의 라우터는 이더넷 LAN과 시리얼 WAN이 대표적인 미디어 유형임을 보여주는 "**media type slot#/port#**" 네이밍 방식을 사용한다. 라우터가 내장된(픽스드) 포트들과 추가적인 확장 슬롯들을 가지고 있다고 가정해 보면, 내장된 포트들은 구멍 0(1보다는)에 연결되어 있다고 간주된다. 확장 슬롯에 설치된 LAN과 WAN 카드는 한 개 이상의 포트를 가지며 슬롯의 특정 포트는 "**slot#/port#**"의 조합으로 지칭된다. 예를 들어, 슬롯 0의 첫번째 포트는 Serial0/0이나 FastEthernet0/0과 같은 이름을 포함하고 있을 것이며, 슬롯 0의 두번째 포트는 Serial0/1이나 FastEthernet0/1과 같은 이름을 포함할 것이다. 또 다른 예로, FastEthernet1/0과 FastEthernet1/1은 슬롯 1에 있는 첫번째와 두번째의 고속 이더넷 포트를 가리킨다. 라우터의 모델에 따라서는 포트 네이밍이 "**slot#/subslot#/port#**"(예, Serial0/0/0)와 같이 확장된 조합을 보이기도 한다. 시스코의 운영 시스템인 IOS가 사전에 할당된 포트 이름을 설정한다.

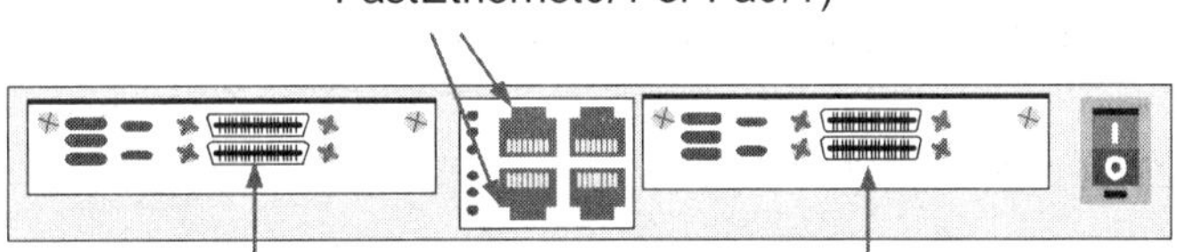


그림 3.16 시스코의 LAN과 WAN 포트 네이밍(실제 모델은 아님)

FastEthernet0/1이나 GigabitEthernet1/1 같은 라우터의 LAN 포트가 작동하기 위해서는 MAC 주소와 IP 주소의 매칭 정보가 설정되어 있어야만 한다. 이는 LAN이 한 서브네트워크 내에서 하나의 컴퓨터가 여러 개의 잠재적 목적지들을 가진 **포인트-대-다중포인트**(point-to-multipoint) 환경이 된다는 것을 의미한다. 이러한 특성때문에 인트라-네트워킹을 위해서는 고유한 MAC 주소를 사용해야 할 필요성이 생긴다. 한편, 시리얼 WAN 포트는 포인트-투-포인트(소스로부터의 잠재적 목적지가 오직 하나인)의 특성을 지니고 있기 때문에, IP 주소는 필요로 하지만 고유한 소스/목적지의 MAC 주소는 필요로 하지 않는다. 이 때문에 IP 주소와 MAC 주소의 쌍대 정보는 오직 LAN 포트에만 적용되고 WAN 포트에는 적용되지 않는다. WAN 프레임 역시 데이터 링크 주소 필드를 가지고 있기는 하나, 거기에 모두 1 값들만 가지고 있어 큰 의미가 없다.

라우터 포트는 **업**(Up) 상태이거나, 아니면 **다운**(Down) 상태이다. 업 상태는 포트가 패킷 교환을 위한 준비가 되어 있음을 의미한다. WAN/LAN 포트가 **업** 상태에 있기 위해서는, 고유한 IP 주소가 주어져야 하고 활성화되어 있어야 한다. 한편, 라우터 포트는 CSU/DSU 기능이 라우터에 내장되어 있지 않을 경우에 한하여 CSU/DSU(Channel Service Unit/Data Service Unit)라고 부르는 외부 장치를 통해 WAN에 연결된다. 이 CSU/DSU는 WAN 링크에서 DSL/케이블 모뎀이 홈 네트워크에서 하는 것과 같은 일을 수행한다(4장에서 보다 자세히 다룬다).

### 연습문제 3-5

명령어를 라우터에 입력하면, 라우터는 표 3.5와 같이 포트 상태에 관한 요약 정보를 보여준다 (이는 라우팅 테이블 정보와는 다르다).

다음 질문에 답하라.

1. 총 몇 개의 LAN 포트가 존재하며, 각각의 속도는 얼마인가?

2. 총 몇 개의 WAN 포트가 보이는가?

3. 총 몇 개의 LAN과 WAN 포트가 네트워킹을 위해 준비되어 있는가?

4. 왜 시리얼 포트는 MAC 주소를 가지고 있지 않은가?

5. FastEthernet0/1은 IP 주소 192.168.2.1/24를 가질 수 있는가?

6. FastEthernet0/1은 IP 주소 192.168.4.1/24를 가질 수 있는가?

7. 현재 총 몇 개의 서로 다른 서브네트워크들이 라우터를 통해 상호 연결되어 있는가?

8. 최대한 총 몇 개의 서로 다른 서브네트워크들이 라우터를 통해 상호 연결될 수 있는가?

[표 3.5] 라우터 포트 상태에 대한 가상적 요약 정보

| 인터페이스(포트) | 연결 현황 | IP 주소 | MAC 주소 |
|---|---|---|---|
| FastEthernet 0/0 | Up | 192.168.2.10/24 | 0001.34AB.1234 |
| FastEthernet 0/1 | Down | <not set> | 0001.3464.A23C |
| FastEthernet 0/2 | Down | <not set> | 0001.3486.B18A |
| Serial 0/0 | Up | 192.168.5.10/24 | |
| Serial 0/1 | Down | <not set> | |

### 3.6.4 라우터 환경설정

앞서 설명한 바와 같이, 라우터는 패킷 라우팅(또는 여러 개 서브네트워크들 간 인터-네트워킹)을 수행하기 위해 존재한다. 이를 위해, 라우터는 패킷 라우팅의 결정을 위해 참조하는 테이블인 라우팅 테이블을 지속적으로 생성하고 유지한다. 뿐만 아니라, 라우터는 네트워크 관리자가 적절한 네트워크 관리와 보호를 하기 용이한 상태가 될 수 있도록 지원하는 다양한 기타 기능들을 지원한다. 이러한 기능들은 편의상 기본 기능과 고급 기능으로 구분된다.

#### [기본 기능들]

- 라우터의 네이밍(예, R1)
- 라우터의 운영 시스템에 보호된 접근 만을 허용하기 위한 패스워드 설정
- WAN/LAN 포트에 IP 할당 및 활성화
- 라우팅 테이블에서 정적 라우팅 경로에 관한 엔트리 조작
- 라우팅 테이블의 동적 구축 및 업데이트를 가능케 하는 프로토콜(IP가 아닌)의 활성화

#### [고급 기능들]

라우터는 제품에 따라서 기본적으로 컴퓨터 네트워크의 보안성을 증진시키기 위해 설계된 또 다른 고급 기능들도 가지고 있다. 그러한 기능에는 다음과 같은 것들이 있다.

- IP 주소와 TCP/UDP 포트 등의 정보에 기반하여 패킷을 필터링 함으로써 입력 및 출력되는 트래픽의 흐름을 통제하는 **접근 제어 목록**(ACL: Access Control List)
- 내부 호스트들이 공개적으로 드러나지 않도록 내부적으로 사용되는 **사설** IP 주소와 외부적으로 보여지는 **공공** IP 주소 간의 변환을 수행하는 **네트워크 주소 변환**(NAT: Network address translation)(보다 자세한 사항은 5장에서)
- DHCP 서버 기능을 지님으로써 요청 단말기에 동적(임시적) IP 주소를 제공(보다 자세한 사항은 10장에서)
- 멀리 떨어진 두 개 장소 간에 인터넷을 이용해 안전한 WAN 연결을 지원하는 **가상 사설망**(VPN: Virtual Private Network)(보다 자세한 사항은 10장에서)
- 외부로부터 들어오는 잠재적 공격을 감지하고 이것들이 내부 네트워크에 영향을 미치지 않도록 보호(예, 의심스런 패킷을 버리는)하는 **침입 방지 시스템**(IPS: Intrusion Prevention System)
- 현재의 라우팅 환경설정을 검사하고, 라우터 및 관련 네트워크에 대한 잠재적 위협을 감지하며,

그 위협들을 완화할 수 있도록 환경설정의 변경을 권유하는 **보안 감시**(Security auditing)

## 3.7 스위칭 & 라우팅

이번 섹션에서는 **스위칭**(스위터에 의한)과 **라우팅**(라우터에 의한) 간의 차이에 대해서 한번 더 자세히 살펴본다. 스위칭은 인트라-네트워킹과 연관되어 있는 반면, 라우팅은 인터-네트워킹과 관련되어 있다는 점이 가장 이해하기 쉬운 개념적이고도 기술적인 차이점이다. 스위칭과 라우팅의 목적은 둘 다 응용 데이터를 여러 개의 중계 기기와 트렁크 링크를 통해 소스로부터 목적지까지 옮기는데 있다. 스위칭과 라우팅을 수행하는 근본적인 이유는 모든 호스트 단말기들을 직접적으로 연결하는 완전 그물망 네트워크(full mesh network)가 실용적이지도 않고 비용 효율적이지도 않기 때문이다.

스위칭과 라우팅의 핵심적 차이점은 다음과 같은 측면에서 요약될 수 있다:

1. 데이터 링크 계층 vs. 인터넷 계층
2. 연결-지향성 vs. 연결-지양성
3. 단일 전송 경로 vs. 다중 전송 경로

다음의 내용을 보다 잘 이해하기 위해서는 2장의 섹션 2.5와 2.6을 함께 참고하면 좋다.

### [데이터 링크 계층 vs. 인터넷 계층]

데이터 링크 계층은 단일 서브네트워크 내에서 MAC 주소에 기반한 프레임 **스위칭**을 담당하고 있는 반면, 인터넷 계층은 여러 서브네트워크들(즉, 인터-네트워킹) 간에 패킷을 전송하기 위해 IP 주소에 기반한 패킷 라우팅을 담당한다. 따라서, 인터넷 계층에서 수행되는 라우팅은 데이터 링크 계층에서 발생하는 스위칭과는 개념적으로 차이가 있다. 라우팅에서의 전송 경로(route)는 **여러 개의 서브네트워크들에 걸쳐 생성된 패킷의 end-to-end 전송 경로**라고 이해하면 된다.

### [연결-지향성 vs. 연결-지양성]

인트라-네트워킹을 위한 스위칭에서는 두 개 노드 간의 논리적 전송 경로가 얼마나 많은 중계 기기들이 그 경로에 연관되어 있는지와는 상관없이 사전에 결정된다. 두 개 노드 간의 논리적 전송 경로가 한번 정해지고 나면, 그 해당 경로를 사용하기 어려운 과도한 상황(예, 스위치 실패)이 발생하기 전까지는 변하지 않는다. 두 네트워크 노드 사이에 동일한 전송 경로를 지닌다는 것은 스위칭이 연결-지향적인 작업을 수행한다는 것을 의미한다. 반면에, 서로 다른 네트워크에 있는 두 개의 최종 노드 간 패킷의 라우팅 경로는 사전에 결정되어야 할 필요가 없고 동적으로 각 라우터에 의해서 결정된다. 네트워크의 상황을 주기적으로 반영한 라우팅 테이블을 참조함으로써 동적 라우팅이 가능한 것이다(6장 참조). 따라서, 패킷 라우팅은 연결-지양적 프로세스 형태라고도 할 수 있다.

**[단일 전송 경로 vs. 다중 전송 경로]**

스위칭에서는 어느 두 개 노드 간 한 번에 단 한 개의 **활성화**된 전송 경로만 존재한다. 사실상, 대부분의 조직들은 인트라-네트워킹을 위해 두 개 노드 간 경로의 중복성을 유지한다. 즉, 한 서브네트워크 내 중계 기기들 사이에 부분 그물 구조(partial mesh topology)가 가능하다는 말이다(1장의 섹션 1.4.5 참조). 그러나, 스위치는 중복 경로를 찾아내어 삭제해 버림으로써 두 개 노드 간에 한 번에 오직 하나의 활성화된 데이터 링크만을 허용하도록 하는 **스패닝 트리 프로토콜**(spanning tree protocol)이라는 이름의 내장된 기능을 가지고 있다.

반면에, 라우팅은 네트워크 상 두 개 커뮤니케이션 노드 간에 여러 개의 활성화된 end-to-end 경로가 존재할 수 있다고 가정하고, 패킷의 최적 전송 경로를 결정하는 프로세스를 가지고 있다. 이를 위해서, 라우터는 도착한 패킷의 목적지 IP 주소를 각각 라우팅 테이블에 매핑함으로써 전송 경로에 대한 의사결정을 한다. 스위칭의 의사결정이 상대적으로 간단(오직 하나의 활성 전송 경로만 존재)하기 때문에, 라우팅의 의사결정에 비해 상당히 속도가 빠른 편이다.

## 3.8 주소 해석 프로토콜

### 3.8.1 배경

서브네트워크들 간에 어플리케이션 데이터를 전송하기 위해서는 스위칭(MAC 주소 기반의)과 라우팅(IP 주소 기반의)이 밀접하게 연관되어 일어나야 한다(2장 섹션 2.10을 다시 참조). 이를 위해, 호스트의 LAN 포트는 MAC 주소와 IP 주소를 쌍으로 가지고 있어야 한다(그림 1.24 참조). 그래야만 IP 주소가 서브네트워크들 간(인터-네트워킹) 패킷을 전송하기 위한 도구가 되고, MAC 주소가 한 개 서브네트워크 내(인트라-네트워킹)에서의 프레임 전달을 위해 사용될 수 있기 때문이다.

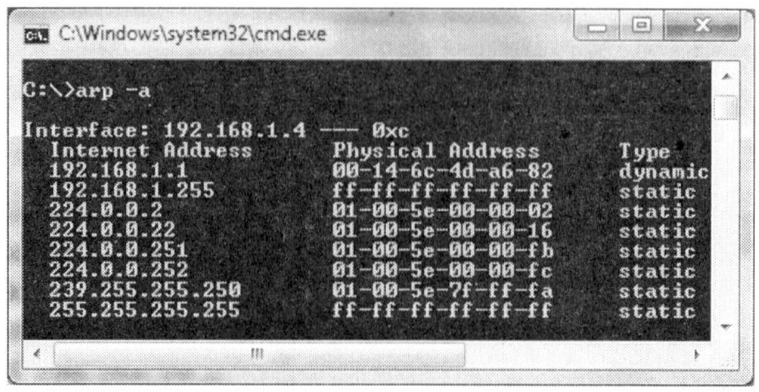


(a)

| Internet address | Physical address | Interface(port) |
|---|---|---|
| 172.16.10.1 | 00-23-4C-6A-64-29 | FastEthernet0/0 |
| 172.16.5.1 | 00-23-4C-6D-7B-EF | FastEthernet0/1 |
| 172.16.7.1 | 00-23-4C-2C-8A-DE | FastEthernet0/2 |

(b)

그림 3.17 호스트(a)와 라우터(b)의 간단한 ARP 테이블

**주소 해석 프로토콜**(ARP: Address Resoultion Protocol)의 요청(request)은 노드(예, 호스트 단말기 혹은 라우터 포트)의 MAC 주소를 해당 IP 주소에 기반하여 얻어내야 하는 경우에 발생한다. 예를 들어, 한 서브네트워크(192.168.10.X) 내에서 소스 호스트(192.168.10.1)가 목적지 호스트(192.168.10.2)에게 프레임을 전달해야 한다고 가정하자. 이러한 인트라-네트워킹 상황에서, **프레임**은 타겟 호스트의 MAC 주소를 헤더에 포함하고 있어야만 한다. 만약 소스 호스트가 자체 ARP 테이블(또는 ARP 캐쉬)에서 목적지 호스트의 IP 주소와 그에 대응되는 MAC 주소를 찾으면, 그 매핑 정보를 통해 목적지의 MAC 주소를 찾기가 쉬울 것이다. 그림 3.17은 **C:\>arp-a** 명령어를 통해 얻어진 한 호스트의 ARP 테이블이다. 호스트 컴퓨터의 ARP 테이블은 오직 IP 주소와 그에 대응되는 MAC(혹은 물리적) 주소만 가지고 있는 것을 확인할 수 있다. 반면에, 라우터의 샘플 ARP 테이블(그림 3.17b)은 목적지 MAC 주소의 출력 포트(인터페이스)를 알려주는 컬럼을 하나 더 가지고 있다. 이 추가적인 출력 포트 정보는 라우터가 오직 한 개 서브네트워크에 속해 있는 최종 단말기들이 아닌 몇 개의 서브네트워크들을 동시적으로 연결하기 위해 설계되었기 때문에 필요한 것들이다.

IP 주소와 MAC 주소의 매핑 정보가 ARP 테이블에 없을 경우에, 소스 호스트는 ARP 요청(ARP request)을 브로드캐스트 해야 한다. 위 예시를 계속 참조해 보자. 소스 호스트(192.168.10.1)는 **'IP 요청 노드 192.168.10.1의 MAC 주소가 무엇입니까?'**라고 물어보는 ARP 요청을 브로드캐스트할 수 있다. 목적지 호스트(192.168.10.2)가 이 요청을 받으면 자신의 MAC 주소를 요청 노드(192.168.10.1)에 보내준다. 그러면 소스 노드(192.168.10.1)가 자체 ARP 캐쉬에 이 매핑 정보를 업데이트하고 프레임의 목적지 주소 필드에 이 새로 얻어진 MAC 주소를 첨가하는 것이다.

연습문제 3-6

1. 그림 3-17을 참조하라. 호스트 ARP 테이블과 라우터 ARP 테이블의 핵심적인 차이점은 무엇인가?

2. 그림 3-17(a)을 참조하라. 네트워크 주소가 192.168.1.X라고 가정하고, 엔트리가 "192.168.1.255 ff-ff-ff-ff-ff-ff"와 "255.255.255.255 ff-ff-ff-ff-ff-ff"인 경우, 그 의미를 설명하라.

3. 그림 3-17(b)을 참조하여 다음 질문에 답하라.
   ① 라우터가 총 몇 개의 서로 다른 서브네트워크들을 연결하고 있는가?
   ② 라우터가 WAN 연결을 가진다면 ARP 테이블에 기반하고 있다고 말할 수 있을까? 자신의 답변에 대한 이유를 설명하라.

4. 2계층 스위치는 프레임 스위칭을 위해 ARP 테이블을 유지해야 할 필요가 있을까? 자신의 답변에 대한 이유를 설명하라.

### 3.8.2 ARP 사용 시나리오

ARP가 목적지 노드의 MAC 주소를 학습하는데 있어서 소스 노드(호스트 단말기나 라우터)들이 활용할 수 있는 몇 가지 상황이 존재한다.

- 소스 호스트와 목적지 호스트가 동일한 서브네트워크 내에 존재하는 상황-소스 호스트가 타겟 호스트와 동일한 서브네트워크 내에 존재하는 상황에서는 패킷의 목적지 IP 주소로부터 학습한다. 소스 호스트는 목적지의 MAC 주소를 모르는 경우에 ARP 요청을 브로드캐스트 하고, 계층 2의 프레임 생성 시에 보내준 MAC 주소를 사용한다.
- 소스 호스트와 목적지 호스트가 라우터를 통해 연결되어 있는 서로 다른 서브네트워크에 존재하는 상황-소스 호스트가 패킷의 목적지 IP 주소로부터 학습하는데 있어, 목적지 호스트가 동일한 서브네트워크에 존재하지 않기 때문에, 패킷 전송을 위해서는 일단 라우터 R에 먼저 도달해야 한다. 소스 호스트는 라우터의 LAN 포트 Fa0/0의 MAC 주소를 학습하기 위해 ARP 요청을 브로드캐스트 하고, 되돌아온 MAC 주소를 2계층 프레임 생성에 사용한다.

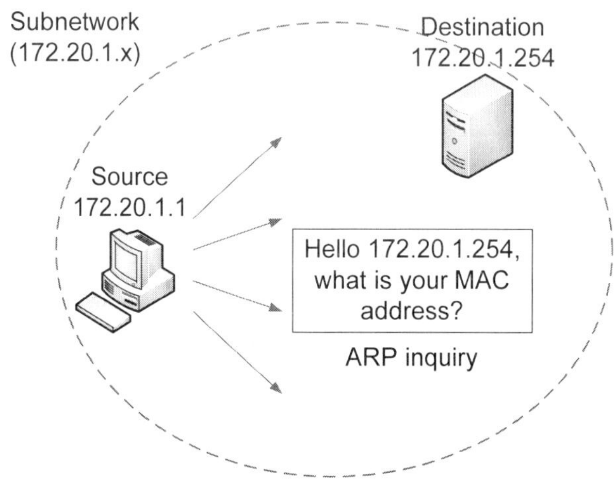


그림 3.18 시나리오 1: 호스트가 호스트에게 보낸 ARP 요청

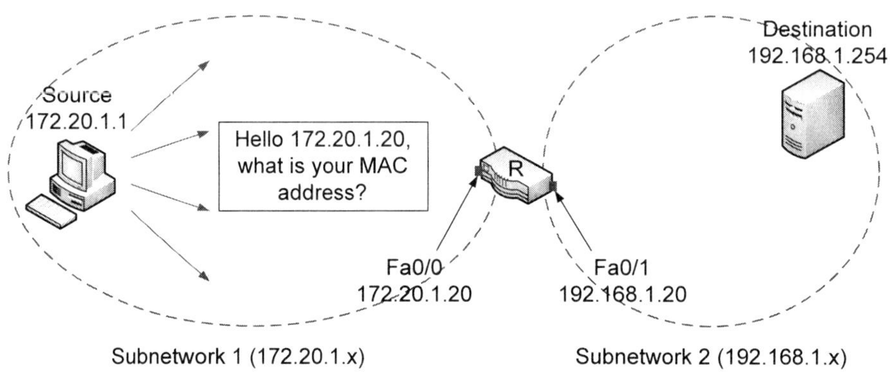


그림 3.19 시나리오 2: 호스트에서 라우터로의 ARP 요청

- 라우터는 소스 호스트와 목적지 호스트가 서로 이웃해 있는 네트워크에 존재하지 않는 경우에는 일단 다른 라우터에 패킷을 전송한다-R1이 패킷의 목적지 IP 주소로부터 학습을 하는데 있어, 타겟 호스트가 동일한 네트워크 내에 있지 않기 때문에, 패킷은 다음 라우팅을 위해 R2로 전달된다. R1이 R2의 Fa0/0의 MAC 주소를 얻기 위해 ARP 요청을 브로드캐스트 하고, 되돌아온 MAC 주소를 2계층 프레임을 생성하는데 사용한다.

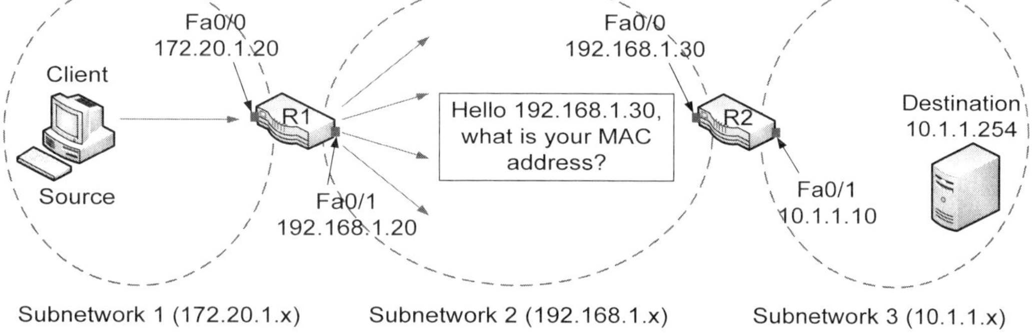


그림 3.20 시나리오 3: 라우터에서 라우터로의 ARP 요청

- 라우터와 목적지 호스트가 동일한 서브네트워크 내에 있는 경우 라우터가 목적지 호스트로 패킷을 보낸다-라우터 R이 패킷의 목적지 IP 주소로부터 학습을 하는데, 타겟 호스트가 연결 포트 Fa0/1인 동일한 네트워크 내에 존재한다. 라우터 R은 목적지 호스트의 MAC 주소를 얻어내기 위해 ARP 요청을 브로드캐스트 하고, 되돌아온 MAC 주소를 2계층 프레임을 생성하는데 사용한다.

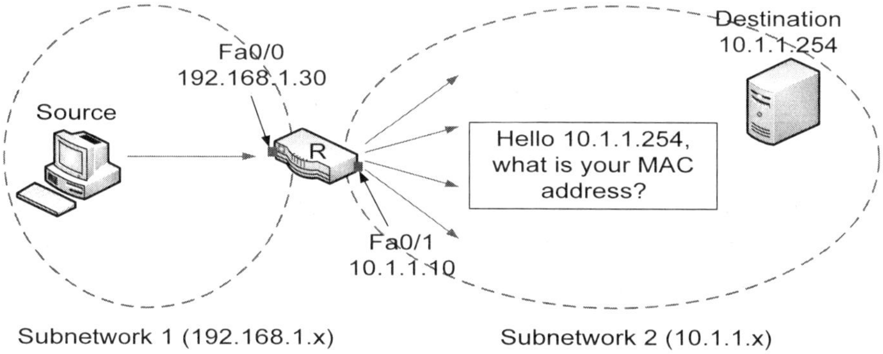


그림 3.21 시나리오 4: ARP 요청을 보내는 라우터

### 연습문제 3-7

패킷 전송 과정 관찰

패킷을 전송하는데 있어 DNS와 ARP가 어떻게 함께 작동할까? 그 과정을 이해하기 위해, PC(네트워크 ID가 192.168.1. X 인 192.168.1.1)의 브라우저가 웹 서버, *www.whitehouse.gov*(123.45.67.89

라고 하자)에 HTTP 요청을 보내려 한다고 가정해 보자. 그러면, 성공적으로 HTTP 요청을 보내기 위해 다음의 작업들이 연속적으로 발생한다. 논리적으로 사고해가며 빈 칸을 채워보자.

1. PC의 브라우저가 웹 서버에게 HTTP 요청을 보내지만, PC는 그 웹 서버의 IP 주소를 애초에 모른다.

2. PC가 www.whitehouse.gov의 IP 주소를 학습하기 위해 목표한 ___________ 서버에 요청을 보낸다.

3. 해당 ___________ 서버는 PC에 ___________ 서버의 IP 주소를 보내준다.

4. PC가 발송자의 IP 주소 (                    )와 수신자의 IP 주소 (                    )를 헤더에 포함하고 있는 패킷을 생성한다.

5. www.whitehouse.gov의 IP 주소에 기반하여, PC는 타겟 서버가 동일한 서브네트워크에 있지 않으므로 패킷이 서브네트워크 영역 밖으로 전달되어야 한다는 것을 인식한다.

6. PC는 다른 네트워크들을 안내하고 있는 라우터 포트(디폴트 게이트웨이라고 부르는)를 이미 알고 있다. 그 디폴트 게이트웨이가 (192.168.1.250)이라고 가정하자. PC(192.168.1.1)와 디폴트 게이트웨이(192.168.1.250)는 동일한 네트워크 내에 있으므로 그들 간의 패킷 전송은 ___________ 활동이 된다.

7. HTTP 요청을 포함하고 있는 패킷을 전달하기 위하여, PC는 디폴트 게이트웨이(192.168.1.250)의 __________ 주소를 이용해야만 한다.

8. PC는 이미 디폴트 게이트웨이(192.168.1.250)의 IP 주소(부팅되는 동안 DHCP 서버에 의해 제공된)를 알고 있지만, 디폴트 게이트웨이의 __________ 주소는 모른다. 이 때문에 PC는 ________ 요청을 브로드캐스트 한다.

9. 그 ________ 요청을 받으면, 디폴트 게이트웨이(192.168.1.250)가 자신의 ___________ 주소를 PC에게 보내준다.

10. PC는 디폴트 게이트웨이의 IP 주소와 MAC 주소의 쌍대 정보를 자신의 ___________ 테이블에 업데이트한다. 그리고 나서는, 패킷에 PC와 디폴트 게이트웨이의 MAC 주소들을 추가함으로써 ____________라고 부르는 데이터 계층 PDU를 생성한다.

## 3.9 중계 기기의 선택

이렇게 스위치와 라우터 간의 차이점들에 대해 잘 아는 상황에서, 기업 네트워크를 설계할 때 더 나은 선택은 무엇일까? '**할 수 있다면 스위치를, 반드시 필요한 경우라면 라우터를 선택**'하는 것이 일반적인 경험 규칙이다. 그러나 라우터의 기능을 일부 지니고 있는 3계층 스위치 또한 기존 라우터의 대안으로 많이 사용되기 때문에, 이러한 규칙이 변화하고 있다. 3계층 스위치를 적용하는 경우에, 사용자 단말기와 서버들은 기존의 2계층 스위치에 연결되며, 3계층 스위치는 2계층 스위치와 계층적으로 상호 연결된다(1장의 섹션 3.5.4 참조).

라우터는 기업 네트워크 내에서 여전히 중요한 역할을 차지한다. 예를 들어, 라우터는 인터넷의 게이트웨이가 된다. 또한 기업 네트워크가 원격으로 분리되어 있는 몇 개 LAN들로 구성되어 있는 경우, 이러한 원격 LAN들을 LAN의 경계 영역에 설치되어 있는 라우터가 WAN 링크를 통해 서로 연결한다. 라우터와 스위치의 기술은 진화하고 있으므로, 설치할 제품을 고르는데 있어서 많은 기술적 그리고 비기술적 사항들이 평가되어야 한다. 고려해야 할 사항에는 비용, 관리성, 포트 스루풋/속도, 지원되는 데이터 링크 표준(예, 이더넷), 보안 기능, 향후 확장성(예, 확장 슬롯의 가용성) 등이 포함된다.

표 3.6은 허브, 스위치, 라우터, 이 세 개 중계 기기들의 주소 관련 요건들을 요약한 것이다. 라우터의 LAN 포트는 각각 하나의 MAC 주소를 가지지만, WAN 연결(예, FastEthernet0/1)은 이를 필요로 하지 않는다는 점을 다시 한번 강조한다. LAN의 포인트-대-다중포인트(point-to-multipoint) 연결과는 달리, WAN 연결은 WAN 포트에 고유한 주소를 부여하는 것이 의미가 없는 포인트-대-포인트 연결이다. IP 패킷을 전달하는 WAN 프레임은 프레임의 헤더에 데이터 링크 계층의 주소 필드를 지니고 있지만, 일반적으로 그것들은 모두 1의 값을 가지는 등 사전 정의된 값들로 채워져 있다(9장 참조).

[표 3.6] 네트워킹 기기의 포트에 대한 주소화

| 장비 | 포트/인터페이스 | |
|---|---|---|
| | MAC 주소 | IP 주소 |
| 허브(다중 포트 리피터) | No | No |
| 스위치(이더넷) | Yes | No |
| 라우터 | Yes(for a LAN port) | Yes |
| | No(for a WAN port) | |

## 3.10 충돌 vs. 브로드캐스트 영역

이번 섹션에서는 충돌과 브로드캐스드 영역의 개념을 설명한다. 이 두 개념의 차이를 이해하는 것은 중계 기기들을 선택하고 적절하게 운영되는 기업 네트워크를 구축하는데 있어서 중요한 시사점을 주기 때문에 매우 중요하다.

### 3.10.1 충돌 영역(Collision Domain)

**충돌 영역**이란 한 번에 오직 한 개의 노드만 전송이 허용되는 네트워크 세그먼트를 의미한다. 이런 경우 서로 다른 소스로부터 발송된 여러 개의 프레임들이 서로 충돌을 일으킬 수 있다. 충돌은 충돌 영역 안에 있는 모든 호스트들이 유선 매체 혹은 무선 매체를 함께 공유하기 때문에 발생한다. 스위치는 한 서브네트워크 내에서 이러한 충돌 영역을 구분하는 역할을 수행한다. 스위치는 충돌을 막기 위해 **버퍼링**(buffering)을 사용한다. 버퍼링의 예로, 그림 3.22에서 세 개의 PC들(PC1, PC2, PC3)이 동시에 프린터를 향해 프레임을 보내는 경우 스위치가 충돌을 피하기 위해 두 개 PC의 프레임을 메모리에 버퍼링하는 동시에 다른 한 PC의 한 개 프레임만 흐를 수 있도록 허용하는 상황을 생각해 볼 수 있다.

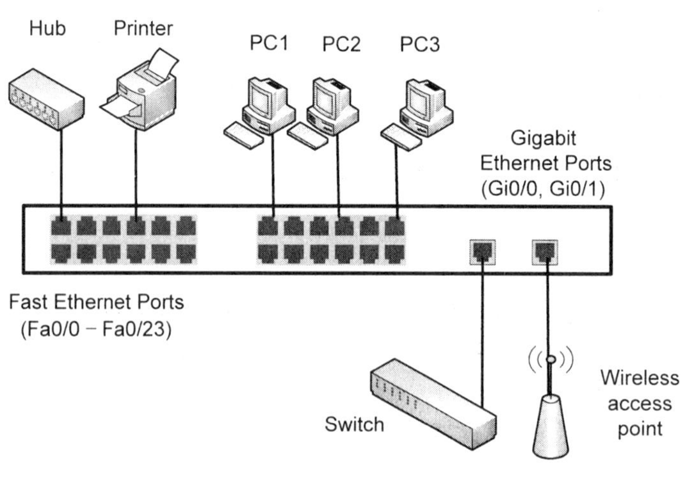


그림 3.22 충돌 영역 구분자로서의 스위치

### [충돌 영역의 유형]

충돌 영역 구분자로서의 스위치에 대한 지식을 바탕으로 스위치 주위에 형성될 수 있는 충돌 영역의 서로 다른 유형에 대해 알아보자. 그림 3.22를 확장적으로 표현한 그림 3.23은 스위치에 의해 분리된 4 개의 충돌 영역들이 존재하는 상황을 보여준다.

- 충돌 영역 1은 최종 노드(예, 프린터)와 스위치 포트 간 직접적인 연결을 통해서 형성된다. 이는 단순하지만 가장 많이 사용되는 충돌 영역 유형이다. 이 영역에서는 한 번에 오직 하나의 비트 흐름(예, PC1과 Printer1 사이의)만 흐르도록 허용되며, 다른 소스들(예, LT1에서 Printer1로)로부터 발송된 것들은 스위치가 충돌을 피하기 위해 완충 기억 장치에 저장한다. Server1과 연결 스위치 포트 간의 링크 역시 동일한 유형의 충돌 영역이다.
- 충돌 영역 2는 두 개 스위치 포트 간 혹은 스위치 포트와 라우터 포트 간의 직접적 연결을 통해 형성된다. 충돌 영역 1과 마찬가지로, 한 번에 단 하나의 비트 스트림(예, PC1과 Server1 간) 만이 링크를 통해 흐를 수 있도록 허용된다. 다른 소스들이 보낸 것(예, LT1에서 Printer1로)들은 충돌을 피하기 위해 완충 기억 장치에 저장된다.
- 세 개 컴퓨터가 있는 충돌 영역 3은 이더넷 허브를 통해 스위치 포트에 연결되어 있다. 허브는 물리적 계층의 리피팅(repeating) 장치처럼 들어오는 프레임들을 브로드캐스트 하기 때문에, 충돌을 막기 위해 해당 영역 내에서 프레임이 하나 이상 보내질 수 없다(섹션 3.3 참조). 이를 보장하기 위해 컴퓨터의 NIC에 설치된 CSMA/CD 표준에 의해 네트워크 접근이 통제된다.

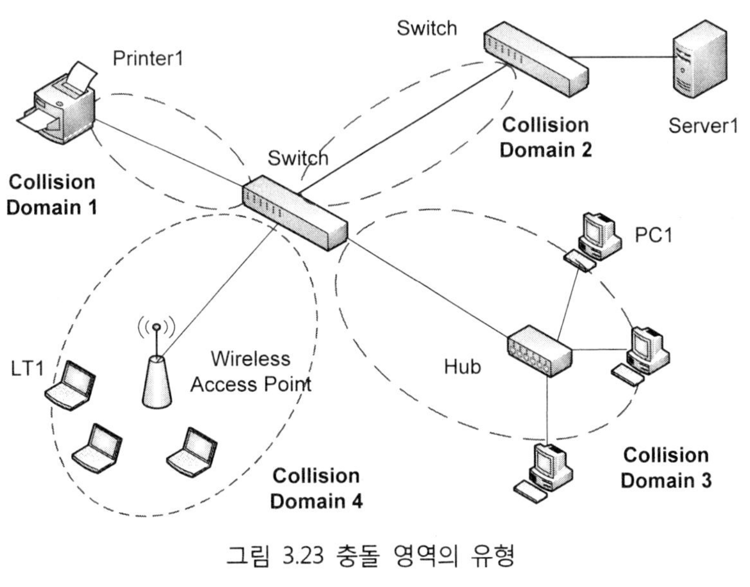


그림 3.23 충돌 영역의 유형

- 충돌 영역 4는 무선 엑세스 포인트(WAP)와 이에 연결된 컴퓨터들, 그리고 스위치 포트에 연결된 링크들에 의해 형성된다. WAP이 있기 때문에 영역 내 컴퓨터들은 무선 링크를 통해 네트워크에 접속할 수 있다. WAP은 영역 내에 얼마나 많은 호스트가 존재하든지 간에 한 번에 오직 한 컴퓨터만 프레임을 전송할 수 있도록 허용한다. 이는 무선 커뮤니케이션이 태생적으로 브로드캐스팅을 수행하며, 한 개 이상의 호스트에서 보낸 동시 신호 전파는 프레임 충돌을 야기하기 때문이다. WiFi 장치(WAP과 무선 NIC)는 충돌을 막기 위해 CSMA/CA라고 부르는 미디어 엑세스 컨트롤 프로토콜(Media access control protocol)에 의존한다. 이는 이더넷의 CSMA/CA와는 약간 다르다. CSMA/CA를 포함하여 WiFi에 대한 자세한 사항은 8장에 다룬다.

네트워크 설계에 있어서 한 가지 중요한 원칙은 네트워크 성능에 부정적인 영향을 미칠 수 있는 충돌 영역들이 형성되는 것을 피하는 것이다. 그러나 많은 경우에, 특히 무선 엑세스 포인트에 의존하는 WiFi 네트워크에서는 충돌 영역을 피할 수가 없다. 이런 경우 좀 더 작은 충돌 영역들을 생성하는 것(예, WAP를 좀 더 많이 추가시킴으로써)이 그러한 부작용을 완화시킬 수 있도록 해준다. 끝으로 각 스위치 포트가 충돌 영역의 구분 포인트가 된다는 점을 다시 한번 강조하고자 한다.

## [CSMA/CD]

이더넷용의 CSMA/CD 표준은 한 번에 오직 한 개 컴퓨터만 프레임을 전송할 수 있도록 보장하기 위해 충돌 영역 내부의 네트워크 접근을 통제하는데 사용되는 절차적 방법을 설명하고 있다(예, 그림 3.23에 있는 충돌 영역 3). 앞서 언급했듯 CSMA/CD는 호스트 컴퓨터의 NIC에 설치되어 있으며, 컴퓨터가 허브에 연결되어 있는 경우에만 활성화된다. CSMA/CD 규칙은 아래에 요약되어 있다:

모든 호스트 단말기는 네트워크 활동들을 감지하는 이더넷 허브에 연결되어 있다.

IF: 네트워크 내에 트래픽이 있다.
THEN: 다른 단말기들은 현재 전송작업이 끝날 때까지 기다려야 한다.
ELSE: 어느 단말기든 먼저 서버에 들어온 순서대로 프레임을 전송할 수 있다. 오직 하나의 단말기만 미디어 접근이 허용됨에도 불구하고, 하나 이상의 호스트들이 동시에 데이터 전송을 시작한 경우 결과적으로 충돌로 이어질 가능성이 있다. 허브에 더 많은 호스트 단말기가 추가 연결될수록 충돌 가능성이 더 높아진다.

IF: 충돌이 발생했다.
THEN: 허브에서 발생하는 신호의 진폭이 일반 수준을 넘어서면, 호스트의 NIC에 있는 충돌 감지 기능이 충돌을 감지한 후, 상황 해결을 위해 모든 단말기들에게 전송 중단을 알리는 전파 방해 신호를 보낸다.

그 순간 모든 단말기들이 네트워크 활동 재개 신호를 듣기 전까지 임의 시간 동안 기다린다. NIC에 내장된 알고리즘이 각각의 단말기들에 서로 다른 임의 대기 시간을 할당한다. 임의 대기 후에 트래픽이 없어지면, 어느 단말기든지 선착순으로 프레임을 보낼 수 있다.

## 3.10.2 브로드캐스트 영역(Broadcast Domain)

네트워크의 브로드캐스트 영역은 어느 한 노드가 보낸 브로드캐스팅 메시지가 도달할 수 있는 영역을 정의한다. 허브, 브릿지, 및 스위치는 연결되어 있는 모든 노드에 브로드캐스트 된 프레임들을 전달한다. 이는 어느 한 유형의 기기가 현재 네트워크에 추가될 때마다, 브로드캐스트 영영의 범위가 증가한다는 것을 의미한다. 계층1(허브)과 계층2(브릿지와 스위치) 장치들 간의 차이는, 전자가 프레임을 전달할 때 브로드캐스팅이 진행되고 있는지를 알지 못하는 반면, 후자는 적어도 프레임들이 목적지 MAC 주소 필드에 모두 1값들(48비트)을 채워 옮기기 때문에 브로드캐스팅이라고 말할 수 있다는 점이다. 계층1과 계층2의 장치들과 달리, 라우터는 일반적으로 브로드캐스트 된 메시지를 전달하지 않기 때문에, 브로드캐스트 영역의 경계를 결정한다(그림 3.24 참조).

여기서 스위치의 역할과 관련하여 알아 둘 사항이 있다. 앞서 언급했듯, 스위치를 일반적인 방식대로 사용한다면 브로드캐스트 영역을 구분하지 않는다. 그러나 가상 LAN(VLAN)이라는 것을 설치하면, 스위치가 한 개 서브네트워크를 보다 작은 규모의 브로드캐스팅 영역들로 세분화할 수 있다. 즉, 스위치에 의해 생성된 각 VLAN이 브로드캐스트 영역이 될 수 있는 것이다. 이는 그림 3.24의 Broadcast Domain 1 및 Broadcast Domain 2 내에서 여러 개의 브로드캐스트 영역들이 생성될 수 있음을 의미한다. VLAN에 대한 자세한 사항은 7장에서 다룬다.

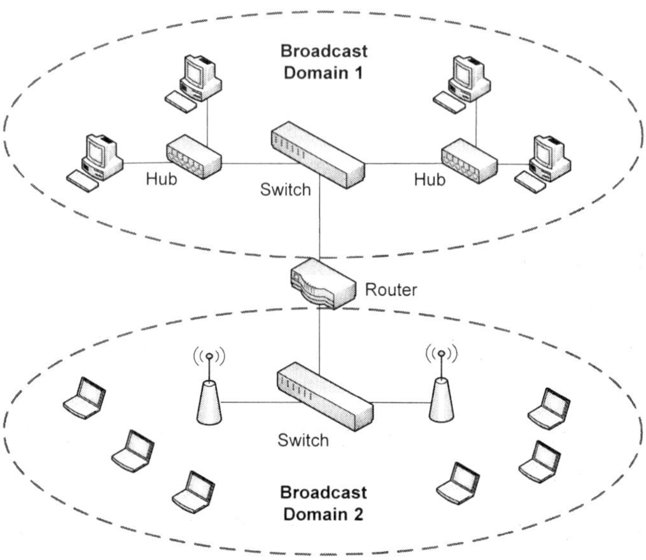


그림 3.24 두 개의 브로드캐스트 영역

어느 한 노드가 브로드캐스팅을 한 경우, 그 메시지를 받는 컴퓨터의 NIC는 일반적으로 그것을 처리할 수 있는 기능이 없기 때문에, 이를 상위 계층에서 처리할 수 있도록 컴퓨터의 CPU(중앙 처리 장치)로 보낸다. NIC는 오직 계층1(물리적 계층)과 계층2(데이터 링크 계층)의 기능들만 처리한다는 점을 기억해 보라. 메시지 전송을 브로드캐스팅에 의존하는 프로토콜들은 일반적으로 데이터 링크 이상의 상위 계층에서 정의되기 때문에, NIC의 처리 범위를 벗어난다. 예를 들어, 어플리케이션 계층의 DHCP(동적 호스트 환경설정 프로토콜)와 인터넷 계층의 ARP(주소 해석 프로토콜)가 브로캐스팅을 활용한다. 따라서, 브로드캐스팅은 트래픽 용량을 증폭시킬 뿐 아니라, 이를 받는 단말기의 CPU에도 작업 처리의 부담을 준다.

이로써 중계 기기의 선택에 따라 충돌 영역과 브로드캐스트 영역의 범위가 결정되고, 네트워크 성능에도 다양한 영향이 미칠 수 있다는 사실을 명확히 이해했을 것이다. 표 3.7은 충돌 영역과 브로드캐스트 영역을 정의하는데 있어 중계 기기들의 중요한 역할을 요약한 것이다.

[표 3.7] 중계 기기들과 충돌/브로드캐스트 영역

| 중계 기기 | 계층 | 출동 영역 구분 여부? | 브로드캐스트 영역 구분 여부? |
|---|---|---|---|
| 허브 Hubs | 1 | No | No |
| 무선 엑세스 포인트<br>Wireless access points | 2 | No | No |
| 브릿지 Bridges | 2 | Yes | No |
| 스위치 Switches | 2 | Yes | No(Yes with VLANs) |
| 라우터 Routers | 3 | Yes | Yes |

### 연습문제 3-8

1. 네트워크, 충돌 영역, 브로드캐스트 영역들 간의 관계를 논의하라(가상 LAN이 스위치에 의해 정의된다고 가정한다).

   ① 한 서브네트워크의 범위는 충돌 영역의 범위와 같을 수 있는가? 왜 그러한가?(또는 왜 그렇지 않은가?)

   ② 한 서브네트워크의 범위는 브로드캐스트 영역의 범위와 같을 수 있는가? 왜 그러한가?(또는 왜 그렇지 않은가?)

   ③ 충돌 영역은 브로드캐스트 영역과 그 범위가 동일할 수 있는가? 왜 그러한가?(또는 왜 그렇지 않은가?)

2. 다음 네 개의 가상 네트워크를 상상해 보자. 각 네트워크에서 충돌 영역과 브로드캐스트 영역을 정의하라.

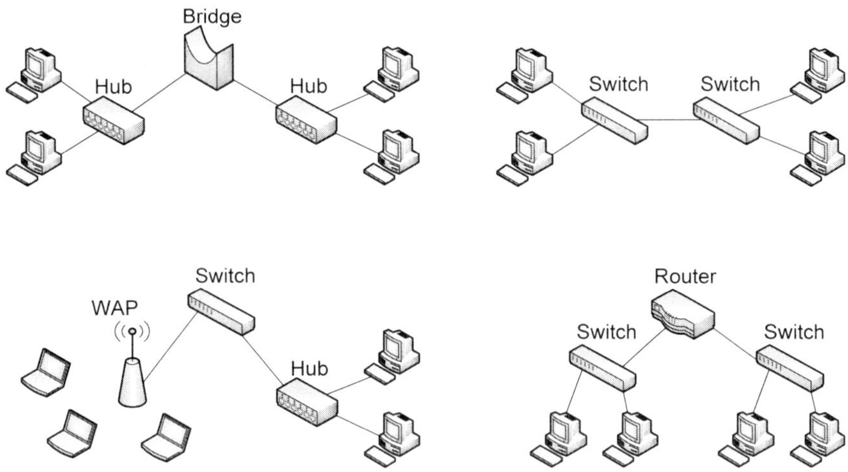
Bridge
Hub
Hub
Switch
Switch
Switch
WAP
Hub
Router
Switch
Switch

# 제4장 데이터 전송 구성 요소

## 4.1 개 요

이번 장에서는 유무선 네트워크 데이터-전송 신호를 물리적으로 전파하기 위해 필요한 기술 요소들과 표준들에 대해 설명한다. 따라서 이 장에서 소개되는 대부분의 기술 개념들은 TCP/IP와 OSI 아키텍쳐와 관련된 물리적 계층에 속해 있다. 이 개념들은 매우 하드웨어 중심적이기는 하지만, 컴퓨터 네트워킹을 이해하는데 있어 여전히 기본이 되는 지식들로 이루어져 있다. 이 장의 목표는 다음의 내용들을 배우고 익히는 것이다:

- 디지털 및 아날로그 시그널링
- 시그널링 장치들(모뎀과 CSU/DSU)
- 주파수 변조(frequency modulation)와 진폭 변조(amplitude modulation) 등의 마쥴레이션
- 대역폭(bandwidth), 기저대역(baseband), 광대역(broadband)의 개념
- 동기식 전송 vs. 비동기식 전송
- 주파수 분할 다중화(frequency division multiplexing)와 시 분할 다중화(time division multiplexing) 등의 멀티플렉싱 기술
- 디지털 속도 체계의 국제 표준
- 이중 와선과 광섬유 기반의 네트워킹 미디어
- 구조화 케이블링 체계와 그 하위 체계

## 4.2 데이터 전송 구성요소

다양한 형식의 데이터(예, 텍스트, 음성, 이미지, 사운드, 오디오, 비디오)가 컴퓨터, 사람, 비디오, 카메라, 스마트 폰 등 다양한 소스들로부터 생성되고 있다. 이러한 데이터들은 디지털이거나 아니

면 아날로그이다. 디지털 형식의 예로는 컴퓨터 키보드에 의해 생성된 텍스트 데이터가 0과 1의 조합으로 저장되는 것을 들 수 있다. 아날로그 형식으로는 사람의 음성, 오디오, 비디오 등으로부터 생성되는 데이터가 연속적인 형태로 지속적으로 상승했다 떨어지는 파도의 형태를 가지는 것을 예로 들 수 있다.

원시 데이터는 디지털인지 아날로그인지와는 상관없이 컴퓨터 및 기타 다른 디지털 기기들(예, 스마트 폰)에 의해 0과 1로 표현되고 처리된다. 이를 위해서는 2진법이 아닌 컨텐츠를 2진법의 비트 스트림으로 변환하는 과정을 필요로 한다. **데이터 인코딩**(data encoding)이라는 용어는 소스 데이터(예, 음성 전화)를 그에 대응되는 비트 스트림으로 변환하는 프로세스를 의미한다. 반면 **데이터 디코딩**(data decoding)이란 그 반대의 역 프로세스를 말한다. 데이터의 인코딩과 디코딩 프로세스는 일반적으로 어플리케이션 계층에서 운영되는 어플리케이션 프로그램(VoIP용 Skype 같은)이 수행하는 기능이다.

그러나 이 장의 초점은 어플리케이션 계층에서 발생하는 데이터 인코딩과 디코딩에 관한 것이 아니라, 컴퓨터가 생산한 바이너리 비트 스트림을 무선(비유도) 및 유선(유도) 네트워크에 전송하는 데 필요한 물리적 계층의 기술적 요소에 있다. 컴퓨터 네트워크 상의 비트 스트림 전파는 디지털 신호 또는 아날로그 신호가 될 수 있으며, 이는 물리적 계층에서 또 다른 변환 프로세스인 **신호 인코딩**(혹은 **시그널링**)을 필요로 한다. 따라서 **인코딩**과 **디코딩**은 하나의 형식에서 다른 형식으로의 모든 종류의 변환 및 전송을 일컫는 일반적 용어라는 것을 알 수 있다(그림 4.1 참조).

물리적 계층에서 생성된 신호는 표준화된 변환 규칙들에 기반하여 디지털 컴퓨터의 데이터를 전송할 수 있는 방식으로 패턴화되어야 한다. 비트 스트림을 전송하기 위해서는 두 가지 서로 다른 접근 방식이 사용된다: 디지털 신호화(혹은 시그널링)와 아날로그 신호화(그림 4.1 참조). 여기에서 신호는 유선(예, 광섬유 혹은 이중와선) 혹은 무선(예, 공기) 미디어를 통과하는 전자 진동, 빛 진동, 혹은 라디오 전파 등이 될 수 있다. 비트 스트림을 신호로 변환하는 방법들은 표준화되어 있기 때문에, 컴퓨터와 중계 기기들은 이 표준화되어 있는 인코딩/디코딩 규칙에 따라 신호를 생성하고, 전송하고, 처리할 수 있다.

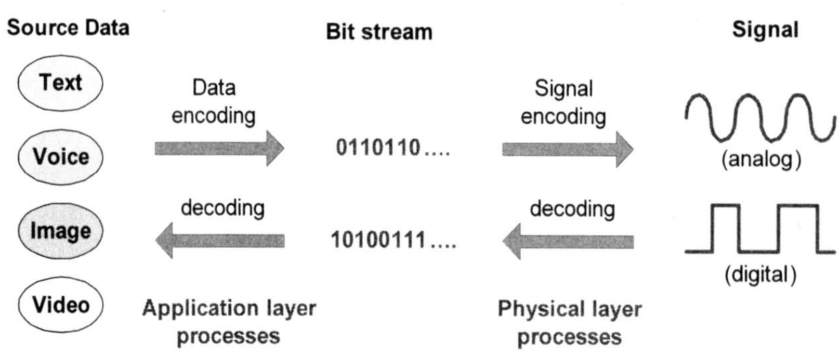


그림 4.1 데이터 인코딩/디코딩 vs. 신호 인코딩/디코딩

### 4.2.1 디지털 신호화

컴퓨터 네트워킹(특히 무선 미디어로 연결된)에서 많이 사용되는 디지털 신호화(혹은 시그널링)란 컴퓨터가 둘 혹은 그 이상의 분산된 시그널링 **상태**(states)로 생성하는 디지털 비트를 의미한다. 다음의 두 가지 서로 다른 디지털 신호화 접근법이 있다: 온/오프 신호화와 전기 신호화 방식이 그것이다(그림 4.2와 그림 4.3 참조).

#### [온/오프 신호화(On/off signaling)]

온/오프 신호화는 주로 광섬유에 의한 비트 전송에 사용된다. 온/오프 신호화를 이용하는 경우, 광섬유 시스템의 빛 소스(예, 레이저)는 클록 주파수(clock cycle)의 정확한 타이밍에 따라 비트를 전송하기 위해 스위치를 온과 오프 상태로 빠르게 켜고 끄고를 반복한다. 온/오프 신호화의 좋은 예로는 바다에서 항해하는 두 개의 배가 커뮤니케이션을 위해 플래쉬 빛을 켰다 껐다하는 작업을 생각할 수 있다.

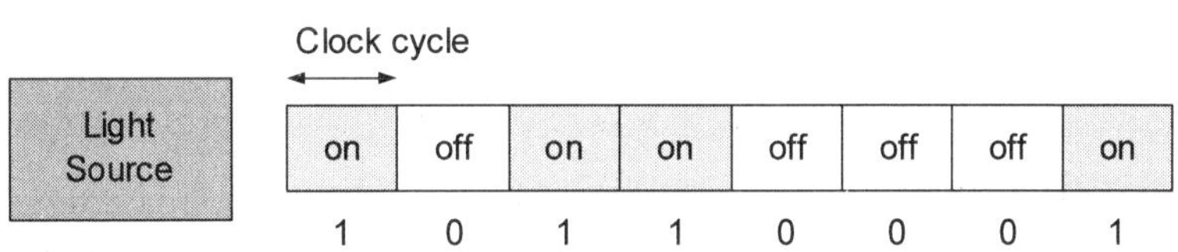


그림 4.2 온/오프 신호화

#### [전기 신호화(Voltage signaling)]

전기 신호화는 기본적으로 디지털화된 소스 데이터를 전송하기 위해 이중와선이나 동축케이블과 같은 기존의 구리선에 의해 사용되는 또 다른 디지털 신호화 방식이다. 2진법 비트로 표현하기 위해 클록-사이클 동안에 동일한 신호 강도를 유지하는 서로 다른 전기 상태값(state)들이 사용된다. 다른 비트나 비트의 조합을 표현하기 위해 각 클록-사이클의 끝부분에서 전기 상태값(state)이 돌연 다른 상태값(state)으로 변화될 수도 있다.

신호화 표준에 기반하면 0 혹은 1로 표현되는 두 가지의 전기 상태값(states)이 존재한다(그림 4.3a). 혹은, 두 가지 이상의 전기 상태가 존재하여 각각의 상태가 둘 이상의 데이터 비트로 표현되는 경우도 있을 수 있다. 예를 들어, 그림 4.3b는 4개의 전기 상태가 존재하는 경우로, 하나의 상태가 한 번의 클록-사이클 동안 두 개 비트의 데이터를 전송(혹은 인코드)할 수 있다. 왜냐하면, 4개의 상태값이 두 비트의 서로 다른 조합(00, 01, 10, 11)으로 표현될 수 있기 때문이다. 즉, 4가지의 전자 상태 각각이 두 개 비트의 조합으로 고유하게 표현될 수 있는 것이다. 하나의 신호 상태로 여러 개의 비트들을 전송하기 위한 몇가지 디지털 신호화 표준들이 소개되어 왔으며, 이로 인해 초고속 네트워킹용 비트 스트림 전송이 더욱 효과적일 수 있게 되었다.

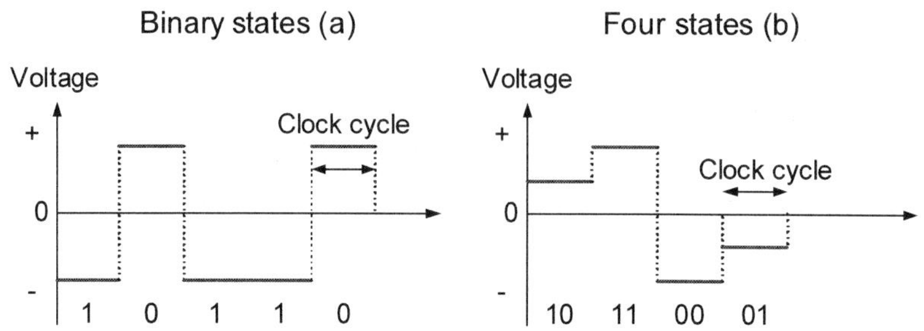


그림 4.3 전기 디지털 신호화

**연습문제 4-1**

만약, 특정한 전기 강도의 신호 상태가 3개의 비트를 전송하기 위해 설계된다면, 총 몇 개의 서로 다른 전기 상태들이 신호화 시스템을 위해 존재해야 하는가? 만약 4비트 또는 5비트라면 어떠한가?

이더넷과 같은 네트워크 표준은 주로 물리적 계층에 자체적인 신호화 표준을 보유하고 있다. 디지털 신호화의 표준 선택에 대해서는 그림 4.4에 예시가 나타나 있다. 보다시피, 3가지 표준인 *NRZ(None Return to Zero)*, *맨체스터 인코딩(Manchester Encoding)*, 그리고 *디퍼런셜 맨체스터 인코딩(Differential Manchester Encoding)*은 동일한 비트 스트림을 전환하는데 있어서 서로 다른 규칙을 사용하기 때문에, 데이터 전송 효율성이 서로 다르게 나타난다(여기서 각각의 변환 규칙들을 자세히 설명하지는 않겠다).

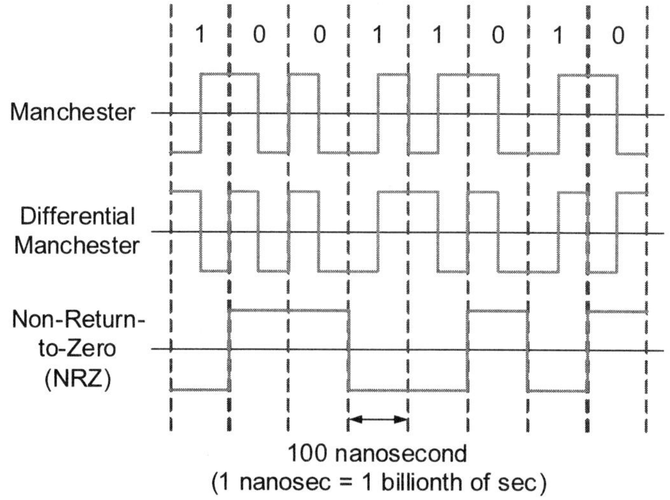


그림 4.4 디지털 신호화 표준 선택하기

진화 학습 문제

그림 4.4에서 세 가지 서로 다른 신호화 방법들의 데이터 변환 규칙을 찾아낼 수 있는가?

## 4.2.2 아날로그 신호화

### [아날로그 신호화의 속성]

아날로그 신호화에서는 비트 스트림 데이터를 전송하는데 있어서 지속적으로 변화하는 전자기식 파동의 속성들이 사용된다. 그림 4.5에서 보듯이, 전자기식 파동은 몇 가지 핵심 속성들을 지니고 있는데, **진폭**(amplitude), **주파수**(혹은 진동)(frequency), **위상**(phase) 및 **파장**(wavelength)이 바로 그것이다.

- **진폭**이란 **전압**(voltage) 같은 매트릭스로 표현되는데, 신호의 강도를 의미한다(파동의 가장 높은 지점).
- **주파수**(혹은 진동)란 매 초당 발생하는 사이클의 개수를 의미한다. 진동이 1초당 한 사이클을 가진다면, 진동이 1Hertz(또는 Hz)가 된다. 주요 주파수 매트릭스가 표 4.1에 요약되어 있다. 예를 들어, 인간의 음성은 연속적인 (아날로그) 파동의 형태를 갖는데, 일반적으로 300Hz에서 3400Hz 사이의 범위를 지닌다. 주파수의 크기가 신호의 피치를 결정하므로, 주파수가 높을수록 높은 피치를 가지게 된다.
- **파장**이란 파동의 두 개 인접한 꼭대기 사이의 거리를 의미한다. 파장은 주파수와 역비례한다. 즉, 주파수가 높을수록 파장은 작아진다. 아날로그 신호의 주파수의 경우, 그 파장은 야구장만한 크기일수도 있고 분자 정도의 크기일수도 있는 것이다.

[표 4.1] 주파수 매트릭스의 체계

| 주파수 단위(Unit of frequency) | 초당 사이클 횟수(No. of cycles/second) |
|---|---|
| hertz(Hz) | 1cycle |
| kilohertz(kHz)=1000Hz | 1000cycles |
| megahertz(MHz)=1000kHz | 1million cycles |
| gigahertz(GHz)=1000MHz | 1billion cycles |
| terahertz(THz)=1000GHz | 1trillion cycles |

- **위상**이란 파장 형태의 사이클에서 한 개 포인트가 가지는 상대적 위치를 의미한다. 위상은 사이클 내의 각도에 의해 측정된다. 그림 4.5는 첫번째 사이클에서 5개의 서로 다른 위상들 혹은 각

도들(0°, 90°, 180°, 270° 그리고 360°)을 표현한 것이다.

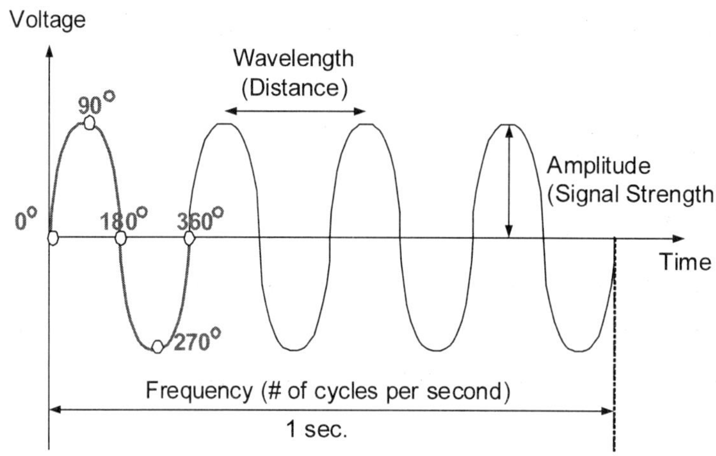


그림 4.5 아날로그 신호와 그 파라미터들

### [마쥴레이션(혹은 변조)(Modulation)]

아날로그 신호화에서 **주파수**, **진폭**, **위상**과 같은 파라미터 변수들은 디지털 데이터를 운반하기 위해 변형된다(신호화 방법론 표준에 따라서 때로는 단일로 때로는 조합으로 변형된다). 소스 비트 데이터를 코드화하기 위해 아날로그 신호의 특성들을 조작하는 과정을 일컫어 마쥴레이션(혹은 변조)이라고 한다. 아날로그 신호의 주파수, 진폭, 위상 등의 속성이 비트 스트림 데이터의 전송을 위해 조작되는 경우 그 각각을 **주파수 변조**, **진폭 변조**, 그리고 **위상 변조**라고 부른다. 소스 데이터가 아날로그(예, 뉴스진행자의 AM 라디오 브로드캐스팅이나 FM 라디오 음악)인 경우에 사용 가능한 마쥴레이션 기술들 또한 존재하는데, 이런 경우는 결과적으로 **아날로그 데이터를 아날로그 신호로 변환**하는 것이 된다. 그러나 우리의 관심 사항은 컴퓨터 및 기타 디지털 기기에서 생성된 디지털 비트 스트림의 전송이므로, 디지털 비트 스트림을 아날로그 신호로 변조하는데 초점을 맞춰 다룰 것이다.

예를 들어, 그림 4.6은 진폭 변조와 주파수 변조의 간단한 형태를 예시로 보여주고 있다. 그림 4.6a에서는 진폭 변조를 이용하여, 아날로그 신호의 서로 다른 진폭들이 0(예, 낮은 진폭)과 1(예, 높은 진폭)의 소스 값들을 구별하기 위해 사용된다. 여기에서, 주파수는 동일하게 유지되고 오직 진폭의 변화만으로 소스 비트를 표현하고 있는 것을 확인할 수 있다. 반면, 주파수 변조에서는 서로 다른 신호 주파수들이 0과 1을 표현하기 위해 사용된다. 예를 들어, 그림 4.6b에서 0과 1은 낮은 주파수(예, 4000Hz)와 높은 주파수(예, 8000Hz)로 각각 표현될 수 있다. 네트워크 노드의 클록-사이클에 의해 각 비트 간격이 정확하게 통제된다는 점을 기억하라.

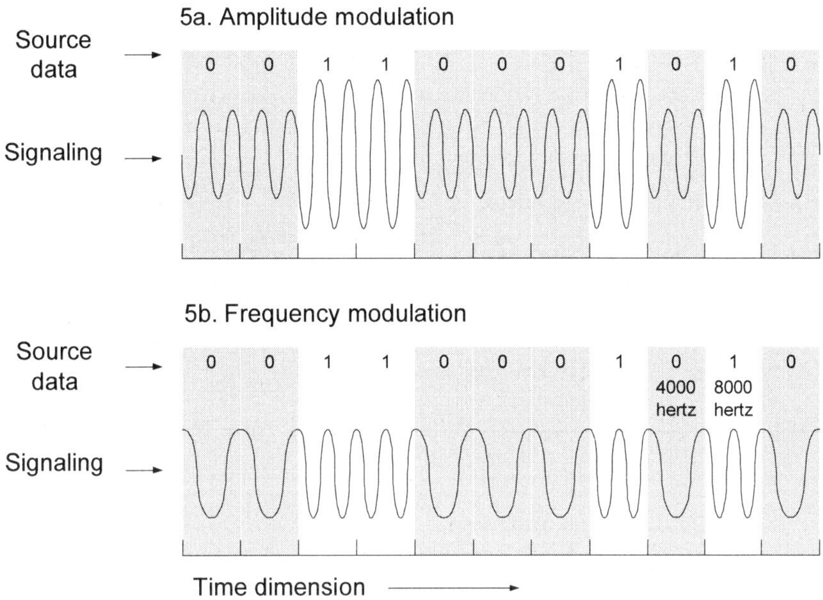


그림 4.6 진폭 변조와 주파수 변조

## 4.2.3 신호화 기기

이 섹션의 주요 내용은 네트워크 상의 어플리케이션 계층 데이터 전송을 위해서 어떠한 기기들이 디지털 및 아날로그 신호의 인코딩이나 디코딩을 담당하는지에 관한 것이다. 오늘날 널리 사용되는 이더넷을 포함한 유선 LAN들은 기본적으로 이러한 디지털 신호화를 활용하고 있다. 호스트 단말기 및 중계 기기의 네트워크 인터페이스 카드(혹은 LAN 카드)가 이러한 디지털 신호의 생성 및 전송을 담당하고 있다.

LAN과 마찬가지로, 원거리 통신망(WAN) 연결에서도 디지털(예, T-1 line) 및 아날로그 신호화(예, 위성 링크)가 비트 스트림 데이터 전송을 위해 사용된다. WAN의 신호화를 가능하게 하기 위해 사용되는 두 가지 유형의 기기들이 존재한다. 디지털 신호화를 위한 **CSU/DSU**(Channel Service Unit/Data Service Units)과 아날로그 신호화를 위한 **모뎀**(Modulator demodulators)이 그것이다.

### [모뎀과 아날로그 신호화]

다이얼업(Dial-up), DSL, 케이블 서비스 등은 개인 및 기업 고객들이 통신공급업자의 사설 WAN이나 지역별 접속 라인(예, 전화 혹은 케이블선)을 통한 인터넷에 접근할 수 있도록 해준다. 기존 다이얼 방식 연결에 비해 상대적으로 높은 속도를 지닌 DSL과 케이블 연결을 가리켜 **광대역 엑세**

**스 서비스**(broadband access services)라고 부른다. 여기서, 다이얼업, DSL, 그리고 케이블 모뎀이 담당하는 기능은 디지털과 아날로그 신호 간에 필요한 변환 작업을 수행하는 것이다. 모뎀은 컴퓨터의 디지털 신호를 전송에 필요한 아날로그 신호로 변환하기 위해 진폭 변조나 주파수 변조 같은 기술을 사용한다.

(a) 다이얼업 모뎀: 다이얼업 모뎀은 컴퓨터 데이터를 전송하는데 기존의 전화 인프라스트럭쳐(공중 회선 교환 전화망 혹은 PSTN라고 부르는)를 활용한다. 컴퓨터의 NIC 포트가 디지털 신호를 전파하면, 다이얼업 모뎀이 전화선의 음성 채널을 통해 전송하기 위해 주파수 범위 0-4000Hz의 아날로그 신호로 변환한다(그림 4.7). 이는 통신사업자(예, AT&T)의 기존 전화망 인프라스트럭쳐가 오직 지역 전화선에 한정되는 주파수 범위의 아날로그 신호들만을 처리할 수 있기 때문이다.

컴퓨터 데이터가 전화선의 음성 주파수 채널(0-4000Hz)을 통해 통신사업자의 스위칭 오피스까지 도달되고 난 후에는, PSTN 인프라스트럭쳐 대신 인터넷을 통해 전송된다. 한정된 음성 주파수 범위(0-4000Hz)를 이용한 아날로그 전송을 사용하면 다이얼업 링크의 최대 속도가 64Kbps(DS0)까지로 제한된다. 속도 증진을 위해 데이터 압축 등과 같은 별도의 방법을 사용하지 않는다면 말이다.

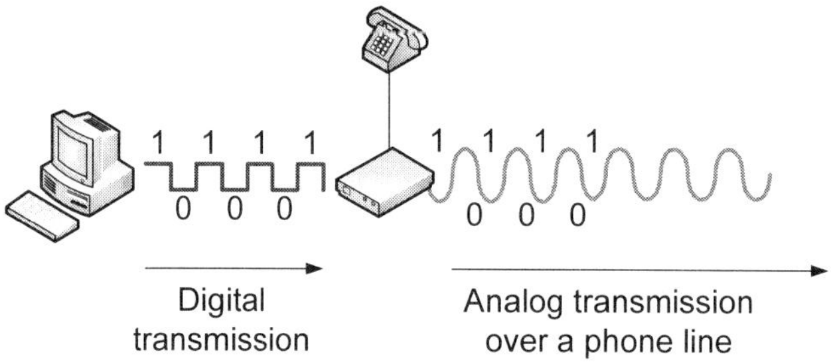


그림 4.7 다이얼업 모뎀을 이용한 데이터 전송

(b) DSL과 케이블 모뎀: 음성과 데이터, 이 두 가지 모두를 전송(단, 한 번에 음성과 데이터 서비스, 둘 중 하나만 허용)하는데 있어 제한된 음성 채널(0-4000Hz)을 활용하는 다이얼업 모뎀과는 달리, DSL은 전화선 외의 다른 주파수 영역들도 활용할 수 있도록 음성과 데이터용으로 구분된 채널을 활용한다. 이러한 접근법은 음성과 데이터의 채널을 서로 공유할 필요가 없게 해주기 때문에, 전화선과 인터넷에 동시 접속이 가능하다. 게다가, 업스트림과 다운스트림 트래픽의 흐름을 동시에 잡기 위해 분리된 채널들도 존재한다. **DSL 모뎀**은 일반적으로 디지털 데이터의 전송을 위해 아날로그 신호화(그림 4.9a 참조)를 활용하는데 그 이름이 다소 혼동스럽게 느껴질 수 있다.

몇 가지 다양한 DSL 방식이 존재하는데, 이들은 크게 동기식 DSL(SDSL)과 비동기식 DSL(ADSL)의 두 그룹으로 나뉘어 질 수 있다. 업스트림과 다운스트림 방향 모두에서 동일한 채널 속도를 제공하는 SDSL과 달리, ADSL은 다운스트림 채널 용량이 업스트림 채널 용량보다 더 커서 인터넷에서 파일을 다운로딩 하는 속도가 더 빠르다(그림 4.12 참조). 이와 유사한 기술적 접근법이 음성과, 인터넷 트래픽, 케이블 TV 전송을 동시에 할 수 있도록 케이블 용량(대역폭이라고 부르는)을 서로 다른 주파수 채널들로 구분하는 케이블 서비스에도 적용된다.

### [CSU/DSU 및 디지털 신호화]

물리적 계층에서 디지털 신호와 아날로그 신호 간의 변환 기능을 제공하는 모뎀과 달리, CSU/DSU(Channel Service Unit/Data Service Units)는 고객이 설정한 장비(예, 라우터)에서 생성된 데이터를 WAN/인터넷 접속 링크에서 요구하는 다른 종류의 디지털 신호 형식으로 변환하는 역할을 한다. 따라서 아날로그 회로(예, 기존의 전화선)에 연결되는 다이얼업 및 DSL 모뎀과는 달리, CSU/DSU는 엑세스 링크가 T-1이나 T-3 라인 같은 디지털 회로에서 운영되는 경우에 사용된다.

그림 4.8은 CSU/DSU가 WAN 시리얼 포트에서 나오는 라우터의 디지털 신호를 T-1 접속 라인에서 요구하는 다른 디지털 신호 형식으로 변환하는 상황을 예시로 보여준다. CSU/DSU에는 주로 사용되는 V.35 포트를 포함하여 다양한 표준 포트들이 장착되어 있다. 반면, 대부분의 라우터는 내장된 CSU/DSU를 가진 **WAN 인터페이스 카드**(WIC)를 보유하고 있기 때문에, WAN 연결용의 별도 외부 CSU/DSU를 필요로 하지 않는다.

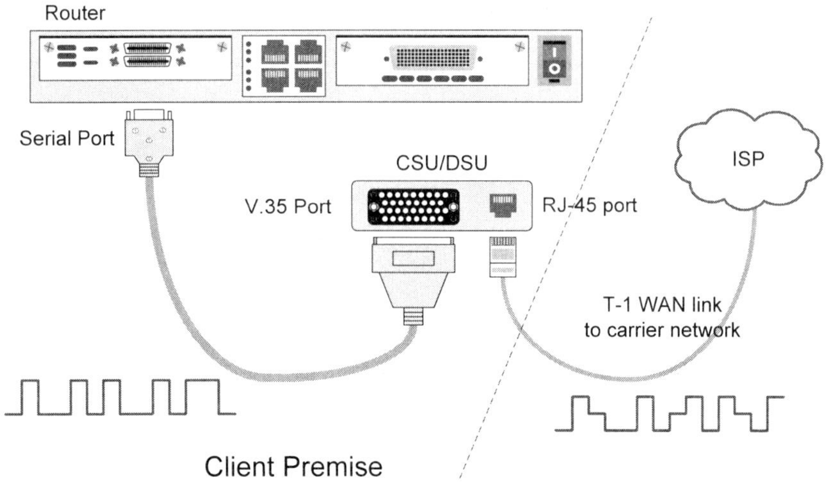


그림 4.8 외장 CSU/DSU

표 4.2는 소스 데이터 유형, 신호화 방법론, 일부 표준 변환 방법, 그리고 많이 사용되는 변환 기능 수행 기기들에 대한 이 섹션의 설명을 요약하고 있다.

[표 4.2] 신호화와 변환 기기

| 입력 | 출력 | 일부 변환 표준 | 변환 기기 |
|---|---|---|---|
| 디지털 신호 | 디지털 신호 | • 멘체스터(Manchester)<br>• 디퍼런셜 맨체스터(Differential Manchester)<br>• Non-Return-to-Zero | CSU/DSU |
| 디지털 신호 | 아날로그 신호 | • 진폭 변조(Amplitude Modulation)<br>• 주파수 변조(Frequency Modulation)<br>• 위상 변조(Phase Modulation) | 다이얼업, DSL, 케이블 모뎀 |

## 4.2.4 대역폭 관련 개념들

### [대역폭(Bandwidth)]

대역폭의 기술적 정의에 의하면, **채널 혹은 미디어(예, 이중와선)가 지원하는 최대 주파수와 최소 주파수 간의 차이로 계산되는** 주파수 범위를 의미한다. 구리선이나 광섬유, 혹은 라디오 전파 등의 유선(or 유도) 및 무선(or 비유도) 미디어(or 매체)는 각각의 주파수 범위를 가진다. 예를 들어, 라디오 채널 주파수는 30kHz에서 300kHz의 범위를 가지므로, 그 대역폭은 300kHz-30kHz=270kHz가 된다. 또 다른 예로는, 사람의 음성은 일반적으로 300Hz에서 3400Hz의 범위를 가지므로, 그 대역폭이 3400Hz-300Hz=3100Hz에 해당된다.

따라서, 대역폭은 채널 및 미디어의 주파수와 관련된 아날로그 개념이다(그림 4.5 참조). 미디어 및 채널의 디지털 역량은 대역폭의 직접적인 영향을 받기 때문에(보다 큰 대역폭은 초당 비트 전송량(bps)이 더 크다) 컴퓨터 네트워킹에서 중요한 개념이다. 이러한 연유로, 산업 실무자들은 대역폭과 디지털 역량(혹은 속도)의 개념을 서로 교환적으로 사용해 오고 있다. 한편, 통신 미디어(예, 광섬유 및 구리선) 간의 대역폭은 큰 차이가 있는데, 이것이 디지털 데이터의 전송 역량에 있어서의 큰 차이를 설명해준다.

### [기저대역(Baseband)과 광대역(Broadband)]

기저대역과 광대역은 각각 디지털 신호화와 아날로그 신호화를 의미한다. 기저대역 전송에서는 데이터 전송을 할 때 해당 미디어 혹은 미디어의 한 개 채널의 대역폭 전체를 이용해 한 번에 오직 하나의 디지털 신호만 흐른다(그림 4.9a 참조). 오늘날의 무선 컴퓨터 네트워크는 일반적으로 이러한 기저대역 기술을 활용한다. 예를 들어, 10Mbps 속도의 초기 이더넷은 디지털 비트 스트림을 디지털 신호로 변환하기 위해 구리선 케이블의 전체 대역폭을 사용하는 멘체스터 인코딩(그림 4.4 참조) 방식을 이용한다. 기저대역 기술에 기반하여 여러 개 소스로부터 보내진 데이터들이 전부 결합되어 전송되는 경우에는, **시 분할 멀티플렉싱**(TDM-Time Division Multiplexing)이라는 기법이 활용된다(그림 4.9a 참조). TDM에 대한 사항은 이후에 다시 설명한다.

아날로그 기반의 광대역이 활용되는 경우에는, 아날로그 신호들을 각각 분할된 주파수 범위에서 동시에 전송할 수 있도록 하나의 케이블 혹은 하나의 채널 내에 여러 개의 주파수 채널들이 형성된다(그림 4.9b 참조). 주파수 채널들은 텍스트, 음성, 비디오 등 여러 종류의 데이터 유형들을 전송할 수 있다. 당연히 미디어 및 채널의 대역폭이 더 클수록 더 많은 하위 채널들을 구성할 수 있게 되어, 더 많은 데이터 스트림을 동시에 전송할 수 있게 된다.

예를 들어, 케이블 TV 서비스는 기본적으로 인터넷 트래픽이나 전화선을 따라 여러 개 TV 채널들을 불러올 수 있도록 하는 이 광대역 기술에 의존하고 있다. 음성(전화 통화)과 데이터(인터넷 트래픽)를 동시에 전송하는 DSL 또한 광대역 전송의 또 다른 예이다. 이처럼 광대역 기술에 기반하여 여러 개 소스로부터의 데이터가 한데 모아져 하나의 미디어를 통해 동시에 전송되는 경우에는, **주파수 분할 멀티플렉싱**(FDM-Frequency Division Multiplexing)이라는 기법이 활용된다. 주파수 분할 멀티플렉싱에 대한 보다 자세한 사항은 이후에 다시 설명된다.

약간 혼란스러울 수도 있겠지만, **광대역**은 **협대역**(narrowband)의 반대되는 의미로 고속 연결을 나타내는 용어로 사용되기도 하다. 예를 들어, DSL, 케이블, 그리고 T-1은 일반적으로 광대역으로 간주되는 반면, 최고 64Kbps의 속도(압축 기술을 사용하지 않은 경우)를 지닌 다이얼-업 연결은 협대역 서비스로 간주된다. 그러나 여기서 광대역과 협대역을 구분하는 특정한 대역폭의 기준이 존재하는 것은 아니다. 다만, 광대역은 일반적으로 최소 200Kbps는 되어야 한다.

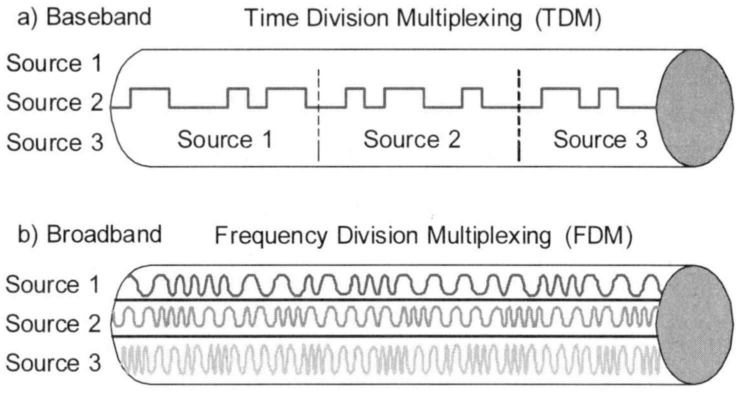


그림 4.9 기저대역 vs. 광대역 전송

## 4.2.5 동기식 vs. 비동기식 전송

### [비동기식 전송(Asynchronous Transmissions)]

디지털 비트는 동기식이거나 혹은 비동기식으로 전송될 수 있다. 비동기식 전송에서는 각 문자(ASCII 형식 기준 7 혹은 8비트)가 하나의 전송 단위가 된다(그림 4.10a). 이 기법은 한 번에 하나의 알파벳 문자를 안전하게 전송하는데 초점을 맞춘다. 이를 위해, 각 문자에는 **start**(시작 지점을 의미하는), **stop**(끝나는 지점을 의미하는), **parity**(에러 감지를 위한) 비트들이 덧붙여진다. 만약 하나의 문자가 7비트 ASCII 형식을 사용한다면, 하나의 문자 전송을 위해 3개의 오버헤드 비트가 추가된 총 10개의 비트를 가지게 되는 것이다. 최대 30%의 오버헤드(3/10비트)를 가지는 비동기식 전송은 컴퓨터 네트워킹에 있어서 비효율적이기 때문에 컴퓨터와 터미널, 키보드, 모뎀을 연결할 때처럼 낮은 속도의 회로에서만 매우 제한적으로 사용된다.

### [동기식 전송(Synchronous Transmissions)]

동기식 전송에서는 각 데이터 단위가 기본적으로 하나의 단일 문자가 아닌 하나의 긴 문자열이다(그림 4.10b). 예를 들어, 2장에서 세 가지 서로 다른 유형의 프로토콜 데이터 유닛(PDU)(그림 2.2 참조)을 설명한 바 있다. 데이터 링크 계층의 PDU(혹은 프레임)는 일반적으로 헤더와 데이터, 그리고 트레일러 섹션을 포함한다. 데이터 필드(또는 페이로드(payload)라고 부름)와 오버헤드의 최대 사이즈는 기술 표준에 따라서 달라진다. 예를 들어, 이더넷 프레임은 최대 26bytes의 오버헤드(헤더와 트레일러) 사이즈를 지니며, 데이터 필드에 1500bytes를 담을 수 있다. 동기식 전송에서는 수많은 문자 데이터들이 하나의 단일 PDU 내에 모두 담기어 전송이 일어나는 것이다. 오늘날 컴퓨터 네트워킹은 대부분 이 동기식 전송 방식을 사용하고 있다.

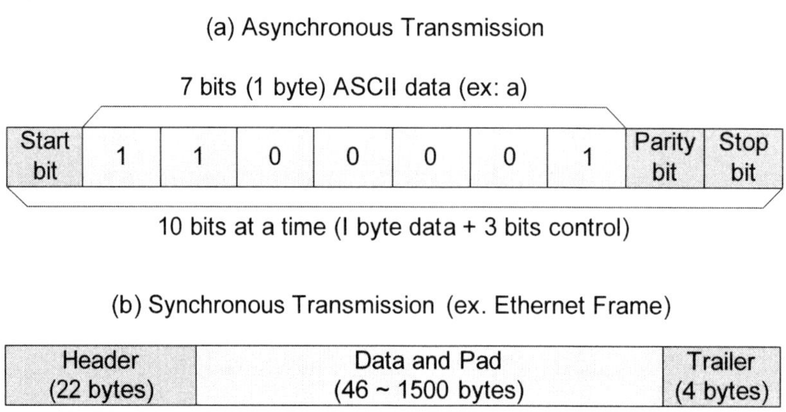


그림 4.10 비동기식 vs. 동기식 전송

한데 묶여진 데이터 문자들을 담은 PDU가 전송될 경우(물론, 디지털 및 아날로그 신호의 형태로), 그 전송 속도는 훨씬 빠르고 효율적이다. 예를 들어, 30%의 오버헤드를 지닌 비동기식 전송 방식과 달리 동기식 전송의 오버헤드는 훨씬 작기 때문에(일반적으로 5% 이하), 동일한 양의 데이터 전송에 훨씬 적은 대역폭을 소비한다. 비동기식 전송의 start, stop, 그리고 parity 비트의 기능들 또한 동기식 전송에서는 각 PDU 안에 내장되어 있다. 예를 들어, 이더넷 프레임에서는 이러한 기능들이 **Preamble**, **Start frame delimiter**, 및 **Frame check sequence**와 같은 필드들에 포함된 비트를 통해 수행된다(보다 자세한 사항은 7장에서).

연습문제 4-2

그림 4.10에 나와있는 정보를 기반으로, 이더넷 프레임의 오버헤드가 몇 %인지를 계산하고, 이를 비동기식 전송에서의 오버헤드 %와 비교하라. 이더넷의 데이터 필드가 수용 가능한 최대 문자수를 포함하고 있다고 가정하자.

### 4.2.6 멀티플렉싱(Multiplexing)

멀티플렉싱은 오늘날 네트워크에서 매우 많이 사용되는 또 하나의 기본적이면서도 중요한 물리적 계층의 기술이다. 멀티플렉싱이란 여러 개 소스로부터의 신호(아날로그일 수도 있고 디지털일 수도 있는)들을 결합하여 이를 하나의 공유선 혹은 회로를 통해 전송하는 기술을 의미한다. 여러 개의 신호들이 결합되어 하나의 링크나 채널을 통해 전송될 때, 각 신호는 라인 혹은 채널의 가용 대역폭의 한 일부분을 차지한다. 멀티플렉싱 장치는 이러한 멀티플렉싱 프로세스를 수행하는 반면, 디-멀티플렉싱(de-multiplexer) 장치는 결합된 신호들을 다시 분리하는 작업을 수행한다.

멀티플렉싱의 주요 장점들에는 다음과 같은 것들이 있다.

- 네트워크 용량 활용에 있어서의 효율성을 엄청나게 증가시킴
- 두 포인트 사이에 필요한 링크와 회로선의 수를 감소시킴
- 성능은 포기하지 않으면서 네트워킹 비용은 감소시킴

몇몇 진화된 멀티플렉싱 기술들이 개발되어 왔으며, 그 중 다수는 **주파수 분할 멀티플렉싱**(FDM) 및 **시 분할 멀티플렉싱**(TDM)의 기본 기술에 기반하여 개발되었다. 정식으로 소개하기도 전에 이미 그림 4.9에서 설명되긴 했지만, 여기서 FDM과 TDM에 대해 좀 더 자세히 설명하고자 한다.

### [주파수 분할 멀티플렉싱(FDM: Frequency Division Multiplexing)]

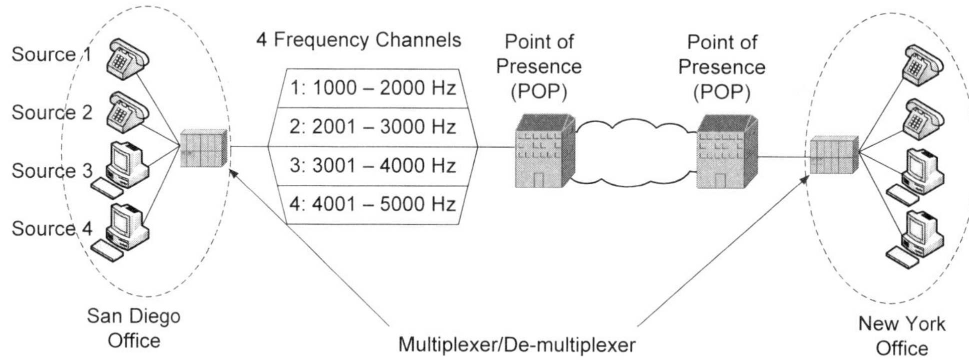


그림 4.11 주파수 분할 멀티플렉싱

FDM에서는, 하나의 선 혹은 채널 대역폭이 몇 개의 서로 겹치지 않은 주파수 범위들로 나뉘어지고, 하나의 데이터 소스(예, IP 폰과 컴퓨터)가 가용한 주파수 범위들 중 하나에 할당됨으로써, 여러 개 데이터 소스들이 해당 라인이나 채널을 공유하여 동시적 네트워크 접속이 가능하게 된다. 하나의 데이터 소스가 사전 할당된 하나의 주파수 범위를 활용하기 때문에, 아날로그 신호화 방식이 사용된다(주파수는 아날로그의 개념이라는 것을 상기하라). 서로 다른 소스들로부터 나온 아날로그 신호들은 각각이 서로 다른 주파수 영역대를 사용하기 때문에 서로 방해하지 않는다(그림 4.9b와 그림 4.11을 참조).

### [FDM 예시: ADSL]

예를 들어, 유명한 광대역(고속) 서비스 중 하나인 ADSL(Asymmetric Digital Subsriber Line의 줄임말)은 한 개 전화선을 이용해 다음과 같은 3개의 서로 겹치지 않는 채널들을 생성한다: **기존의 전화 서비스**(POTS: plain old telephone service)를 위한 한 개 채널(0~4kHz)과 **업스트림**과 **다운스트림** 데이터 트래픽을 위한 다른 두 개 채널(약 20kHz~1MHz)들. 이러한 멀티플렉싱은 하나의 이중와선 케이블을 통해 음성과 디지털 신호, 둘 다를 동시에 보낼 수 있도록 해준다(그림 4.12).

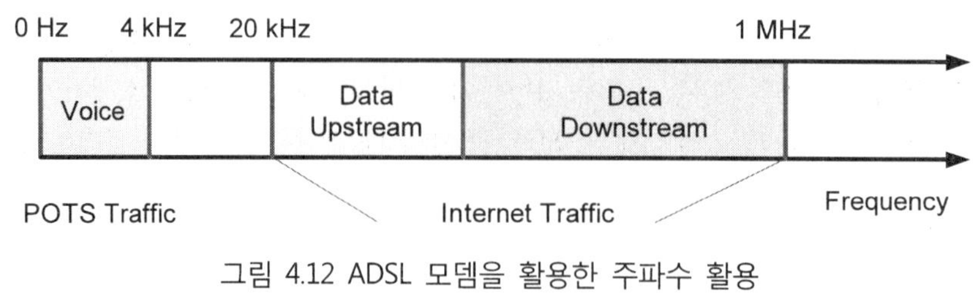


그림 4.12 ADSL 모뎀을 활용한 주파수 활용

세 개의 분리된 채널들이 이중와선의 전체 대역폭 중 작은 일부만을 소비하게 되는 것이다. 예를 들어, 카테고리 6인 이중와선 케이블은 250MHz의 대역폭을 가지고 있으므로(그림 4.5 참조), 앞서 3개의 채널들이 전체 가용 용량의 1% 미만을 차치한다는 것을 확인할 수 있다.

FDM을 사용하게 되면, 통신사업자의 **중앙 사무소**에서 고객이 있는 장소 간에 음성 트래픽과 데이터 트래픽이 동시에 전송된다. **중앙 사무소**에서 해당 신호들의 분리가 일어난다. 그 후에, 데이터 트래픽이 인터넷을 통해 전송되는 동시에, 음성 트래픽은 기존의 **공중 회선 교환 전화망**(PSTN)을 통해 보내지는 것이다(그림 4.13).

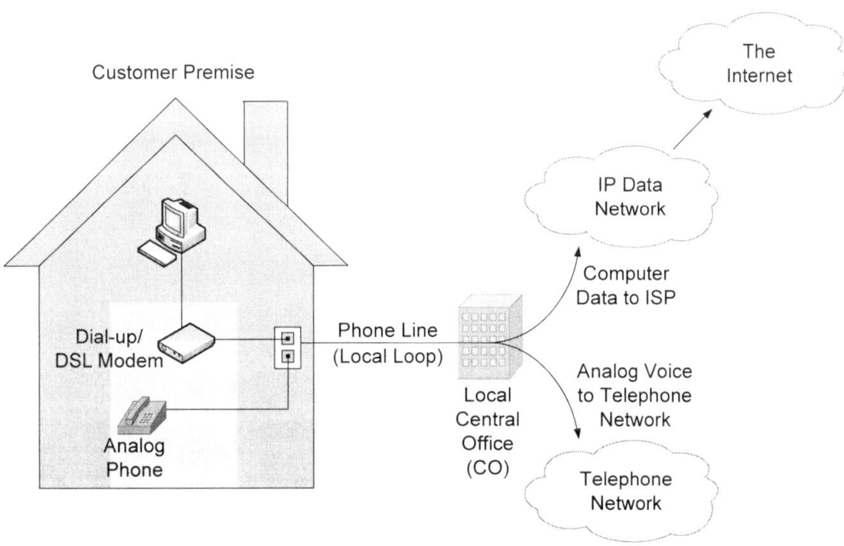


그림 4.13 DSL을 이용한 인터넷 연결

FDM의 또 다른 예로는, 케이블 TV 서비스 공급자들이 동축 케이블의 대역폭을 세 개 주파수 영역으로 나누는 것을 들 수 있다: TV 채널을 위해 하나, 음성 서비스를 위해 하나, 그리고 인터넷 접속을 위해 하나. 그래서, 케이블 서비스를 받는 고객들은 할인된 가격에 세 개의 서비스를 모두 받거나, 그 중 일부 하위 셋의 서비스를 받을 수 있는 것이다.

### [시 분할 멀티플렉싱(TDM: Time Division Multiplexing)]

TDM은 여러 개 소스들(예, 전화, 컴퓨터)로부터의 데이터를 결합하여 하나의 디지털 신호로 전송하는데 있어서 링크 혹은 라인의 전체 대역폭을 사용한다. 이를 위해서는, 데이터 소스로부터 입력된 정보들이 한 프레임 내에 하나씩 배열되고, 시계 속도에 의해 규정된 특정 시간 차마다 전송이 일어나게 된다(그림 4.9a, 그림 4.12, 그림 4.16 참조).

따라서, 프레임은 각 슬롯이 소스로부터 받은 데이터를 가지고 있는 여러 개의 타임 슬롯들을 지니게 된다. 여기서, '프레임'이라는 용어는 여러 개 소스들로부터의 디지털 데이터가 결합된(혹은 멀티플렉싱된) 경우에 생성되는 전송 단위를 지칭하기 위해 사용된 것이다. 이러한 일련의 프로세스는 기계적인 과정이다. 이 때문에, 멀티플렉싱 장치(1 계층 기기)에 의해서 생성된 프레임은 근본적으로 이더넷과 같은 표준에 의한 데이터 링크 계층에서 형성되는 프로토콜 데이어 유닛인 프레임과는 다르다. 한번 물리적 계층 프레임이 만들어지면, 전송을 위해 즉각 네트워크로 보내져, 물리적 계층 기술인 멀티플렉싱을 수행하는 것이다.

두 가지의 다른 방식이 한 프레임의 타임 슬롯을 채우는데 사용되는데, **동기식(synchronous) TDM**과 **통계식(statistical) TDM**이 그것이다. 동기식 TDM에서는 각 데이터 소스가 한 프레임 내 특정 타임 슬롯에 할당된다. 특정 타임 슬롯에 할당되는 입력 데이터가 없으면, 프레임은 해당 타임 슬롯을 비워둔 채로 전송된다. 따라서, 데이터 소스의 숫자는 프레임이 가진 타임 슬롯의 숫자와 동일하다. 그림 4.14는 한 프레임이 멀티플렉싱의 매 시간 단위별로 4개의 다른 소스들로부터의 데이터를 전송하는 동기식 TDM의 예시를 보여준다. 하나의 타임 슬롯(네트워크 대역폭)이 하나의 데이터 소스에 전용으로 할당되어 있기 때문에, 동기식 TDM은 전송 지연을 일으키지 않는다.

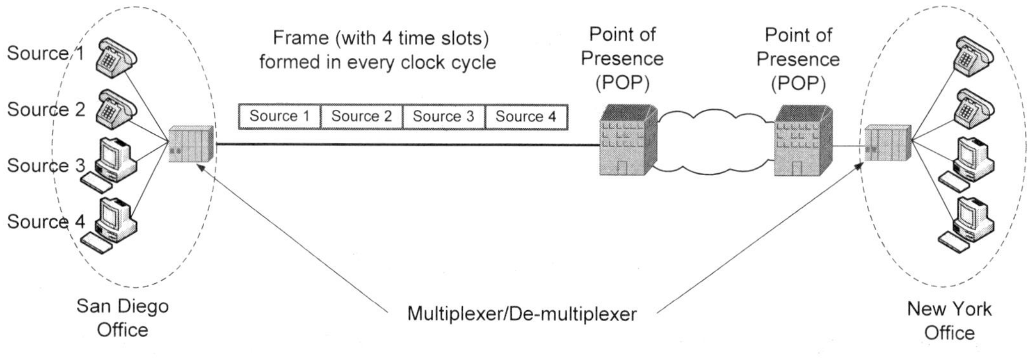


그림 4.14 동기식 시 분할 멀티플렉싱

통계식 TDM(그림 4.15 참조)은 각 프레임에서 가용한 타임 슬롯을 먼저 들어온 순서대로 입수된 트래픽에 자동적으로 할당함으로써, 프레임 용량을 보다 효과적으로 활용하기 위한 방식이다. 통계식 TDM은 특정 타임 슬롯을 특정 소스에 할당하지 않기 때문에, 가용한 타임 슬롯의 개수보다 더 많은 데이터 소스들을 지원할 수 있다. 왜냐하면 모든 데이터 소스들이 동시에 데이터를 전송할 확률은 거의 없기 때문이다. 통계식 TDM은 이런 방식으로 가용한 타임 슬롯들의 활용량을 증대시키는 것이다. 그러나, 가용한 타임 슬롯보다 더 많은 수의 소스들이 동시에 데이터를 전송하는 경우에는 지연이 불가피하다는 것을 알 수 있을 것이다.

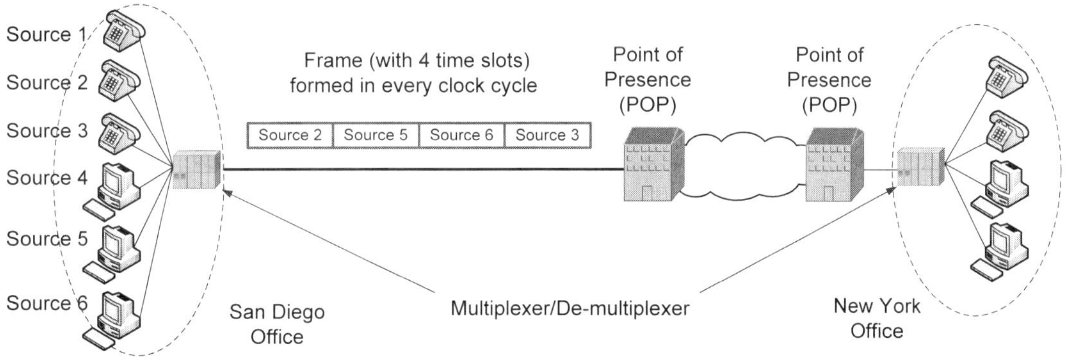


그림 4.15 통계식 시 분할 멀티플렉싱

### [TDM 예시: T-1 라인]

이중와선이나 광섬유선에서 운영되는 T-1 라인은 지역 LAN을 인터넷이나 지리적으로 분산되어 있는 다른 원격지(예, 지점 사무실)에 연결하기 위해 많이 쓰는 링크이다. 디지털 신호화를 이용하면 1.54Mbps의 데이터 비율을 달성할 수 있으며, 음성 통화와 데이터 트래픽을 동시에 전송할 수 있다. T-1은 여러 개 데이터 소스로부터의 비트들을 묶어서 매 시간 단위마다 생성되는 비트 스트림의 이산적 단위인 물리적 계층 **프레임**을 사용한다.

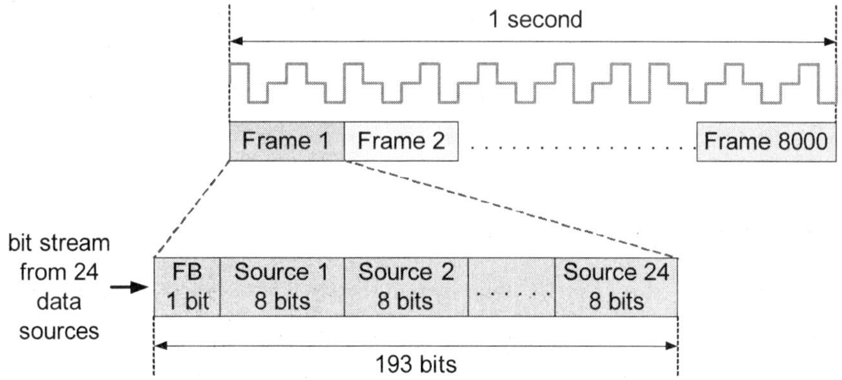


그림 4.16 T-1을 이용한 시 분할 멀티플렉싱

T-1 멀티플렉싱 장치에 의해서 어떻게 시 분할 멀티플렉싱이 일어나는지를 자세히 살펴보자. 각 T-1 프레임은 각 슬롯이 8비트(혹은 1byte)를 운송할 수 있는 24개의 타임 슬롯(24개의 서로 다른 음성 및 데이터 소스들을 위한)을 가지고 있다. 각 프레임에 24개 슬롯이 존재하기 때문에, 한

프레임의 사이즈는 193개 비트(24×8bit/slot=192bits+1bit 오버헤드=193bits)가 된다. T-1 멀티플렉싱 장치는 매 시간 단위마다 데이터 소스를 빠르게 스캔하여 타임 슬롯을 채울 수 있도록 하고, 완성된 프레임들을 전송한다. 만약 한 데이터 소스가 채울 만한 비트를 가지고 있지 않으면, 할당된 타임 슬롯이 비어있게 된다. T-1에서는 초당 8000개 프레임들이 생성되며, 효과적인 193×8000=1.54Mbps 속도로 도달한다. 또는, 타임 슬롯을 가지지 않은 채로 T-1 용량의 그 전체 대역폭 1.54Mbps를 하나의 단일 채널로 사용하여 데이터 전송에 활용할 수도 있다.

연습문제 4-3

1. 그림 4.16의 타임 슬롯에 할당된 각 소스(예, 컴퓨터 혹은 전화)의 데이터 비율은 얼마인가?

2. 초당 8000개 프레임들이 생성되는 상황에서, 그림 4.16에서 생성되는 각 프레임의 시간 간격은 얼마인가?

### [확산 대역(Spread Spectrum)]

좀 더 진화한 복잡한 형태의 멀티플렉싱을 확산 대역(spread spectrum)이라고 부르는데, 이는 오늘날 WiFi나 이동전화 네트워크 등의 무선 네트워킹에서 매우 많이 사용된다. 주파수 분할 멀티플렉싱의 한 유형인 **직교 주파수 분할 다중화**(OFDM: Orthogonal Frequency Division Multiplexing)를 포함하여 몇 가지 확산 대역 표준들이 존재한다. 이 기술에 대한 상세 내역은 책의 범위를 벗어나지만, **확산 대역**이 기존의 시 분할 혹은 주파수 분할 멀티플렉싱 기술에 비해 더 빠른 데이터 비율을 제공한다는 점은 기억하자. 802.11g와 802.11n 등의 많이 쓰이는 WiFi 표준들 역시 위의 OFDM 기술을 사용한다.

## 4.2.7 디지털 속도 체계

멀티플렉싱은 디지털 속도의 표준 체계에 기반하여 수행된다. **디지털 신호**(DS: Digital Signal)와 **광 통신 사업자**(OS: Optical Carrier)/**동기식 전송 모듈**(STM: Synchronous Transport Module)은 두 가지 표준적인 속도 체계를 제공한다. DS는 컴퓨터 네트워크용 케이블링 선택 옵션이 이중와선이나 동축케이블 같은 구리선일 경우에 주로 등장한다. 반면, OS/STM 체계는 광섬유 네트워크에서 디지털 신호의 채널 속도를 정의하는데 사용된다.

### [디지털 신호(DS: Digital Signal)]

디지털 속도(DS) 체계의 기본 속도는 64Kbps의 DS0이다. 64Kbps는 하나의 단일 음성 통화(즉 아날로그인)가 표준 변환 방식인 **펄스 부호 변조**(PCM: Pulse Code Modulation)에 의해 디지털화 될 때의 디지털 데이터 비율을 나타낸다. 따라서 고차원 디지털 채널의 용량은 기본 DS0(64Kbps)의 제곱값으로 결정된다. 예를 들어, DS1은 1.54Mbps의 데이터 비율을 지닌 24개 DS0 채널들이 결합(혹은 멀티플렉싱)된 것이다. 왜 T-1 라인이 DS1 데이터 비율을 제공하며 64Kbps의 24개 채널까지 지원하는지를 이 내용과 연관지어 생각할 수 있어야 한다. 따라서 DS 속도는 동시에 전송될 수 있는 디지털화된 전화 통화(DS0와 동일한)의 수를 나타낸다고도 할 수 있다. 표 4.3은 기준 체계들과 그에 대응되는 속도, 그리고 지원되는 음성 채널들의 개수를 요약한 것이다.

[표 4.3] 디지털 신호(DS) 체계

| 디지털 신호(DS) 체계 | 디지털 데이터 전송 속도 | 음성 채널 넘버 |
|---|---|---|
| DS0 | 64kbps | 1 |
| DS1 | 1.54Mbps | 24 |
| DS1C | 3.15Mbps | 48 |
| DS2 | 6.31Mbps | 96 |
| DS3 | 44.74Mbps | 672 |
| DS4 | 274.17Mbps | 4032 |

### [광 통신 사업자/동기식 전송 모듈]

**광 통신 사업자**(OC)(북아메리카 표준인)와 **동기식 통신 모듈**(STM)(ITU-T의 국제 표준인)의 디지털 속도 체계는 광섬유 기반의 네트워크에 관련된 다양한 채널 속도들을 정의하고 있다. 광섬유는 거대한 대역폭을 지니고 있기 때문에, OC 체계의 기준 속도는 51.84Mbps(OC1)에서부터 시작되며 더 높은 OC 계급들은 OC1의 제곱값들이 된다.

예를 들어, OC12는 약 622Mbps에 해당된다(51.8Mbps의 12채널). STM에 경우에는 그 기준 속도(STM1)가 OC1의 3배와 같으며(약 156Mbps) 더 높은 STM 계급들은 STM1의 제곱값들이 된다. OC와 STM은 비록 서로 다른 표준이긴 하나, 두 체계의 계급들 간에 서로 연관 관계가 있음을 알 수 있다(표 4.4 참조). 또한, DS 체계와 OC/STM 체계 간에도 어떤 연관성이 있다. 예를 들어, OC1의 데이터 비율은 28개 DS1 채널들을 멀티플렉싱한 결과이다.

[표 4.4] OC/STM 체계-선택적 계급들

| 선택적 OC/STM 계급 | 디지털 속도 | 참고(OC vs. DS) |
|---|---|---|
| OC1 | 51.84Mbps | 28DS1(1.54Mbps) |
| OC3/STM1 | 155.52Mbps | 3OC1s/84DS1s |
| OC12/STM4 | 622.08Mbps | 4OC3s/336DS1s |
| OC48/STM16 | 2.48Gbps | 16OC3s/1344DS1s |
| OC192/STM64 | 9.95Gbps | 64OC3s/5376DS1s |

# 4.3 네트워크 미디어

**구리선**(이중와선과 동축케이블), **광섬유**, 그리고 **공기**(무선 네트워킹용)는 오늘날 주로 사용되는 미디어 유형들이다. 이번 섹션에서는 유선 네트워킹에서 가장 중요한 두 매체인 이중와선과 광섬유에 대해 설명한다. 앞에서도 설명했듯이, 이것들의 물리적 속성(예, 사이즈, 무선 개수, 대역폭), 신호 및 전송 특성(예, 신호 형태 및 강도), 인터페이스/포트, 그리고 커넥터(예, RJ-45) 같은 네트워크 미디어에 관한 모든 상세 사항들은 물리적 계층에서 표준화되어 있다.

네트워킹 미디어는 다음과 같이 다양한 측면에서 서로 구분될 수 있다.

- 다음과 같은 전송 특성들
  - 노이즈와 전파 방해에 대한 민감성
  - 시그널 감쇠 및 왜곡 등의 신호 전파 영향
  - 지원되는 대역폭
- 물리적 속성들(예, 사이즈, 유연성, 설치 용이성)
- 비용(예, 구입, 설치, 유지 및 운영 비용)
- 데이터 전송 관련 보안

그러므로, 각각의 미디어들은 컴퓨터 네트워크 및 네트워크 시스템 내에 놓여야 할 적절한 위치를 지니고 있다.

## 4.3.1 전파 영향

모든 미디어는 신호 전파가 **약화**(attenuation)되거나 **왜곡**(distortion)되는 형태의 전파 영향(propagation effects)들을 받는다.

### [감쇠(Attenuation)]

**감쇠**는 미디어를 통해 여행하는 시그널(예, 전자, 빛, 혹은 라디오 신호)의 세기 혹은 강도가 그 과정에서 점점 약해지는 것을 의미한다. 감쇠의 비율은 미디어에 따라 달라진다. 광섬유를 통해 여행하는 빛 신호는 가장 낮은 감쇠 비율을 가지고 있다. 이것은 그 형태나 강도를 복원하지 않고도 몇 마일까지 전파될 수 있다. 구리선을 통해 흐르는 전자 신호(혹은 기류)는 빛 시그널에 비해 더 빠른 감쇠가 일어난다. 따라서 결과적으로 네트워크 노드 간에 이중와선을 이용해 효과적 케이블링 할 수 있는 거리가 광섬유에 비해 상당히 짧다(예, 일반적으로 비차폐 이중와선의 경우 100미터까지 가능함). 한편, 무선 커뮤니케이션은 광섬유나 이중와선 등의 유도 매체들과 비교해 볼 때 가장 급격한 신호 감쇠 현상을 보인다.

### [왜곡(Distortion)]

**왜곡**이란 전파 과정에서 시그널의 본래 형태가 온전하게 유지될 수 없다는 사실을 의미한다. 이는 신호 감쇠, 노이즈 포함, 전송 혼선 등과 같은 몇 가지 이유들 때문에 발생한다. 시그널의 이동 거리가 길어질수록 더 많은 왜곡이 발생한다. 너무 많은 왜곡이 발생하면, 신호를 받는 노드(예, 스위치)가 그것을 제대로 인식하지 못하거나 해당 신호가 운반하는 정보의 의미를 잘못 해석하여 전송 에러를 일으킬 수 있다.

제한된 수의 신호 **상태**만이 존재(예, 그림 4.17은 4개 상태를 지닌다)하는 디지털 신호화에서는 일정 수준의 왜곡과 감쇠가 발생한다 하더라도, 네트워크 노드가 본래의 신호를 보다 잘 인식하고 재생산할 수가 있다. 반대로 아날로그 신호의 재생산은 훨씬 더 어려운데, 이는 전파가 진행되는 동안 추가된 노이즈로부터 본래의 시그널 패턴을 분리해 내는 것이 어렵기 때문이다. 디지털 신호를 복원하는 것이 상대적으로 쉽기 때문에, 전송되는 데이터(예, 음악)의 무결성과 질을 유지하는 데 있어 디지털 전송 방식이 훨씬 더 좋은 선택이 된다.

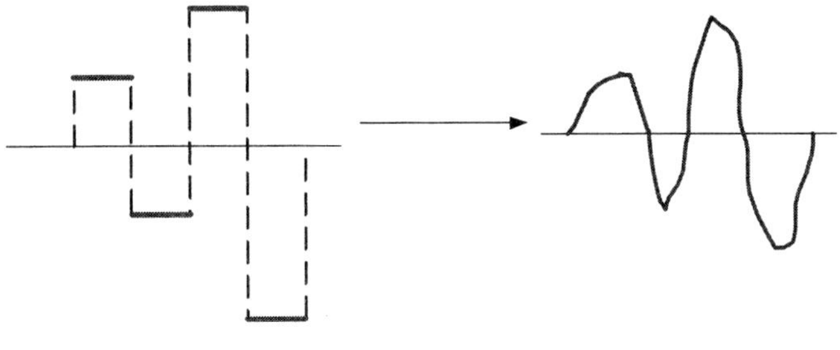

그림 4.17 디지털 신호화의 감쇠와 왜곡

## 4.3.2 이중 와선(Twisted Pairs)

### [UTP vs. STP]

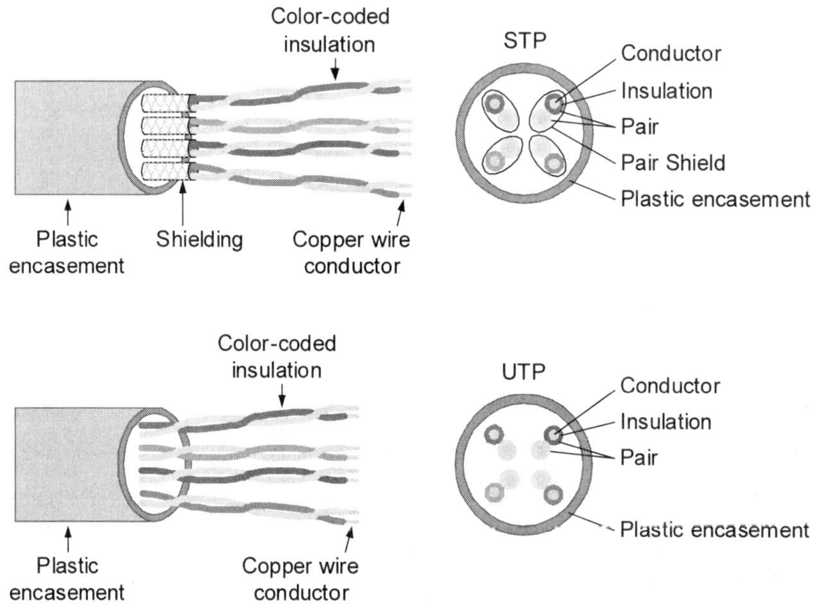


그림 4.18 STP와 UTP의 비교

이중와선이란 데이터를 인코딩하는데 전자 기류를 사용하는 일반적인 구리선이다. 이는 낮은 비용과 높은 내구성, 그리고 설치의 용이성으로 인해, 네트워크 케이블링에서 가장 많이 사용되는 선택옵션이라고 할 수 있다. 이중와선은 비차폐형(unshielded)이거나 혹은 차폐형(shielded)이다(그림 4.18). **차폐형 이중와선**(STP)은 외부의 노이즈로부터 신호를 보호하기 위해 구리 쌍선의 외부를 둘러싼 금속 커버를 가지고 있다. 그래서 이로 인해 더 높은 전송 비율을 지원할 수 있다. 그러나 STP는 **비차폐형 이중와선**(UTP)보다 뛰어난 장점들에도 불구하고 추가적인 비용이 든다는 점에서 일반적으로 시장에서 그리 성공적이지 않다. UTP는 네트워크의 성능 요건을 대부분 만족시킨다. 자연히 STD는 매우 높은 속도의 연결(예, 10Gbps)이나, 설치 지역에 상당한 노이즈 발생 원인이 존재하는 등의 이례적인 상황에서만 제한적으로 사용된다.

### [케이블 구조 & 유형]

이중와선은 두 개 구리선의 꼬임이 다른 한 쌍의 구리선 꼬임을 둘러싸고 있는 총 8개의 구리선으로 구성된다(그림 4.18 참조). 따라서 이중와선은 4개의 쌍선을 지닌다. 선을 꼬는 것은 **전자파 장해**(EMI: electromagnetic interference)라고 부르는 외부 노이즈를 차단하는 효과가 있다. 예를 들어, 카테고리 5(혹은 CAT5) UTP의 각 쌍은 각 인치 당 3번씩 꼬인 것이다. 선을 더 많이 꼬을수록 혼선과 노이즈를 감소(EMI로부터 보호)시키는 결과를 낳기 때문에 신호의 질을 향상시킨다.

이중와선은 CAT5, CAT5e(향상된 CAT5), CAT6, CAT6a, CAT7, 그리고 CAT7a 등 서로 다른 카테고리들로 구분된다. 모두 구리선들이지만, 거리당 꼬임의 횟수, 구리의 순도, 전기 저항, 대역폭, 절연 처리 유형 등에 따라 기술적 속성이 매우 다르다. 카테고리가 높을수록 더 좋은 질을 제공하고 더 높은 대역폭을 지원하기 때문에, 더 빠른 연결을 위해 사용된다(표 4.5와 표 4.7 참조). 예를 들어, 동일한 이중와선이라 할지라도, CAT7a는 CAT5에 비해 10배 이상 높은 대역폭을 가지고 있기 때문에, 디지털 전송에서 대략 10배 이상의 대역폭을 활용할 수 있다는 의미가 된다. 이중와선 케이블링은 이더넷 LAN과 기존의 전화 시스템, 특히 지역 접속 라인들에서 주로 사용된다.

[표 4.5] 이중와선의 유형과 지원 대역폭

| 유형 | 대역폭(대략값) |
|---|---|
| CAT5 | 100Mhz |
| CAT5e | 100Mhz |
| CAT6 | 250Mhz |
| CAT6a | 500Mhz |
| CAT7 | 600Mhz |
| CAT7a | 1000Mhz |

### [이중와선 패치 케이블(Twisted-pair patch cable)]

이중와선 **패치 케이블**(혹은 **패치 코드**)은 서로 몇 미터 정도의 간격을 두고 위치해 있는 네트워크 노드들을 연결하는데 주로 사용되는데, **직립 연결**(straight-through) 방식이나 **크로스 오버**(cross-over) 방식이 있을 수 있다.

그림 4.19 RJ-45 커넥터를 이용한 UTP 패치 케이블

패치 코드의 양쪽 끝에 8개의 선들은 RJ-45 플러그인의 8개 Pin들(Pin 1과 Pin 2는 전송을 위한 것이며, Pin 3과 Pin 6는 수용을 위한 것)과 연결되어 있다. 직립 연결 케이블에서는 양쪽 끝 모두

에서 Pin 1과 Pin 2가 직접적으로 연결되어 있고, 따라서 그것을 받는 Pin은 3과 6이 된다. 동일한 pin들이 직접 연결되어 있는 직립 연결 케이블은 한 노드에서 다른 노드로 신호들을 전달하기 위해 설계된 것이다. 반면에, 크로스 오버 케이블은 한쪽 끝의 전송 pin들(1과 2)을 다른 한 쪽 끝의 수용 pin들(3과 6)에 직접적으로 연결하거나 그 반대로 연결하는 방식이다. 크로스 오버 방식은 주로 노란색, 푸른색, 회색 칼라 피복을 지니는 직립 연결 케이블과 구별되는 붉은색의 피복을 가지고 있다.

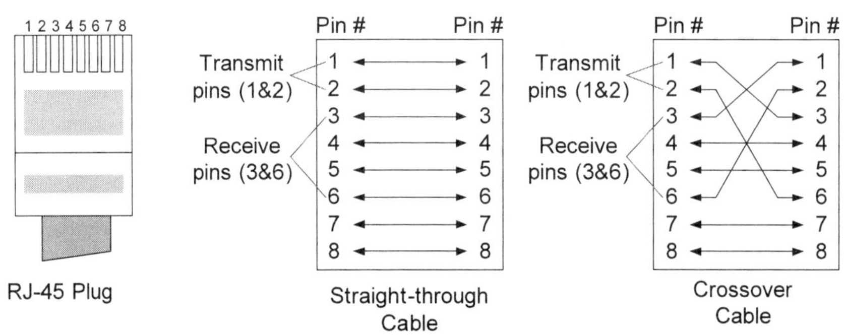


그림 4.20 RJ-45 커넥터와 피치 케이블의 핀 매칭(10/100Mbps cable)

직립 연결 케이블은 다음과 같이 서로 다른 종류의 네트워크 노드를 상호 연결하는데 사용된다:

- 스위치 ----- 라우터
- 호스트(클라이언트/서버) ---- 스위치
- 무선 엑세스 포인트 ---- 라우터

두 개의 서로 유사한 장치들을 연결하는 데에는 크로스 오버 케이블이 필요하다. 예를 들어, 두 개의 컴퓨터가 크로스 오버 케이블을 이용하여 자체 NIC들을 직접 연결함으로써 (중계 노드들을 통하지 않고서도) 데이터를 교환할 수 있다.

- 스위치 ----- 스위치
- 라우터 ----- 라우터
- 호스트(서버) ----- 라우터

호스트와 라우터의 직접 연결에 있어서도 크로스 오버 케이블이 사용된다는 점이 약간 이상하게 들릴 수도 있다. 사실 호스트와 라우터는 네트워킹 영역에서 서로 유사한 장치로 취급된다. 호스트(대부분 서버)를 라우터에 직접 연결하는 것이 일반적인 경우는 아니지만, 분명 하나의 옵션이 될 수 있다. 왜 호스트와 라우터가 유사한 종류의 기기로 취급되는 것일까? 스위치 포트가 오직 MAC

주소만 가지고 있는 것과는 달리, 호스트의 NIC 포트와 라우터 포트는 모두 각자의 기능수행을 위해 IP주소와 MAC주소의 쌍대 정보를 필요로 하기 때문이다.

오늘날에는 포트가 추가된 노드와 케이블링 유형을 자동으로 감지할 수 있고 자체 환경을 내부적으로 자동 설정할 수 있는 중계 기기들이 제조업체들에 의해 생산되고 있다. **Medium Dependent Interface Crossover**(MDIX)라 부르는 이러한 기능은 직립 연결 케이블과 크로스 오버 케이블 중에 선택을 할 필요가 없고, 또한 케이블링 매치 오류로 인해 네트워크 노드들 간의 연결이 끊어지는 위험을 줄일 수 있도록 해준다.

**연습문제 4-4**

그림 4.21에서와 같이 다양한 네트워크 노드들과 UTP 연결을 지닌 계층적 LAN을 상상해 보자. 각 링크를 위해 사용되어야 할 패치 코드의 유형(직립 연결 케이블과 크로스 오버 케이블 중)을 결정하라. 해당 노드들은 MDIX 역량을 보유하고 있지 않다고 가정하라.

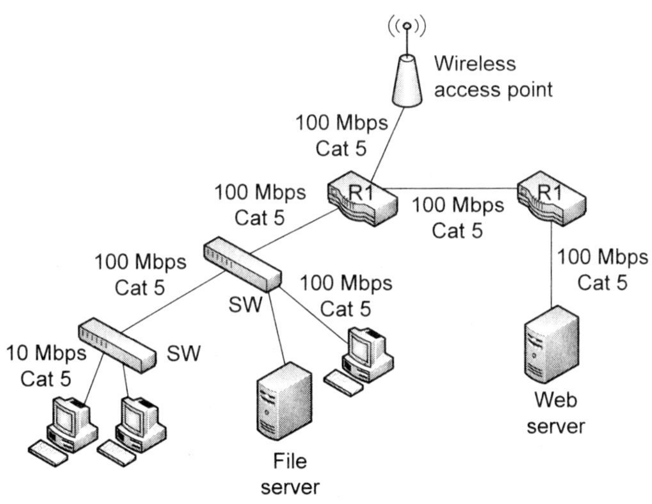


그림 4.21 계층적 LAN

## 4.3.3 광섬유(Optical Fibers)

광섬유 케이블은 초고속 네트워킹용으로 선택할 수 있는 미디어로서 등장하였다. 지난 20년 간 광섬유는 WAN 및 인터넷 백본용의 구리선들의 대부분을 대체해 왔다. 또한, 광섬유는 LAN과 캠퍼스 네트워크의 트렁크 연결을 위한 구리선들까지도 점점 대체해 가고 있다.

기존 미디어(이중와선과 동축케이블)가 구리로 만들어져 전자 기류를 통해 데이터를 전송하는 것과는 달리, 광섬유는 매우 순수한 유리로 만들어져 빛의 진동을 활용하여 데이터를 전송한다. 빛(기본적으로 **레이저**) 전송 장치인 스위치는 디지털 비트를 보내기 위해 시간 사이클에 따라 빠르게 켜졌다 꺼졌다를 반복한다(그림 4.2 참조). 신호화 방식은 메시지 교환을 위해 빛을 켰다 껐다 하는 아날로그 형식이지만(바다 위의 배처럼), 레이저는 초당 몇 십억 번의 엄청난 속도로 켜고 끄는 조작을 할 수 있다.

### [장점]

광섬유는 구리선보다 나은 몇 가지 장점들을 지고 있는데, 그 중 일부를 요약해 놓았다.

- 대역폭: 단 하나의 섬유 가닥이 초당 수십억 비트를 전송할 수 있는 거대한 대역폭을 가지고 있다. 만약, 한 파이버(fiber)에 동시에 여러 개의 빛 신호들을 보낼 수 있도록 하는 **고밀도 파장 분할 멀티플렉싱**(Dense Wave Division Multiplexing)이라고 부르는 고급 멀티플렉싱 기술을 적용하면, 머리카락처럼 얇은 섬유 가닥의 데이터 비율이 초당 몇 테라비트까지 올라갈 수 있다.
- 보안: 빛 신호는 전자 기류에 비해 장애물의 방해를 받지 않고 그냥 넘어가기가 보다 어렵기 때문에 보다 강화된 보안이 요구되는 연결을 위해 이상적이다.
- 낮은 혼선: 구리선을 둘러싼 전자 기류들은 서로 혼선을 일으킬 수 있다. 선을 꼬는 것은 그러한 혼선을 줄이기 위한 것이다. 그런데, 섬유 가닥들이 묶여져 있을 때에는 한 섬유 가닥에 흐르는 빛 신호가 다른 섬유에서 흐르는 신호와 혼선을 일으키지 않기 때문에 더 나은 데이터 전송 능력을 가진다.
- 낮은 감쇠: 광섬유 케이블은 구리선에 비해 감쇠로 인한 재생산을 필요로 하기 전에 훨씬 더 먼 거리까지 신호를 운반할 수 있다. IEEE의 권고에 따르면, 신호의 무결성을 유지하기 위한 두 개 장치 간 이중와선의 최대 세그먼트 길이가 일반적으로 100미터까지로 제한된다. 반면에, 광섬유의 효과적 거리는 수 마일에 이른다. 텔레콤 서비스 공급자(줄여서 텔코(Telco))들은 길게 늘어진 섬유 라인들의 40에서 60마일마다 신호 반복/재생산 장비들을 놓는다.
- 비용 효율성: 몇 마일의 광섬유 케이블이 동일한 길이의 구리 선들보다 제조 비용이 더 저렴하다. 또한, 높은 압력의 전력 전송에 의존하는 구리선과 달리, 광섬유 선은 신호가 훨씬 느리게 약화되기 때문에 낮은 전력의 전송기를 사용한다.

### [물리적 구조]

광섬유는 물리적으로 다음 세 개 요소로 구성된 원통형 구조를 가지고 있다: **코어**(core), **클래딩**(cladding), **보호 피복**(protective jacket)(그림 4.22). 코어와 클래딩은 대부분 유리로 만들어진다. 특히, 코어는 빛 신호의 무결성을 보존하기 위해 매우 순수한 유리를 사용해 만들어진다.

클래딩은 빛 신호가 유리로 된 코어를 벗어나지 않고 유지되도록 설계되어, 빛을 튜브로 다시 반사시키는 거울 튜브의 효과를 만들어 낸다. 이러한 거울 반사효과로 인해, 코어를 통한 빛의 이동은 얇은 각도로 튀어 올라 코어 내에서만 머무른다.

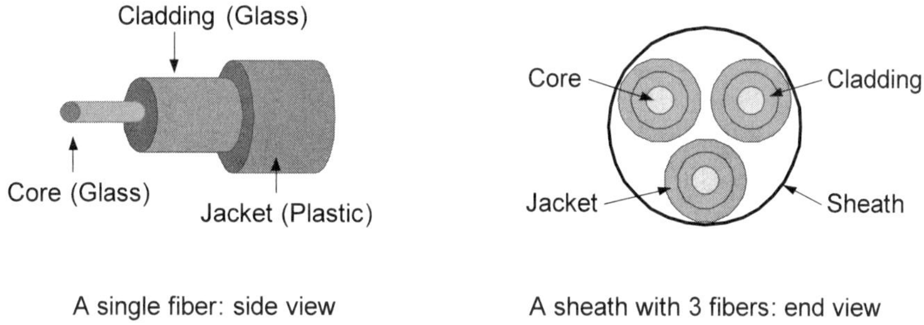


그림 4.22 광섬유의 일반적 구조(단순화된 그림)

## [단일-모드 vs. 다중-모드]

광섬유 케이블은 **단일-모드**이거나 혹은 **다중-모드**, 둘 중 하나이다(그림 4.23). 단일-모드 파이버는 일반적으로 10마이크론(micron)보다 작은 지름을 가지고 있으며, 그 코어가 매우 얇다(1 마이크론은 1미터의 백만분의 일에 해당). 매우 좁은 코어를 지닌 단일-모드 파이버 내의 빛 신호들은 직선 범위 내에서 흐른다(따라서 유일한 하나의 전파 모드). 다중-모드 파이버는 약 50/62.5마이크론 정도의 좀 더 큰 사이즈의 코어 지름을 가지므로, 단일-모드 파이버를 생산하는 것보다 훨씬 저렴하다. 단일-모드 파이버에 비해 상당히 큰 지름을 가진 다중-모드 파이버는 빛 신호들이 서로 다른 각도로 코어를 통과하여 흐르도록 한다(따라서 다중-모드 전파). 그러나 이는 다중-모드 파이버가 단일-모드 섬유선보다 더 높은 전송 역량을 가진다는 것을 의미하는 것은 아니다. 다중-모드나 단일-모드는, 특히 짧은 범주에서는 데이터 비율과는 전혀 관련이 없다.

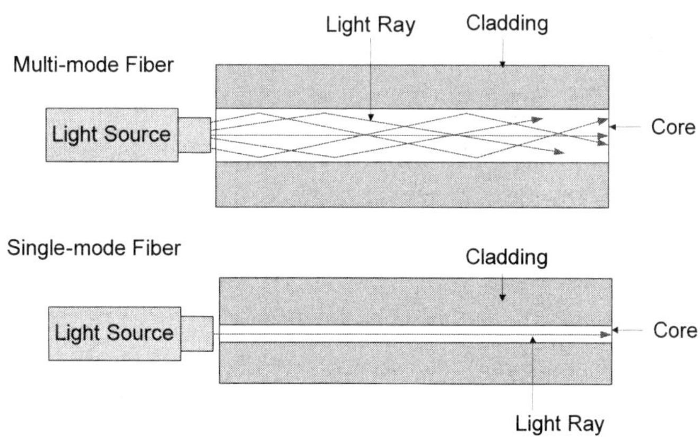


그림 4.23 광섬유: 단일-모드 vs. 다중-모드

소스로부터 나온 빛 진동이 다중-모드 파이버를 통해 서로 다른 모드에서 흐르는 경우, 그 순서대로 목적지에 도달하지 않을 수도 있다. **모드 분산**(modal dispersion)이라고 불리우는 이러한 도달 차이의 문제는 전송 거리가 더 길어질수록 더욱 심해져 커뮤니케이션 노드들간 전송 에러나 전달 오류를 일으킬 가능성이 증가한다. 모드 분산은 다중-모드 파이버의 효과적 커뮤니케이션 거리를 단일-모드 파이버에 비해 훨씬 짧게 제한하기 때문에, WAN이 아닌 LAN용으로는 다중-모드 파이버가 보다 적합한 이유가 된다. 단일-모드 파이버에서는 신호 전파에 있어 오직 한 가지 모드만 존재하기 때문에 모드 분산이 그리 중요한 이슈가 아니다. 통신사업자(예, AT&T)는 이 단일-모드 파이버를 이용하여 WAN이나 인터넷 백본을 구축한다.

표 4.6은 단일-모드와 다중-모드 파이버를 여러 가지 측면에서 서로 비교한 것이다.

[표 4.6] 다중-모드와 단일-모드 파이버의 비교

| 비교 측면 | 다중-모드 파이버 | 단일-모드 파이버 |
|---|---|---|
| 네트워킹에 활용 | 기업 LAN용으로 많이 사용 | 통신업체 WAN용으로 많이 사용<br>(LAN 표준들 또한 사용 가능) |
| 최대 분할 길이 | 200~300미터 | 몇 킬로미터 혹은 몇 마일 |
| 케이블 비용 | 단일-모드 파이버에 비하여 상당히 서렴 | 다중-모드 파이버에 비해 상당히 비쌈 |
| 마이크론 단위 코어 지름<br>(one millionth of a meter) | 50~62.5마이크론 | 8~10마이크론 |
| 전파 영향 | 높은 모드 분산 | 적은 모드 분산 |
| 나노미터 단위 파장<br>(one billionth of a meter) | 보통 850nm | 보통 1310/1550nm |
| LAN 케이블링용 일부 표준 | 1000BASE-SX<br>10GBASE-SR | 1000BASE-LX<br>10GBASE-LR |

### [파이버 패치 케이블]

네트워크 노드들을 근접하게 연결하기 위해 두 개의 파이버 가닥을 지닌 이중 방식(full-duplex) 패치 코드가 사용될 수 있다. 여러가지 광섬유 커넥터들이 소개되어 왔으며, 그림 4.24는 특정 커넥터를 지닌 파이버 패치 코드의 예를 보여주고 있다.

그림 4.24 광섬유 패치 코드와 커넥터(출처: tecratools.com)

### 4.3.4 LAN 케이블링 표준

이더넷은 널리 쓰이는 무선 LAN 표준이다. 이번 섹션에서는 물리적 표준에서 정의되는 이더넷의 표준 케이블링 옵션들에 대해 설명한다. 이더넷의 세 가지 가장 유명한 속도 표준은 고속 이더넷(100Mbps), 기가비트 이더넷(1Gbps), 그리고 10-기가비트 이더넷(10Gbps)이다. 100-기가비트 이더넷은 매우 잘 알려져 있다. 각 속도 범주에서 다양한 케이블링 옵션들이 이중와선과 광섬유, 둘 모두에 기반하여 규정화되어 있다.

이러한 케이블링 표준들은 **비율 속도**, **신호화 방식**(디지털 신호화를 위한 **기저대역**과 아날로그 신호화를 위한 **광대역**), 그리고 **케이블 유형**(이중와선인지 광섬유인지)의 조합으로 표현된다. 예를 들어, 가장 유명한 고속 이더넷 옵션 중 하나인 100BASE-TX 케이블링 표준은 다음과 같은 스펙을 갖추고 있다:

- 100은 전송 속도가 100Mbps라는 것을 의미한다.
- BASE는 기저대역(혹은 디지털) 신호화를 의미한다.
- TX는 카테고리 5(CAT 5) 이상의 비차폐 이중와선(UTP)을 의미한다.

앞서 언급했듯, CAT 5 같은 이중와선 케이블은 내부에 4쌍의 선을 가지고 있지만, 고속 이더넷에서는 오직 두 쌍만 사용한다: 한 쌍은 송신용이고, 한 쌍은 수신용이다. 남은 두 쌍은 결국 사용되지 않는다. 반면, 기가비트 이더넷은 각 쌍선들이 1Gbps의 결합 속도를 달성하기 위해 각 방향으로 250Mbps로 전송되는 full-duplex 방식으로 운영되어 4개의 쌍선들이 모두 사용된다.

[표 4.7] 이더넷의 물리적 계층 표준

| 이더넷 속도 표준 | 물리적 계층 표준 | 속도 & 케이블링 | 최소 권장 UTP 카테고리 |
|---|---|---|---|
| Fast Ethernet | 100BASE-TX | 100Mbps/UTP | CAT5 |
| Fast Ethernet | 100BASE-FX | 100Mbps/fiber | |
| Gigabit Ethernet | 1000Base-T | 1000Mbps/UTP | CAT5e/CAT6 |
| Gigabit Ethernet | 1000BASE-SX | 1000Mbps/fiber | |
| 10Gigabit Ethernet | 10GBASE-T | 10Gbps/UTP | CAT6a/CAT7 |
| 10Gigabit Ethernet | 10GBASE-SR | 10Gbps/fiber | |
| 100Gigabit Ethernet | 100GBASE-SR10 | 100Gbps/fiber | |

LAN에서는 이중와선, 특히 UTP가 여전히 호스트 단말기와 접속(혹은 워크그룹) 스위치를 상호 연결하는데에 주로 사용된다. 반면, 광섬유는 코어(백본)와 접속 스위치를 상호 연결하는 트렁크 링크들에 주로 사용된다. 여러 가지 물리적 계층 표준들이 광섬유 기반의 다양한 데이터 비율(예,

100Mbps, 1Gbps, 10Gbps, 그리고 100Gbps)을 지원하기 위해 제시되어 왔다. 표 4.7은 물리적 계층에서 정의된 이더넷 표준들 중 일부를 선택적으로 요약한 것이다. 여기서 UTP와 파이버 케이블링 옵션 모두 100Mbps, 1Gbps, 10Gbps 네트워킹용으로 이용이 가능하다는 것을 알 수 있다. 그러나 광섬유는 고속 연결용 미디어로 가장 선호되고 있다.

## 4.4 구조화 케이블링(Structured Cabling)

### 4.4.1 배경

**구조화 케이블링**(혹은 통합 배선)의 개념은 실무에서 매우 중요하기 때문에 이번 섹션에서 설명하고자 한다. 간단히 말해서, 공표된 표준들에 기반하여 수행되는 네트워크 케이블링을 구조화 케이블링 혹은 통합 배선이라고 부른다. 공표된 표준들은 이용 가능한 케이블링 유형, 케이블 유형별 효과적 거리의 세분화, 커넥터, 설치 요건, 그리고 케이블 유형별 검증 방법 등 케이블링의 모든 측면에 대해 권장되는 실무 표본들을 규정하고 있다. 구조화 케이블링을 위해서는, 국가적으로나 국제적으로 표준화되어 있는 매체, 연결 인터페이스, 그리고 레이아웃 등을 사용하는 것이 중요하다.

예를 들어, 널리 수용되는 EIA/TIA568은 구조화 케이블링을 기획하고 구현하기 위한 표준 셋을 의미한다. EIA/TIA568 표준에는 다음과 같은 사항들이 포함된다:

- EIA/TIA568-B.1: 상업용 케이블링 표준-일반적인 요건
- EIA/TIA568-B.2: 이중와선 케이블 시스템의 구성 요소
- EIA/TIA568-B.3: 광섬유 케이블 시스템의 구성 요소

EIA/TIA568은 국제 표준인 IOS/IEC 11801로 대체되었다.

조직은 EIA/TIA568와 같은 구조화된 케이블링 원칙을 적용함으로써, 다음과 같은 몇 가지 장점을 누릴 수 있다:

- 네트워크 구축에 드는 초기 구축 비용을 감소시킨다.
- 하드웨어 호환성의 문제가 감소하기 때문에, IT 스텝이 네트워크 인프라스트럭쳐의 변화 요구에 빠르고 비용-효율적으로 대응할 수 있다.
- 네트워크의 신뢰성과 성능이 보장된다.

- 향후 광대역을 적용 구축할 시 훨씬 더 잘 지원된다.

## 4.4.2 구조화 케이블링 체계

한 빌딩의 **구조화 케이블링 시스템**이란 케이블, 음성 네트워크 구성요소, 데이터 네트워크 구성요소, 기타 빌딩 시스템 구성요소(예, 보안 알람, 빛, 보안 접근 및 모니터, 에너지 시스템)를 포함하는 다양한 네트워킹 요소들이 구조화 케이블링 원칙에 따라 구현된다는 것을 의미한다. 구조화 케이블링 시스템은 다음 6개의 구성부문 측면에서 케이블링 인프라스트럭쳐를 정의한다:

[1] 작업 영역

[2] 수평적 케이블링(Horizontal cabling)

[3] 배선 공간(wiring closet) 혹은 중간배선반(IDF: Intermediate Distribution Facility)

[4] 백본 케이블링(Backbone cabling)

[5] 주요 장비실(혹은 주배선반(MDF: Main Distribution Facility))

[6] 빌딩 입인 설비(Building entrance facility)

그림 4.25는 세 개 층으로 이루어진 한 빌딩 내 여섯 개 하위시스템들의 전형적 구성을 예시적으로 표현한 것이다. 예시 그림은 오직 데이터 네트워크 부분만을 보여주고 있다. 그러나, 전화 및 통화 스위치(사설 구내 교환기(private branch exchange)라고 부르는)를 포함한 전화 시스템 역시 구조화 케이블 시스템에 결합된다는 점을 기억하라.

[1] 작업 영역: 작업 영역 하위시스템은 사무실의 벽체에 장착되는 컴퓨터, 무선 엑세스 포인트, 전화기, 네트워크 프린터 등의 다양한 최종 기기들의 구조화 케이블링에 관한 것이다(그림 4.27 참조).

[2] 수평적 케이블링: 수평적 케이블링 하위시스템은 사무실의 벽체를 배선 공간에 연결한다. 따라서 수평적 케이블링 하위시스템이 빌딩 구조 내에 사전 구축되어 있어, 작업 영역의 최종 기기들이 배선소에 설치된 중계 기기들(일반적으로는 스위치)에 물리적으로 연결될 수 있도록 하는 것이다. 가장 많이 사용되는 케이블링 옵션은 100Mbps UTP와 광섬유이다.

수평적 케이블링을 통해, 각 층의 사무실 배선 공간에 설치된 패치 패널(patch panel)들이 선으로 연결된다. 패치 패널은 다수의 네트워크 포트(기본적으로는 RJ-45 포트)들을 지닌 판으로 된 유닛으로 배선소의 스위치와 각 층에 걸쳐 분산되어 있는 최종 단말기들 간의 연결을 용이하게 해준다. 패치 패널의 각 포트는 식별을 용이하게 하기 위해 각각 할당된 사무실의 레이블이 붙여져 있다. 예를 들어, 그림 4.27은 세 개 사무실(Room1, Room2, Room3)의 호스트 단말기들이 12개 포트를 가진 패치 패널을 통해 워크그룹 스위치에 의해 연결되어 있는 것이다. 여기서 패치 코드가 패치 패널의 포트와 스위치 포트를 연결하기 위해 사용된다는 것을 관찰할 수 있다.

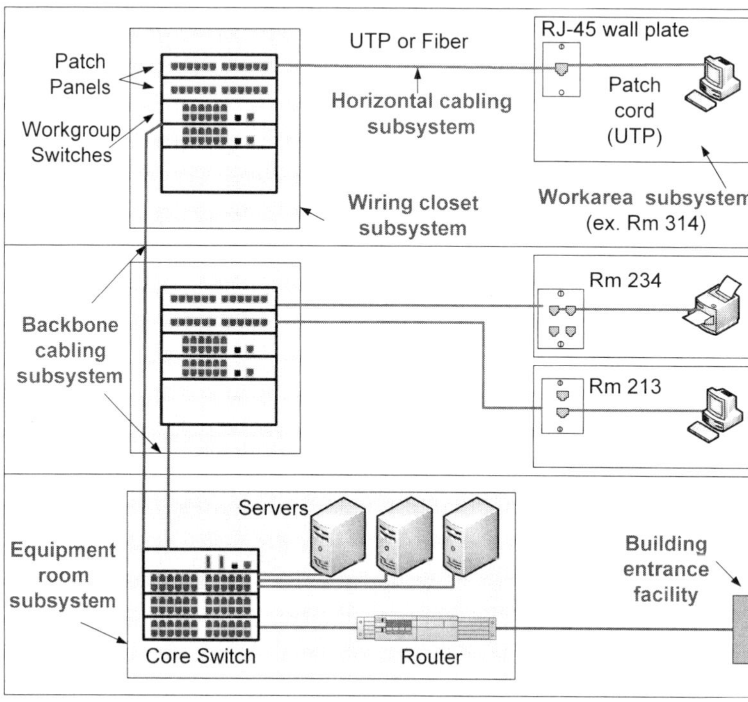


그림 4.25 구조화 케이블링 시스템과 하위시스템들

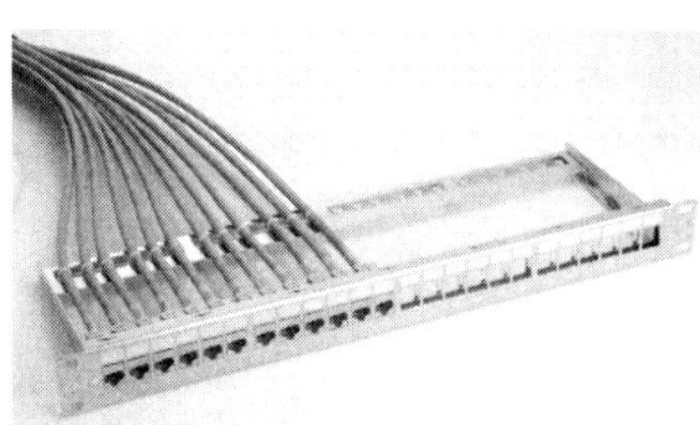

그림 4.26 Cat 6 패치 패널(출처: excel-networking.com)

[3] 배선 공간(혹은 중간배선반-IDF): 각 층에 위치한 배선 공간은 수평적 케이블링 시스템을 주요 장비실과 연결할 수 있도록 해주는 백본 케이블링을 상호 연결해 주는 장소이다. 배선 공간은 인접한 작업 영역에 있는 호스트 단말기들이 사용할 수 있는 한 개 이상의 중계 기기들(예, 워

크그룹 스위치)을 갖추고 있다. 각 층에 있을 수 있는 배선 공간의 수는 제한이 없다. 그러한 결정은 대부분 각 층의 기획에 따른다. 배선 공간은 패치 패널, 스위치, 라우터 등과 같은 장비들을 장착한 케이블 랙(혹은 선반)을 갖추고 있다. 이렇듯 선반을 장착하고 중계 기기들의 집중화하는 것은 패치 케이블의 길이를 줄이고 케이블 관리 작업을 단순하게 해준다.

구조화 케이블링의 개념을 예시화하기 위해, UTP 케이블링을 이용하여 작업 영역 및 배선 공간 하위시스템들을 수평적으로 결합하는데 있어서 EIA/TIA 권고를 적용해 보자. 이 표준은 다음과 같은 사항들을 권장한다:

- 패치 패널과 벽체 간의 최대 수평적 거리는 90미터로 한다(297피트).
- 배선 공간 및 작업 영역에 사용되는 패치 케이블은 각각 6미터(20피트)까지 가능하지만, 결합 길이는 10미터(33피트)를 초과하지 않아야 한다.
- 작업 영역의 최종 노드(예, 컴퓨터)와 근접 배선 공간에 있는 스위치 간의 총 길이는 위 10미터와 90미터를 결합한 100미터(330피트)를 초과하지 않아야 한다. 이러한 케이블링 제안은 UTP의 최대 세분화 길이를 100미터로 제한하는 IEEE의 권고를 반영하고 있다.

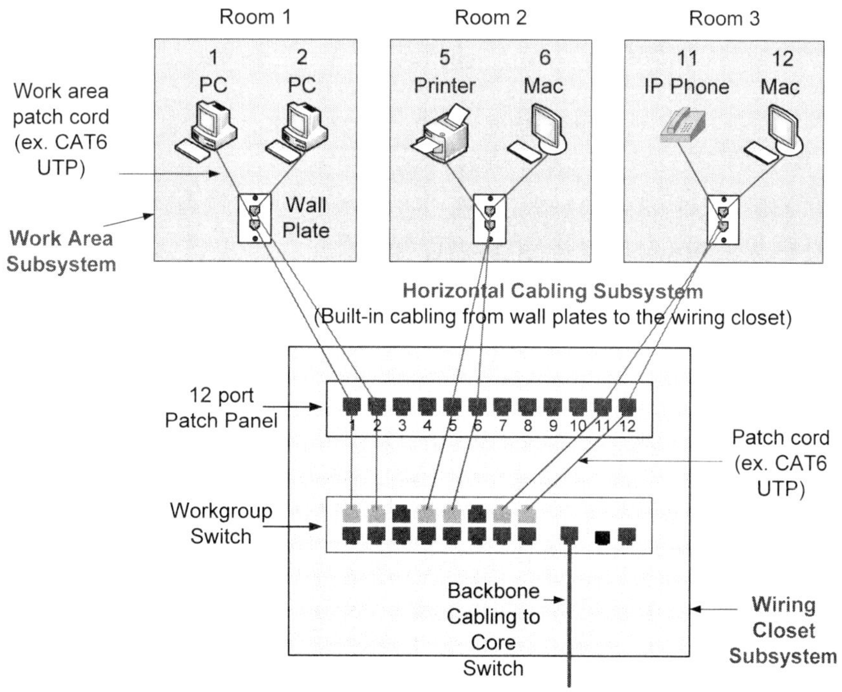


그림 4.27 각 층에서의 작업 영역, 수평적 케이블링, 배선 공간 하위시스템들

[4] 백본 케이블링: 백본 케이블링(또는 수직적 케이블링이라고도 함)은 서로 다른 층의 배선 공간들, 주요 장비실, 그리고 빌딩 입인 설비들을 서로 연결한다(그림 4.25 참조). 백본 케이블링은 그것들을 상호 연결하기 위해 각 층간에 걸쳐 운영된다. 트렁크 링크(엑세스 링크가 아닌)인 백본 케이블링은 수평적 케이블링보다 더 큰 용량을 필요로 한다. 왜냐하면 백본 케이블링은 빌딩 전체에 설치되어 운영되며, 훨씬 더 많은 양의 데이터 트래픽을 처리하기 때문이다. 또한, 빌딩의 한 층의 한 작업 영역 내에 있는 최종 단말기들이 작업 영역 밖에 위치해 있는 서버들(예, 주요 장비실)에 접근하기 위해서는 이 백본 케이블링에 의존해야만 한다. 대역폭의 요건 수준을 충족하기 위하여, 오늘날 백본 케이블링은 기본적으로 기가비트 혹은 10기가피트 이더넷을 운영하는 광섬유에 의존하고 있다.

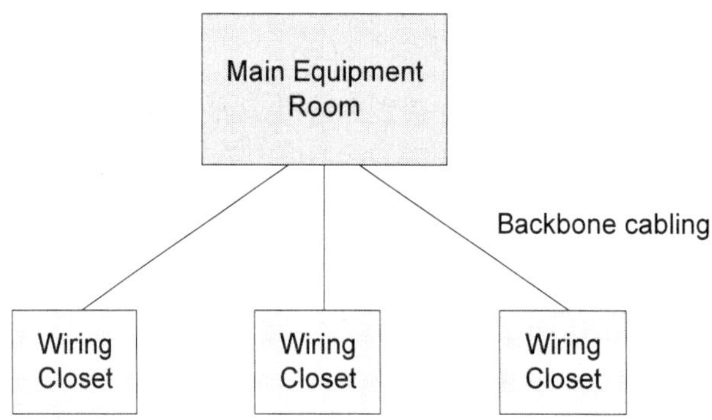


그림 4.28 배선 공간과 주요 장비실 간의 연결

그림 4.25에서는 하위시스템들의 물리적 구조를 확인하기 힘들지만, 실제 백본 케이블링은 배선 공간과 주요 장비실을 상호 연결하는데 계층적인 구조 방법(그림 4.28 참조)을 사용한다.

[5] 주요 장비실(혹은 MDF): 주요 장비실은 배선 공간에 위치한 워크그룹 스위치들뿐만 아니라 라우터와 통신 장비(예, 사설 구내 교환기)를 상호 연결하는 한 개 이상의 중심 스위치를 갖추고 있다. 일반적으로 주요 장비실은 빌딩의 첫번째 층에 위치해 있으며(그림 4.25 참조), 배선 공간들이 붙어있는 백본 케이블링의 종료 지점이 된다. 주요 장비실의 라우터는 빌딩 밖에 있는 WAN과 인터넷을 연결하는 관문이 된다. 만약 그 빌딩이 캠퍼스 네트워크의 한 일부라면, 그 라우터는 다른 캠퍼스 시설들과도 연결될 것이다. 또한 많은 조직들이 기업-차원의 다양한 서버들을 중심 스위치에 직접 연결하기 위해 주요 장비실을 갖추고 있다.

[6] 빌딩 입인 설비: 빌딩 입인 설비는 한 빌딩의 내부 케이블링과 외부 케이블링을 구분하는 지점이다. 이는 캠퍼스 백본의 합류 지점이거나 혹은 WAN 통신사업자나 ISP의 지역 링크로 빌딩 네트워크를 묶는 경계 지점이 된다. 빌딩 입인 시설은 장비실로 연결된다(그림 4.25 참조). 빌딩 입인 시설 하위시스템과 유사한 개념으로 한 집의 경계 포인트가 그림 9.2에 예시로 표현되

어 있다.

그림 4.29 배선 공간(왼쪽)과 주요 장비실(오른쪽)
(출처: tennexcom.com, web.engr.oregonstate.edu)

# 제5장 IP 주소의 기획과 관리

## 5.1 개 요

이 장은 IPv4를 중심으로 IP 주소화(addressing)와 관련된 기본적인 내용을 다루기 위해 할애된다. IP 주소화를 이해하는 것은 IT 전문가들이 네트워크를 관리하는데 있어 매우 중요하다. IP 주소를 네트워크 세그먼트와 노드에 할당하는 작업은 요즘 소프트웨어 툴에 의존하여 수행되기 때문에 상대적으로 쉽게 이루어질 수 있다. 그러나 관련 지식을 익히는 것은 조직 내 네트워크 인프라스트럭쳐의 효율적인 기획과 관리, 업그레이드를 하는데 있어 매우 중요하다. 하지만, IP 주소화 체계를 배운다는 것은 많은 훈련이 요구되는 도전적인 과정이라고 할 수 있다.

앞에서 IPv4 표준은 각 네트워크 노드를 고유하게 규정하기 위해 32-비트 주소(예, 10000000.00000010.00000111.00001001)를 사용한다고 언급한 바 있다. 2진법 비트의 길이 특성으로 인해, 하나의 10진법 값이 8비트 조합을 표현하는 10진법 형식(예, 129.131.12.10)을 사용한다. 32비트 구조를 지닌 IPv4의 전체적인 주소 영역은 0.0.0.0(2진법으로 모두 0들인)과 255.255. 255.255(2진법으로 모두 1들인) 사이의 범주를 가진다.

32비트의 구조적 한계로 인해 IPv4 표준으로는 증가하는 글로벌 수요(특히, 인터넷에 모바일 기기들이 급속도로 추가됨으로 인한)를 수용할만한 충분한 주소 영역을 생성해 낼 수 없다. IP 주소 영역의 글로벌 할당을 감독하고 있는 **인터넷 주소 할당 관리기관**(IANA: Internet Assigned Numbers Authority)이 2011년에 이미 설립되었으며, 이 기관의 IPv4 영역이 거의 다 소진되고 있다. 그럼에도 불구하고, 여전히 IPv4 주소화 방식이 기업 네트워크와 인터넷을 장악하고 있으며, 아마 당분간은 계속 그럴 것이다. 이번 장에서는 주로 IPv4에 초점을 맞추어 다루어질 것이며, 차세대 IP 표준인 IPv6는 10장에서 설명될 것이다.

이 장의 주요 목표는 다음의 내용들을 배우는 것이다:

- IP 관리: 누가 어떤 매커니즘에 따라서 IP 영역을 할당하는가?
- 32비트 IP 주소의 일반적 구조
- 클래스형 IP 할당 체계
- 비클래스형 IP 할당 체계

- 특정 목적 사용을 위해 할당되는 IP 주소 범위
- IP 서브넷팅
- 서브넷 마스크
- IP 슈퍼넷팅
- 조직 내 IP 주소 영역의 관리

## 5.2 IP 주소 영역의 관리

IP 주소는 네트워크 식별(혹은 네트워크 주소)과 호스트 식별(혹은 호스트 주소) 부문으로 구성된다. 사업체, 대학, 혹은 통신사업자 등과 같은 특정 조직을 지칭하는 네트워크 식별자(혹은 ID)가 각 네트워크 노드에 할당된다. 네트워크 주소는 **인터넷 주소 할당 관리기관**(IANA)(http://www.iana.org/)에 의해 위임되는 방식으로 할당된다. IP 영역의 글로벌 조율을 담당하고 있는 IANA는 가용한 주소 영역을 지역별 **인터넷 주소 관리 기관**(RIR: Regoional Internet Registries)에 위임하는데, 전 세계적으로 총 5개의 RIR이 존재한다:

- 아프리카 지역을 위한 AfriNIC(http://www.afrinic.net/)
- 북아메리카 지역을 위한 ARIN(http://www.arin.net/)
- 아시아 태평양 지역을 위한 APNIC(http://www.apnin.net/)
- 라틴아메리카 지역을 위한 LACNIC(http://www.lacnin.net/en/)
- 유럽과, 중동, 중앙아시아 지역을 위한 RIPE NCC(http://www.ripe.net/)

과거에는 공공 기관이나 사설 기관 등의 등록 기관에 IP 주소 영역 요청을 직접적으로 신청하여 얻을 수 있었다. IP 영역을 부여받은 해당 기관은 대부분 그 IP 영역에 대한 소유 권한을 영구적으로 유지할 수 있었다. 하지만 지금은 모든게 바뀌어서, 인터넷 서비스 공급자(ISP)가 신청 기관들에 IP 주소를 할당하도록 되어 있고 IP 영역의 관리에 있어서도 중요한 역할을 담당하고 있다. 이 때문에 대규모 ISP들(예, AT&T)은 지역별 등록 기관들로부터 IP 영역을 위임 받아, 이를 고객(예, 소규모 ISP, 사업체, 학교 등)들에게 할당할 수 있도록 더 작은 규모의 영역들로 나눈다. 한편, 개인이나 소규모 기업체들은 이 ISP들에게서 네트워크 주소를 얻는다. 그림 5.1은 IP 영역의 탑-다운 위임을 표현한 것이다. **http://ws.arin.net/**과 같은 RIR에서 특정 네트워크 주소의 소유자를 검색해 볼 수 있다.

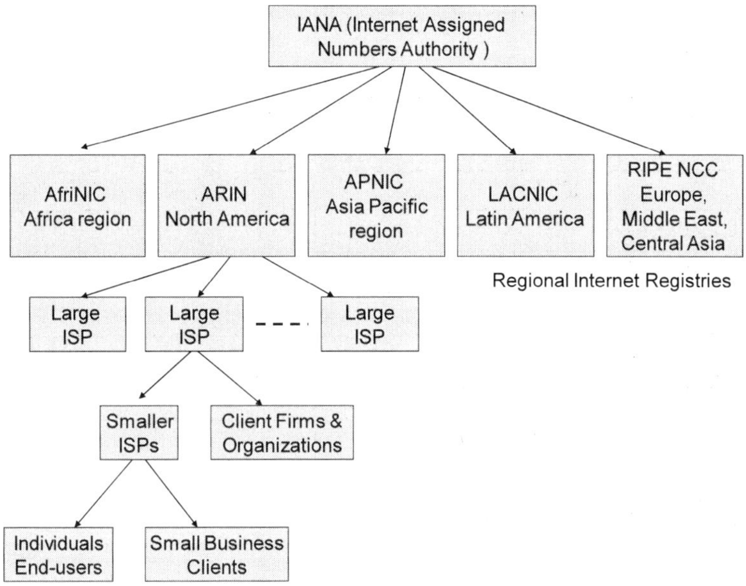


그림 5.1 IP 주소 영역의 위임

# 5.3 IP 주소의 구조

## 5.3.1 2진법 vs. 10진법 값 변환

IP 주소화는 어려운 개념이므로 2진법과 10진법 값들의 변환에 익숙해 질 수 있도록 해야 한다. 1장에서 다룬 2진법-10진법 값의 변환 과정을 간단히 복습하는 것에서부터 시작해 보자. 표 5.1은 2진법과 10진법 값의 매핑을 빠르게 할 수 있도록 해주기 때문에, IP 주소 기획 및 할당 작업을 할 때 유용하게 활용할 수 있다.

[표 5.1] 2진법 vs. 10진법 값 변환표

| Binary position(8bits) | $8^{th}$ | $7^{th}$ | $6^{th}$ | $5^{th}$ | $4^{th}$ | $3^{th}$ | $2^{th}$ | $1^{th}$ |
|---|---|---|---|---|---|---|---|---|
| Decimal place values | 128 | 64 | 32 | 16 | 8 | 4 | 2 | 1 |
| Cumulative decimal values (Cumulate from left to right) | 128 | 192 | 224 | 240 | 248 | 252 | 254 | 255 |

**복습 연습문제 5-1**

2진법과 10진법 IP 주소 간 필요한 변환 작업을 수행하라.

| IP 주소 | 2진법 혹은 10진법 대응값 |
|---|---|
| 101.150.11.51 | |
| 156.230.15.251 | |
| 22.131.49.31 | |
| 223.100.31.76 | |
| 11001010.10001010.00110110.11110000 | |
| 10010010.11001101.10111110.00000011 | |
| 11001000.00011000.11101011.10101010 | |
| 10100000.01111000.11000001.00110011 | |

## 5.3.2 IP 주소의 구조

앞서 언급했듯이 IP 주소는 최소 두 개 부분으로 구성된다: 네트워크 ID(혹은 네트워크 주소)와 호스트 ID(혹은 호스트 주소) 부문이 바로 그것이다(그림 5.2). 이 장에서 네트워크라는 용어는 하나의 기관(예, 기업, 대학)을 식별하기 위해 사용된다. 예를 들어, 호스트 ID를 X로 표현하는 한 조직의 네트워크 ID가 **195.112.36.X**라고 한다면, 해당 네트워크의 주소 또한 **195.112.36.0**으로 표현될 수 있다. 네트워크 ID에 더 많은 비트들이 할당될수록 호스트 ID로 사용할 수 있는 비트들이 줄어드는 것은 자명한 일이다.

일반적으로 기업 네트워크는 앞 장에서 설명한 바와 같이 더 작은 규모의 서브네트워크(또는 줄여서 서브넷)들로 세분화되어 쪼개질 수 있다. 서브넷은 조직의 물리적 범위(예, 지역, 빌딩, 층)와 논리적 범위(예, 부서나 비즈니스 워크그룹, 대학의 단과대학)에 따라서 생성될 수 있다. 네트워크를 서브넷으로 세분화 하기 위해서는 각 서브넷이 고유하게 정의되어야 할 필요가 있다. 네트워크 ID는 조직의 사무실별 공식 주소를 나타내기 때문에 변경될 수 없다. 그렇다면 서브넷을 생성할 수 있는 단 하나의 옵션은 호스트 ID를 두 개 부문으로 나누는 것이다: 호스트 ID용 하나와 서브넷 ID용 하나로 말이다. 때로는 이렇게 구분함에 있어서 서브넷 ID의 생성을 위해 비트를 호스트 ID 영역으로부터 빌려오는 것으로 간주하기도 한다(그림 5.2 참조). 서브넷의 생성은 IP 주소의 구조에 추가적 계층을 부여한다. 서브넷 생성에 대한 자세한 사항은 나중에 다시 설명할 것이다.

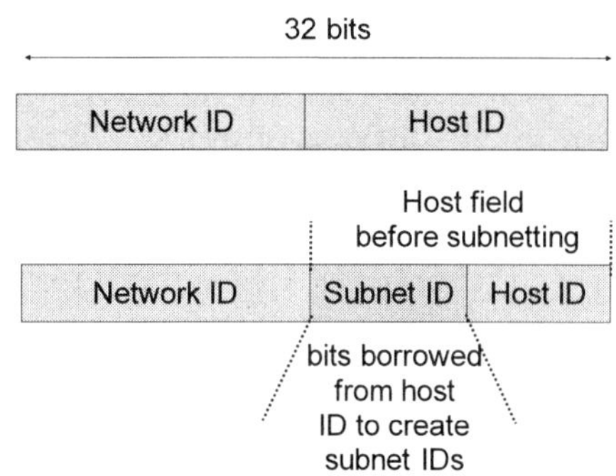


그림 5.2 IP 주소의 구조(서브넷 ID가 없는 경우와 있는 경우)

## 5.4 클래스형 IP-기존 방식

네트워크 ID는 클래스형 체계 혹은 비클래스형 체계 하에서 할당될 수 있다. 이번 섹션에서는 인터넷의 초기 시대에 활용되었었지만 현재는 그 비효율성 때문에 사용되지 않는 IP 영역의 클래스형 할당에 대해서 설명한다. 그런데도, 이에 관한 일반적 지식이 유용한 이유는 예전에 부여되었던 클래스형 네트워크 ID를 여전히 많은 기관들이 보유하고 있고, 때로는 이들 기업들이 금전적 이득을 얻기 위해 ID를 거래하기도 하기 때문이다. 또한 클래스형 IP 체제에 기반하여 설계된 프로토콜들(예, 라우팅 프로토콜)이 여전히 존재하고 있기 때문이기도 하다. 이러한 연유로 클래스형 IP 체제에 대한 설명을 이번 섹션에서 간단히 다룰 것이다.

클래스형 체제 하에서는 네트워크 ID가 **클래스 A**(8-비트 네트워크 ID), **클래스 B**(16-비트 네트워크 ID), 그리고 **클래스 C**(24-비트 네트워크 ID)의 유형으로 각 조직(예, 기업, 학교)에 할당된다.

### 5.4.1 클래스 A 네트워크

초기에는 대규모 기업들의 경우 32비트 중 첫번째 바이트(8비트)가 네트워크 ID이고, 나머지 3개 바이트(24비트)가 호스트 ID로 구성되어 있는 클래스 A 네트워크의 형식으로 IP를 부여받았다. 네트워크 ID는 인터넷 상에서 해당 조직의 고유한 식별자이기 때문에 절대 변경될 수 없다. 한 기업이 클래스 A 형식의 네트워크 주소를 받으면, 이것의 나머지 24비트($2^{24}$=16.7백만)를 이용하여 16.7백만개의 고유한 호스트 ID를 생성할 수 있다. 비법인이나 비영리 단체들까지도 자체 네트워크를 운영하기 위해서는 16.7백만 개의 IP 주소를 필요로 했기 때문에, 이는 IP 영역의 엄청난 낭비를 가져왔다. 바로 이러한 점이 클래스형 IP 체계가 얼마나 비효율적인지를 잘 보여주고 있다.

클래스 A 네트워크에서는 8-비트 네트워크 ID의 첫번째 비트가 0으로 고정되어 있고, 다음 7개 비트는 특정 조직을 나타내는 고유한 숫자로 결정된다. 이는 클래스 A 네트워크의 첫 8비트가 00000001과 01111110 사이의 값 중 어딘가에 떨어진다는 것을 의미한다(00000000과 01111111은 특별한 경우를 위해 따로 유보된다).

24-비트의 호스트 ID 비트가 처음 8개 비트에 덧붙여지게 되면, 32-비트 주소 영역의 범위는 다음과 같아 진다:

00000001.00000000.00000000.00000000 ~ 01111110.11111111.11111111.11111111

위 2진법의 범위를 10진법의 범위로 변경하면 다음과 같다:

1.0.0.0 ~ 126.255.255.255

이러한 할당 방식을 따르면, 전 세계에서 오직 126개의 기업들(1~126)만이 클래스 A 네트워크를 가질 수 있게 된다. 예를 들어, 한 조직이 125번 클래스 A 네트워크 ID를 소유하게 되면, 해당 조직의 네트워크에서 가용한 32-비트 IP 주소들은 125.0.0.0에서부터 125.255.255.255까지의 범위가 되는 것이다.

### 5.4.2 클래스 B 네트워크

클래스 B 네트워크는 비즈니스 기업이나 대학 같은 대규모의 공공/사설 조직에 할당된다. 이때 처음 16비트는 네트워크 ID용으로 사용하고, 나머지 16비트는 호스트 ID를 위해 사용한다. 클래스 B 네트워크는 16비트 호스트 ID를 이용하여 $2^{16}$(약 65500)개 호스트 주소들을 생성할 수 있다. 클래스 B 네트워크 ID의 처음 두 개 비트는 10에서부터 시작되고, 다음 14비트들은 각 조직의 고유한 네트워크 ID를 나타낸다. 따라서 2진법에서는 클래스 B 네트워크의 처음 16비트가 10000000.00000000과 10111111.11111111 사이의 어딘가에 떨어지게 된다(혹은 10진법으로 128.0~191.255 사이).

16개 호스트 ID 비트가 처음 16개 네트워크 ID 비트에 부가되면, 다음과 같이 클래스 B 네트워크가 32-비트 주소로 만들어지게 된다:

10000000.00000000.00000000.00000000 ~ 10111111.11111111.11111111.11111111.

이를 10진법의 범위로 변환하면 다음과 같다:

128.0.0.0 ~ 191.255.255.255.

예를 들어, 한 조직이 130.191의 클래스 B 네트워크 ID에 속하게 되면, 해당 네트워크에 할당될 수 있는 32비트 IP 주소는 130.191.0.0에서부터 130.191.255.255에 이르게 된다.

### 5.4.3 클래스 C 네트워크

클래스 C 네트워크 ID는 소규모 혹은 중견 사이즈의 공공/사설 기관들을 위한 것이다. 클래스 C 네트워크는 처음 24비트를 네트워크 ID용으로 사용하고, 나머지 8비트를 호스트 ID용으로 사용한다. 클래스 C 네트워크는 110비트에서부터 시작하고, 한 조직의 고유한 식별자인 21비트(총 24비트)가 그 다음에 이어진다. 8비트의 호스트 ID는 한 네트워크 내의 총 호스트 개수를 $2^8$=256개로 제한한다(엄밀히 말하면, 특별 사용처를 위해 유보해 놓은 모두 0 혹은 모두 1인 주소를 제외한, 256-2=254 호스트). 따라서, 클래스 C 네트워크의 처음 24개 비트는 다음의 범위 중 어딘가에 떨어진다:

11000000.00000000.00000000 and 11011111.11111111.11111111.

8개의 호스트 비트가 처음 24개 네트워크 ID 비트에 덧붙여지면, 32-비트의 주소 영역 범위가 다음과 같아진다:

11000000.00000000.00000000.00000000 ~ 11011111.11111111.11111111.11111111

2진법 영역은 10진법 값의 다음 범위와 동일하다:

192.0.0.0 ~ 223.255.255.255.

예를 들어, 한 조직이 192.10.10.X의 클래스 C 네트워크 ID를 가진다면, 해당 네트워크 범위 내에 할당될 수 있는 IP 주소는 192.10.10.10에서부터 192.10.10.255가 된다.

멀티캐스팅과 같은 특별한 경우를 위해 등장한 **클래스 D**와 **클래스 E**의 IP 주소 영역들 또한 존재한다. 표 5.2는 클래스형 IP의 범주를 요약해 놓은 것이다. 한 조직에서 하나의 IP 주소를 가지고 할당 가능한 최대 노드의 개수는 $2^n$-2라는 것을 알 수 있을 것이다(n=호스트 비트의 개수). 이는 두 개 주소(모두 1이거나 모두 0인 주소)가 패킷 브로드캐스팅과 같은 특별한 상황에 사용되기 위해 전체 개수에서 제외되기 때문이다.

[표 5.2] IP 영역의 클래스형 할당

| 클래스 | 초기 비트 | 네트워크 ID | 호스트 ID | 가능한 노드 개수 | IP 주소 범위 |
|---|---|---|---|---|---|
| A | 0.......... | 8bits | 24bits | $2^{24}$-2=about 16.7million | 0.0.0.0~127.255.255.255 |
| B | 10........ | 16bits | 16bits | $2^{16}$-2=65,534 | 128.0.0.0~191.255.255.255 |
| C | 110....... | 24bits | 8bits | $2^8$-2=254 | 192.0.0.0~223.255.255.255 |
| D(Multicast) | 1110..... | N/A | N/A | N/A | 224.0.0.0~239.255.255.255 |
| E(Reserved) | 1111..... | N/A | N/A | N/A | 240.0.0.0~255.255.255.255 |

많은 비즈니스 회사들과 대학들이 여전히 클래스형 체제에 따라 할당된 IP 영역을 보유하고 있다. 예를 들어, 샌디에고 주립 대학은 클래스에 속하는 다음 두 개의 네트워크 ID를 보유하고 있다: IP 주소 검색을 위해 **www.arin.net**을 이용해 보라): 130.191.0.0과 146.244.0.0

클래스형 IP 체제는 그 누구도 인터넷 사용의 무지막지한 급증을 예상치 못했던 시절에 기획된 것으로 이후에는 가용한 IP 영역이 너무 많이 낭비된다는 사실이 드러났다. 예를 들어, 할당된 클래스형 IP 영역 중 실제로는 겨우 5% 미만 만이 사용되고 있다는 보고가 있었다. IPv4 영역이 거의 고갈된 상황에 직면하면서, 이러한 클래스형 할당 체제가 비클래스형 IP 체제로 대체되었다.

## 5.5 비클래스형 IP–현재 방식

비클래스형 IP 체제에서 네트워크 ID는 클래스형 체제에서처럼 바이트의 제곱값(예, 8비트, 18비트, 24비트)일 필요가 없다. 예를 들어, 처음 13개 비트가 네트워크 ID를 나타내고, 나머지 19개 비트가 호스트 ID를 나타낼 수도 있다는 말이다. 네트워크 주소의 식별은 그것이 8개 비트 단위로 구분될 경우에 더욱 복잡해진다. 이러한 경우, 네트워크 주소를 알아보기 위해 2진법으로 작업하는 것이 훨씬 낫다. 예로서, 처음 13비트 네트워크 ID가 123.45.56.89인 경우를 보자. 표 5.1에서 123.45.56.89의 32-비트 2진법 조합은 다음과 같다:

01111011. 00101101. 00111000. 01011001.

여기에서 처음 13비트(01111011.00101)는 네트워크 ID가 된다. 따라서 32비트의 네트워크 주소는 다음과 같다:

01111011. 00101000.00000000.00000000
(13개 비트 네트워크 ID + 19개 0비트는 호스트 ID를 위한 것)

이를 대응되는 10진법 값으로 변환한 결과는 123.40.0.0이 되고, 따라서 네트워크 ID도 123.40.0.0이 된다. 비클래스형 IP는 네트워크 ID를 8비트 단위로 할당하지 않음에도 불구하고, 2진법과 10진법 값의 변환은 항상 8비트 단위로 이루어지므로, 구분된 4개의 10진법 값을 가지게 된다는 점을 기억하라.

비클래스형 IP 체제 하에서의 네트워크 ID는 13비트와 27개 비트 사이의 범위를 가진다. 네트워크는 그 규모에 따라서, 27비트의 네트워크 ID를 지녀 겨우 30개($2^5$-2)의 호스트 IP 주소를 가질 수도 있고, 13비트의 네트워크 ID를 가져 500,000개(= $2^{19}$-2)가 넘는 호스트 IP 주소를 지니게 될 수도 있다.

연습문제 5-2

1. 당신이 4개의 컴퓨터에 IP 주소를 부여한다고 하자. 4개 컴퓨터의 네트워크 주소는 다음 중 어디에 속하는가? 이를 10진법 형식으로 표시하라.
   - 123.45.56.89(14비트 네트워크 ID를 가진)
   - 123.45.56.89(18비트 네트워크 ID를 가진)
   - 123.45.56.89(19비트 네트워크 ID를 가진)
   - 123.45.56.89(21비트 네트워크 ID를 가진)

2. 위의 각 네트워크에서 사용 가능한 호스트 IP 주소의 최대 개수를 계산하라. 그 중 두 개의 IP 주소(호스트 ID 영역이 모두 1이거나 모두 0인 주소)는 패킷 브로드캐스팅 같은 특별 기능을 위해 남겨져야 하기 때문에 계산시에 제외되어야 한다는 점을 기억하라.

3. *www.arin.net*(북 아메리카 인터넷 등록기관)을 방문하여, *검색* 기능을 통해 유명 기업들(예, 구글, 마이크로소프트, IBM, AT&T)에 할당된 IP 영역을 검색해 보자.

## 5.6 특정 IP 어드레스 범위

0.0.0.0~255.255.255.255까지의 전체 IP 영역 중에서, 특정 범위의 주소는 **루프백(loopback)**, **브로드캐스팅과 멀티캐스팅**, 그리고 **사설 IP** 등의 특별한 기능을 위해 설계된 것이다. 이번 섹션에서는 이들 특정 범위들에 대해서 알아본다.

### 5.6.1 루프백(127.0.0.0~127.255.255.255)

루프백 IP는 네트워크 노드가 **자기 자신에게 보내지는 패킷**을 전송할 때 사용할 수 있는 특별한 기능을 지닌다. 따라서 루프백 주소를 가진 패킷은 그것이 연결 네트워크로 보내지기 전에 해당 목적지가 소스 단말기를 향해 다시 되돌려 보내진다. 루프백은 두 가지 측면에서 매우 유용한 기능이다: (1) TCP/IP 계층의 내부 테스팅 (2) 어플리케이션의 오프라인 테스팅.

## [TCP/IP 계층의 내부 테스팅]

루프백은 호스트 자체의 TCP/IP 프로토콜 계층이 제대로 작동하는지를 체크하거나, 호스트 IP 주소가 호스트 네트워크 카드(NIC)나 MAC 주소에 적절히 묶여 있는지를 체크하는데 사용될 수 있다. 예를 들어, **c:>ping 127.0.0.1**(또는 **c:>ping localhost**) 같은 핑 요청을 실행할 수 있다. 이 경우에 핑 패킷은 물리적으로 내 컴퓨터를 떠나지 않고 컴퓨터의 NIC 카드에 의해서 TCP/IP 계층의 수신 지점으로 되돌아온다. 127.0.0.0~127.255.255.255의 IP 범위가 루프백 기능을 위해 유보되어 있지만, 기본적으로는 127.0.0.1의 주소가 사용된다. **Localhost**는 루프백 IP 주소의 도메인 네임(domain name)이기 때문에, 127.0.0.1과 동일한 의미를 지닌다. **도메인 네임**에 대한 상세 사항은 10장에서 설명된다. Windows OS에서 루프백 주소(예, 127.0.0.1)와 그에 대응되는 도메인 네임 정보, 즉 **localhost**의 매핑 정보는 **호스트(hosts)** 파일(그림 10.20 참조)에서 참조할 수 있다.

### 연습문제 5-3

1. 컴퓨터 명령어 입력창에 *ping 127.0.0.1* 또는 *ping localhost*를 입력하라. 만약, *C:>ping 127.0.0.1 or localhost*가 아래와 같은 응답을 보냈다면, 이는 TCP/IP 프로토콜 스텍(전송 및 인터넷 계층 표준)과 NIC(데이터 링크와 물리적 계층 표준)가 제대로 기능하고 있으며, 네트워킹을 수행할 준비가 되어있음을 의미한다. 만약 에러 메시지가 뜬다면, 이는 TCP/IP 프로토콜 계층이 적절히 설치되어 있지 않았음을 의미한다.

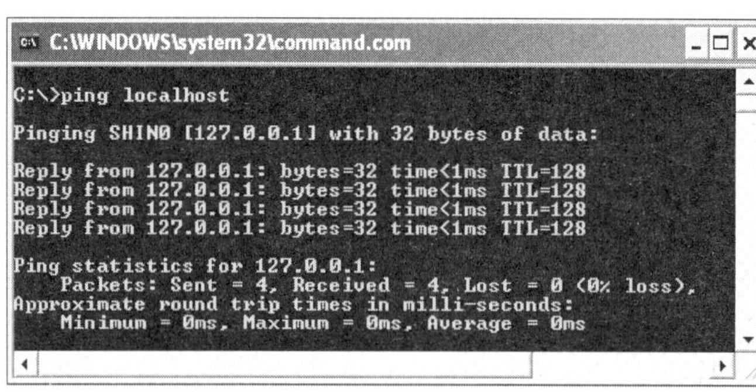


그림 5.3 localhost에 대한 ping 요청의 성공적인 결과

2. ping 127.123.123.123. 이는 127.0.0.1과 동일한 효과를 지니는가? 왜 그러한가 혹은 왜 그렇지 아니한가?

[어플리케이션의 오프라인 테스팅]

루프백은 또한 오프라인 상에서 네트워크 어플리케이션을 테스팅하는데 유용하다. 예를 들어, 로컬 컴퓨터에 웹 서버 하나를 설치하고 설정한 경우, 이 웹 서버 페이지를 루프백 기능을 이용하여 테스트 할 수 있다. 동일한 컴퓨터 상에 클라이언트(웹 브라우저)와 웹 서버 프로그램이 같이 있기 때문에, 웹 브라우저(클라이언트)의 URL 입력창에서 **http://127.0.0.1** 또는 **http://localhost**를 실행하면, 브라우저가 HTTP 요청 메시지를 생성해 웹 서버에 보낸다(동일한 HTTP 문법은 섹션 1.2.6 참조).

루프백 주소를 지닌 브라우저의 요청은 하위 계층을 통과해 웹 서버로 되돌아 올 것이다. HTTP는 웹 브라우저와 웹 서버 어플리케이션 간 대응을 위한 프로토콜이기 때문에, 브라우저에서 보낸 **http://127.0.0.1**는 동일 컴퓨터에 있는 웹 서버에게로 전송된다. 이 요청은 서버가 브라우저에 응답(웹 페이지 규약)을 보내도록 하며, 동일 기기 내에서 브라우저 요청과 서버 응답이 순차적으로 이루어질 수 있게 한다. 따라서, 이는 웹 서버를 네트워크 상에 띄우기 전에 서버 페이지들을 테스트하기 위한 편리한 방법이 되는 것이다(그림 5.4 참조).

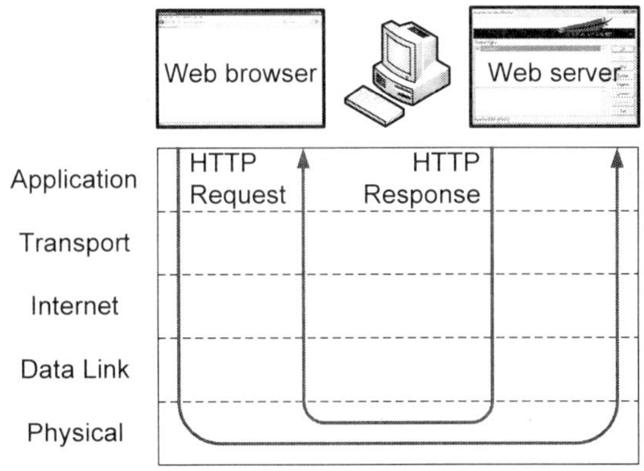


그림 5.4 루프백 IP를 이용한 내부 클라이언트-서버 커뮤니케이션

## 5.6.2 브로드캐스팅

브로드캐스팅이란 서브네트워크 내의 한 노드에서 다른 모든 노드들로 패킷을 전송하는 것을 말한다. 각각의 기능을 수행하기 위해 이러한 브로드캐스팅에 의존하는 DHCP(동적 IP 주소를 요청하는)와 ARP(단말기 IP 주소에 대응되는 MAC 주소를 얻기 위해 사용되는) 같은 프로토콜들이 존재한다(섹션 3.8 참조). 일반적으로 라우터는 네트워크 보안이나 **브로드캐스트 스톰**(broadcast storms)이 발생하는 것을 막기 위해, 브로드캐스트된 패킷들을 전달하지 않도록 설정되어 있다. 다시 말해서, 브로드캐스팅의 영향력은 라우터 포트에 의해 분리되는 영역 부문 내로 한정되는 것이다(섹션

3.10.2 재참조). 패킷 브로드캐스팅에는 두 가지 유형이 존재한다: **제한적(limited) 브로드캐스팅**과 **직접적(directred) 브로드캐스팅**.

### [제한적 브로드캐스팅(limited broadcasting)]

제한적 브로드캐스팅은 한 개 노드가 자신이 속해있는 동일한 서브네트워크 내에서 다른 노드들에 패킷을 보내는 경우이다. 예를 들어, 한 컴퓨터의 주소가 255.255.255.255(2진법으로는 모두 1인 32비트)인 목적지로 IP 패킷을 브로드캐스트 할 경우, 이 패킷은 로컬 네트워크 내의 모든 노드들에게 전송된다. 그러나, 이에 연결되어 있는 라우터는 이 브로드캐스팅을 다른 서브네트워크들에게 전달하지 않는다. 패킷의 브로드캐스팅 IP 주소 255.255.255.255는 데이터 링크 계층에서 프레임의 MAC 주소가 48개의 1로 구성된 (FFFF.FFFF.FFFF)로 변환된다(그림 5.5 참조).

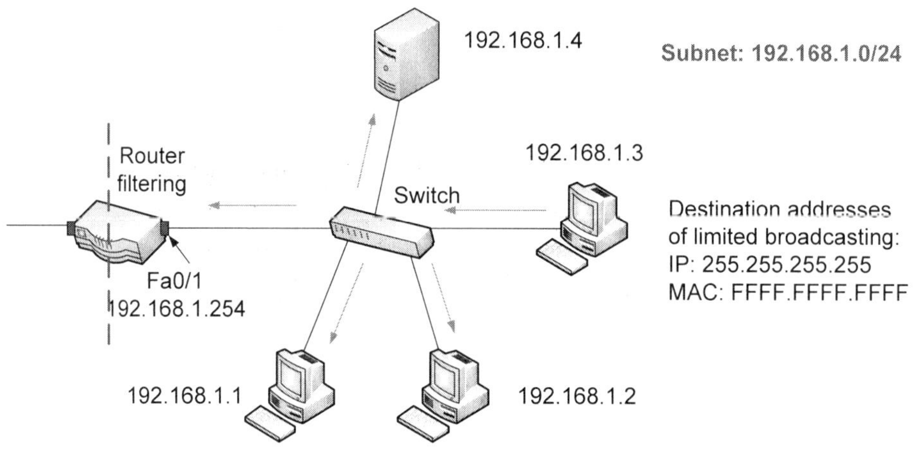


그림 5.5 제한적 브로드캐스팅

**연습문제 5-4**

1. 만약 그림 5.5의 PC(192.168.1.1)에 *C:>ping 255.255.255.255*를 입력하면 무슨 결과가 나올지 논리적으로 생각해 보라.

2. 만약 그림 5.5의 PC(192.168.1.1)에서 목적지의 IP 주소가 255.255.255.255가 아닌 192.168.1.255로 패킷을 보낸다면, 그 결과는 어떻게 되는가?

3. 3장에서 브로드캐스트 영역의 개념을 설명한 바 있다. 브로드캐스트 영역과 제한적 브로드캐스팅 간의 관계에 대하여 토론해 보자.

### [목적지 지정 브로드캐스팅(directed broadcasting)]

목적지 지정 브로드캐스팅이란 송신지의 로컬 서브네트워크와는 다른 하나의 서브네트워크에 속한 모든 호스트들에 패킷을 퍼뜨리는 것이다. 목적지 지정 브로드캐스팅을 수행하기 위해서는 다시 또 주소값이 모두 1인 호스트 ID가 목표한 한 서브네트워크의 모든 단말기들에 패킷을 보내는데 사용된다. 라우터는 기본적으로 디폴트 셋팅이 브로드캐스팅을 허용하지 않도록 되어 있지만, 이러한 목적지 지정 브로드캐스팅을 설정할 수는 있다. 라우터에 목적지 지정 브로드캐스팅이 설정된 경우, 마치 유니캐스팅(unicasting) 패킷과 같이 목표한 네트워크로만 브로드캐스팅 패킷이 전달된다. 이러한 목적지 지정 브로드캐스팅은 LAN이나 인터넷 등의 다양한 상황에서도 작동한다.

그림 5.6은 192.168.100.0 의 호스트가 세 개 서버 모두에 동시 전송을 하기 위해 192.168.200.0 (서버 전용의 서브네트워크)에 IP 패킷을 브로드캐스트 하는 목적지 지정 브로드캐스팅의 예시를 보여주고 있다. 송신 호스트는 이를 위해 목적지 주소가 192.168.200.255/24로 되어 있는 패킷을 생성한다. 여기서 255(=11111111)은 패킷이 목표한 서브네트워크인 192.168.200.0(뒤에 붙은 /24는 서브 마스크 비트를 나타낸다) 내에서 브로드캐스팅 된다는 것을 의미한다.

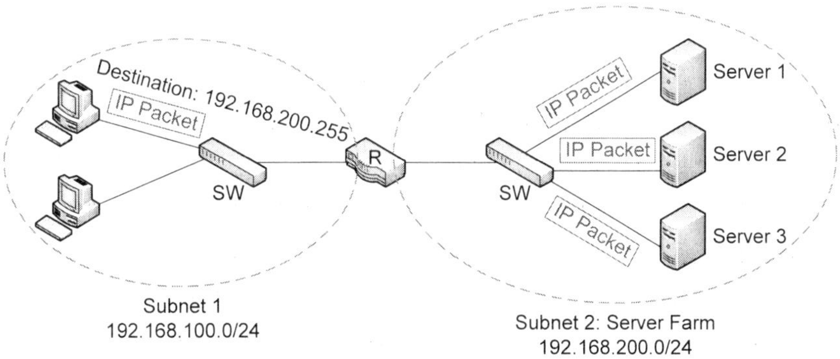


그림 5.6 목적지 지정 브로드캐스팅

## 5.6.3 멀티캐스팅(224.0.0.0~239.255.255.255)

멀티캐스팅은 선택된 그룹의 목표한 노드들에 패킷을 전달한다. 멀티캐스팅을 위해서는 224.0.0.0-239.255.255.255의 IP 범위가 확보되어 있다. 이 멀티캐스팅을 잘 활용한 현존하는 그리고 미래에 등장할 수많은 어플리케이션들이 존재한다. 이 기술은 비디오 온 디맨드(Video on Demand) *(수요자가 원하는 동영상을 선택할 수 있도록 하는 시스템이나 전략), 오디오 스트리밍, 다중-참여 비디오 컨퍼런싱이나 컨퍼런스 콜 등을 통한 커뮤니케이션을 지원하는데 효과적이다. 또한, 금융 데이터 공급(예, 주식 트레이딩), 보안 감시, 온라인 비디오 게이밍, 온라인 학습 등의 기타 어플리케이션들에서도 많이 사용된다. 이렇듯 멀티캐스팅 기술의 중요성은 날로 증가하고 있다.

멀티캐스팅이 가진 한 가지 중요한 장점은 위와 같은 비즈니스 어플리케이션이나 커뮤니케이션 서비스를 제공함에 있어서 발생되는 네트워크 트래픽을 상당히 감소시킬 수 있다는 점이다. 예를 들어, 비디오 온 디맨드의 경우 하나의 비디오 스트리밍 서버는 여러 개의 클라이언트에 오직 하나의 패킷만을 전송한다. 멀티캐스팅 기술이 없다면, 해당 서버는 각 클라이언트를 위한 패킷을 각각 생성하여 하나 하나씩 전송해야만 한다.

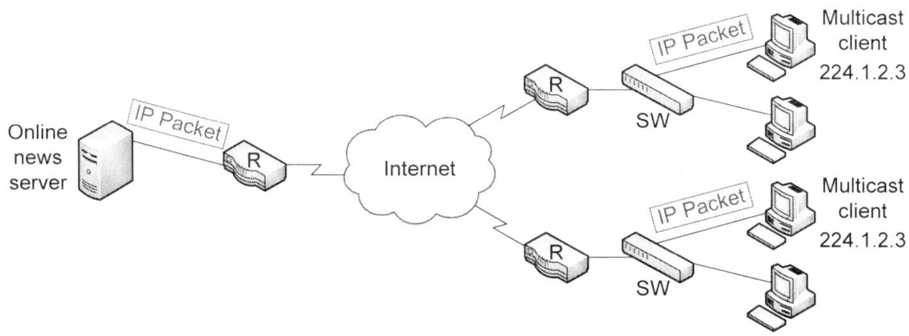


그림 5.7 IP 멀티캐스팅

호스트는 멀티캐스트 클라이언트가 되기 위하여 미디어 플레이어(예, Window Media Player나 Real Player) 등과 같은 소프트웨어를 사용한다. MP3 음악이나 비디오를 온라인으로 듣기 위해 클라이언트 호스트는 **멀티캐스트 그룹**(multicast group)이라 불리는 것에 동적으로 연결되거나 분리된다. 클라이언트 호스트가 온라인 서비스를 받기 위해 멀티캐스트 그룹에 참여하게 되면, 멀티캐스트 서버와의 연결을 위해 클라이언트 호스트들에 동일한 멀티캐스트 IP 주소(예, 224.1.2.3)가 할당된다. 이 때 클라이언트 호스트는 멀티캐스트 IP와 일반 유니캐스트 IP를 둘 다 갖게 되고, 그 두 개의 서로 다른 IP 주소로 전달되는 패킷들을 받게 된다. IP 멀티캐스팅은 기본적으로 전송 계층에서 TCP 보다는 UDP에 의존하는데, 이는 UDP가 더 빠르기 때문이다(섹션 2.7 참조). **인터넷 그룹 관리 프로토콜**(IGMP)은 패킷의 멀티캐스팅 관리를 위해 설계된 잘 알려져 있는 계층 프로토콜이다. 인터넷 상에서의 멀티캐스팅은 라우터가 멀티캐스팅을 허용하는 경우에만 가능하다.

## 5.6.4 사설 IP & NAT

사설 IP 주소란 하나의 공공/사설 기관이나 홈 네트워크 영역 내에서만 사용하기 위한 것으로서, 경계에 있는 라우터들이 사설 IP 주소를 가진 패킷은 인터넷 상으로 전송하지 않는다. 다음과 같이 세 개의 사설 IP 주소 범위(클래스형 체계 하에 있는 각 클래스들 중 하나)가 사용된다.

- 10.0.0.0~10.255.255.255

- 172.16.0.0~172.31.255.255
- 192.168.0.0~192.168.255.255

오늘날 기업들은 내부 호스트들에 이 사설 IP를 활용하고 있으며, 패킷을 기업 영역 너머로 전송할 때에는 이것이 경계 라우터나 방어벽에 의해 하나 이상의 공공 IP 주소로 변환될 수 있도록 한다. 주소 변환은 **네트워크 주소 변환**(NAT: network address translation), 네트워크 마스커레이딩(masquerading), 또는 IP-마스커레이딩이라는 용어로도 불리운다. 네트워크 주소 변환에는 두 가지 접근법이 존재하는데, 바로 **일대일(one-to-one) IP 대응**과 **다대일(many-to-one) IP 대응 방식**이다. NAT를 이용하는 주요 동인은 내부 컴퓨터들과 중계 장비들을 외부의 비공식 스누핑(snooping)으로부터 보호하기 위한 것이다. NAT는 전송 주소(소스)에는 적용되지만, 밖으로 나가는 패킷의 수신 주소(목적지)에는 적용되지 않는다.

### [NAT: 일대일 IP 대응]

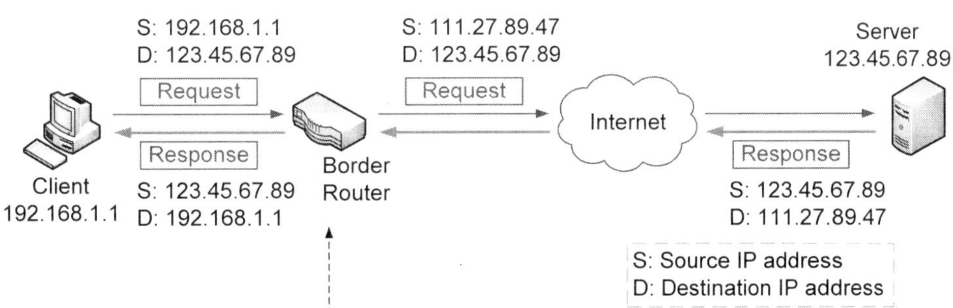


| Interface | Internal Source IP | External Source IP |
|---|---|---|
| S0/0/0 | 192.168.1.1 | 111.27.89.47 |

**그림 5.8 라우터의 일대일 IP 대응과 주소 변환 테이블**

일대일 IP 대응에서는 하나의 IP의 주소가 하나의 공공 IP 주소로 고정적 또는 동적으로 변환된다. 고정적 변한 방법에서는 하나의 공공 IP 주소가 특정 사설 IP에 사전 할당되고, 그 쌍이 변환을 하는 노드(예, 경계 라우터)에 사전 설정되어 있다. 동적 방법에서는 공공 IP의 범위가 NAT용으로 주어진다. 사설 소스 IP를 가진 패킷이 포트(인터페이스)에 도착하면, NAT 노드(예, 경계 라우터)가 주소 목록에서 하나의 공공 IP를 선택하여 그 사설 IP와 쌍을 이루게 한다. 그러면 그 사설 IP는 해당 패킷이 목적지로 보내지기 전 공공 IP로 변경되고, 해당 대응 정보가 주소 변환 테이블에 업데이트 되는 것이다. 이러한 공공 IP의 동적 선택은 내부 호스트 수가 많은 경우에 보다 효과적인 방식이다. 그림 5.8은 한 기업 영역 내에서 일대일 IP 대응(고정적 혹은 동적)이 일어나는 경우 패킷의 흐름을 보여준다.

[NAT: 다대일 IP 대응]

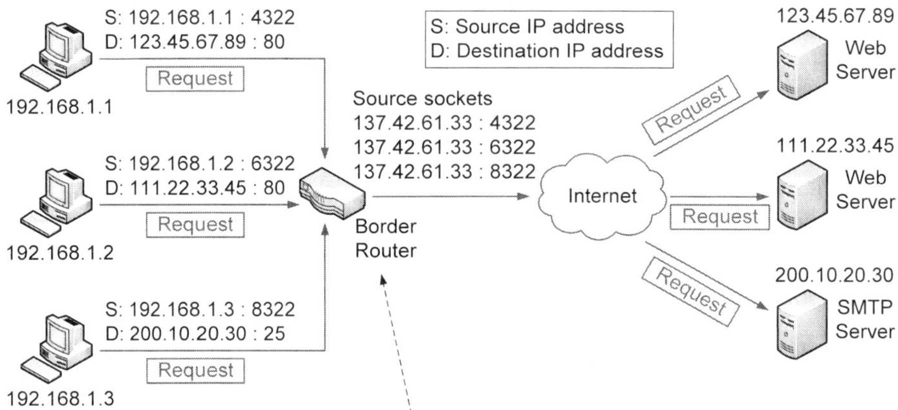


| Interface | Internal Source IP | External Source IP |
|---|---|---|
| S0/0/0 | 192.168.1.1:4322 | 137.42.61.33:4322 |
| S0/0/0 | 192.168.1.2:6322 | 137.42.61.33:6322 |
| S0/0/0 | 192.168.1.3:8322 | 137.42.61.33:8322 |

그림 5.9 라우더의 다대일 IP 대응과 주소 변환 테이블

다대일 IP 대응은 서로 다른 사설 IP를 가진 몇몇 내부 호스트들이 하나의 공공 IP를 공유하는 경우다. 이것이 가능케 하기 위해서는 주소 변환을 수행하는 네트워크 노드가 각각의 호스트 컴퓨터를 **소켓**(socket)으로 구분한다. 소켓은 하나의 사설 IP와 소스 포트의 결합 정보로서 전송 계층의 PDU(세그멘트이거나 데이터그램인-섹션 2.7.3 참조)에서 볼 수 있다. 대응 과정에 포트 넘버를 포함시킴으로써, 여러 개의 사설 IP들이 하나의 공공 IP를 공유할 수 있게 되는 것이다. 결과적으로 변환 전후의 소스 소켓은 다음과 같다.

| 변환 전의 소스 소켓 | 변환 후의 소스 소켓 |
|---|---|
| 소스 사설 IP + 소스 포트 | 소스 공공 IP + 소스 포트 |

일반적으로 대응을 위해서는 변환 중에 동일한 소스 포트를 사용한다(그림 5.9 참조). 그러나 두 개 소스 호스트들이 동일한 소스 포트를 가진 IP 패킷들을 전송하면, NAT 노드(예, 라우터나 방어벽)가 패킷을 구분하기 위해 가용한 포트 목록 중에서 서로 다른 두 개의 포트 넘버를 할당한다. 소켓 정보에 의존하는 NAT 접근 방식을 종종 **네트워크 주소 포트 변환**(NAPT: network address port traslation)이나 **포트 주소 변환**(PAT: port address translation)이라고 부른다. 그림 5.9는 세 개 패킷이 NAPT를 위해 하나의 공공 IP 주소(137.42.61.33)를 공유하는 상황을 보여준다.

연습문제 5-5

그림 5.9의 시나리오에 기반하여 세 개의 서로 다른 외부 서버로부터 오는 응답 패킷의 역 NAT 과정을 설명하시오.

### [NAT의 장점과 단점]

NAT는 보안을 향상시키는 것 외에도 다음과 같은 이점들을 제공한다.

- 내부적 IP 할당의 유연성: 내부 노드들에 사설 IP 주소를 활용하게 되면, 공공 주소 영역에 의존하는 것에 비해 훨씬 더 많은 주소 영역을 활용할 수 있게 된다. 한 기관이 그 필요에 따라 세 개의 사설 IP 주소 영역들(예, 10.0.0.0~10.255.255.255)을 자유롭게 사용할 수 있다는 점을 생각해 보자. 이는 네트워크의 설계, 관리, 확장에 있어서 최소한 IP 주소화 부문에 있어서 만큼은 상당한 유연성을 제공한다. 아주 간단한 예로, 하나의 홈 네트워크 내에서 사설 IP를 지닌 몇 개 호스트들이 인터넷에 동시적으로 접속하기 위해 하나의 공공 IP를 서로 공유할 수 있다(각각 3개의 서로 다른 사설 IP를 보유하는 대신).
- 내부적 IP 할당의 일관성: 내부 네트워크 노드들이 공공 IP 주소에만 의존한다면, 그 기관은 노드 주소들을 다시 할당해야만 하는 상황들에 부딪히게 될 것이다(이는 사소한 일이 아니다!). 내부 네트워크에 사설 IP들이 할당되는 경우, 기존의 IP 할당이 그러한 상황 변화에 따른 영향을 덜 받게 된다. 예를 들어, 한 비즈니스 고객의 통신사업자가 변경된 상황에서도 기업 내부 노드들의 IP 환경설정이 영향을 받지 않는 말이다. 또한, 주소 영역이 충분하기 때문에, 서브네트워크의 IP 할당에 있어서 향후 예상되는 비즈니스의 성장과 변화에 보다 여유롭게 대처할 수 있게 된다.

### [NAT는 다음과 같은 단점들 역시 지닌다]

- 잠재적 성능 저하: 경계 라우터나 방어벽은 입수되고 유출되는 각각의 패킷에 대하여 주소 변환 작업을 수행해야 하기 때문에, 이것이 패킷 전송의 성능에 영향을 줄 수 있다. 결과적으로는 도입도 IP 전화 방식이나 비디오 스트리밍 같이 시간에 민감한 어플리케이션들을 구현할 때 NAT에 따라 영향을 받을 수 있다. NAT 노드는 이러한 패킷들을 더 원활히 지원하기 위해 우선순위에 기반한 라우팅(priority based routing)과 같은 측정값을 활용할 수도 있다.

일부 네트워크 어플리케이션들과의 충돌: 네트워크 보안 등과 같이 공공 IP 주소 정보에 의존하는 일부 네트워크 기능들, **가상 사설망**(VPN-10장에서 자세히 다룸)을 위한 터널링, 외부로부터 생성된 TCP 연결, UDP와 같이 무접속 프로토콜(connection-less protocol)에 기반한 통신 등은 NAT가 적절히 설정되지 않는 경우 영향을 받을 수도 있다.

# 5.7 서브넷팅

이번 섹션에서는 한 기업 내 서브넷 주소의 할당에 대해 설명한다. 하나의 기업 네트워크는 해당 기업 특유의 니즈와 구조를 반영하는 여러 개 서브넷들을 포함할 수 있기 때문이다.

## 5.7.1 서브넷 영역의 정의(복습)

정의하자면 한 개 라우터 포트에 연결되어 있는 기업 네트워크의 세분 영역이 서브네트워크(혹은 서브넷)가 된다. 앞 장(1장에서 3장에 걸쳐)에서 설명했듯이, 일반적으로 하나의 서브네트워크는 계층1이나 계층2 장비들(예, 스위치와 무선 엑세스 포인트)과 클라이언트/서버 최종 노드들을 포함하고 있다. 한 예로, 그림 5.10의 기업 네트워크는 R1과 R2라는 2개의 경계 라우터에 의해 분리된 5개의 서브네트워크들로 구성되어 있다. 아마도 R1은 지사의 LAN(미국 뉴욕 지사라고 해보자)을 위한 경계 라우터이고, R2는 본사 LAN(런던에 있다고 해보자)용의 경계 라우터라고 가정해 볼 수 있을 것이다. 본사의 LAN은 R1의 고속 이더넷 포트들(Fa0/0, Fa0/1, Fa0/2)에 연결된 세 개의 서브네트워크들(서브넷 3,4,5)로 구성되어 있다. 서브네트워크 2는 R1과 R2의 시리얼 포트들(S0/0)을 상호 연결하는, 적어도 수 천마일의 거리에 달하는 임대 WAN 링크이다.

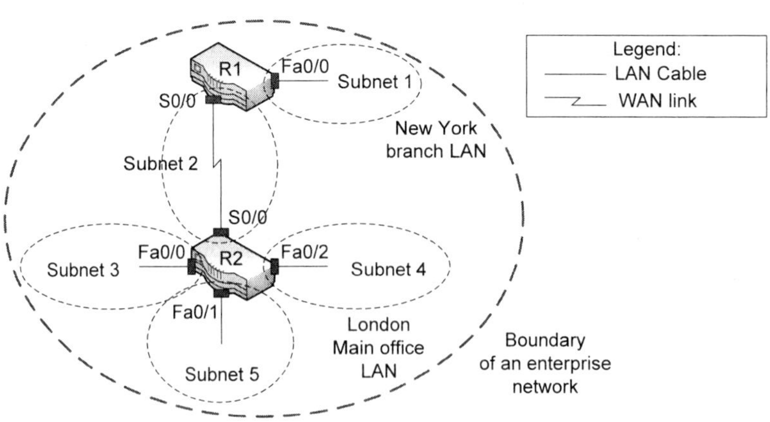


그림 5.10 라우터 포트 연결에 의해 정의되는 서브넷

하나의 LAN을 더 작은 규모의 서브넷들로 나누는 데에는 합당한 이유들이 있다. 서브넷의 주요 이점들에는 다음과 같은 것들이 있다.

1. 보안 관리: 서브넷은 다양한 수준에서 네트워크 보안을 기획하고 도입할 수 있게 해준다. 예를 들어, 한 대학의 캠퍼스 네트워크에서 학생 기록, 인력 자원, 재무 등과 같은 핵심적인 학사 시스템들은 방어를 위해 한층 더 안전하게 보호되어야 한다. 그러한 시스템들을 엄격하게 보호된 서브넷 내에 설치함으로써, 보안 공격에 다소 취약할 수 있는 WiFi 영역 등의 기타 캠퍼스 네트워크들과 분리시킬 수 있다.
2. 네트워크 세그먼트의 맞춤화: 각 서브넷은 정보 시스템과 시스템 사용자의 니즈에 맞추기 위해 그 설계(예, 계층2 기기들의 선택과 연결)에 있어서 훨씬 더 맞춤화가 가능하다. 예를 들어, 기업의 서버 영역을 보유한 서브넷은 매우 서비스 지향적이므로 빠르고 안정적인 접속이 가능해야 한다. 즉, 해당 세분화 영역은 설계와 구현 단계에서 매우 높은 수준의 네트워크 접근성, 신뢰성, 중복성, 그리고 안정성을 필요로 하는 것이다.
3. 브로드캐스팅 효과를 제한: 서브넷을 도입함으로써, 브로드캐스트 혼잡(예, DHCP와 ARP)으로 인한 부정적 영향이 해당 서브넷 수준에서만 머무를 수 있게 된다. 브로드캐스트 된 패킷을 전달하는 스위치와 달리, 라우터는 그것을 기본적으로 막아 네트워크가 과도한 혼잡으로 인한 피해를 입지 않도록 보호한다.

### 연습문제 5-6

그림 5.11의 가상적 기업 네트워크에서는 몇 개의 서브넷이 보이는가? 단, 인터넷 연결은 포함시키지 않는다. 또한 WAN 링크들은 임대된 라인이라고 가정한다.

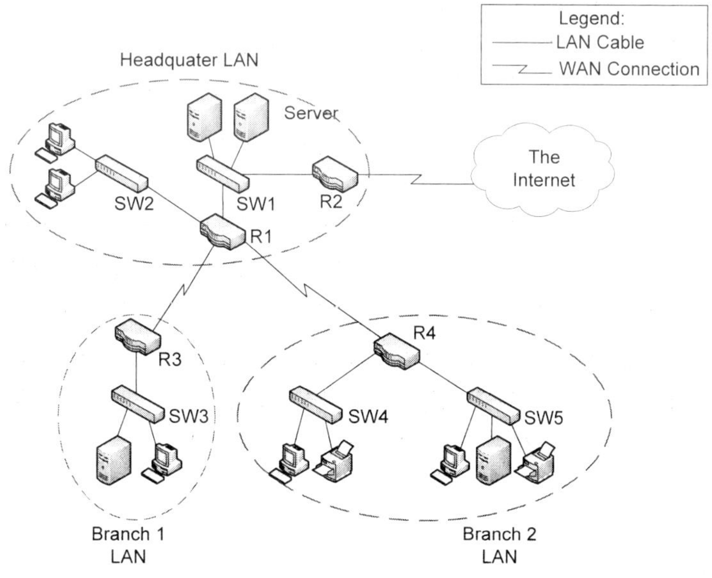


그림 5.11 가상적 기업 네트워크

## 5.7.2 서브네트워크의 IP 할당

서브넷을 갖는다는 것은 네트워크, 서브넷, 그리고 호스트, 이 세 가지를 구분하는 IP 주소들로 귀결된다(그림 5.2 참조). 예를 들어, 그림 5.10의 기업 네트워크는 해당 기업과 다섯 개의 서브넷 ID를 표현하는 하나의 네트워크 ID를 지니고 있다. 서브넷 하나를 자세히 들여다 보면, 그림 5.12에서 해당 네트워크 ID가 192.168.0.0가 될 수 있고, 그 서브넷 ID는 192.168.1.0가 될 것이다. 자체 MAC 주소와 IP 주소를 가진 라우터의 LAN 포트는 그것에 기타 호스트 단말기들이 직간접적으로 연결되어 있기 때문에 동일한 서브넷 ID를 공유한다.

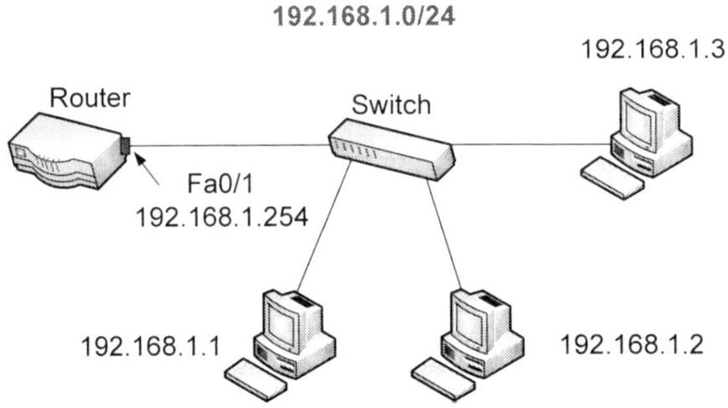


그림 5.12 라우터의 LAN 포트(Fa0/1)에 연결되어 있는 서브넷

또 다른 예로는, 그림 5.13이 192.168.0.0의 네트워크 주소를 지닌 LAN을 하나 보여주고 있다. 해당 네트워크는 세 개의 서브넷(192.168.1.0, 192.168.2.0, 192.168.3.0)으로 나뉘는데, 주소의 세 번째 칸 숫자가 해당 LAN 내의 각 서브넷을 고유하게 구분한다. 또한 라우터의 각 LAN 포트에는 특정 서브넷에 속하는 IP 주소가 설정된다는 것을 관찰할 수 있다.

여러 개의 서브넷으로 구성된 기업 네트워크는 단순히 해당 서브넷들을 연결하기 위해 한 개 이상의 라우터가 포함된 하나의 LAN(예, 그림 5.13)이 될 수 있다. 혹은, 하나의 기업 네트워크가 그림 5.10과 그림 5.11에서와 같이 LAN들과 WAN 연결이 조합된 형태일 수도 있다. 앞서 설명했듯이, 두 개 라우터를 연결하는 각각의 WAN 링크도 하나의 서브넷이며 고유한 서브넷 ID가 주어진다. WAN 링크를 위한 방법에는 AT&T와 브리티쉬 텔레콤 같은 일반 통신사업자가 제공하는 임대선이나 패킷 스위치드 데이터 네트워크(PSDN: packet switched data network) 등의 몇 가지 옵션들이 존재한다(PSDN에 대한 자세한 사항은 9장에서). 그림 5.14는 두 개 LAN과 한 개 WAN 연결로 구성된 기업 네트워크의 서브넷 ID 할당을 보여주고 있다.

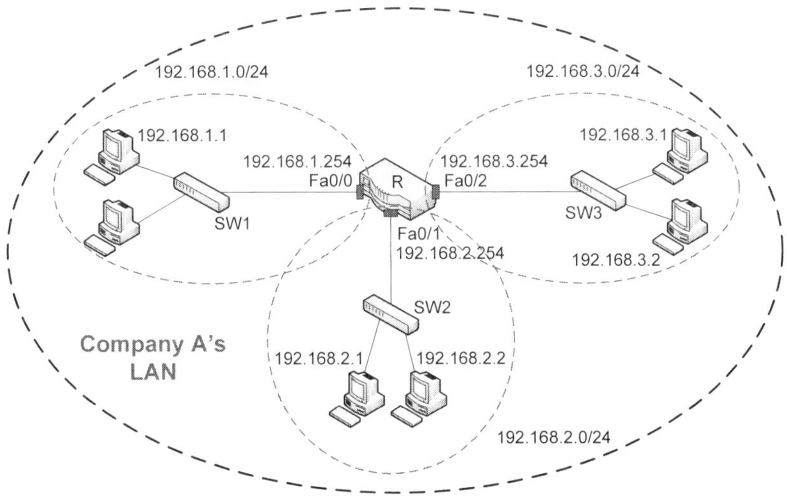


그림 5.13 세 개의 서브네트워크로 구성된 기업 LAN

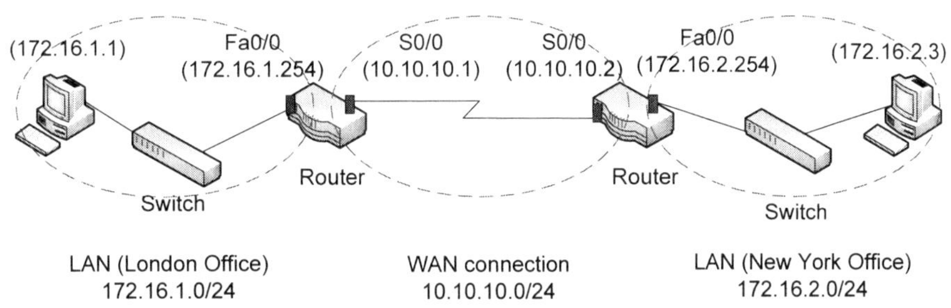


그림 5.14 3개의 서브넷을 지닌 어느 한 기업의 네트워크

# 5.8 서브넷 마스크

## 5.8.1 서브넷 마스크

**서브넷 마스크**(subnet mask)란 네트워크 노드(예, 컴퓨터, 라우터)에 사용되는 32비트의 숫자로서 해당 호스트 ID를 숨김(마스킹(masking))으로써 특정 IP 주소의 서브넷 주소를 결정하기 위한 것

이다. 좀 더 구체적으로 말하면, 서브넷 마스크(subnet mask)는 하나의 IP 주소를 가진 네트워크 ID나 서브넷 ID와 동일한 서브넷 주소 비트들을 가리킨다. 많은 산업 실무자들이 **네트워크 마스크**(network mask)와 **서브넷 마스크**란 용어를 혼용하여 사용하는데, 실무 경험자들에게는 이것이 별로 이슈가 되지 않지만 학생들에는 혼동을 일으킬 수도 있다.

서브넷 마스크는 IP 주소에 결합되는 부분으로서 네트워크와 서브넷을 표현하기 위하여 **접두어**(prefix) 혹은 **1과 0의 계속적 조합** 값을 이용한다. 서브넷 마스크에서 1값의 연속적 조합은 네트워크와 서브넷 ID 부문을 나타내며, 0값의 연속적 조합은 IP 주소의 호스트 ID 부분을 말해준다.

간단한 예로 호스트 주소가 172.16.10.101인 경우에,

네트워크 주소 부문은: 172.0.0.0(10101100.00000000.00000000.00000000),
서브넷 주소 부문은: 172.16.0.0(10101100.00010000.00000000.00000000),
서브넷 마스크는: 255.255.0.0(11111111.11111111.00000000.00000000) 혹은 /16

접두어 값(/16)은 서브넷 마스크에서 연속적인 1값의 조합과 같은 의미를 가진다.

**서브넷 마스크**는 라우팅 테이블 엔트리에서 필수적인 부분으로 라우터나 컴퓨터가 IP 패킷들의 전송 경로를 판단하기 위해 지속적으로 참조하기 때문에 매우 중요하다. 예를 들어, 그림 5.15는 한 호스트 컴퓨터의 IP 환경설정에 포함된 서브넷 마스크를 보여주고 있다. 컴퓨터는 IP 주소와 서브넷 마스크 정보에 기반하여 서브넷 주소를 판단할 수 있다. 라우터가 서브넷 마스크를 활용하는 경우에 대해서는 6장에서 좀 더 설명한다.

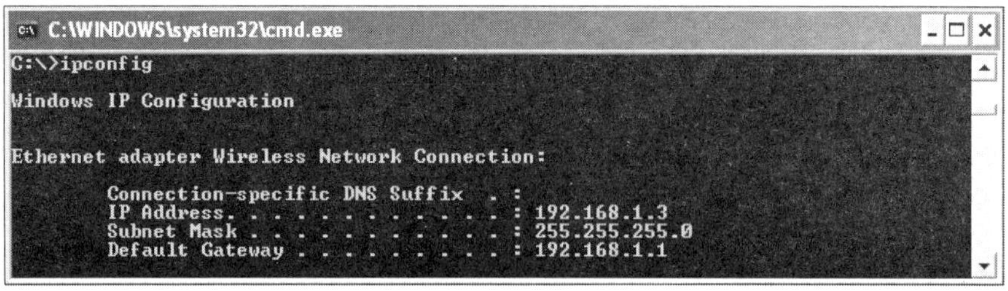


그림 5.15 한 호스트 단말기의 IP 환경설정

사례들을 좀 더 많이 살펴보자. 우선 2진법으로 먼저 작업을 한 후에, 서브넷 마스크나 서브넷 주소를 파악하기 위해 10진법으로 그 결과를 변환하는 것이 늘 좋은 방법이다.

**예시 1**

호스트 주소: 176.20.38.4

네트워크 ID: 176.20
서브넷 ID: 38
호스트 ID: 4

| 구분 | 10진법 | 2진법 |
|---|---|---|
| 호스트 주소 | 176.20.38.4 | 10110000.00010100.00100110.00000100 |
| 네트워크 주소 | 176.20.0.0 | 10110000.00010100.00000000.00000000 |
| 서브넷 주소 | 176.20.38.0 | 10110000.00010100.00100110.00000000 |
| 서브넷 마스크<br>(네트워크 ID+서브넷 ID) | 255.255.255.0<br>or "/24"(prefix) | 11111111.11111111.11111111.00000000 |
| 서브넷 마스크를 포함한 호스트 주소 | 176.20.38.4/24 | |
| 서브넷 마스크를 포함한 서브넷 주소 | 176.20.38.0/24 | |

### 예시 2

호스트 주소: 192.168.1.51
네트워크 ID: 192
서브넷 ID: 168
호스트 ID: 1.51

| 구분 | 10진법 | 2진법 |
|---|---|---|
| 호스트 주소 | 192.168.1.51 | 11000000.10101000.00000001.00110011 |
| 네트워크 주소 | 192.0.0.0 | 11000000.00000000.00000000.00000000 |
| 서브넷 주소 | 192.168.0.0 | 11000000.10101000.00000000.00000000 |
| 서브넷 마스크<br>(네트워크 ID+서브넷 ID) | 255.255.0.0<br>or "/16"(prefix) | 11111111.11111111.00000000.00000000 |
| 서브넷 마스크를 포함한 호스트 주소 | 192.168.1.51/16 | |
| 서브넷 마스크를 포함한 서브넷 주소 | 192.168.0.0/16 | |

### 예시 3(심화)

이 예시에서 서브넷 비트는 8 비트 단위로 나뉘어지지 않는다.
호스트 주소: 192.168.1.51
네트워크 ID: 192
서브넷 ID: 160
호스트 ID: 8.1.51

| 구분 | 10진법 | 2진법 |
|---|---|---|
| 호스트 주소 | 192.168.1.51 | 11000000.10101000.00000001.00110011 |
| 네트워크 주소 | 192.0.0.0 | 11000000.00000000.00000000.00000000 |
| 서브넷 주소 | 192.160.0.0 | 11000000.10100000.00000000.00000000 |
| 서브넷 마스크<br>(네트워크 ID+서브넷 ID) | 255.224.0.0<br>or "/11"(prefix) | 11111111.11100000.00000000.00000000 |
| 서브넷 마스크를 포함한 호스트 주소 | 192.168.1.51/11 | |
| 서브넷 마스크를 포함한 서브넷 주소 | 192.160.0.0/11 | |

### 연습문제 5-7

1. 호스트 주소가 195.112.36.59이고 기타 정보가 다음과 같은 경우

   Network ID: 195　　Subnet ID: 112.36　　Host ID: 59

   서브넷 주소와 서브넷 마스크를 10진법과 2진법의 두 가지 기준으로 판단하라.

2. 호스트 주소가 207.34.15.187이고 기타 정보가 다음과 같은 경우

   Network ID: 207.34　　Subnet ID: 15　　Host ID: 187

   서브넷 주소와 서브넷 마스크를 10진법과 2진법의 두 가지 기준로 판단하라.

3. 다음 IP 주소들에 대하여, 서브넷 주소와 서브넷 마스크를 10진법과 2진법의 두 가지 기준으로 판단하라.
   - 195.205.36.5/13
   - 192.168.36.5/21
   - 10.11.46.51/15

4. 다음 IP 주소들에 대하여, 서브넷 주소와 서브넷 마스크를 10진법과 2진법의 두 가지 기준으로 판단하라.

| 호스트의 IP 주소 | 서브넷 주소 | 서브넷 마스크 |
|---|---|---|
| 10.15.123.50/8 | | |
| 17.100.222.15/13 | | |
| 128.100.54.11/24 | | |
| 141.131.75.162/13 | | |
| 115.125.129.227/16 | | |
| 162.15.115.2/21 | | |
| 173.102.75.224/18 | | |
| 192.168.124.31/20 | | |
| 172.31.200.201/22 | | |

## 5.8.2 서브넷팅 주소 영역

기업은 호스트 ID 부문에서 빌린 비트들을 이용하여 필요한 만큼 많은 수의 서브넷들을 만들어 낼 수 있다(그림 5.2 참조). 예를 들어, 한 기업의 네트워크 주소가 130.191.0.0이고 서브넷들이 호스트 ID에서 일부 빌린 2개 비트로 생성되는 시나리오를 생각해 보자. 만약 2개의 비트를 빌렸다면, 서브넷 마스크는 255.255.192.0(혹은 접두어로/18)와 동일한 11111111.11111111.11000000.00000000가 된다. 2개의 비트를 이용해 하나의 기업 네트워크에 서로 다른 4개의 서브넷들이 생성될 수 있다. 그것들이 다음 목록에 나와 있다(하나의 서브넷을 고유하게 지정하기 위해 사용된 17번과 18번째 위치의 2개 비트가 보인다. 그렇다. 모든 0과 1값들이 서로 다른 서브넷들을 대표하기 위해 사용될 수 있다).

| # | 서브넷 주소(2진법) | 서브넷 주소(10진법) | 서브넷 마스크 |
|---|---|---|---|
| 1 | 10000010.10111111.00000000.00000000 | 130.191.0.0 | 255.255.192.0 |
| 2 | 10000010.10111111.01000000.00000000 | 130.191.64.0 | 255.255.192.0 |
| 3 | 10000010.10111111.10000000.00000000 | 130.191.128.0 | 255.255.192.0 |
| 4 | 10000010.10111111.11000000.00000000 | 130.191.192.0 | 255.255.192.0 |

서브넷을 만들기 위해 2개의 비트를 제공하고 난 후에, 나머지 14개 비트들은 호스트 ID를 구성하기 위해 이용된다. 각 서브넷 내에서 IP 주소를 보유할 수 있는 호스트들의 개수는 $2^{14}$-2=16382이 된다. 두 가지의 경우(모두 0값=000000.00000000 그리고 모드 1값=111111.11111111)는 특별한 기능(예, 브로드캐스팅과 디폴트 경로-보다 자세한 사항은 6장에서)을 위해 남겨놓기 때문에 카운팅에서 제외된다. 그래서, 사용 가능한 비트 수에 기반해 생성 가능한 서브넷의 개수($2^n$)와 호스트의 개수($2^n$-2)가 약간 다른 것이다. 위의 예에서 첫번째 서브넷(130.191.0.0)은 사용 가능한 호스트 주소 범위가 다음과 같다:

10000010.10111111.00000000.00000001 ~ 10000010.10111111.00111111.11111110
= 130.191.0.1 ~ 130.191.63.254

**연습문제 5-8**

위의 서브넷 2, 서브넷 3, 그리고 서브넷 4에서 사용 가능한 호스트 주소의 범위를 판단하라.

호스트 ID로부터 일부 빌린 2개 비트를 이용하여 위에서 생성된 4개의 서브넷 각각이 잘 정의된 기능적(예, 비즈니스 부서나 워크그룹) 혹은 지리적 위치(예, 지사)에 따라 할당될 수 있게 된다.

연습문제 5-9

1. 네트워크 주소가 130.190.0.0이고 호스트 비트에서 4개 비트를 빌려오는 경우에,

① 총 몇 개의 서브넷이 생성될 수 있는가?

② 서브넷 마스크는 무엇인가?

③ 가용한 서브넷 주소들을 나열하라.

2. 네트워크 주소가 172.191.183.0(처음 24비트)일 때, 네트워크 관리자가 서브넷 생성을 위해 4개의 비트를 사용하기로 결정했다.

① 서브넷 마스크는 무엇인가?

② 모든 가용한 서브넷 주소들을 나열하라.

③ 최초 서브넷이 사용 가능한 호스트 IP 주소들을 나열하라(모두 0인 경우과 모두 1인 경우는 제외된다는 것을 기억하라.).

3. 네트워크 주소가 230.195.10.0(처음 24비트)일 때, 네트워크 관리자가 기업 내에 6개의 서브넷이 필요하다는 사실을 알았다.

① 호스트 ID 부문에서 빌려와야 하는 최소 비트 수는 얼마인가?

② 최소의 비트 수를 빌려왔다고 가정했을 때, 결과적으로 서브넷 마스크는 무엇인가?

③ 모든 가용한 서브넷 주소들을 나열하라.

④ 마지막 서브넷이 사용 가능한 호스트 IP 주소들을 나열하라(모두 0인 경우과 모두 1인 경우는 제외된다는 점을 기억하라.).

### 5.8.3 서브넷 내에서의 브로드캐스팅

앞에서 브로드캐스팅의 개념을 제한적 브로드캐스팅(limited broadcasting)과 목적지 지정 브로드캐스팅(directed broadcasting)이라는 용어로 구분하여 설명한 바 있다. 이번 섹션에서는 그 연장선 상에서 확장하여 설명하고자 한다. 패킷의 호스트 ID 필드가 모두 1값인 경우 해당 패킷은 서브넷 내의 모든 노드들에 브로드캐스팅 된다는 것을 설명한 적이 있다.

**예시 1**

호스트 IP가 172.16.100.141이고 서브넷 마스크가 255.255.0.0(/16 접두어로)인 경우는 다음과

같이 변환된다.

호스트 IP 주소: 10101100.00010000.01100100.10001101 (= 172.16.100.141)
서브넷 마스크: 11111111.11111111.00000000.00000000 (= 255.255.0.0)
서브넷 주소: 10101100.00010000.00000000.00000000 (= 172.16.0.0)

처음 16개 비트에 의해 정의된 서브넷 내에서의 패킷 브로드캐스팅을 위해서는 나머지 16개 호스트들에 모두 1을 부여하여 사용한다. 따라서 브로드캐스트 주소는 다음과 같다.

브로드캐스트 주소: 10101100.00010000.11111111.11111111 (= 172.16.255.255)

### 예시 2

호스트 IP가 192.168.10.141이고 서브넷 마스크가 255.255.255.192(/26 접두어로)인 경우는 다음과 같이 변환된다.

호스트 IP 주소: 11000000.10101000.00001010.10001101 (= 192.168.10.141)
서브넷 마스크: 11111111.11111111.11111111.11000000 (= 255.255.255.192
서브넷 주소: 11000000.10101000.00001010.10000000 (= 192.168.10.128)

서브넷이 처음 26개 비트에 의해 정의되므로, 해당 서브넷 내의 브로드캐스팅은 나머지 6개 호스트 비트들에 모두 1을 부여하여 사용한다. 따라서 브로드캐스트 주소는 다음과 같다.

브로드캐스트 주소: 11000000.10101000.00001010.10111111 (= 192.168.10.191).

### 연습문제 5-10

1. 각 서브넷 주소의 브로드캐스트 주소를 판단하라. 2진법으로 작업하는 것이 항상 더 쉽다는 것을 기억하라. (제한적이 아닌) 목적지 지정 브로드캐스팅을 가정한다.

| 서브넷 주소 | 서브넷 마스크 | 브로드캐스트 주소 |
|---|---|---|
| 130.191.0.0 | 255.255.192.0(or /18) | |
| 130.191.64.0 | 255.255.192.0 | |
| 130.191.128.0 | 255.255.192.0 | |
| 130.191.192.0 | 255.255.192.0 | |

2. 목적지 지정 브로드캐스팅을 가정하고, 아래 각 호스트 주소의 브로드캐스트 주소를 결정하라.

| Host address | Subnet mask | Broadcast address |
|---|---|---|
| 192.168.150.121<br>172.57.237.200 | 255.255.128.0(or /17)<br>255.248.0.0(or /13) | |

3. 다음과 같은 정보가 주어졌을 때

- 호스트 IP 주소: 130.191.31.21
- 네트워크 주소: 130.191.31.0(처음 24 bits)
- 서브넷 마스크: 255.255.255.240(/28)

다음 사항들을 결정하라:

① 생성 가능한 서브넷의 총 개수

② 각 서브넷에서 호스트 비트의 개수

③ 각 서브넷에서 가용한 호스트 주소의 개수

④ 다음 호스트의 서브넷 수소 130.191.31.21

⑤ 다음 호스트의 브로드캐스트 주소 130.191.31.21

⑥ 다음 서브넷의 첫번째 호스트 주소 130.191.31.16

⑦ 다음 서브넷의 마지막 호스트 주소 130.191.31.16

4. 네트워크 주소가 192.10.10.0(처음 24비트)인 어느 한 기업이 총 14개의 서브넷을 필요로 한다. 다음 질문에 답하라.

① 서브넷 생성을 위해 호스트 ID 부문에서 빌려와야 하는 최소 비트의 개수

② 서브넷 마스크

③ 생성 가능한 서브넷의 총 개수

④ 모든 서브넷 주소들을 나열

⑤ 서브넷 당 사용 가능한 호스트 주소의 개수

⑥ 다음 서브넷의 호스트 IP 주소 범위를 나열 192.10.10.16

⑦ 다음 서브넷의 브로드캐스트 주소 192.10.10.16

5. 네트워크 주소가 192.168.3.0(처음 24비트)인 어느 한 기업이 총 6개의 서브넷을 필요로 한다. 다음 질문에 답하라.

① 서브넷 생성을 위해 호스트 ID 부문에서 빌려와야 하는 최소 비트의 개수

② 서브넷 마스크

③ 생성 가능한 서브넷의 총 개수

④ 모든 서브넷 주소들을 나열

⑤ 서브넷 당 사용 가능한 호스트 주소의 개수

⑥ 다음 서브넷의 호스트 IP 주소 범위를 나열 192.168.3.32

⑦ 다음 서브넷의 브로드캐스트 주소 192.168.3.32

## 5.9 수퍼넷팅

IP 주소의 **수퍼넷팅**(supernetting)은 다른 용어로 **비클래스형 도메인간 라우팅**(classless inter-domain routing: CIDR)이라고도 알려져 있는데, 기본적으로 서브넷팅(subnetting)과 반대되는 개념이다. 수퍼넷팅을 이용해 여러 개의 서브넷 ID들이 하나의 대규모 서브넷 ID로 결합(혹은 요약)된다. 여러 개의 서브넷을 하나의 대규모 상위 서브넷으로 요약하는 것은 네트워크를 관리(예, 라우터 환경설정)하고 네트워크의 성능을 향상시키는데(예, 보다 빠른 라우팅 의사결정을 통해) 있어 효율적이다.

하나의 예로, R1과 R2의 두 개 라우터가 패킷을 교환하고 R1이 각각 서브넷 IP 주소와 서브넷마스크를 가진 세 개의 서브넷과 연결되어 있는 가상적인 상황(그림 5.16)을 생각해 보자. 192.168.0.0/16이 세 개의 서브넷들을 결합한 수퍼넷 주소와 마스크라고 가정하자. 해당 수퍼넷은 세 개의 서브넷들을 내포하여 매우 함축적이다. 이와 같은 통합의 주요 이점은 R2의 라우터 테이블이 3개의 서브넷 엔트리 대신 오직 한 개의 엔트리만 가질 수 있게 하여, R2의 라우팅 테이블을 작게 만듦으로써 R2에 의한 라우팅 의사결정을 더욱 빠르게 만든다는 점이다.

R2의 라우팅 테이블에서 세 개 엔트리를 하나의 집합 엔트리로 대체하는 것은 그리 중요해 보이지 않을 수도 있다. 그러나 만약 하나의 수퍼넷이 100개 혹은 500개의 서브넷들로 구성되어 있다면, R2의 라우팅 테이블은 100개 혹은 500개 엔트리 대신에 오직 하나의 엔트리만 가지게 되는 것이기 때문에 상당히 작아지게 된다. 라우터는 라우팅 테이블의 규모를 줄임으로써, 패킷의 최적 라우팅 경로를 결정하는데 걸리는 시간을 줄이고, 패킷 전송의 성능을 향상시키는 것이다(패킷 라우팅 의사결정에 대한 자세한 사항은 6장에서 설명된다).

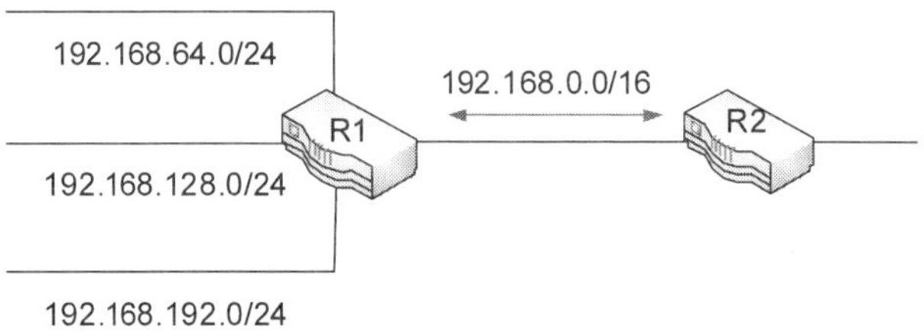


그림 5.16 세 개의 서브넷을 결합한 수퍼넷

이제 그림 5.16의 예시를 이용해 IP 수퍼넷팅(혹은 IP 결합)을 어떻게 구현하는지를 살펴보자. R1은 다음과 같이 세 개의 서브넷에 연결되어 있다:

| 서브넷 주소 & 마스크(10진법) | 서브넷 주소(2진법) |
|---|---|
| 192.168.64.0/24 | 11000000.10101000.01000000.00000000 |
| 192.168.128.0/24 | 11000000.10101000.10000000.00000000 |
| 192.168.192.0/24 | 11000000.10101000.11000000.00000000 |

위 강조된 부문이 서브넷 주소를 나타낸다. 따라서 그 서브넷 마스크는 11111111.11111111.11111111.00000000이 된다.

위와 같은 세 개 서브넷들의 수퍼넷팅을 위해서는 서브넷 주소들 중에 가장 긴 공통 분모를 찾아내야 한다. 처음 16개 자리수 11000000. 10101000를 세 개의 모든 서브넷들이 공유하고 있음을 확인할 수 있으므로, 그것이 가장 긴 공통 분모가 된다. 결과적으로 11000000. 10101000이 세 개의 모든 서브넷들을 포함하는 수퍼넷 주소가 된다. 또한 해당 수퍼넷의 새로운 서브넷 주소와 서브넷 마스크는 다음과 같다:

수퍼넷 주소: 11000000. 10101000.00000000.00000000 = 192.168.0.0
수퍼넷의 서브넷 마스크: 11111111. 11111111.00000000.00000000 = 255.255.0.0(= /16)

### 연습문제 5-11

한 네트워크 관리자가 R1에 연결된 다음 서브넷들을 결합하기 위해, 그림 5.16의 R2에 대한 환경을 설정한다. R2의 라우팅 테이블에 들어갈 결합된 수퍼넷 주소와 그것의 서브넷 마스크를 판단하라.

1) 192.168.1.0/24　　192.168.2.0/24　　192.168.4.0/24

2) 192.168.129.0/24　192.168.130.0/24　192.168.132.0/24　192.168.145.0/24

그림 5.16의 예시는 각 서브네트워크가 여러 개의 8비트 블락으로 된 서브넷 마스크를 가지고 있기 때문에 상대적으로 간단하다. 사실, 서브넷 마스크가 8비트 블락의 단위가 아니라 할지라도, 동일한 매커니즘이 수퍼넷에 포함될 서브넷들의 결합에 적용된다. 하나의 수퍼넷을 파악하는데 있어서 핵심은 10진법이 아닌 2진법으로 작업하는 것이다. 세 개의 서브넷들이 요약되어야 하는 다음의 예시를 사용해 보자(서브넷 주소들이 강조되어 있다).

| 서브넷 주소 & 마스크(10진법) | 서브넷 주소(2진법) | 서브넷 마스크(10진법) |
|---|---|---|
| 172.16.35.0/18 | 10101100.00010000.00100011.00000000 | 255.255.192.0 |
| 172.16.39.0/20 | 10101100.00010000.00100111.00000000 | 255.255.240.0 |
| 172.16.31.0/21 | 10101100.00010000.00011111.00000000 | 255.255.248.0 |

결합지정을 찾아내기 위해서는 모든 세 개 서브넷 주소에 대하여 가장 긴 공통 비트 스트림을 판단해 내야 한다. 처음 18개 비트 **10101100.00010000.00**가 가장 긴 공통 분모인 것을 확인할 수 있다. 따라서 새로운 요약 네트워크 주소는 2진법으로 다음과 같이 될 것이다(강조된 부문은 수퍼넷 주소를 나타낸다):

10101100.00010000.00000000.00000000

이는 수퍼넷 172.16.0.0/18으로 변환된다. /18(11111111.11111111.11000000.00000000)에 해당하는 수퍼넷의 서브넷 마스크는 10진법으로 255.255.192.0와 동일하다.

### 연습문제 5-12

1. 다음 세 개 서브넷 IP들을 하나의 수퍼넷 IP로 요약하라. 또한, 그것의 새로운 서브넷 마스크를 판단하라.

   `172.16.163.0/20    172.16.167.0/22    172.16.159.0/23`

2. 다음 네 개의 서브넷 IP들을 하나의 수퍼넷 IP로 요약하라. 또한, 그것의 새로운 시브넷 미스크를 판단하라.

   `10.20.30.41/17    10.20.65.52/18    10.20.95.34/20    10.20.160.78/21`

## 5.10 IP 주소 영역의 관리

IP 주소를 네트워크 노드에 할당하는 작업은 기획된 절차에 따라 잘 이루어져야 한다. IP 기획(IP planning)은 하나의 복잡한 프로세스가 될 수 있는데, 특히 여러 가지 기능 부서와 사업 단위, 분산된 지역적 위치를 지닌 대기업들의 경우에 더욱 그러하다. 그러한 요인들이 네트워크 성능과 네트워크 자원의 접근 통제, 네트워크 보안 등에 영향을 미치기 때문이다. IP 주소가 한번 중계 기기, 호스트 컴퓨터와 기기들에 할당되어 설정되고 나면, 그것들을 기업의 성장이나 구조 조정 같은 환경 변화에 따라 다시 재설정하려고 할 경우에 매우 고생스러울 수가 있다. 따라서 IP의 할당은 그러한 예상되는 변화를 고려하여 신중하게 잘 기획되어야 할 필요가 있으며, 또한 향후의 네트워크 기획, 관리, 업데이트를 위해 IP 적용과 관련된 상세 사항들이 문서화되어 있어야 한다.

기업 내 IP 할당을 기획하는데 있어서 몇 가지 핵심 요인들이 있다.

1. IP 주소가 필요한 노드들의 숫자를 판단
2. DMZ 서브넷을 포함한 서브네트워크들의 결정
3. IP 할당 정책의 수립

다음은 위 요인들에 대한 상세 설명이다.

### 5.10.1 노드 개수의 결정

네트워크의 운영을 위해 IP를 필요로 하는 여러 가지 유형의 노드들이 존재하는 상황(그림 5.3 참조)에서, 일시적 혹은 영구적으로 IP 주소를 필요로 하는 노드들의 총 개수를 판단해야만 한다. 또한 향후에 예상되는 노드의 증가율 또한 고려해야 한다. 중계 기기 및 호스트의 특성에 따라서 고정적 혹은 동적 IP 주소의 사용을 결정할 수 있다. 분명한 것은, 데스크탑이나 노트북 컴퓨터, 모바일 기기, 기타 개인 기기 등과 같은 사용자 단말기는 항상 켜놓고 운영해야 할 필요가 없기 때문에 임시 IP를 할당한다는 점이다.

영구적 IP를 갖는 사용자 단말기를 설정하는 것은 다음과 같은 몇 가지 문제점을 가지고 있다.

- IP 주소가 하나의 사용자 단말기에 영구적으로 할당되면 해당 컴퓨터가 제 기능을 못하여 퇴출되기 전까지는 재사용을 위한 재할당을 할 수 없기 때문에, 사용 가능한 IP 영역들을 낭비할 수도 있다.

- IP의 관리(예, 각 사용자 단말기의 환경설정/재설정 및 필수 문서)는 특히 네트워크의 규모가 커지는 경우에 관리의 부담이 된다. DHCP(2장과 10장 참조)를 이용한 동적 IP 할당은 관리 부담을 상당히 경감시켜 줄 뿐만 아니라, 수작업으로 IP 환경설정을 하는데 있어 실수할 확률(예, 하나의 IP를 반복 할당하는 등의 실수)을 줄여준다.

최종 사용자 단말기가 아닌 네트워크 노드들에는 클라이언트 호스트에 서비스와 정보를 제공하거나, 패킷 전송을 관리하거나, 파일을 저장하고, 데이터베이스 거래 요청을 수행하는 등과 같은 목적성 기능들의 수행을 위해 일반적으로 영구적인 IP 주소가 할당된다. 표 5.3은 영구적 IP를 갖는 주요 기기들을 (a) 사용자 단말기에 다양한 자원과 서비스를 제공해 주는 기기 (b) 중계 기기로서 링크 연결을 가능하게 하는 기기로 범주화하고 있다. 오직 네트워크 상의 원격 환경설정과 관리를 위해서만 IP 주소를 필요로 하는 관리형 스위치와는 달리, 라우터는 패킷 라우팅을 수행하기 위하여 각 포트(혹은 인터페이스)에 영구 IP를 필요로 한다는 점을 유념하라.

[표 5.3] 네트워크 노드의 유형 분류

| 노드의 범주화 | 노드 | 선호되는 IP 주소화 |
|---|---|---|
| 자원 소비자 | 최종 사용자 단말기<br>(예, 컴퓨터과 개인 생산성 기기) | 동적 IP |
| 자원 혹은 서비스 제공자 | • 전용 서버<br>• 프린터, 팩스, 백업 장비 등과 같은 주변 기기들<br>• 보안 카메라, AC 센서 장비, 경보 장치 등과 같은 특수 기기들 | 영구 IP |
| 중계 기기 | • 라우터 LAN과 WAN 포트(인터페이스)<br>• 방어벽<br>• 관리형 스위치(IP 주소가 네트워크 상 OS에 원격 접속할 수 있도록 할당됨)<br>• 관리형 무선 엑세스 포인트(IP 주소가 네트워크 상 OS에 원격 접속할 수 있도록 할당됨) | 영구 IP |

호스트에 고정 IP를 할당하기 위해서는 다음 4가지 정보 요인들이 입력값으로 요구된다(마이크로소프트 Windows의 경우에는 그림 5.17 참조).

1. IP 주소
2. 서브넷 마스크
3. 디폴트 게이트웨이: 서브넷 영역 밖으로 패킷을 전송하는 라우터 포트(6장에서 자세히)
4. 도메인 네임(예, www.facebook.com)을 해당 IP 주소에 연결하는 디폴트 DNS 서버의 IP 주소

## 5.10.2 서브넷의 결정

정의된 호스트들이 하나의 네트워크 안에 있을지 아니면 여러 개의 서브넷에 걸쳐 있을지에 관한 의사결정을 내려야만 한다. 서브넷의 도입에 대한 의사결정은 다음과 같은 몇 가지 기술적 요인들과 비기술적 요인들을 고려하여 이루어질 수 있다:

- 빌딩 위치, 빌딩 내 점유층, 사무실의 지리적 분산 상황 등을 포함한 기업의 물리적 구조
- 브로드캐스트 스톰이 네트워크 성능을 저하시키지 않도록 브로드캐스트 영역의 범위를 제한하는 것의 중요성
- 비즈니스 요구 사항들을 보다 더 잘 지원하기 위해, 컴퓨터 네트워킹의 기능적 영역들을 정의하는 것의 중요성. 비즈니스 기능 관련 논리적 영역에는 학술 기관(예, 학부와 학과), 사업 부서와 단위(예, 마케팅과 회계), 프로젝트 워크그룹 등이 포함된다.
- 서브네트워크들에 대해 각기 서로 다른 수준의 보안 통제 기능을 갖는 것의 중요성

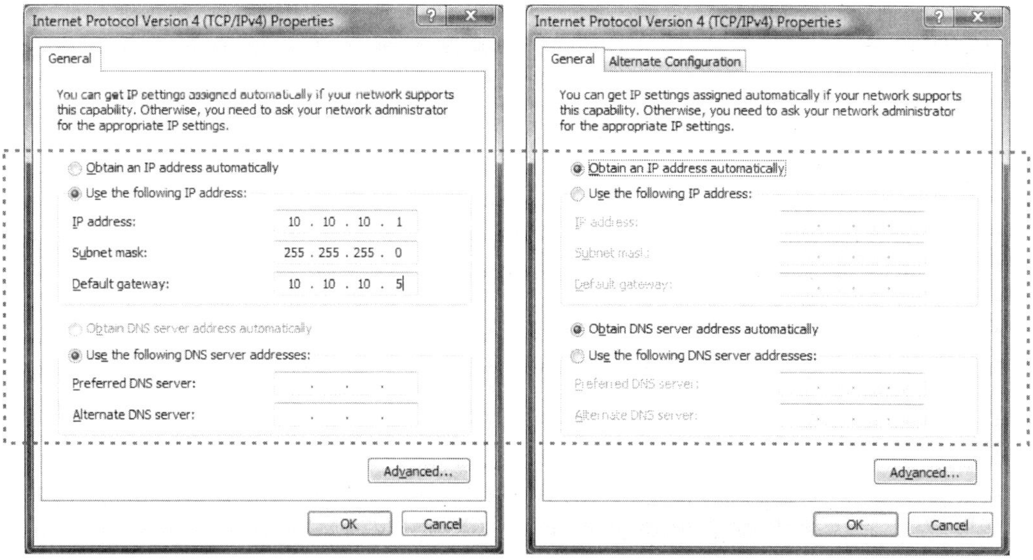


그림 5.17 MS Windows에서의 고정(왼쪽) vs. 동적(오른쪽) IP 할당

## 5.10.3 DMZ 서브넷을 이용한 보안 관리

앞서 설명한 바와 같이, 많은 기업들이 내부 노드들에 대해서는 사설 IP 주소를 사용하고 있다. 이는 외부의 침해와 공격 시도로부터 내부 자원들을 보다 더 잘 보호할 수 있고, 또한 주소 관리에 있어서도 보다 유연성(예, 향후 성장에 대비한 여유)을 가질 수 있기 때문이다. 일부 서버 호스트

들(예, 웹 서버나 이메일 서버)은 기본적으로 외부인들에게 통신과 정보 접근 서비스를 제공하기 위한 것이기 때문에, 인터넷에 상대적으로 더 많이 노출되어 있다. 외부의 위협으로부터 기업을 보다 안전하게 보호하기 위해서는, 일반적으로 이러한 서버들을 **비무장 지대**(demilitarized zone 혹은 DMZ) 서브넷에 위치시킴으로써 핵심적인 생산 네트워크와 분리시킨다. DMZ에 있는 서버들은 사설 IP 혹은 공공 IP 주소로 설정될 수 있다. DMZ 서버가 사설 IP를 가지게 되는 경우, 필요한 주소 변환 작업을 위한 **네트워크 주소 변환**(NAT)이 경계 라우터/방어벽에 의해 수행된다(그림 5.18 참조).

## 5.10.4 IP 할당 정책의 개발

기업은 IP 주소들이 체계적으로 기획되고, 할당되고, 유지되어야 하는 수많은 서브넷과 네트워크 노드들을 적재하고 있다. 특히, IP 주소의 할당이 정형화된 정책에 따라 체계적으로 수행되지 않으면, 이후 IT 인력들이 네트워크 노드들을 관리하는데 있어서 엄청난 혼란을 겪게 될 수도 있다. 더군다나 IP 할당에 있어 일관성이 부족하면, 통합적 네트워크 보안과 접속 통제를 수행하는데 있어서 나쁜 결과를 가져올 수도 있다.

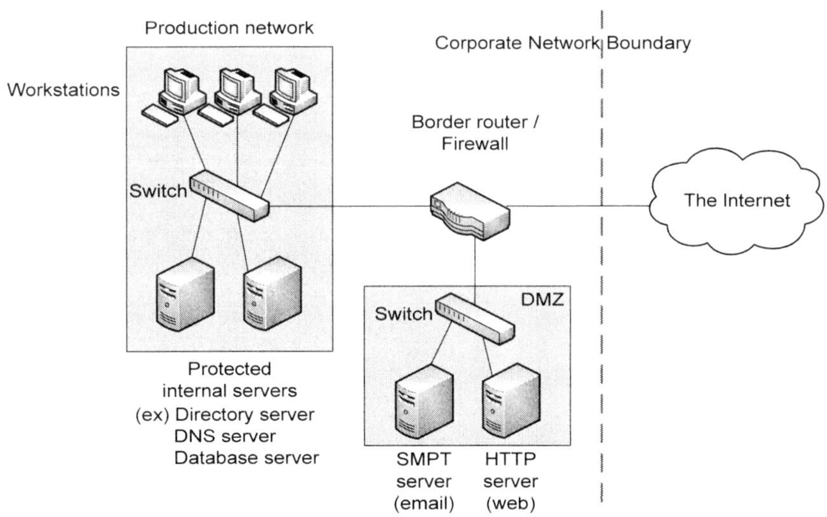


그림 5.18 DMZ를 하나의 서브넷으로 두는 일반적 설정

IP 할당에 있어서 일관성 있는 정책을 정의하기 위해서는, 다양한 네트워크 노드들이 다양한 고유 기능들을 수행하기 때문에 그것들을 유형별로 그룹화하는 것이 좋다. IP 주소 할당에 있어서의 이러한 일관성은 네트워크 노드들의 관리(예, 네트워크 문제 해결과 설정 변경 등과 같은 초기 IP 설정 및 유지 관리)에 있어서 문제가 발생할 가능성을 훨씬 줄인다. 예를 들어, 네트워크 관리자가

네트워크 기능 장애의 원인을 해결해야 하는 상황이라면, 신속히 해당 서브넷의 특정 라우터 포트의 IP 주소 위치를 파악해야 한다. 만약 IP 할당 정책이 서브넷의 마지막 가용 IP 주소를 사용할 것을 요구한다면, 그 관리자는 IP 데이터베이스를 뒤지지 않고서도 쉽게 라우터 포트의 IP를 유추해 낼 수 있을 것이다.

하나의 시각적인 예로서, 표 5.4에 다양한 기능 사업 단위와 네트워크 노드들로 구성된 한 대학교 네트워크에 대한 가상적 IP 할당 정책이 수립되어 있다. 해당 정책은 서브넷과 노드의 주소화를 기획하는데 있어서 지속적인 상위 지침이 될 것이다. 표 5.4는 다소 간소화된 현황을 보여주고 있으며, 실제 IP 관리 정책은 당연히 기업 규모에 따라 더욱 복잡해진다. 한편, 대부분의 비즈니스 기업들은 내부 노드들에 대해서 사설 IP 주소를 사용하고 있지만, 특히 대학교와 같이 보다 공개적인 환경에서 운영되는 기반 구조를 가지고 있는 공공 기관들은 네트워크 노드에 공공 IP 주소를 위주로 부여할 수도 있다.

[표 5.4] 가상적 IP 할당 정책

| IP 범위 | 할당(Assignment) |
|---|---|
| • Network address: 192.168.0.0 | |
| • Subnet mask: 255.255.255.0(/24) ------ | |
| • Subnet range(third octet) | |
| 192.168.1.0 | DMZ(accessible from the Internet) |
| 192.168.2.0~192.168.7.0 | University administration |
| 192.168.8.0~192.168.40.0 | Academics(colleges & departments) |
| 192.168.41.0~192.168.43.0 | Library |
| 192.168.44.0~192.168.50.0 | Student labs |
| 192.168.51.0 | Campus storage area network |
| 192.168.52.0 | Campus operation and maintenance |
| 192.168.53.0 | Campus safety and security |
| 192.168.54.0~192.168.55.0 | Athletics |
| 192.168.56.0~192.168.60.0 | WAN links |
| 192.168.61.0~192.168.62.0 | Internet links |
| • Host range within a subnet(fourth octet) | |
| x.x.x.1~x.x.x.2: | Router(gateway) & firewall interface(s) |
| x.x.x.3~x.x.x.10: | Managed switches(core & workgroup switches) |
| x.x.x.11~x.x.x.15: | Managed wireless devices(ex. access points) |
| x.x.x.16~x.x.x.25: | Servers |
| x.x.x.26~x.x.x.40: | Peripherals(ex. printers, fax, back-up devices) |
| x.x.x.41~x.x.x.250: | General user stations |
| x.x.x.251~x.x.x.254: | Network technician/administrator stations |

연습문제 5-13

표 5.4의 정보에 기반하여, 다음 IP 주소의 특성을 설명하라.

1. 192.168.44.16
2. 192.168.54.50
3. 192.168.4.4
4. 192.168.53.11

이번 장에서의 핵심은 IPv4였다. 32비트 기반의 IP 주소들의 전면적 활용으로 인해, 인터넷 주소 할당 관리기관(IANA)에 의해 부여되는 가용한 IPv4 주소 영역들이 점차 고갈되어 가고 있다. 가용한 IPv4 주소들을 보다 효과적으로 사용하여 그 사용 기한을 확장하고자, 다음과 같은 몇몇 접근법들이 활용되어 왔다.

- DHCP와 같은 프로토콜을 이용하여 클라이언트 호스트에 (영구 IP 보다는) 동적 IP 주소를 할당
- 내부 노드들에 대해서는 (공공 IP 보다는) 동적 IP 주소에 의존하고, 사설 IP와 공공 IP 간의 변환을 위해 네트워크 주소 변환(NAT) 기법을 적용
- 비클래스형 IP 주소화 체계를 적용

이러한 방법들에도 불구하고, 훨씬 더 많은 기기(특히 스마트폰과 같은 모바일 기기들)들이 인터넷에 가세하게 되면서, IPv4 주소 영역의 부족 현상은 훨씬 더 심각해지고 있다. 이러한 부족 현상은, 두말 할 것도 없이, IPv4 체계에서 128비트(혹은 32의 16진법 숫자) 길이에 기반하는 IPv6 체계로 이전해 가도록 할 것이다. 궁극적으로는, 인터넷이 IPv6 주소로 운영되는 컴퓨터, 모바일 기기, 전자 제품(예, 냉장고), 그리고 기타 전자 기기(예, HDTV)들과 서로 연결되는 세상을 보게 될 것이다.

# 제6장 패킷 라우팅의 기초

## 6.1 개 요

이 장에서는 IP 패킷의 라우팅 의사결정과 관련된 이슈들에 대해 설명한다. 라우터가 IP 패킷을 전송하기 위해서는 참조 테이블인 라우팅 테이블을 주기적으로 구축하고 업데이트 해야만 한다. 이 테이블은 IP 패킷이 도착할 때마다 신속하게 참조할 수 있도록 라우터의 메인 메모리에 위치해 있다. 라우터가 IP 패킷을 받으면 라우팅 테이블의 엔트리들을 검색하여 패킷의 최적 전송 경로를 결정한다. 따라서 참조 자원으로서의 스위치 테이블의 역할과 라우팅 테이블의 역할이 서로 유사하다. 즉, 인트라-네트워킹(계층2)을 위한 **프레임 스위칭** 의사결정과 인터-네트워킹(계층3)을 위한 **패킷 라우팅** 의사결정이 서로 닮았다는 의미이다. 그 절차적인 유사성을 요약하면 다음과 같다:

| | |
|---|---|
| 프레임이 스위치 포트에 도착 | 패킷이 라우터 포트에 도착 |
| → 스위치가 *스위치테이블*을 참조 | 라우터가 *라우팅테이블*을 참조 |
| → 프레임의 출력 포트를 결정 | 라우터의 출력 포트를 결정 |

라우터는 인터넷 간 IP 패킷의 전송 경로에 관련된 의사결정을 할 수 있도록 라우팅 테이블을 구축하고 유지한다. 라우터는 라우팅 테이블을 업데이트하기 위해 소위 **동적 라우팅 프로토콜**(dynamic routing protocol)이라고 부르는 것을 이용해 주기적으로 네트워크의 '상태' 정보를 알리고 교환해야 한다. 동적 라우팅 프로토콜은 라우팅 테이블을 유지하고 업데이트하는데 필요한 기능들을 수행한다. 따라서 주로 패킷의 개발과 전송을 책임지고 있는 IP 프로토콜들과는 기본적으로 다르다. 이 장의 목표는 라우팅 테이블의 구조적 상세 사항에 대해 설명하고, 동적 라우팅 프로토콜이 라우팅 테이블을 어떻게 업데이트하는지에 대해 살펴보는 것이다.

비즈니스 기업이나 인터넷 통신사업자 같은 기관들은 서브네트워크들을 연결시키기 위해 여러 개의 내부 라우터를 보유할 수 있으며, 이것이 기업 네트워크를 전체적으로 또 하나의 인터넷으로 만든다. 라우터는 두 가지 유형으로 나뉘는데, 내부 라우터(internal router)와 경계 라우터(border router)가 그것이다. 내부 라우터는 기업 내에서 네트워크 세그멘트들 간의 연결을 제공하는 반면, 경계 라우터는 패킷을 기업 네트워크 영역 밖으로 내보내는 일을 담당한다. 내부 라우터와 경계 라우터는 라우팅 테이블의 업데이트에 필요한 정보를 교환하기 위해, 각각 서로 다른 유형의 동적 라우팅 프로토콜을 사용한다. 이 장의 핵심은 내부 라우팅 의사결정에 있다. 외부(즉 경계)

라우팅은 이 교과서의 범위를 벗어난다.

이 장의 핵심 학습 목표는 다음과 같은 사항들을 익히는 것이다.

- 라우팅 매커니즘의 기본
- 라우팅 테이블의 내부 구조
- IP 패킷 전송 의사결정 프로세스
- 라우팅 테이블 엔트리의 유형: 직접 연결, 고정 경로, 동적 경로
- 동적 라우팅 프로토콜
    - 프로토콜의 유형: 내부 게이트웨이 프로토콜 vs. 외부 게이트웨이 프로토콜
    - 작동 매커니즘에 대한 전반적 이해

## 6.2 라우팅 매커니즘

앞서 2장에서 라우팅을 목적지 IP 주소에 의존하여 여러 서브넷들 간에 패킷을 전송하는 프로세스라고 정의하였다. 그리고 섹션 3.7에서는 스위칭과 라우팅 간의 차이를 보다 명확하게 확인하고, 서로 다른 서브넷에 있는 두 개 호스트 간의 패킷 전송이 어떻게 이루어지는지를 함께 알아보았다. 그와 관련하여 **주소 해석 프로토콜**(Address Resoultion Protocol: ARP)이 하는 역할의 중요성에 대해서도 설명하였다. 이번 섹션에서는 라우터가 IP 패킷의 전송(혹은 라우팅) 의사결정을 하는데 있어 라우팅 테이블 엔트리를 어떻게 사용하는지에 대해 중점적으로 설명한다.

일단은 2개의 서브넷이 라우터 R1을 통해 연결되어 있는 가상적 기업 네트워크(그림 6.1)에서부터 시작해 보자. PC1(172.20.1.1)이 라우터를 통해 서버(172.20.2.1)와 IP 패킷을 교환하려는 상황을 상상해 보자. 두 호스트 간의 패킷 전송은 **라우팅**(routing)을 필요로 하는데, 그 라우팅을 하기 위해서는 R1이 참조 테이블인 라우팅 테이블을 보유하고 있어야만 한다. R1의 두 개 포트(인터페이스)에는 각각 연결된 서브넷에 관계된 IP 주소가 설정된다. 그 주소들은 다음과 같다.

172.20.1.254(Fa0/0)에는 서브넷 172.20.1.0/24 이 할당
172.20.2.254(Fa0/1)에는 서브넷 172.20.2.0/24 이 할당

패킷을 서버로 보내는데 있어서, PC1은 서버의 IP 주소를 통해 목적지가 다른 서브넷에 있다는 것을 알게 되고, 따라서 라우팅을 위해 패킷(프레임의 형태로 캡슐화되어 있는)을 R1에게로 바로 보낸다. 패킷이 R1의 Fa0/0 포트에 도착하게 되면, R1은 그림 6.1에서와 같이 라우팅 테이블을 참조한 후, 라우팅 테이블의 엔트리 172.20.2.0/24가 서버의 처음 3개 숫자(172.20.2.1)와 일치한다는 것을 알아내어, 이를 해당 패킷의 출력 포트로서 Fa0/1을 대응시키는데 사용하는 것이다.

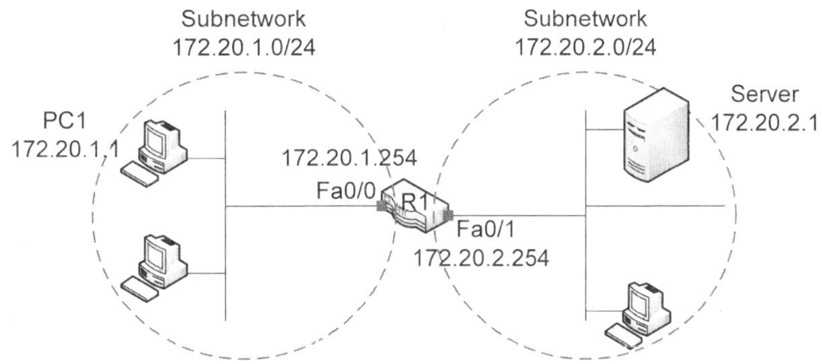


| Destination Network/Mask | Exit Port/Interface | Next hop IP | Metric |
|---|---|---|---|
| 172.20.1.0/24 | FastEthernet0/0 | N/A | 0 |
| 172.20.2.0/24 | FastEthernet0/1 | N/A | 0 |

참고: 각 서브넷이 인트라-네트워킹용의 스위치를 가지고 있을 수도 있지만, 시각적 간결성을 위해 표현하지 않았다. PC와 서버 등의 호스트는 일반적으로 하나 이상의 스위치를 통해 라우터에 연결된다.

그림 6.1 두 개 서브넷과 한 개 라우터의 사례

패킷 라우팅을 위한 서브넷 주소(호스트의 IP 주소가 아닌)와 해당 서브넷 마스크가 라우팅 테이블의 목록에 포함되어 있는 것을 확인할 수 있다. 라우팅 테이블의 컬럼들 중에, **Next hop IP**와 **Metric**는 잠시 신경쓰지 않아도 된다. 그림 6.1에서는 단 두 개의 서브넷만이 존재하기 때문에, R1이 패킷 라우팅을 하는데 있어 라우팅 테이블에서 오직 두 개의 엔트리만을 필요로 한다.

그림 6.1의 간단한 예시를 기초로 하여, 그림 6.2의 다소 복잡한 인터넷 구조를 살펴보자. 이 그림은 세 개의 서브넷(172.20.1.0/24, 172.20.2.0/24, 172.20.3.0/24)이 두 개 라우터 R1과 R2을 통해 연결되어 형성된 소규모 기업 네트워크를 보여준다. 그림 6.2의 테이블은 R1의 라우팅 테이블을 보여준다. 모든 호스트 단말기들이 IP 패킷을 서로 교환할 수 있기 위해서는, R1과 R2의 라우팅 테이블에 세 개 서브넷의 엔트리들이 모두 포함되어야 한다.

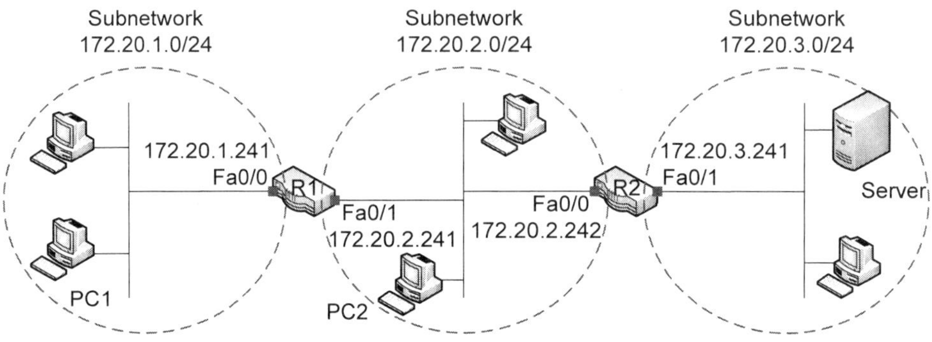


| Destination Network/Mask | Exit Port/Interface | Next hop IP | Metric |
|---|---|---|---|
| 172.20.1.0/24 | FastEthernet0/0 | N/A | 0 |
| 172.20.2.0/24 | FastEthernet0/1 | N/A | 0 |
| 172.20.3.0/24 | FastEthernet0/1 | 172.20.2.242 | 1 |

참고: 서브넷 172.20.2.0/24을 자세히 들여다보면, R1과 R2가 한 개 이상의 스위치를 통해 간접적으로 연결되어 있다. 다른 서브넷들 역시 인트라-네트워킹을 위한 스위치를 보유하고 있다.

그림 6.2 가상적 인터넷과 R1의 라우팅 테이블

### 연습문제 6-1

1. 그림 6.2의 R2 라우팅 테이블을 생성하라. 라우팅 테이블은 *목적지 서브넷 주소, 서브넷 마스크*, 그리고 *출력 포트* 등의 컬럼을 포함해야 한다(next-hop IP와 matric 등의 부가적인 상세 사항들에 대해서는 지금은 신경쓰지 마라.).

2. 어느 한 기업 LAN이 세 개의 라우터를 통해 서로 연결된 6개의 서브네트워크들로 구성되어 있다고 상상해 보자.

   ① 세 개의 라우터가 6개의 서브네트워크들을 상호 연결하고 있는 네트워크의 구조를 그려 보라(몇 가지 해결책이 있을 수 있다).

   ② 해당 기업의 네트워크 주소를 선정하라.

   ③ 6개의 서브넷 주소와 서브넷 마스크를 생성하고, 그것들을 네트워크 기획에 할당하라. 어느 라우터 포트(예, Fa0/0 )가 어느 서브넷과 연결되는지를 명확히 정의하라.

   ④ 호스트 단말기들 간의 인터네트워킹이 가능케 하기 위해 세 개 라우터의 라우팅 테이블을 구축하라. 해당 라우팅 테이블은 *목적지 서브넷, 서브넷 마스크, 출력 포트* 등의 컬럼을 가지고 있어야 한다.

# 6.3 라우팅 테이블

## 6.3.1 배경

라우터가 수행하는 핵심 기능 중 하나는 그림 6.2에서처럼 도달한 IP 패킷의 전송 경로를 결정하는데 필요한 참조 테이블인 라우팅 테이블을 구축하는 것이다. 라우터의 메모리 상에 저장되는 라우팅 테이블에는 수작업으로 추가되거나 혹은 자동적으로 생성되는 엔트리들이 포함된다. 네트워크 내에 적은 수의 라우터가 존재하는 경우나 라우팅 테이블을 업데이트할 필요가 많지 않은 경우에는, 엔트리 추가 작업을 수작업으로 하는 것이 바람직하다. 그러나, 네트워크 안에 여러 개의 라우터가 포함되면서 규모가 커지는 경우에는, 라우터 테이블을 수작업으로 구축하거나 관리하는 것이 비용이 더 많이들 뿐만 아니라 실수를 할 가능성을 높인다. 이러한 이유로 인해, 대부분의 라우팅 테이블 엔트리들은 다른 라우터들에게서 얻은 정보에 기반하여 라우터 자체에서 자동으로 추가된다.

라우터는 자동적으로 라우팅 테이블을 생성하고 엔트리들을 업데이트하기 위해, **동적 라우팅 프로토콜**이라 부르는 표준 프로토콜에 기반하여 정보를 발송한다. 몇 가지 동적 라우팅 프로토콜(예, RIP, OSPF, IS-IS, BGP)들이 라우터 간에 어떤 정보들이 공유되어야 하고, 어떻게 공유되어야 하는지를 정의하기 위해 소개되어 왔다. 지금 우선은 라우팅 프로토콜(예, RIP, OSPF, IS-IS, BGP)과 IP 프로토콜(때로 라우티드 프로토콜(routed protocol)이라고도 부름) 간의 기능적 차이에 대해 이해할 수 있어야 한다.

- 라우팅 프로토콜은 라우팅 테이블을 구축하고 업데이트하는데 필요한 정보를 발송하기 위한 것이다.
- 라우티드 프로토콜로서의 IP는 라우팅 테이블의 엔트리들을 참조하여 패킷을 전송하는 기능을 담당한다.

인터넷 계층의 핵심적이고 기본적인 역할은 라우팅 테이블 정보에 기반하여 IP 패킷을 전송하는 것이다. RIP, OSPF, IS-IS, BGP 같은 라우팅 프로토콜들이 반드시 인터넷 계층에서 정의되어야 하는 것은 아니다. 자칫 독자들에게는 혼란스러울 수도 있겠지만, 이들 중 일부는 응용 계층에 속해있다. 이는 라우팅 테이블의 구축이 라우터가 담당하는 기능임에도 불구하고, 반드시 인터넷 계층과 연관되어 일어나는 것은 아님을 의미한다. 비록 라우터가 인터넷 계층의 기능이 아닌 기능들을 수행한다 할지라도, 라우터의 기본 기능은 IP 프로토콜에 기반한 패킷 전송이고 다른 기능들이 그것을 어느정도 보완하기 때문에, 결국엔 계층3의 기기가 되는 것이다.

### 6.3.2 라우팅 테이블의 구성요소

이번 섹션에서는 라우팅 테이블에 저장되는 정보 요인들에 대해 설명한다. 앞서 언급했듯, 라우팅 테이블의 엔트리는 수작업으로 입력될 수도 있고(변화되지 않는 고정 엔트리) 또는 다른 라우터들이 규칙적으로 발송하는 정보에 기반하여 동적으로 추가/업데이트 될 수도 있다. 라우팅 테이블이 빈번하게 업데이트 된다는 것은 네트워크의 상황과 구조가 자주 변경되었음을 의미한다. 그림 6.2에서 보면 라우팅 테이블이 **목적지 네트워크**, **서브넷 마스크**, **출력 포트**, **next-hop IP**, 그리고 **metric** 등의 정보 항목들을 포함하고 있는 것을 확인할 수 있다. 이들 정보 항목들 중에서도, 목적지 네트워크, 서브넷 마스크, 출력 포트가 패킷 라우팅에서 가장 중요한 것들이다. 나머지 컬럼들의 역할은 보완적이거나 정보 지원의 성격이다. 각각의 항목에 대한 설명은 아래와 같다.

(a) 목적지 서브네트워크 주소와 해당 서브넷 마스크: 호스트의 주소가 아닌 서브넷의 주소를 포함하는 컬럼임을 명심하라.

(b) **출력 포트**(인터페이스): 라우터 포트는 궁극적으로는 목적지 서브네트워크에, 가끔은 목적지 호스트(예, 서버)에 도달하기 위한 IP 패킷을 전송하는데 사용된다.

(c) Next-hop IP: 궁극적인 목적지 호스트에 도달하기 위해서 패킷이 전송되어야 하는 다음 라우터 포트의 IP 주소를 말한다. **next-hop**이라는 것은 한 개 이상의 스위치를 통해 직접 혹은 간접적으로 연결된다. 두 개 라우터 간의 스위치들은 hop 숫자에 포함되지 않는다(스위치는 IP를 이해하지 못하는 2계층 기기라는 것을 기억하라.). 라우터는 최종 목적지로 향하는 하나의 단계로서 **next-hop**에 IP 패킷을 전달한다.

그림 6.3은 **출력 포트**와 **next-hop IP** 주소를 보여준다. 그림에서 보면, 두 개 라우터, R1과 R2가 WAN 링크(192.168.10.0/24)를 통해서 두 개의 LAN(10.10.1.0/24과 172.16.1.0/24)을 상호 연결한다. 만약 PC(10.10.1.1)가 서버(172.16.1.20)에 IP 패킷을 전송하면, R1이 자체 라우팅 테이블 엔트리들을 검토하여 R2에 해당 패킷을 전송할 것이다. 이러한 상황에서 R2의 192.168.10.2이 R1의 next-hop IP 주소가 되고, R1의 S0/0/1가 출력 포트가 된다. 해당 출력 포트와 next-hop이 한 서브네트워크의 두 양쪽 끝이 된다는 것을 확인할 수 있을 것이다. 그림 6.1의 경우에는 R1 이외의 다른 라우터는 없기 때문에, R1의 라우팅 테이블이 next-hop이 아닌 출력 포트를 가진다.

(d) Metric: metric은 **hop count**, **대역폭**, **네트워크 부하**, **지연** 등의 비용 요인들로부터 얻어진 값들을 나타낸다. **대역폭**들의 비용 항목 중 일부는 네트워크 관리자가 라우터 상에서 수작업으로 설정(예, S0/0/1은 1.54Mbps 속도의 T-1에 연결됨)할 수 있으며, **네트워크 부하**와 같은 항목들은 샘플 데이터에 기반하여 라우터에서 자동으로 계산(예, 측정 시간 동안 S0/0/1에 도달하는 데이터의 양)된다. **metric 값은 라우터가 특정 목적지로 가는 최적 라우팅 경로를 라우팅 테이블에서 하나 이상 발견하였을 경우에, 이를 해결하기 위해 사용된다.**

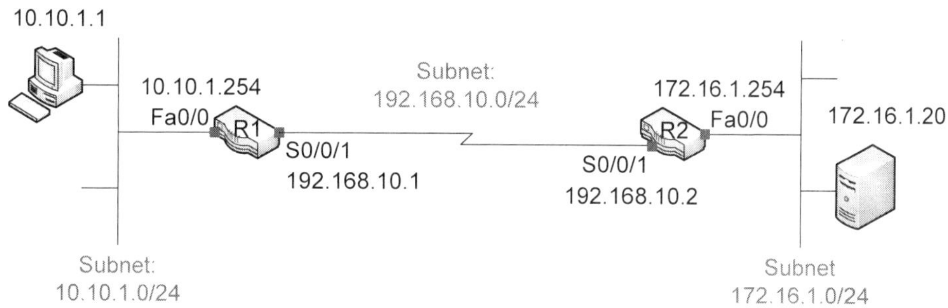


그림 6.3 출력 포트(인터페이스) & next-hop IP 주소

동적 라우팅 프로토콜은 한 특정 경로의 전체 비용을 계산하기 위해 여러가지 요인들을 활용한다. 예를 들어, RIP는 **hop count**에 의존하고, OSPF는 **대역폭**을, EIGRP(시스코의 상용 프로토콜)는 기본 비용 요인으로 **대역폭**과 **지연**을 사용한다. metric 값을 계산하기 위해 사용되는 비용 요인들에는 다음과 같은 것들이 있다.

- Hop count: 하나의 패킷이 목적지 네트워크에 도달하기 위해 지나가야 하는 라우터의 개수. hop count가 낮을수록 더 좋은 라우트 경로가 된다. 예를 들어, 그림 6.3에서 패킷이 R1에 있는데, 그것이 R2를 통해 서버(172.16.1.20)로 전달된다면, 한 개의 hop을 가지게 된다.
- 대역폭(bandwith): 라우터의 연결 속도로서 일반적으로 사전에 정의된 고정값이다. 예를 들어, EIGRP는 대역폭 값을 결정하는 전송 경로에 따라 모든 연결들 가운데 가장 낮은 스루풋(throughput)을 사용한다. 또한 총 스루풋(throughput) 값이 가장 높을수록 더 좋은 라우트 경로가 되기 때문에, 두 개 최종 노드 간의 모든 링크들을 결합한 대역폭을 사용할 수도 있다. 예를 들어, 특정 end-to-end 라우트가 4개의 LAN과 100Mbps(Fast Ethernet), 1.5Mbps(T-1), 155Mbps(OC-3), 2.0Mbps(DSL)의 WAN 링크를 지닌다면, 결합 대역폭에 기반한 해당 metric 값은 258.5Mbps가 된다.
- 지연(Delay): 특정 경로의 예상 지연 시간은 라우터 포트의 연결 유형에 따라 결정된다. 따라서, 예상되는 지연은 기본적으로 동적이기보다는 고정적이다. 예를 들어, 100Mbps 고속 이더넷의 지연은 100 밀리세컨이고, 1.5Mbps인 T-1 라인의 지연은 20,000 마이크로세컨드가 된다. 이러한 계산법으로 보면, 지연 값이 더 낮을수록 더 좋은 라우트 경로가 된다.
- 안정성(Reliability): 이는 연결 실패의 가능성이 낮고, 연결의 신뢰성이 높다는 측면에서 네트워크 링크를 믿을 수 있는 정도를 의미한다. 이 값은 특정 시간 기간(예, 5분) 동안의 평균 네트워크 성능에 기반하여 라우터에 의해 자동 산출될 수 있으며, 100 이하의 퍼센트 값으로 표현된다(예, 80% 보다는 100%를 더 신뢰할 수 있다). 신뢰성 값이 높을수록, 더 좋은 라우트 경로가 된다.
- 부하(Load): 이 연산값은 링크의 활용도를 100(온전히 활용) 이하의 퍼센트 값으로 나타낸다.

이는 특정 시간 간격(예, 5분)을 기준으로 자동 계산될 수 있다. 예를 들어, 한 링크의 부하 값이 80%라는 것은 측정 기간 동안 해당 링크 용량의 80%만이 사용되었다는 것을 의미한다. 부하 값이 낮을수록, 더 좋은 라우트 경로가 된다.

### 연습문제 6-2

1. 그림 6.2에 기반하여 다음 질문에 답하라.
   ① 이전 연습 문제에서 생성했던 R2의 라우팅 테이블에, *next-hop IP*과 *hop count* 항목을 추가하라.
   ② 만약 R1이 패킷을 PC1에서 Server로 전달한다면, R1의 next-hop 주소는 무엇인가?
   ③ 만약 R2가 패킷을 PC2에서 Server로 전달한다면, R2의 next-hop 주소는 무엇인가?
   ④ 만약 R1이 패킷을 PC1에서 Server로 전달한다면, R1의 출력 포트는 무엇인가?
   ⑤ 만약 R2가 패킷을 Server에서 PC1으로 전달한다면, R2의 출력 포트는 무엇인가?
   ⑥ 만약 R2가 패킷을 Server에서 PC2로 전달한다면, R2의 next-hop 주소는 무엇인가?
   ⑦ 만약 R2가 패킷을 Server에서 PC1으로 전달한다면, R2의 next-hop 주소는 무엇인가?

2. 그림 6.3에 기반하여 R1과 R2의 라우팅 테이블을 구축하라. 해당 라우팅 테이블에는 *목적지 네트워크, 서브넷 마스크, 출력 포트, next-hop IP*과 *hop count* 항목이 포함되어야 한다.

3. 그림 6.4는 세 개의 라우터가 고속 스위치에 의해 상호 연결된 가상적인 기업 네트워크이다. 다음 질문에 답하라.
   ① 해당 기업 네크워크에서 총 몇 개의 서브네트워크를 관찰할 수 있는가? 그 서브넷 주소는 무엇인가?
   ② 만약 R1이 패킷을 PC1에서 Server1으로 전달한다면, R1의 next-hop 주소는 무엇인가?
   ③ 만약 R2가 패킷을 PC2에서 Server1으로 전달한다면, R2의 next-hop 주소는 무엇인가?
   ④ 만약 R1이 패킷을 PC1에서 PC2로 전달한다면, R1의 출력 포트는 무엇인가?
   ⑤ 만약 R3가 패킷을 Server1에서 RC2로 전달한다면, R3의 출력 포트는 무엇인가?
   ⑥ R1, R2, R3의 라우팅 테이블을 구축하라. 해당 라우팅 테이블에는 *목적지 네트워크, 서브넷 마스크, 출력 포트, next-hop IP*과 *hop count* 항목이 포함되어야 한다.

   힌트: 해당 라우팅 테이블은 호스트들 간의 패킷 전송을 하기 위해 기업 네트워크의 모든 서브넷의 목록을 가지고 있어야 한다. 다음은 R1의 샘플 라우팅 테이블이다.

| 목적지 네트워크/ 서브넷 마스크 | 출력 포트/ 인터페이스 | Next hop IP | Metric |
|---|---|---|---|
| 192.168.10.0/24 | FastEthernet0/1 | ……. | 0 |
| 172.20.1.0/24 | FastEthernet0/0 | …… | 0 |
| 10.10.1.0/24 | FastEthernet0/1 | 192.168.10.252 | 1 |
| 192.168.1.0/24 | FastEthernet0/1 | 192.168.10.253 | 1 |

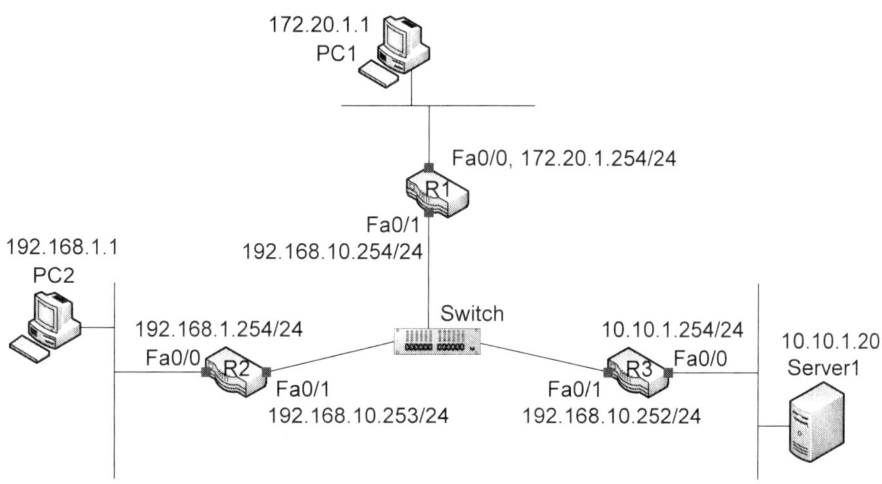


그림 6.4 가상적인 기업 네트워크

4. 그림 6.5에서와 같이 그린테크라는 회사의 기업 네트워크는 몇 개의 대여 라인 WAN 링크를 통해 4개 비즈니스 지역들을 상호 연결하고 있다.

(1) 4개 라우터들을 상호 연결하는데 어떠한 구조가 사용되었는가?

(2) 이 기업 네트워크에는 총 몇 개의 서브넷들이 있는가?

(3) 사용된 모든 라우터 포트들에 적절한 이름을 할당하라.

(4) 각각의 비즈니스 지역에 IP 주소가 필요한 100개의 호스트들이 있다고 가정하고, 모든 서브네트워크들에 서브넷 주소와 서브넷 마스크를 할당하라. 그 다음에는 연결된 각 라우터 포트에 IP 주소를 할당하라(그림 6.5를 사용하면 작업이 훨씬 용이할 것이다). 해당 서브네트워크의 사설 IP 범위를 활용하라.

(5) 모든 서브네트워크들이 자체 서브넷 주소를 지니고 나면, 각 라우터는 패킷 전송을 위한 라우터 테이블을 보유해야만 한다. 각 라우터들에 대하여 *목적지 네트워크, 서브넷 마스크, 출력 포트, next-hop IP*과 *hop count* 항목을 포함하는 라우팅 테이블을 생성하라.

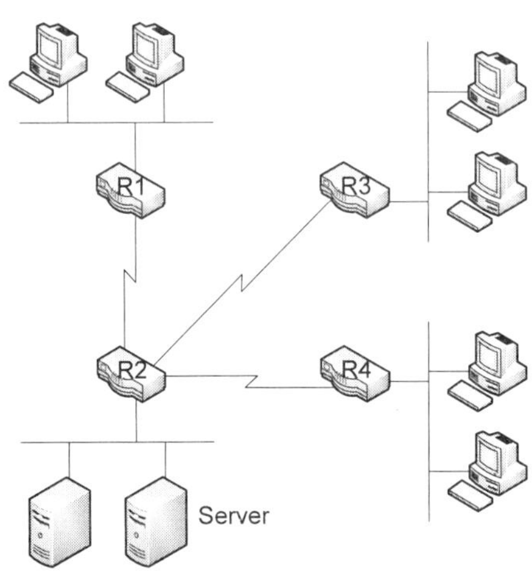


그림 6.5 그린테크라는 회사의 기업 네트워크

## 6.4 패킷 전송 의사결정

이번 섹션에서는 IP 패킷의 전송 경로(더 구체적으로는 출력 포트 혹은 인터페이스)를 결정하기 위해 라우터가 사용하는 일반적 매커니즘에 대해 설명한다. 그 전에 먼저 **디폴트 라우트**(default route)의 개념을 간단히 소개하고자 한다. 라우팅 테이블은 0.0.0.0/0(서브넷 IP 주소: 0.0.0.0, 서브넷 마스크 0.0.0.0)으로 정의되는 **디폴트 라우트**를 포함할 수 있다. 라우터가 자체 라우팅 테이블의 엔트리 중에서 입수되는 IP 패킷의 목적지 네트워크를 찾지 못할 경우에는, 패킷을 디폴트 라우트로 할당된 포트를 통해 전달한다. 일반적으로 라우터의 디폴트 라우트는 결국 WAN 혹은 인터넷 연결을 위한 경계 라우터에 연결된 포트와 연결되어 있다.

패킷이 라우터 포트에 도착하면, 해당 라우터는 패킷의 목적지 주소와 일치하는 모든 서브네트워크 주소의 위치 확인을 위해 라우팅 테이블의 모든 엔트리들을 처음부터 끝까지 검색한다. **여기서 일치한다는 것은 IP 패킷의 목적지 주소가 라우팅 테이블의 특정 서브넷 주소와 맞는 비트 스트림을 포함하고 있는 경우를 발견했다는 것을 뜻한다.** 라우터는 도달한 모든 패킷들에 대하여 이러한 매칭 프로세스를 수행한다.

라우터 테이블을 검색한 결과, 단수 일치, 복수 일치, 혹은 일치하는 것이 없는 경우가 있을 수 있다. 패킷 전송 의사결정을 위해서는 이러한 세 가지 매칭 시나리오에 대해 각각 다음과 같은 규칙들이 적용된다.

1. 라우팅 테이블 엔트리와 패킷의 목적지 주소 간에 단수 일치가 존재할 경우, 해당 패킷은 대응되는 출구 인터페이스를 통해 전송된다. 예를 들어, 만약 라우팅 테이블이 다음 엔트리들 중 어느 하나를 포함하고 있다면, 목적지 주소 100.50.30.10를 가진 패킷은 단수 일치가 된다(서브넷 마스크를 주의해서 보라.).

   100.50.30.0/24
   100.50.0.0/16
   100.0.0.0/8.

2. 라우팅 테이블에서 복수 일치가 발견되는 경우, 라우터는 목적지 IP 주소와 가장 명확하고 긴 일치를 보이는 네트워크 경로를 선택한다. 최적의 경로가 하나 이상일 경우에는 metric 값을 이용하여 결정한다.

   예를 들어, 목적지 주소가 100.50.30.10인 IP 패킷이 라우터 포트에 도달했는데, 해당 라우터 테이블에 다음과 같은 서브넷 주소/마스크 엔트리들이 포함되어 있다고 가정해 보자.

   [1] 100.50.30.0/24
   [2] 100.50.0.0/16
   [3] 100.0.0.0/8
   [4] 0.0.0.0/0(디폴트 라우트)

   물론, 해당 라우터는 0과 1 값들로 이루어진 이진법 값만 이해하기 때문에, 가장 길게 일치하는 경우를 찾는 과정은 항상 0과 1의 연결 문자들에 기반하여 이루어진다. 목적지 주소 100.50.30.10는 다음과 같다.

   01100100.00110010.00011110.00001010.

   반면, 위의 라우팅 테이블 엔트리를 이진법으로 변환하면 다음과 같다(서브넷 ID 비트들이 강조되어 있다).

   [1] **01100100.00110010.00011110**.00000000
   [2] **01100100.00110010**.00000000.00000000
   [3] **01100100**.00000000.00000000.00000000
   [4] 00000000.00000000.00000000.00000000

   4개 엔트리들 중에 [1]의 서브넷 주소가 목적지 주소와 가장 길고도 가장 정확한 일치를 보이고 있으며, [2]와 [3]이 그 뒤를 따르고 있다. 따라서, 해당 IP 패킷은 100.50.30.0 네트워크로 보내지게 된다. 여기서 가장 길게 일치하는 경우가 반드시 8비트의 블락일 필요는 없다는 사실을 유념해야 한다.

3. 만약 라우팅 테이블에 일치하는 엔트리가 전혀 없으면, 라우터는 해당 패킷을 **디폴트 라우트** (0.0.0.0/0)로 할당된 출력 포트를 통해 전송한다. 라우팅 테이블에 일치하는 엔트리가 전혀 없고 **디폴트 라우트**도 존재하지 않는 경우에는, 라우터가 해당 IP 패킷을 버릴 수밖에 없다. 앞서 언급했듯이, 서브넷 ID 비트들 중 어느 하나라도 도달한 패킷의 목적지 주소와 다르면, 일치하는 경우가 없는 경우에 해당된다. 예를 들면, 목적지 주소가 100.50.30.10(01100100.00110010.00011110.00001010)인데, 라우터 테이블이 지닌 엔트리들의 서브넷 주소(강조된 부분)가 다음과 같은 경우이다.

   01100100.00100000.00000000.00000000/16
   01100100.00110010.00010101.00000000/24

   이 경우에 해당 엔트리들이 목적지 주소와 둘 다 일치하지 않는다.

   이 예제를 좀 더 확장시켜 보자. 라우팅 테이블이 아래와 같은 엔트리들만 갖고 있다면, 목적지 주소 100.50.30.10를 가진 패킷은 서브넷 ID 비트들과 패킷의 목적지 주소가 불일치하기 때문에, 일치하는 것이 없게 된다. 그러면 라우터는 0.0.0.0.0/0이 할당된 출력 포트를 통해 해당 패킷을 전송한다.

   100.50.20.0/24
   100.40.40.0/24
   100.40.0.0/16
   90.0.0.0/8
   0.0.0.0/0

### 연습문제 6-3

1. 만약 목적지 주소가 100.50.30.10인 패킷의 경우, 다음의 라우팅 테이블 엔트리들과 일치하는지를 판단하라.

   100.50.30.0/16   100.40.30.0/16   100.50.30.0/8   100.50.30.0/25
   100.50.15.0/16   100.50.30.0/24   100.50.10.0/24   100.50.0.0/24
   100.0.0.0/16   100.50.0.0/18   100.48.30.0/21   100.27.0.0/15

2. 라우터가 패킷들을 전달 받았다. 다음 시나리오에서 각 패킷의 전송 인터페이스는 무엇이 되어야 하는가?

① 패킷 목적지: 172.164.32.25

| 서브넷/마스크 | 출력 포트 |
|---|---|
| 172.164.30.0/21 | S0/0/0 |
| 172.154.24.0/20 | S0/0/1 |
| 173.140.21.0/7 | Fa0/0 |
| 173.120.21.0/15 | Fa0/1 |
| 0.0.0.0/0 | S0/0/1 |

② 패킷 목적지: 142.66.39.125

| 서브넷/마스크 | 출력 포트 |
|---|---|
| 142.64.130.0/16 | S0/0/0 |
| 142.62.39.0/24 | S0/0/1 |
| 142.140.21.0/7 | Fa0/0 |
| 142.66.39.64/25 | Fa0/1 |
| 0.0.0.0/0 | S0/0/1 |

③ 패킷 목적지: 11.87.234.111

| 서브넷/마스크 | 출력 포트 |
|---|---|
| 11.87.234.60/27 | S0/0/0 |
| 11.87.200.60/22 | S0/0/1 |
| 11.85.234.60/15 | Fa0/0 |
| 11.87.234.160/25 | Fa0/1 |
| 0.0.0.0/0 | S0/0/1 |

## 6.5 라우팅 테이블의 기본 유형

라우팅 테이블의 엔트리는 다음 세 가지 유형 중 하나가 될 수 있다: 직접 연결된 라우트(Directly Connected Routes), 고정 라우트(Static Routes), 그리고 동적 라우트(Dynamic Routes). 이 유형들 간의 차이를 이해하면, 라우팅 테이블을 생성하고 업데이트하는데 사용되는 매커니즘을 좀 더 잘 이해할 수 있게 될 것이다.

### 6.5.1 직접 연결된 라우트

**직접 연결된 라우트**에서는 패킷의 목적지 네트워크가 라우터 포트에 직접적으로 연결되어 있다. 다시 말해서, 모든 서브넷들이 한 개 라우터의 포트들에 물리적으로 연결되어 있어 해당 라우팅 테이블에 포함되어 있는 것이다. 예를 들어, 그림 6.1에서 두 개의 서브넷 172.20.1.0/24과 172.20.2.0/24는 Fa0/0과 Fa0/1을 통해서 R1에 직접 연결된 라우트들이다. **직접 연결된 라우트의 엔트리는 IP 주소와 서브넷 마스크가 라우터 포트에 하나씩 수작업으로 할당될 때마다 해당 라우팅 테이블에 추가된다.** 이는 라우터가 포트의 개수만큼 직접 연결된 라우트를 라우팅 테이블에 설정할 수 있음을 의미한다.

**예시 : 시스코 라우터의 라우팅 테이블에 직접 연결된 라우트 추가하기**

이 예시는 OS 상에서 간단한 명령어 입력을 통해 어떻게 시스코 라우터의 라우팅 테이블에 직접 연결된 라우트가 추가되는지를 보여준다. 그림 6.1의 예시를 이용하면, 세 개의 명령어를 이용해 Fastethernet0/0에 IP 주소/서브넷 마스크를 할당하여 해당 포트를 활성화한다. 입력된 명령어가 성공적으로 수행되면서, 직접 연결된 서브넷(172.20.1.0/24) 정보가 자체 라우팅 테이블에 추가되는 것이다.

(1) R1(config)# ***interface Fastethernet0/0***
설명: 이 명령어는 R1 에 설정된 특정 포트를 가리킨다.

(2) R1(config-if)# ***ip address 172.20.1.254 255.255.255.0***
설명: 이 명령어는 Fastethernet0/0 에 하나의 IP 주소와 서브넷 마스크를 할당한다. 이를 통해, R1 은 자동적으로 서브넷 172.20.1.0 이 물리적으로 자체 Fastethernet0/0 포트와 연결된다는 것을 학습하게 된다.

(3) R1(config-if)# ***no shutdown***
설명: 이 명령어는 Fastethernet0/0 포트를 활성화시킨다. 라우터 포트는 수작업으로 활성화시키기 전까지는 작동하지 않는다.

**연습문제 6-4**

1. 그림 6.1에서, R1의 라우팅 테이블에 직접 연결된 라우트(172.20.2.0/24)를 추가하기 위해 입력해야 하는 세 가지 명령어는 무엇인가? 시스코 라우터의 환경을 설정하고 있다고 가정하자.

2. 그림 6.3에서, R1의 라우팅 테이블에 얼마나 많은 직접 연결된 라우트들이 포함되어야 하는가? 시스코 라우터의 환경을 설정하고 있다고 가정하자.

3. 그림 6.3에서, R1의 라우팅 테이블에 직접 연결된 라우트(192.168.10.0/24)를 추가하기 위해 입력해야 하는 세 가지 명령어는 무엇인가? 시스코 라우터의 환경을 설정하고 있다고 가정하자.

## 6.5.2 고정(static) 라우트

### [라우터의 고정 라우트]

고정 라우트는 목적지 네트워크로 가는 라우팅 경로가 라우팅 테이블에 수작업으로 추가된 이후 다시 수작업으로 변경하기 전까지는 변하지 않고 남아있다. 이러한 정의 방식은 위의 직접 연결된 엔트리와 많이 유사하지만, 핵심적인 차이는 고정 라우트의 목적지 네트워크는 라우터 포트에 직접적으로 연결되지는 않는다는 점이다. 운영 측면에서의 또 다른 차이점은, 직접 연결된 라우트를 라우팅 테이블에 추가하는 작업(각 라우터 포트를 설정하고 활성화하는 작업)은 반드시 필요한 과정인 반면, 디폴트 라우트와 같이 특정한 고정 라우트를 추가하는 작업은 필수 요건이 아니라는 점이다. 고정 라우트에서 수작업의 추가 설정이 필요한 상황들은 다음과 같다.

- 디폴트 라우트를 라우팅 테이블에 추가할 때
- 엔트리를 변경해야 할 필요가 다소 있을 때
- 제한된 숫자의 라우터를 가진 소규모의 네트워크를 설정할 때

예를 들어, 그림 6.1의 R1 라우팅 테이블을 확장해서 보면, 표 6.1이 두 개의 직접 연결된 라우트와 한 개의 디폴트 라우트, 즉 고정 엔트리(IP 주소=0.0.0.0/서브넷 마스크=0.0.0.0)를 보여주고 있다. 입수된 IP 패킷의 목적지 주소와 라우팅 테이블 엔트리들 간에 일치하는 경우가 없다면, 해당 라우터는 패킷을 FastEthernet0/0 포트를 통해 디폴트 라우트로 전송할 것이다.

[표 6.1] 고정 라우트로서의 디폴트 라우트

| 목적지 네트워크/서브넷 마스크 | 출력 포트/인터페이스 | Next hop IP | Metric |
|---|---|---|---|
| 172.20.1.0/24 | FastEthernet0/0 | N/A | 0 |
| 172.20.2.0/24 | FastEthernet0/1 | N/A | 0 |
| 0.0.0.0/0 | FastEthernet0/0 | N/A | 1 |

#### 예시 : 디폴트 라우트를 시스코 라우터에 추가하기

표 6.1에서 고정된 디폴트 라우트를 라우팅 테이블에 추가하는 작업은 아래와 같은 간단한 명령어를 통해 수행된다. 이러한 작업은 기본적으로 라우터에게 디폴트 라우트 경로(목적지 IP: 0.0.0.0/

서브넷 마스크: 0.0.0.0)가 출력 포트 FastEthenet0/0(혹은 간단하게 Fa0/0)를 통한다고 알려주는 기능을 한다.

R1(config)# *ip route 0.0.0.0 0.0.0.0 Fa0/0*

## [호스트로서의 고정 라우트]

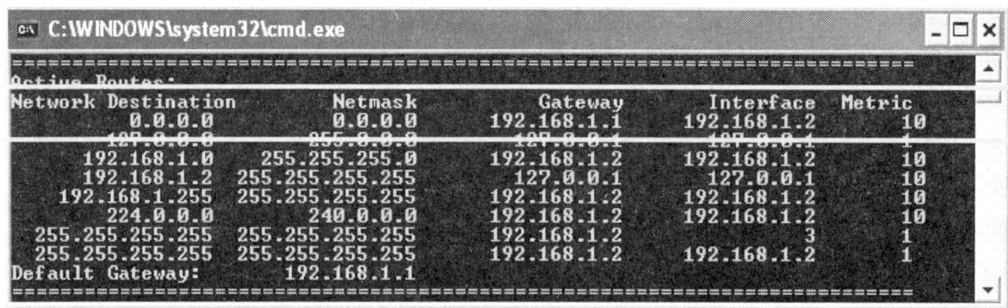


그림 6.6 호스트 단말기의 간단한 라우팅 테이블

지금까지의 고정 엔트리에 대한 설명은 라우터의 라우팅 테이블에 초점이 맞추어져 있다. 그러나, 호스트 컴퓨터 또한 엔트리가 전반적으로 변하지 않고 고정적인 경우를 자체적으로 보유하고 있다. 예를 들어, 그림 6.6은 윈도우 OS로 운영되는 PC의 라우팅 테이블을 보여주고 있다. 그림에서 보듯이, 명령어 입력창에 "**C:\>route print**" 혹은 "**C:\>netstat-r**"이 입력되었다. 윈도우 7을 비롯한 최신 OS 버전은 두 개의 라우팅 테이블(하나는 IPv4을 위한 것이고 다른 하나는 IPv6를 위한 것)을 제공하지만, 여기서는 일단 IPv4에 중점을 둔다. 테이블에 여러 개의 엔트리가 존재하지만, 첫 번째 줄이 컴퓨터가 인터넷에 패킷을 전달하는데 있어 가장 중요한 엔트리 이다. 기본적으로 이 첫번째 줄은 호스트 단말기(192.168.1.2)로부터 나오는 IP 패킷의 디폴트 라우팅 경로(서브넷 주소 0.0.0.0/서브넷 마스크 0.0.0.0)가 192.168.1.1의 **게이트웨이**(라우터 포트)를 통한다는 것을 말해주고 있다. 해당 게이트웨이를 종종 **디폴트 게이트웨이**라고도 부른다. 해당 인터페이스 192.168.1.2는 호스트의 IP 주소이다.

### 연습문제 6-5

PC 라우팅 테이블의 수정

그림 6.6에서의 고정 라우팅 테이블 엔트리는 아래 나와있는 *route print, route add* 그리고 *route delete*와 같은 명령어를 이용해 수정될 수 있다. 키워드는 대문자로 쓰여있다.

```
C:\>route PRINT
```

```
C:\>route DELETE network
C:\>route ADD network MASK mask gateway-IP address
```

예를 들어, C:₩>route DELETE 0.0.0.0 명령어를 입력함으로써, 그림 6.6의 디폴트 게이트웨이를 삭제할 수 있다. 그러면, 첫번째 엔트리인 "0.0.0.0 0.0.0.0 192.168.1.1 192.168.1.2"가 라우팅 테이블에서 삭제될 것이다. 또한, C:₩>route ADD 0.0.0.0 MASK 0.0.0.0 192.168.1.1 명령어를 이용하여 해당 디폴트 라우트를 다시 되돌려 추가할 수도 있다.

지금 당신의 컴퓨터에서 상기 프로세스를 반복해 보라.

1. 명령어 입력창에 임의의 포털사이트에 대한 핑(ping) 요청을 입력하고, 응답이 있는지를 확인하라. 응답이 없다면 다른 사이트에 대하여 응답이 올 때까지 반복 시도해 보라.

2. 당신의 컴퓨터에서 라우팅 테이블을 출력하라.

3. 라우팅 테이블에서 디폴트 라우트를 삭제하라(삭제 전에 제대로 명령어를 작성했는지 확인하라.). 디폴트 라우트가 삭제되었는지 확인하기 위해 *route print* 명령어를 사용해 보라.

4. 디폴트 라우트를 삭제 한 후, 첫번째 단계에서 지정한 웹 서버에 대하여 다시 핑(ping) 요청을 하고 무슨 일이 일어나는지를 설명하라. 왜 그런지를 설명하라.

5. 이제 라우팅 테이블에서 삭제했던 디폴트 라우트를 다시 추가해 되돌려 놓아라. 제대로 추가되었는지 확인하기 위해 *route print* 명령어를 사용하라.

6. 추가한 이후에 다시 웹 서버에 대하여 핑(ping)을 전송하고, 무슨 일이 일어나는지를 설명하라.

7. 이것을 통해 배운 것을 정리해 보라.

8. 정보가 수작업으로 설정되어 있지 않은 상황에서 어떻게 호스트 단말기가 게이트웨이 IP 주소를 알게 되었는지를 설명하라.

힌트: DHCP

주의: 만약 당신이 윈도우 최신 버전을 사용하고 있다면, "요청한 작업은 권한 상승을 필요로 합니다(The required operation requires elevation)."라는 메시지를 받게 될 수도 있다. 이는 당신이 관리자의 권한으로 명령어를 활용해야 한다는 것을 의미한다. 이를 해결하기 위해서는, 다음 루트로 가라: 모든 프로그램 〉 보조 프로그램 〉 명령 프롬프트에서 오른쪽 마우스를 클릭해서 관리자 권한으로 실행하기를 눌러 권한을 얻는다!

이제는 **디폴트 게이트웨이**(혹은 그림 6.6에서처럼 단순한 **게이트웨이**)라는 것이 목적지 주소가 동일한 서브넷 내에 있지 않을 때, 호스트 단말기가 IP 패킷을 보내는 라우터 포트의 IP 주소라는 것을 이해할 수 있어야 한다. 디폴트 게이트웨이에 도달한 패킷들은 서브넷의 외부로 전송되고, 그것들 중 대부분은 인터넷으로 간다. 디폴트 게이트웨이는 'C:\>route print' 혹은 'C:\>netstat-r' 명령어뿐만 아니라 'C:>ipconfig' 명령어를 사용하여 확인할 수도 있다. 따라서, 그림 6.7에서 보듯, 디폴트 게이트웨이는 호스트 단말기와 같은 서브넷 주소를 공유해야만 한다.

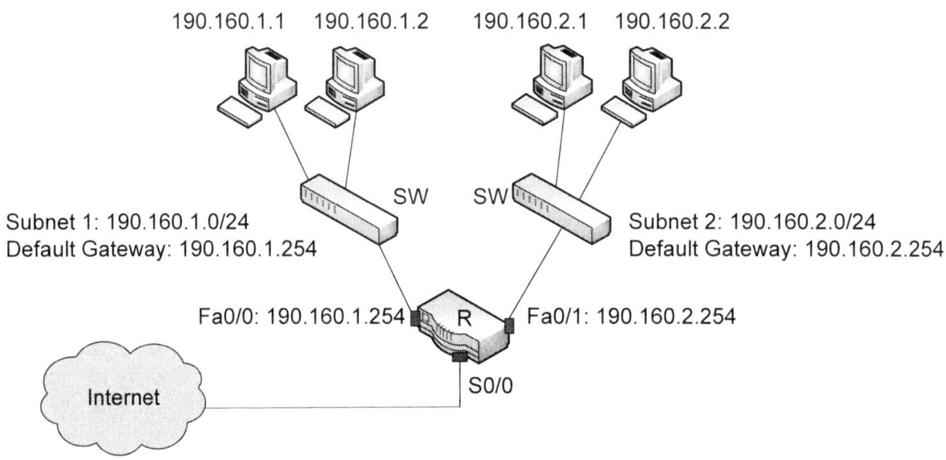


그림 6.7 디폴트 게이트웨이의 예시

### 연습문제 6-6

1. 그림 6.4에 기반하여 다음 질문에 답하라.

   ① PC1, PC2, 그리고 Server1의 디폴트 게이트웨이를 판단하라.

   ② 네트워크 관리자가 Server1의 디폴트 게이트웨이 주소를 설정하는 것을 잊어버렸다고 가정하고, 그것의 영구적 IP 주소와 서브넷 마스크를 제시하라. PC1과 PC2는 DHCP 서버에 의해서 IP 주소, 서브넷 마스크, 그리고 디폴트 게이트웨이가 주어진다. 만약 PC1이 Server1에 핑(ping)을 보냈다면, PC1은 Server1의 응답을 받게 되겠는가? 왜 그런가 혹은 왜 그렇지 못하는가?

   ③ 네트워크 관리자가 PC1의 디폴트 게이트웨이 주소를 설정하는 것을 잊어버렸다고 가정하고, 그것의 영구적 IP 주소와 서브넷 마스크를 설정하라(DHCP가 활용되지 않는다고 가정하자.). Server1은 IP 주소, 서브넷 마스크, 그리고 디폴트 게이트웨이를 이용해 설정된다. 만약 PC1이 Server1에 핑(ping)을 보냈다면, PC1이 Server1의 응답을 받게 되겠는가? 왜 그런가 혹은 왜 그렇지 못하는가?

2. 그림 6.7에 기반하여 다음 질문에 답하라.

① 시리얼 포트 S0/0의 IP 주소가 Subnet1 혹은 Subnet2에 있는 호스트 단말기들의 디폴트 게이트웨이가 될 수 있는가? 만약 그렇지 않다면 왜 그러한가?

② 다음 중 어느 것이 Subnet1에 있는 호스트 단말기들의 디폴트 게이트웨이가 될 수 없는가?

```
190.160.1.0     190.160.2.0     190.160.1.3
190.160.2.3     190.160.1.255   190.160.2.255
```

3. 그림 6.8을 참고하여 다음 질문들에 답하라.

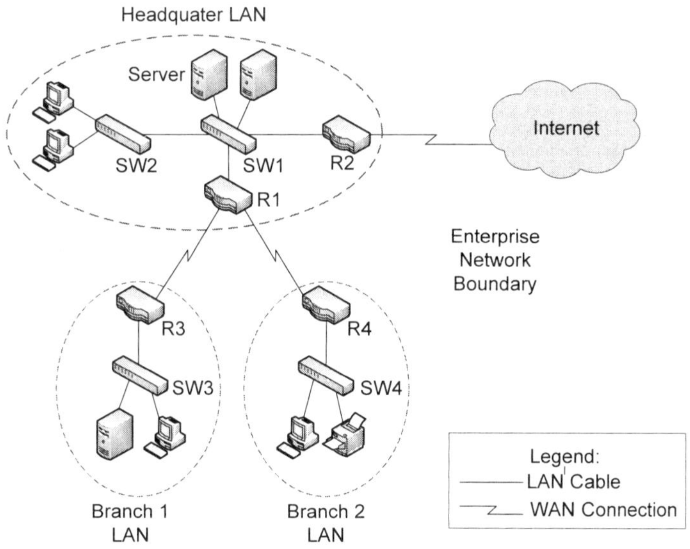


그림 6.8 가상적인 기업 네트워크

① 사용 가능한 영구 IP 주소와 서브넷 마스크들의 목록이 아래와 같이 주어져 있다. 이것들을 해당 기업 네트워크의 모든 사용자 단말기, 서버, 프린터, 그리고 라우터 포트들에 할당하라.

| 가용한 IP 범위 | 서브넷 마스크 |
|---|---|
| 192.168.5.251~192.168.5.252 | 255.255.255.0 |
| 192.168.10.253~192.168.10.254 | 255.255.255.0 |
| 192.168.20.1~192.168.20.6 | 255.255.255.0 |
| 172.18.10.1~172.18.10.3 | 255.255.255.0 |
| 172.19.110.1~172.19.110.3 | 255.255.255.0 |

② IP 주소와 서브넷 마스크가 할당되고 난 뒤에, 컴퓨터, 서버, 프린터 등과 같은 모든 호스트들의 디폴트 게이트웨이를 지정하라.

### 6.5.3 동적(dynamic) 라우트

라우터는 동적 라우팅 프로토콜(dynamic routing protocol)을 통해 얻은 정보를 이용하여 라우팅 테이블에 동적으로 엔트리를 추가한다. 그러한 동적 라우트를 라우팅 테이블에 추가하거나 업데이트하기 위해서는, 라우터가 필요한 정보들을 공유하기 위해 동적 라우팅 프로토콜에 기반하여 메시지 전달을 해야 한다. 이러한 메시지 전달 활동은 특정한 시간 간격(주기적/계획적으로)으로 일어나거나 혹은 라우터 충돌/리부팅, 예상치 못한 네트워크 구조의 변경 등과 같은 네트워크 상의 변화가 있어났을 때 일어난다. 라우터는 이 메시지를 받아서 최적의 패킷 전송 경로와 각 목적지 서브넷에 대한 metric 값을 계산하는 내장 알고리즘에 사용하고 그 정보를 라우팅 테이블에 업데이트 한다.

라우터에서 활성화되는 라우팅 프로토콜에 따라, 전달되는 정보 항목들이 달라진다. RIP, OSPF, IS-IS, EIGRP와 같은 몇몇 동적 라우팅 프로토콜들이 주로 사용되어 왔다. 정보 수집을 위해 라우터가 한 개 이상의 라우팅 프로토콜에 의존할 수도 있지만, 하나의 기업 네트워크 내에서 활성화된 여러 개 라우팅 프로토콜들이 서로 양립할 수 없기 때문에 일반적으로는 한 개의 라우팅 프로토콜이 존재한다. 만약 하나의 라우터에서 활성화된 프로토콜이 두 개 이상인 경우에는, 각 라우팅 프로토콜이 목적지 네트워크로의 최적 경로를 각자 제시하기 때문에, 활성화된 라우팅 프로토콜의 개수만큼의 결과를 도출하게 된다. 그러나, 라우팅 테이블은 참조 프로토콜들 중 먼저 할당된 순서대로 하나의 경로만을 선택하여 목록을 만든다.

**예시 : 시스코 라우터에서 라우팅 프로토콜의 참조 순서**

시스코 라우터는 한 개 라우터에 두 개 이상의 동적 라우팅 프로토콜이 활성화되어 있을 경우, 서브넷의 라우팅 경로를 선택하는데 있어서 다음과 같은 참조 순서를 가지고 있다.

1. EIGRP-판단 라우트
2. OSPF-판단 라우트
3. RIP-판단 라우트

라우팅 테이블의 엔트리는 생성되는 방법에 따라서, 직접 연결 라우트, 고정 라우트, 그리고 동적 라우트들이 혼합되어 존재하는 양상을 보인다. 일부 라우팅 테이블은 오직 직접 연결 라우트와 고정 라우트만 갖고 있을 수 있고, 일부는 직접 연결 라우트와 동적 라우트만 가질 수도 있으며, 또 다른 경우에는 세 개 모두를 가지고 있을 수도 있다.

이와 관련하여, 이전(예, 그림 6.1, 6.2, 표 6.1)에는 간결한 설명을 위해 보여주지 않았지만, 라우팅 테이블의 각 엔트리가 어떻게 생성되었는지를 알려주는 정보 항목을 포함할 수 있다. 간단한 예로 표 6.2의 라우팅 테이블은 '유형(Type)'이라는 항목을 가지고 있다. 이는 처음 두 개 엔트리(C)가 직접 연결 라우트임을 알려주고 있고, 그 다음 두 개 엔트리(O)는 OSPF 동적 라우팅 프로토콜에 의해 추가되었으며 마지막 엔트리(S)는 수작업으로 설정된 고정 디폴트 라우트임을 알려주고 있다.

[표 6.2] 엔트리 유형 정보를 가지고 있는 라우팅 테이블

| Type | Destination Subnetwork/Mask | Exit Port/ Interface | Next hop IP | Metric |
|---|---|---|---|---|
| C | 192.168.10.0/24 | FastEthernet0/1 | N/A | 0 |
| C | 172.20.1.0/24 | FastEthernet0/0 | N/A | 0 |
| O | 10.10.1.0/24 | FastEthernet0/1 | 192.168.10.254 | 120 |
| O | 192.168.1.0/24 | Serial0/1 | 172.16.10.254 | 120 |
| S | 0.0.0.0/0 | Serial0/1 | 172.16.10.254 | 1 |

연습문제 6-7

연습 문제 6-6의 그림 6.8과 연관된 결과에 기초하여, R1, R2, R3, R4의 라우팅 테이블을 생성하라. 각 테이블은 *목적지 서브넷, 서브넷 마스크, 출력 포트/인터페이스*, 그리고 *next-hop IP* 항목을 포함하고 있어야만 한다. 또한, 각 라우팅 테이블에 디폴트 라우트를 추가하여, 로컬 네트워크에서 인터넷으로 IP 패킷을 전송할 수 있도록 하라.

## 6.6 동적 라우팅 프로토콜

### 6.6.1 프로토콜의 유형

라우팅 테이블 엔트리를 자동으로 추가하고 업데이트할 수 있게 해주는 동적 라우팅 프로토콜들은 크게 **내부 게이트웨이 프로토콜**(IGP: interior gateway protocols)과 **외부 게이트웨이 프로토콜**(EGP: exterior gateway protocols)로 나뉜다.

### [내부 게이트웨이 프로토콜]

한 조직(예, 회사, 학교 또는 통신사업자)의 네트워크 영역 내에 있는 라우터들에 의해서 사용되는 동적 라우팅 프로토콜들을 가리켜 **내부 게이트웨이 프로토콜**(IGP)이라고 부른다. 다시 말해, 내부 게이트웨이 프로토콜은 조직적인 영역 내부에 위치한 라우터들 간에 필요한 정보를 교환(혹은 메시지 전달)하도록 한다. 네트워킹에서 조직적 범위 영역을 **자율 시스템**(autonomous system)이라고 하는데, 자세한 사항은 10장에서 설명된다. 널리 사용되는 IGP들 중에는 RIP(라우팅 정보 프로토콜: Routing Information Protocol), EIGRP(강화 내부 경로 제어 통신 규약: Enhanced Interior Gateway Routing Protocol), OSPF(개방 최단 경로 우선: Open Shortest Path First), 그리고 중간 시스템(IS: Intermediate System) 간 통신에 사용되는 경로 설정 프로토콜(IS-IS: Intermediate System to Intermediate System) 등이 있다.

- RIP는 제록스사에 의해 최초 개발되었고, 이후에 산업 표준으로 채택되었다. 이는 클래스형 IPv4 네트워크를 위한 RIPv1에서부터 비클래스형 IPv4 네트워크용의 RIPv2까지 진화하고 있다. IPv6용의 RIPng(혹은 차세대 RIP) 또한 출시되었다. RIP는 상대적으로 작은 규모의 네트워크에 적합한 선택이다.
- OSPF는 IETF(Internet Engineering Tasks Force)에 의해 TCP/IP 프로토콜용으로 개발되었으며, 현재는 IPv4용의 OSPFv2와 IPv6용의 OSPFv3의 두 개 버전이 사용 가능하다.
- IS-IS는 OSI 프로토콜에 맞추어 국제표준화기구(ISO)에 의해 소개되었으며, 인터넷서비스공급업체나 통신회사 등의 대규모 네트워크 서비스 제공업체들이 많이 사용하고 있다.
- EIGRP는 시스코의 상용 프로토콜이다.

### [외부 게이트웨이 프로토콜]

**외부 게이트웨이 프로토콜**(EGP)은 경계 라우터들의 라우팅 테이블을 동적 혹은 자동적으로 업데이트하는데 사용된다. 다시 말해서, 경계 라우터는 인터넷 서비스 공급업체나 회사, 학교 등 조직 단위 밖의 네트워크 영역에 위치한 경계 라우터들과 라우팅 정보를 서로 교환하기 위해, 이 EGP를 사용하는 것이다. **경계 게이트웨이 프로토콜**(BGP: Border Gateway Protocol)이 가장 잘 알려진 EGP이다.

## 6.6.2 메시지의 전달

동적 라우팅 프로토콜의 메시지는 IP 패킷을 통해 전달된다. 예를 들어, RIP의 메시지는 전송 계층의 UDP 데이터그램 내에서 캡슐화된 후, 인터넷 계층에서 IP 패킷이 되고, 이어 데이터 링크 계층에서 프레임이 된다. 반면, OSPF 메시지의 캡슐화 프로세스는 RIP의 그것과는 약간 다르다. IP 패킷이 자체 데이터 필드(따라서 UDP 헤더가 없음)에 OSPF 메시지를 캡슐화하기 때문이다. 약간의 미미한 차이가 있긴 하지만, 모든 동적 라우팅 프로토콜들은 IP 패킷을 통해 메시지를 전달한다는 면에서 서로 공통점이 있다.

| Data Link Header | IP Packet Header | UDP Segment Header | RIP Advertising Message | Data Link Trailer |
|---|---|---|---|---|

| Data Link Header | IP Packet Header | OSPF Message Header | OSPF Advertising Message | Data Link Trailer |
|---|---|---|---|---|

IP Packet

그림 6.9 동적 라우팅 프로토콜 메시지의 캡슐화

### 6.6.3 동적 라우트의 결정

라우터가 다른 라우터들로부터 메시지를 전달 받은 경우, 활성화되어 있는 라우팅 프로토콜은 라우터에서부터 서브네트워크까지의 최적 경로를 판단하기 위해 어떠한 매커니즘을 사용할까? 이러한 판단 알고리즘은 라우팅 프로토콜들에 따라 각각의 서로 다르다. 예를 들어, OSPF가 최적 라우팅 경로를 판단하기 위해 사용하는 접근법인 **링크-상태 프로토콜**(link-state protocol)을 단순화하여 소개하자면 다음과 같은 단계를 따른다.

(1) 직접 연결된 링크들을 학습: 각 라우터는 자체 포트들에 직접 연결된 링크들을 파악한다. 즉, 포트의 IP 주소, 서브넷 마스크, 서브넷 유형(예, 이더넷, WAN 연결), 링크의 비용(예, 대역폭) 등을 파악하는 것이다 라우터는 네트워크 관리자가 포트들을 수작업으로 설정하는 경우에도, 해당 정보들을 학습한다(섹션 6.5.1 참조).
예를 들어, 네트워크 전문가의 수작업 입력을 통해, 그림 6.10의 R1은 자체 Fa0/0 포트의 IP 주소가 172.17.20.1이고, 서브넷 마스크가 255.255.255.0(따라서 서브넷 주소가 172.17.20.0인)이며, 100Mbps의 고속 이더넷에 연결되어 있다는 사실을 학습하는 것이다. R2와 R3 역시 이와 동일한 프로세스를 통해 그러한 정보를 얻는다.

(2) 이웃 관계 형성: 각 라우터는 직접 연결된 라우터 중 어느 것이 동일한 동적 라우팅 프로토콜인 OSPF을 운영하고 있는지를 학습하기 위해, 자체 연결된 포트들을 통해 **hello** 메시지를 보낸다. 같은 OSPF 프로토콜에 기반하고 있는 이웃 라우터들이 **hello** 메시지에 응답하게 되면 인접 관계가 형성된다.

(3) 링크-상태 정보를 구축: 각 라우터는 수집하거나 계산한 **링크-상태** 정보들을 가지고 알림 메시지를 작성한다. 링크-상태 정보에는 다음과 같은 것들이 포함된다.

- 링크의 IP 주소와 서브넷 마스크
- 링크 유형(예, 이더넷, WAN)
- 이웃해 있는 라우터(존재한다면)
- 링크의 비용 연산 값(예, 대역폭)

하나의 예로서 그림 6.10은 R1의 Fa0/0, S0/0/0, S0/0/1 포트에 직접적으로 연결되어 있는 세 개 링크들의 가상적인 링크-상태 정보를 보여주고 있다.

(4) 링크-상태 정보를 전달: **링크-상태** 정보가 OSPF를 운영하는 모든 라우터들에게 전달된다. 예를 들어, 그림 6.10에서 R1은 Link1, Link2, Link3의 링크-상태 정보를 인접한 R1, R2, R3로 흘려 보내, 그것들이 **데이터베이스**에 받은 정보를 저장하도록 하고, R1의 링크-상태 정보를 다른 인접 라우터들(존재한다면)에게도 보낸다. 이러한 전송 과정은 내부 영역(예, 조직)에 있는 모든 라우터가 R1의 링크-상태 정보를 받을 때까지 반복된다. 이렇게 제공되는 모든 라우터의 주기적인 링크-상태 정보를 기반으로 하여, 각 라우터가 모든 라우터들의 링크-상태 정보를 데이터베이스에 보유할 수 있게 되는 것이다.

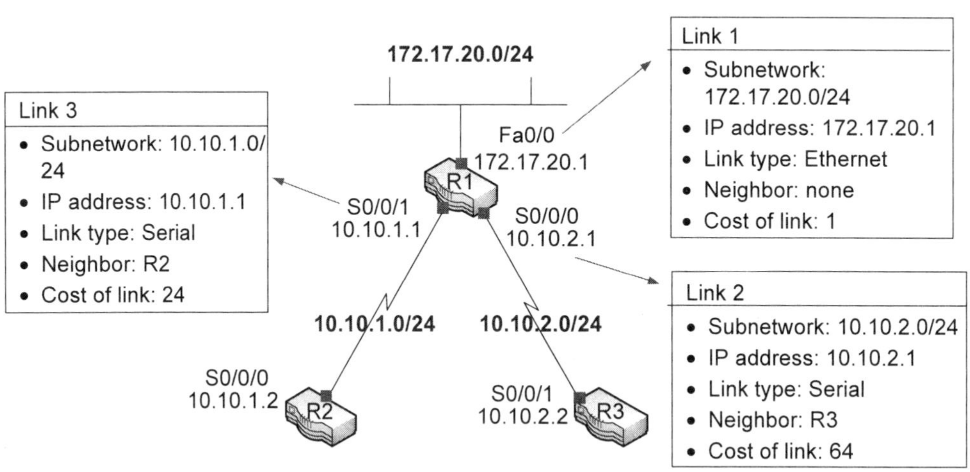


그림 6.10 라우터 R1의 링크-상태 정보

(5) 지도 구축: 라우터(예, R1)가 동일한 내부 영역에 있는 모든 다른 라우터들(예, R2와 R3)로부터 링크-상태 정보를 받고 난 다음에는, 수집된 데이터베이스를 이용해 라우터 연결 상태에 대해 하나의 완성된 지도(그래프)를 생성한다. 그리고 **가장 짧은 경로가 우선**이라는 원칙 하에 그 지도를 이용한 최적의 패킷 라우팅 경로를 판단한다.

예를 들어, 그림 6.11은 각 링크의 전송 비용을 기준으로 R1이 구축한 지도의 예시를 보여준다(링크 대역폭 등의 전송 비용 정보가 전송에 포함된다는 것을 유의하라.). 예를 들어, 대역폭이 비용 계산에 사용된 경우, 링크의 대역폭이 더 클수록 전송 비용이 더 낮아지게 된다. **단거리 경로 우선 원칙**에 따르면, 어느 두 개 라우터 간 최적 라우팅 경로는 누적 비용이 가장 낮은 것이 되어야 한다. 예를 들어, PC1에서 Server1으로의 최적 라우트는 총 비용이 24인 "PC1-R1-R2-R5-R4-Server"가 된다.

(6) 라우팅 테이블 업데이트: R1에서 각 서브넷으로의 최적 라우트가 단거리 경로 우선 원칙에 기반하여 결정되고 나면, 최종 결정된 라우트 정보가 라우터의 패킷 전송 의사결정을 지원하기 위해 R1의 라우팅 테이블에 입력된다. 예를 들어, 그림 6.11 서버의 서브넷 주소와 서브넷 마스크가 192.168.20.0/24이라면, R1은 "192.168.20.0(서브넷),/24(서브넷 마스크), 그리고 Fa0/1(R1의 출력 포트)"라는 엔트리를 자체 라우팅 테이블에 추가할 것이다. 이 엔트리는 목적지 192.168.20.0/24에 도달하는 최단 경로로 가려면 패킷이 Fa0/1 포트를 통해 전송되어야 한다는 것을 의미한다.

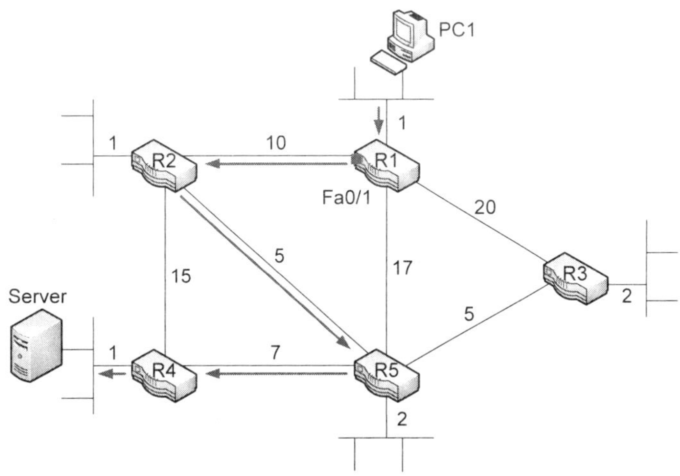


그림 6.11 라우터 지도 예시

## 6.6.4 보안 관리

라우팅 테이블은 주로 다른 라우터들이 전송한 정보에 의존하여 구축되기 때문에 잠재적인 보안 위험이 따른다. 예를 들어, 악의적인 의도를 가진 공격자가 잘못된 링크-상태 정보를 전달할 수도 있는 상황을 생각해 볼 수 있다. 또한, 인증된 개인이 아닌 누군가로부터 잘못 설정된 라우터가 실수로 네트워크에 추가될 수도 있다. 그러면, 라우터는 잘못된 라우팅 정보를 전달할 것이고, 이어서 다른 라우터들의 라우팅 테이블도 오염시킬 것이다. 이러한 상황은 패킷 라우팅의 무결성을 침해하고, 네트워크 성능에 부정적인 영향(예, 손실되는 패킷이 더 많아짐)을 끼친다.

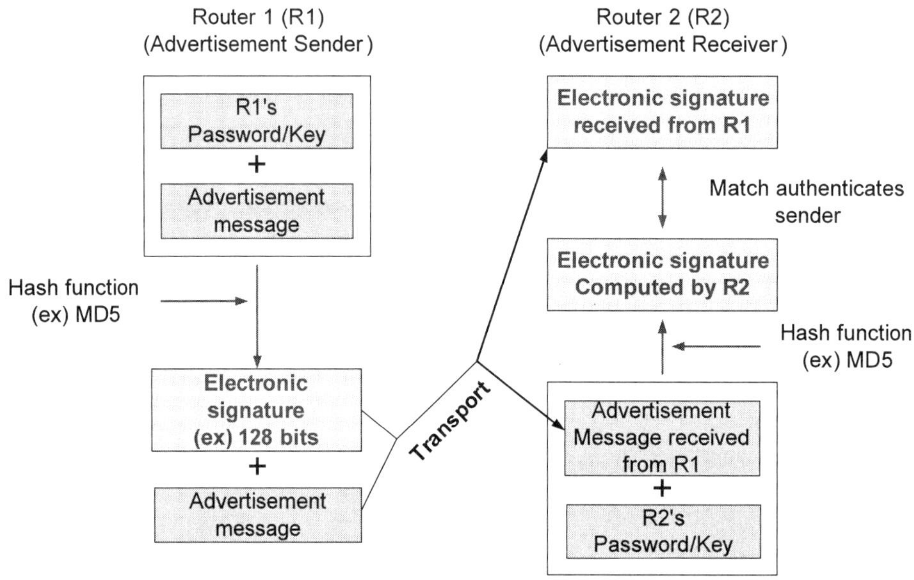


그림 6.12 메시지에 대한 인증

이러한 잠재적인 보안 위험성을 줄이기 위해, 라우터가 메시지를 인증하거나 암호화하도록 설정을 할 수 있다. 이러한 방법을 사용하기 위해서는, 모든 라우터들이 패스워드(또는 키) 등의 동일한 인증 정보를 이용하도록 설정될 수 있다. 그러면, 메시지를 가진 라우터(예, 그림 6.12의 R1)는 해당 패스워드(키)를 이용하여 고유한 **전자 서명**(electronic signature)을 만들어낼 수 있다. 전자 서명의 생성 과정에서, 일방적(one-way)이고 특정 사이즈(예, MD5는 128비트 해쉬 값을 생산한다)의 고유 값을 생산하는 MD5와 같은 해쉬 함수에 패스워드와 전달 메시지가 입력값으로 투입되어 통합된다. 그 다음으로 전자 서명과 전달 메시지로 구성된 해쉬 함수가 이웃 라우터들(예, 그림 6.12에서 R2)에게 보내진다. 그것을 받은 라우터(예, R2)는 전송자(여기서는 R1)의 것과 일치하는 자체 패스워드를 이용하여, 전자 서명을 생성하는 동일한 프로세스를 반복한다. 지역적으로 계산된 서명이 R1에게서 온 값과 일치하면 해당 전송자를 인증하게 되는 것이다. 이러한 인증 프로세스가 그림 6.12에 요약되어 있다.

### 예시 : 시스코 라우터에서 RIP 활성화하기

이 예제에서는 동적 라우팅 프로토콜이 어떻게 서버에 입력되는지를 설명하기 위해, R1에서 RIP를 활성화하는 과정이 시스코의 라우터(그림 6.13 참조)를 가정하여 설명되어 있다. 동적 라우팅 프로토콜(예, RIP, OSPF)들은 한 개 라우터에서 활성화된다는 공통점을 가지고 있기 때문에 해당 라우터에 **직접 연결된** 모든 서브넷들의 목록을 필요로 한다. 예를 들어, 그림 6.13에서는 각 라우터가 **직접 연결된** 서브넷으로 설정되어야 한다. R1에서 RIP를 활성화하는 작업은 다음과 같은 명령어를 이용해 이루어진다.

| | |
|---|---|
| R1(config) #***router rip*** | : RIP 환경설정 모드로 들어감 |
| R1(config-router) #***network 172.20.1.0*** | : 172.20.1.0 를 직접 연결 네트워크로 추가 |
| R1(config-router) #***network 172.20.2.0*** | : 172.20.2.0 를 직접 연결 네트워크로 추가 |
| R1(config-router) #***end*** | : RIP 환경설정 모드를 나감 |

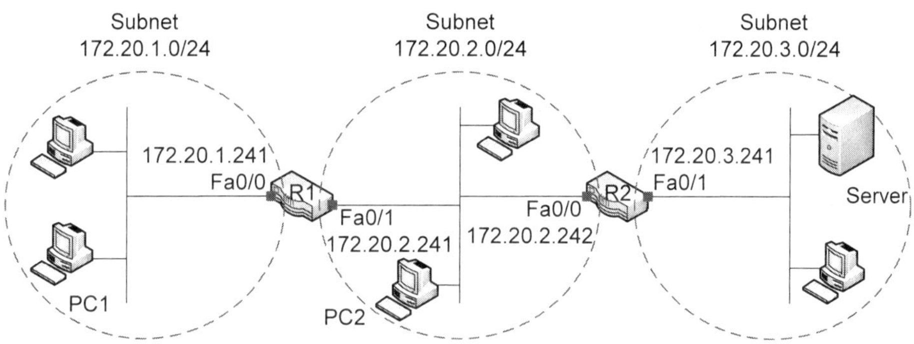


그림 6.13 하나의 가상 네트워크

연습문제 6-8

1. R2를 또 하나의 시스코 라우터로 설정한 후 두 개 라우터(R1과 R2) 간에 RIP에 기반한 메시지 교환을 시작할 수 있도록 하기 위해 입력해야 하는 명령어는 무엇인가? 명령어의 차이는 신경쓰지 마라(예, R1(config) vs. R1(config-router)).

2. 그림 6.4를 참조하라. R1, R2, 그리고 R3의 세 개 라우터가 RIP에 기반해 정보 전달을 시작할 수 있도록 하기 위해 사용해야 하는 명령어들은 무엇인가?

### 6.6.5 고정 라우팅 vs. 동적 라우팅

이전에 살펴보았듯이, 라우터의 라우팅 테이블은 고정 엔트리와 동적 엔트리(표 6.2 참조)를 모두 가지고 있을 수 있다. 동적 엔트리는 변경 사항(예, 전송량 혹은 네트워크 구조)을 반영하기 위해 동적 라우팅 프로토콜를 통해 지속적으로 업데이트 되어야 한다. 이러한 동적 업데이트는 IP 패킷을 궁극적인 목적지까지 효율적으로 전송하는데 있어서 매우 중요하다. 그러나, 이렇듯 동적 라우팅 프로토콜이 보내는 메시지에 의존하는 것은 네트워크(예, 주기적인 메시지 전달로 인한 네트워크 전송량의 증가)와 라우터(예, 전달받은 메시지들을 라우팅 테이블에 업데이트 하는 프로세스)에 상당한 부하를 야기시킨다. 반면, 라우팅 테이블의 고정적(수작업) 환경설정은 그러한 네트워크 및 라우터의 부하를 일으키지는 않지만, 높은 관리 비용을 요구하고 환경설정의 오류 가능성을 증가시킨다. 이러한 현상은 특히 라우터의 개수가 증가하게 되면 더욱 두드러진다. 라우팅 테이블의 생성 및 업데이트에 있어서 고정적(수작업) 생성과 동적(자동적) 생성의 장단점이 표 6.3에 요약되어 있다.

### 6.6.6 라우팅의 관점

패킷 전송 과정은 라우터가 자체 포트에 패킷이 도달할 때마다 최적의 전송 경로를 찾기 위해 라우팅 테이블을 뒤져야 하므로 고도의 강도를 요구하는 프로세스이다. 라우팅 테이블이 상당 수의 엔트리를 가지고 있는 경우, 도달한 IP 패킷 모두에 대하여 엔트리를 처음부터 끝까지 검색하는 작업이 라우터의 패킷 전송 성능을 저하시키게 된다. 따라서 IP 패킷의 end-to-end 전송 과정에 여러 개의 라우터가 관여되어 있는 경우, 총체적인 지연이 상당한 이슈가 될 수 있으며, 높은 수준의 품질을 요구하는 네트워크 서비스에 기반하는 특정 비즈니스 어플리케이션의 경우에는 견딜 수 없는 정도의 문제가 될 수도 있다.

[표 6.3] 라우팅 테이블의 고정적 업데이트 vs. 동적 업데이트

| 비교 측면 | 비교 |
|---|---|
| 환경설정의 어려움 | Static > Dynamic |
| 필요한 노력의 양 | Static > Dynamic |
| 환경설정 오류의 가능성 | Static > Dynamic |
| 라우팅 테이블 엔트리에 대한 보안 | Static > Dynamic |
| 네트워크 구조 변화에 대한 대응 | Static < Dynamic |
| 네트워크 부하 | Static < Dynamic |
| 라우터 자원에 있어서의 부하(예, CPU, 메모리) | Static < Dynamic |

업계에서 라우팅 구축에 있어서의 실수를 피하기 위해 종종 사용하는 방법 중 하나로, 특히 IP 패킷 전송 성능을 향상시키기 위해, **다중 프로토콜 레이블 스위칭**(Multiprotocol Label Switching: MPLS) 방식을 많이 도입해 왔다. 이름에서 암시하는 바와 같이 MPLS란 IP 패킷을 전송하는 **라우팅** 기능의 구현 대안으로서 **스위칭**을 활용하는 방식이다. **스위칭**의 개념을 다시 환기시킬 수 있도록, 프레임 전송을 위해 계층2의 스위칭 기술에 의존하는 LAN 표준(예, 이더넷)을 떠올려 보자. LAN 스위치 테이블은 들어오는 프레임을 목적지 호스트나 다음 스위치에게로 신속히 전달할 수 있도록 계층2의 MAC 주소와 출력 포트의 쌍대 정보를 포함하고 있다. 스위치 테이블의 검색 프로세스는 라우팅 테이블에 비해 상당히 간단하고 빠르다(**스위칭**과 **라우팅**의 비교 내용은 섹션 3.7을 참조하라.). MPLS는 상당히 많이 사용되는 WAN 플랫폼으로 9장에서 보다 자세히 설명한다.

# 제7장 이더넷(IEEE 802.3)

## 7.1 개 요

이더넷은 지역 기반 LAN의 대표적인 표준으로, 네트워크 어플리케이션들의 요구사항을 충족시키기 위해 그 기술적 수준이 지속적으로 발전해왔다. 토큰 링(Token Ring)이나 광섬유 분산 데이터 인프라스트럭쳐(Fiber Distributed Data Interface: FDDI) 같이 새롭고 기술적으로 한층 진보한 시도들이 있어 왔음에도 불구하고, 이더넷은 아직도 큰 인기를 누리고 있으며 그 영향력 또한 계속 유지하고 있다. 1975년 제록스사에 의해 이더넷이라는 이름으로 처음 소개된 후, IEEE 802.3 LAN 표준이 되었다. IEEE(Institute of Electrical and Electronics Engineers)는 비영리 기관으로 정보 기술의 발전을 위해 일하는 아마도 세계에서 가장 전문적인 연합 기관들 중 하나일 것이다.

이더넷 이후에 나온 IEEE 802.11(WiFi 혹은 무선 LAN) 또한 널리 사용되는 LAN 표준들 중 하나이다. 이더넷과 WiFi는 서로 상호 보완적으로 공존하고 있다. 이더넷의 공식 명칭은 IEEE 802.3이지만, 사람들이 다소 아리송한 IEEE 802.3라는 이름보다는 이더넷이라는 이름에 더욱 익숙해져 있으므로 앞으로도 혼용될 것 같다. 이더넷 LAN에서는 스위치가 주로 사용되기 때문에, 이번 장의 주안 점은 스위치로 연결된 이더넷(switched Ethernet)(예, 스위치에 기반하여 운영되는 이더넷 LAN)과 관련된 다양한 이슈들이다. 이더넷의 핵심 기술 요소들에 대한 설명은 이미 3장과 4장에서 상당 부문 이루어졌으므로, 이 장에서는 다음과 같은 이슈들에 초점을 맞추어 설명하고자 한다.

- 이더넷이 담당하는 표준 계층
- 이더넷 프레임의 구조
- 이더넷 LAN의 설계 방식: 수평적 vs. 계층적 설계
- 스패닝 트리 프로토콜(Spanning Tree Protocol: STP)
- 링크 애그리게이션(혹은 결합) 기술
- 다음 사항들을 포함하는 가상랜 관련 주요 이슈
    - 왜 가상랜인가?

- 가상랜 태깅과 트렁킹
- 가상랜 유형
- 가상랜 간의 라우팅

## 7.2 이더넷 계층

수많은 LAN과 WAN 표준들처럼 이더넷에 관련된 기술적 상세 사항들 역시 데이터 링크와 물리적 계층에 정의되어 있다. 실제로 데이터 링크 계층은 LAN 표준을 위한 **논리적 링크 컨트롤**(logical link control: LLC)과 **미디어 엑세스 컨트롤**(media access control: MAC)의 두 개 하위 계층으로 나뉜다(그림 7.1 참조). 이더넷과 WiFi의 기술적 상세 사항들은 MAC 하위 계층에 정의되어 있다. LLC 하위 계층(IEEE 802.2 표준으로서의)은 인터넷 계층과 MAC 하위 계층 간의 인터페이스를 제공한다. 즉, LLC의 핵심 기능은 프레임에 포함되어 있는 IP 등의 상위 계층(예, 인터넷 계층) 프로토콜을 구별하는 것이다. 따라서 이더넷의 기술적 상세 사항들은 MAC 하위 계층과 물리적 계층에서 담당한다고 볼 수 있다.

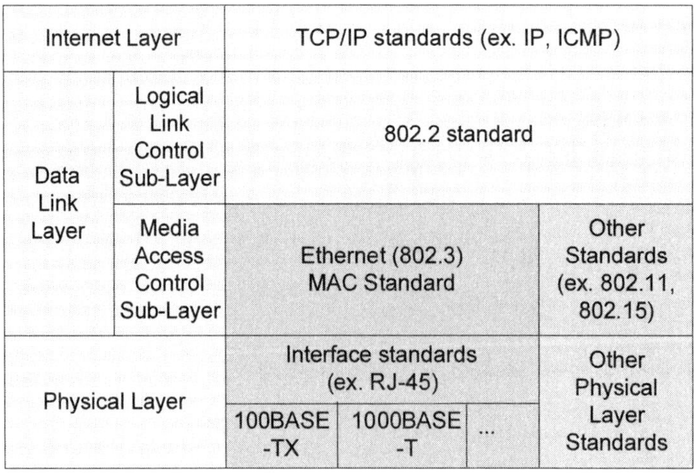


그림 7.1 이더넷(IEEE802.3) 표준과 관련된 계층들

이더넷의 MAC 하위 계층은 기본적으로 다음과 같은 기능들을 담당한다.

- MAC 주소화 등을 포함하는 이더넷 프레임의 생성
- 허브 기반 네트워크(스위치 기반 이더넷이 아닌)와 같은 공유 미디어의 접근을 통제(한 번에 오직 한 개 단말기만 미디어 접속이 허용된다). 이더넷이 전송량 관리를 위해 사용하는 미디어 엑세스 컨트롤 프로토콜은 CSMA/CD이다(섹션 3.10.1 참조).

이더넷의 물리적 계층 표준은 4장(섹션 4.3)에 요약되어 있다. 앞에서 다룬 내용에 기반하여, 이번 장에서는 스위치로 연결된 이더넷(switched Ethernet)의 데이터 링크 계층 기능들에 초점을 맞추고 있다. 스위치드 이더넷의 네트워크은 최종 단말기들을 연결하는데 계층2 스위치(계층1의 허브가 아닌)를 활용한다. 이더넷 스위치에 대한 이해를 정리하려면 3장을 다시 복습하는 것이 좋다.

## 7.3 이더넷 프레임

### 7.3.1 프레임의 구조

이더넷은 자체적인 프레임 구조를 가지고 있다. 이더넷 프레임은 인터넷 계층의 패킷(기본적으로 IP 패킷)을 자체 데이터 항목에 담아 옮긴다. 이더넷 프레임은 데이터 필드 앞 뒤에 헤더와 트레일러를 하나씩 갖고 있다(그림 7.2 참조). 헤더와 트레일러의 각 필드가 담당하는 기능이 아래에 요약되어 있다.

- **Preamble**은 노드 간 커뮤니케이션을 하는데 있어 시간 비율을 동기화 하기 위해 사용된다. 이것이 처리 타이밍에 있어서 정확히 협의되어 있어야 하며, Preamble 비트(1010…1010의 반복)가 동기화된 전송을 수행하는데 사용된다(섹션 4.2.5 참조).
- **Start Frame Delimiter**에 있는 비트 조합(10101011)은 프레임의 시작 지점을 가리킨다.
- **Source/Destination MAC Address** 항목은 소스와 목적지 노드의 48비트 MAC 주소를 가리킨다.
- **Length/Type** 항목은 다음에 오는 데이터 필드가 16진법(해당 값이 0×0600 이하일 경우)의 길이인지 아니면 상위 계층 프로토콜의 유형(두 가지 일반적인 프레임 유형이 IPv4(0×0800의 16진법 값)와 주소 해석 프로토콜(0×0806의 16진법 값)임)인지에 대한 정보를 포함하고 있다. '0×'는 0806처럼 이어지는 숫자가 16진법 값이라는 것을 의미한다.
- **Data** 항목은 다양한 사이즈(46에서 1500바이트 범위)의 데이터를 운반한다. 이 항목은 인터넷 계층의 프로토콜 데이터 단위(대부분은 IP 패킷)를 지닌다. 데이터 필드의 용량에 제한이 있기

때문에, 인터넷 계층으로부터 온 IP 패킷은 해당 데이터 필드의 용량에 맞게 분할이 될 수도 있다. 그러나, 이러한 IP 패킷 분할이 문제(예, 라우터에 부가적인 처리 부하)가 될 수도 있기 때문에, 일반적으로는 분할하는 것을 피한다. 이러한 연유로 패킷 분할을 막기 위해, 통신을 하는 두 호스트는 최대 세그멘트 사이즈를 사전에 협의한다.

- **PAD** 항목은 데이터 필드가 46바이트의 최소 사이즈를 충족하기에는 너무 작은 경우에 추가된다.
- **Frame Check Sequence** 항목에는 수신 단말기가 프레임에 있는 전송 오류를 발견하기 위해 사용하는 에러 감지 코드가 포함되어 있다. 만약 수신 단말기의 NIC가 전송 오류를 발견하게 되면, 해당 프레임이 버려지게 된다. 2장에서 설명한 바와 같이 발신 호스트가 그 버려진 프레임을 감지하면, 발신 호스트의 전송 계층에서 이것을 다시 복원한다(단, TCP 세그멘트를 포함하고 있는 경우에만).

| 다음은 에러 감지 프로세스이다. |
|---|
| 발신 노드(Sending node):<br>1. Frame value(bit stream)=X<br>2. Cyclic Redundancy Check(CRC) code=Y(a standardized value such as IEEE CRC-32)<br>3. Division=Frame value/CRC code=X/Y<br>4. Remainder value of X/Y=R1<br>5. The frame with R1 in the FCS field is released to the network.<br>수신 노드(Receiving node):<br>6. On receiving the frame, the node repeats the steps 1 through 4 above and computes its own remainder value, R2.<br>7. Compares R1 and R2. If R1=R2, then there is no error in the delivered frame. |

**연습문제 7-1**

프레임의 데이터 필드에 어느 항목들이 포함되어야 할지를 결정하기 위해, 그림 7.2와 2장의 그림 2.22와의 관계를 살펴보라.

## 7.3.2 주소화 방식

이더넷 프레임은 유니캐스팅, 멀티캐스팅, 그리고 브로드캐스팅이라는 세 가지 주소화 방식으로 이루어져 있다. 브로드캐스팅에서는 해당 프레임의 목적지 주소 필드가 FF-FF-FF-FF-FF-FF를 전달한다(1비트가 48번 반복). 이는 IP 패킷의 목적지 주소 필드가 모두 1 값으로 채워져 있는 IP 브로드캐스팅과도 유사하다.

16진법의 멀티캐스팅 주소는 01-00-5E-00-00-00에서 01-00-5E-7F-FF-FF의 범위를 지닌다. 멀티캐스팅은 라우팅 테이블 정보의 교환, 비디오 스트리밍, 멀티미디어 컨퍼런스 콜과 같이 다양한 어플리케이션용으로 사용된다. 유니캐스팅이 패킷 전송을 위해 IP 주소와 MAC 주소 간의 지도에 의존(섹션 3.8의 ARP 참조)하는 것처럼, 멀티캐스팅과 브로드캐스팅 또한 두 개의 주소화 체계 간의 지도를 필요로 한다. 예를 들어, 255.255.255.255(IP)는 FF-FF-FF-FF-FF-FF(MAC)로 해석된다.

| Field | Size |
|---|---|
| Preamble | 7 bytes |
| Start-of-Frame Delimiter | 1 byte |
| Destination Address | 6 bytes |
| Source Address | 6 bytes |
| Length (46~1500 bytes) or Type of Payload | 2 bytes |
| Payload (Data) | variable |
| Pad (if necessary) | |
| Frame Check Sequence | 4 bytes |

그림 7.2 일반적인 이더넷 프레임의 구조

## 7.4 이더넷 LAN 설계

오늘날 스위치로 연결된 이더넷(Switched Ethernet)이 유선 LAN 환경을 거의 장악하고 있다. 스위치가 이더넷 LAN을 형성하기 위해 사용될 때에는 추가될 수 있는 스위치 개수의 제한이 없기 때문에, 적어도 이론상으로는 최대 폭이 무제한이다. 그러나 이더넷 표준(IEEE802.3) 상에서는 데이터 전송의 무결성을 유지하기 위하여 이중 와선(twisted pair)을 통해 직접 연결된 두 개 스위치 간의 최대 분할 길이가 100미터 이내를 유지하도록 권장하고 있다. LAN에 광섬유(fiber optic) 선이 사용(기본적으로 멀티-모드)된 경우에는, 단일 전송 방식의 매체인 이중 와선에 비하여 신뢰성이 더 높기 때문에(예, 훨씬 낮은 신호 감쇠와 노이즈에 더 높은 저항률을 보임) 최대 분할 거리가 상당히 늘어난다(예, 300미터). 단일 모드의 광섬유선이 활용되는 경우에도 최대 분할 거리는 더욱 증가한다.

### 7.4.1 평형 vs. 계층적 설계

스위치로 연결된 LAN(switched LAN)의 구축은 적용된 스위치들 간의 관계성에 따라 수평적 또는 계층적 구조로 이루어질 수 있다. 그림 7.3에서 보듯이, 수평적 구조는 주로 여러 개의 스위치들이 서로 직접 연결되어 있고, 그것들 간에 어떤 명확한 계층적 혹은 연결적 관계가 존재하지 않는 소규모의 LAN에 사용된다. 즉, 이러한 접근법은 LAN 사이즈가 상대적으로 작은 경우에 구현과 관리가 용이하다.

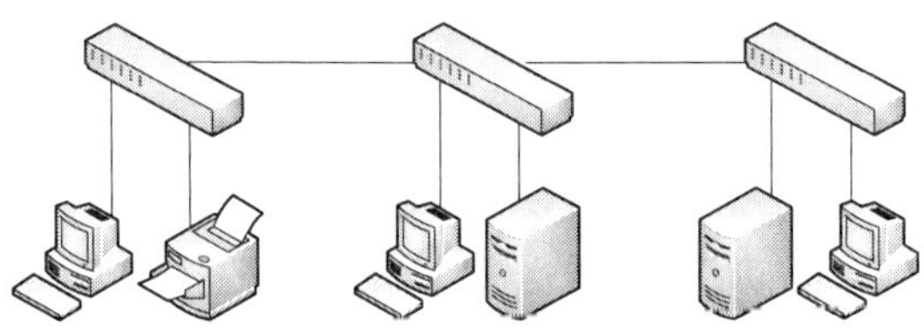

그림 7.3 수평적 구조를 가진 이더넷(논리적 구조)

그러나 수평적 설계 방식은 스위치의 개수가 증가하는 경우에 관리(예, 문제 해결)와 성능 유지, 네트워크의 신뢰성을 확보하기가 더욱 힘들어질 수 있다. 예를 들어, 거대한 규모의 LAN으로 되어있는 캠퍼스 네트워크는 작은 규모의 수많은 LAN들로 이루어지기 때문에, 특히 관리와 운영에 있어서 어려움이 많다. 서로 다른 속도를 지닌 900개의 스위치, 1200개의 무선 엑세스 포인트, 그리고 15개의 라우터(계층3의 스위치들까지 포함해서)를 통해 50개의 소규모 LAN에 포함되어 있는 수 천 개 호스트 컴퓨터들 간의 연결을 제공하고 있는 한 대학 캠퍼스 LAN을 상상해 보라. 이는 수평적 설계 방식을 적용하기에는 너무 거대하다.

만약 캠퍼스 네트워크처럼 하나의 거대한 LAN이 각각 수많은 네트워크 노드들을 지닌 여러 개의 소규모 LAN들로 구성되어 있다면, **접속**(access), **배분**(distribution), 혹은 코어(core) 계층별로 중계 기기들을 할당하는 3단계 계층적 구조를 적용할 수 있다. 하나의 LAN이 3단계 계층 구조를 적용하기에 그리 크지 않은 경우에는, 또 다른 방법으로 코어와 분배 계층이 하나의 코어 계층으로 결합된 2단계 구조를 적용할 수도 있다. 2단계 설계 방식에서는 코어 계층 스위치들이 접속 계층 기기들에 상호 연결한다.

그림 7.4는 LAN의 2단계와 3단계 구조에 대한 논리적 구조를 보여주고 있다. 이 그림은 서로 다른 계층들과 각 층에 위치한 스위치들 간의 연관 관계를 강조해서 보여주기 위해, 논리적 관점으

로 작성된 것이다. 한편, 이에 대응되는 물리적 구조는 서로 다른 계층에 위치한 스위치들이 하나 이상의 배선 공간에 함께 위치해 있기 때문에 이러한 논리적 구조와는 매우 다르다. 다시 말해 중계 기기들의 실질적인 배치(4장의 그림 4.25와 4.29를 참조)는 그 계층적 관계를 명확하게 보여주지 못한다.

## 7.4.2 접속 계층

접속 계층에서는 컴퓨터, 네트워크 프린터, IP 전화기, 기타 최종 기기들이 엑세스(혹은 워크그룹) 스위치나 무선 엑세스 포인트 같은 다양한 중계 기기들을 통해 LAN에 연결되어 있다. 일반적으로 계층2 스위치는 사용자 단말기들과 서버들을 네트워크에 연결하는데 많이 쓰인다. 접속 계층에 있는 스위치들은 기본적으로 고속 이더넷 혹은 기가바이트 이더넷 포트를 갖추고 있다.

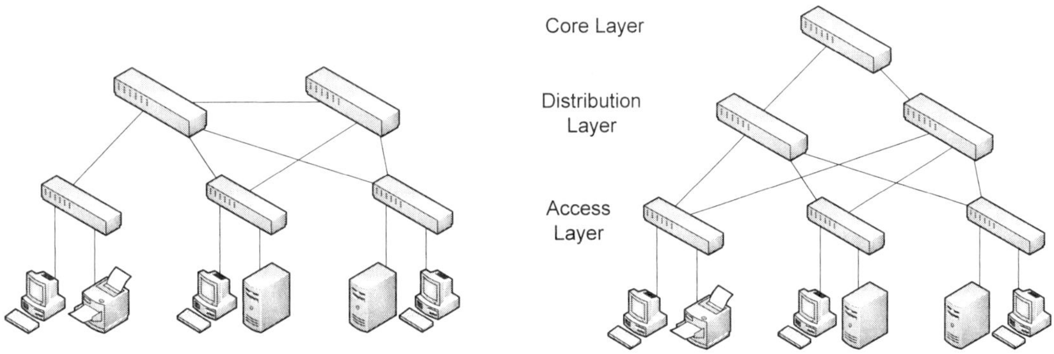


그림 7.4 이더넷 LAN의 2단계와 3단계 설계(논리적 구조)

접속 계층 스위치는 여러 가지 관리 기능을 지원한다. 예를 들어, 비인증 컴퓨터들이 네트워크에 참여하는 것을 막기 위한 접근 통제(예, 포트 당 하나 이상의 사전 할당된 MAC 주소를 제한) 기능을 스위치에 설정할 수가 있다. 또한 접속 계층 스위치는 **가상 랜**(VLANs: Virtual LANs) 생성을 허용하기 때문에 네트워크에 접속된 호스트들을 논리적인 그룹으로 나눔으로써 물리적으로 분리되어 있는 것과 동일한 효과를 얻을 수 있다. 나중에 VLAN의 구현과 그 이점에 대한 상세 설명이 이루어진다.

마지막으로, 많은 접속 스위치가 **PoE**(Power over Ethernet-한 개 케이블을 통해 데이터 공급과 전력 공급을 동시에 받는 기능)을 갖추도록 함으로써, 이더넷 연결선이 무선 엑세스 포인트, IP 전화기, 보안 카메라 같은 연결 기기들에 데이터뿐만 아니라 전력도 공급할 수 있게 할 수 있다. POE 기능 지원으로 인해, 이러한 기기들이 전력 자원의 사용 가능성에 대한 걱정없이 사용하기 편리한 위치에 유연성 있게 놓일 수 있게 되는 것이다(섹션 3.5.4 참조).

## 7.4.3 분배 & 코어 계층

분배 계층은 접속 계층과 코어 계층 간의 전송을 중재한다. 핵심 계층의 중계 기기는 접속 계층에 위치한 분할된 네트워크 영역들을 연결한다. 노드들 간의 계층적 관계성으로 인해 많은 전송량이 상위 두 개 계층에 의해 처리되므로, 이러한 계층적 설계에서는 패킷을 신속히 전달함으로써 혼잡을 피할 수 있도록 유념해야 한다. 이를 위해, 분할 및 코어 계층에 있는 스위치들(혹은 라우터들)은 접속 계층의 스위치보다 더 빠른 속도(예, 기가비트 혹은 10기가비트)를 지닌다.

계층적 네트워크가 2단계이든 3단계이든 상관없이, 네트워크 설계자는 코어와 분배 계층 기기들을 **완전 그물망**이나 **부분 그물망** 구조 중 하나를 이용해 상호 연결하는 선택을 해야 한다. 그물망 구조를 통해 코어와 분배 계층이 중복 경로를 가질 수 있도록 하는 것은, 단일 고장 지점이 생기는 것을 막거나 기기 및 링크 장애로 인해 LAN이 느려지는 위험을 최소화하는데 있어 매우 중요한 처치가 된다.

코어와 분배 계층 기기는 계층2 스위치, 계층3 스위치, 혹은 라우터가 될 것이다. 계층2 스위치는 계층3 스위치나 라우터와는 달리 IP 패킷을 전달할 수 없지만, 더 빠르고 더 비용 효율적인 네트워크를 제공한다. 계층3 스위치가 일반 라우터(섹션 3.5.4 참조)보다 더 빠른 IP 패킷 라우팅을 수행할 수 있기 때문에, 캠퍼스 LAN에서는 이를 분배나 코어 계층에 많이 활용한다. 계층3 스위치는 라우팅 역량에 있어서는 라우터만큼 강력하지 않지만, LAN이나 캠퍼스 네트워크 내에서 상대적으로 단순한 라우팅을 필요로 하는 경우에는 라우팅 처리를 할 수 있다. 마지막으로, 코어와 분배 계층은 기본적으로 접속 계층 스위치에서 설정된 **가상 랜**들을 상호 연결하는 기능을 담당하고 있다. VLAN들을 연결하는 프로세스를 가리켜 inter-VLAN 라우팅이라고 부른다.

## 7.4.4 계층적 설계의 이점

계층적 네트워크는 여러 개의 호스트를 추가하거나 네트워크 관리, 네트워크 성능 유지, 네트워크 신뢰성 유지 등에 있어서의 유연성을 포함하여 조직에 몇 가지 이점을 제공한다.

- 계층적 네트워크는 다소 모듈식이기 때문에 관리와 유지(예, 문제 해결), 네트워크를 필요에 따라 확대(범위성 혹은 확장성)하는 작업을 더욱 용이하게 한다.
- 계층적 접근법에서는 분배와 코어 계층으로부터 접속 단계로의 로컬 전송량과 기업 수준의 전송량이 서로 분리되어 있어, 네트워크 용량을 보다 더 잘 활용할 수 있도록 해준다.
- 링크 애그리게이션(link aggregation)(두 개 노드 사이의 스루풋을 늘리기 위한 링크들의 결합 혹은 번들링(bundling)) 같은 방법을 구현하여 네트워크 성능을 최적화함으로써, 덜 혼잡하게 한다.
- 네트워크의 가용성을 향상시키기 위해 중계 노드들 간의 링크 중복성을 증가시키는 것은 쉬운

일이다. 그러나 일반적 운영 과정에서는 두 개 스위치 노드 간에 하나의 단일 경로(혹은 데이터 링크)만 활성화되고, 중복된 경로는 루프(loop)가 생성되는 것을 막기 위하여 운영이 될 수가 없다(섹션 3.7 참조). 이렇듯 두 개 스위치 간 하나의 활성화 전송 경로를 유지하는 기능은 스위치에서 운영되는 **스패닝 트리 프로토콜**(Spanning Tree Protocol)에 의해 수행된다.

연습문제 7-2

1. 그림 7.4에 있는 2 단계 설계에서 각 유선 스위치 포트에 포트 넘버를 할당하라.

2. 그림 7.4에 있는 2 단계 LAN(논리적 설계 구조)을 그림 4.25(물리적 설계 구조)와 연관지어, 그림 7.4에 있는 스위치들이 3층 빌딩 내에서 어떻게 물리적으로 구성될 수 있는지를 결정하라. 빌딩의 각 층 배선 공간에서는 워크그룹(혹은 엑세스) 스위치를 하나씩 보유해야 한다고 가정한다.

   주의: 분배 계층 스위치의 위치를 선택하는데 있어서 단 하나의 해결책만 있는 것은 아니다.

3. 워크그룹과 분배 계층 스위치들의 상호 연결하기 위해 수평적 그리고 수직적 유선 연결이 이루어져야 함을 보여주기 위해서, 그림 7.4에 있는 2 단계 LAN의 모든 논리적 연결 설계를 물리적 연결 설계로 그려 보아라.

4. 이제 그림 7.4에 있는 3단계 설계에 대해서도 위의 1, 2, 3문제를 반복하여 수행해 보라.

## 7.5 스패닝 트리 프로토콜(Spanning Tree Protocol)

### 7.5.1 연결의 중복

이전 섹션에서 여러 개의 스위치가 상호 연결되는 경우 기기의 단일 포인트 손상 혹은 심각한 네트워크 손상으로 인한 유선 연결 장애를 피하기 위해 중복적인 물리적 링크들이 추가된다는 점을 설명했다. 그림 7.5를 예로 들어 보면, 세 개의 접속 계층 스위치(D, E, 그리고 F)가 추가적인 스위치(A, B, 그리고 C) 없이도 서로 직접적으로 연결될 수 있다. 그러나 스위치 D, E, F가 직접적으로 연결된 수평적 구조에서는 어느 한 트렁크 링크의 단절이 전체 네트워크의 무결성에 영향을 미쳐 단일 고장 지점이 되버리게 한다. 반면 그림 7.5에서는 A, B, C 스위치를 추가함으로써 노드들 간에 중복 경로들이 추가된다. 예를 들어, 스위치 D에서 스위치 F로 가는 패킷 전송은 다음과 같은 여러 경로를 가질 수 있다: (1) D→C→F ;(2) D→B→F ;(3) D→B→A→C→F. 이러한 중복성은 스위치로 연결된 LAN의 일부분에 이상이 생긴 경우에도 해당 LAN의 접근성과 가용성을 향상시키는데 있어서 매우 중요하다.

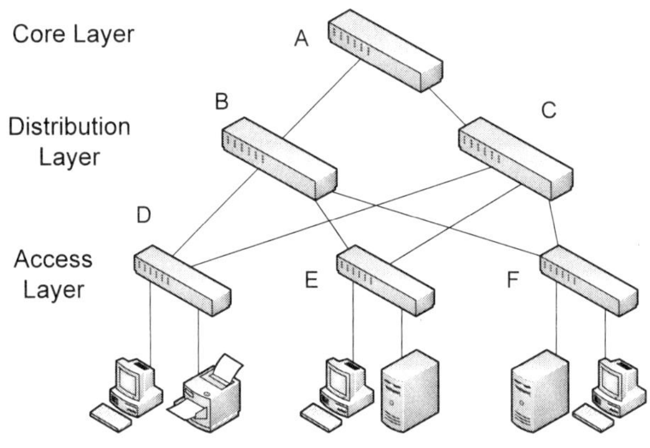

그림 7.5 중복 경로의 가용성(논리적 구조)

링크의 중복성은 백업 경로를 통한 네트워크의 가용성 증진을 위해 의도적으로 도입되었지만, 예상치 못한 문제를 야기할 수도 있다. 예를 들어, 스위치로 연결된 대규모 네트워크의 복잡성으로 인해 네트워크의 관리자가 스위치 포트를 연결하고 설정하는 과정에서 실수로 링크 중복을 발생시킬 수 있다. IT 관리자가 여러 개 배선 공간(예, 그림 4.25)에 위치한 스위치들의 환경설정 작업을 처리해야 하는 경우 그러한 실수를 할 가능성이 높아진다. 이러한 상황에서는 흔히 서로 다른 층과 방에서 나온 수많은 선들이 스위치 케이블링의 혼동을 일으키는 원인이 될 수 있다.

반면, 의도치 않은 중복성이 IT 스텝이 아닌 직원들(예, 컴퓨터 최종 사용자)에 의해 야기될 수도 있다. 이들이 부가적인 최종 기기를 연결시키기 위해 자신들의 작업장에 자체 허브나 스위치를 설치하는 경우가 그런 경우이다. 일종의 시나리오인 그림 7.6은 사무실 인력들이 더 많은 컴퓨터를 연결하기 위해 두 개의 허브를 지엽적으로 설치한 네트워크의 예를 보여준다. 두 개 허브가 직접적으로 연결된 경우에 이는 링크의 중복을 발생시킨다.

그러면 스위치드 이더넷에서 이러한 부가적인 링크들이 형성되어 노드들 간에 다중 경로를 허용할 경우 무엇이 문제가 될까? 앞서 설명했듯이(예, 섹션 3.7), 스위치는 스위치 테이블에 의존하여 프레임을 전송하는 데이터 링크 기기이다. 계층2의 스위칭에서는 어느 두 개 노드 사이에 오직 한 개의 단일 활성화 경로(혹은 데이터 링크)만 존재해야 한다. 즉 이는 한 지점에 대해 여러 개의 전송 경로들을 허용하는 계층3의 라우팅과는 구별되는 것이다. 어느 두 지점 간을 지나는 활성화 경로가 한 개 이상 존재하는 경우에는 루프(loop)가 형성된다. 스위치로 연결된 이더넷에 존재하는 하나 이상의 루프는 특정 프레임(예, 브로캐스팅 된 프레임)을 끊임없이 방황하게 만들기 때문에 정상 운영에 치명적인 해가 될 수 있다.

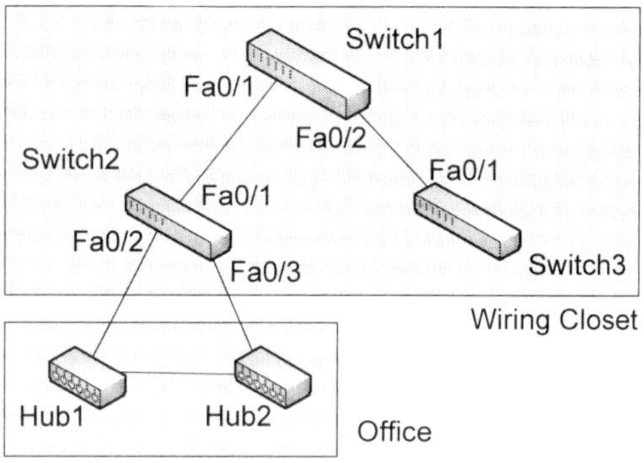


그림 7.6 사무실에서 일어난 네트워크 중복성

계층3 패킷 라우팅의 경우에는 기본적으로 IP 패킷에 있는 **TTL(time to live)** 항목 값이 점차적으로 감소되어, 패킷이 인터넷 상에서 끝도 없이 떠돌아 다니는 것을 막아준다(섹션 2.6.1 참조). 그러나 이더넷 프레임은 그렇게 자동적으로 프레임을 버릴 수 있도록 해주는 TTL 값을 가지고 있지 않다. 예를 들어, 그림 7.5의 중복 링크들이 모두 활성화되어 있고, 한 단말기가 ARP(주소 해석 프로토콜) 패킷을 스위치 D에 브로드캐스트 했다고 가정해 보자. 이는 ARP 패킷이 끊임없이 재생산되어 네트워크 상에 홍수가 나게 함으로써, 결과적으로 브로드캐스트 스톰storm을 야기한다. 게다가 브로드캐스트 스톰은 호스트에 동일한 프레임이 여러 번 도달(프레임 중복)하게 하기도 한다. 이것이 바로 최종 사용자가 미인증된 중계 기기를 설치하지 않도록 막아야 하는 중요한 이유(그 외에 보안 문제도 있음)가 된다.

요컨대, 이더넷 LAN은 링크나 스위치의 장애 시에 연결을 복원하기 위해 어느 두 개 스위치 노드들 간 중복적인 연결을 가질 수 있다. 그러나, 브로드캐스트 스톰과 네트워크의 성능 약화를 일으킬 수 있는 루프의 형성을 막기 위해 한 번에 한 개의 경로만이 활성화되어야 한다.

### 연습문제 7-3

그림 7.5를 이용하여, 호스트 단말기가 브로드캐스트 한 프레임이 어떻게 전파되고, 중복 링크들이 활성화된 경우에 스위치들에 의해 끝도 없이 재생산되는지를 시뮬레이션 해보라.

### 7.5.2 프로토콜과 매커니즘

이더넷 스위치는 두 개 스위치 노드 간에 발생한 루프를 자동적으로 인식할 수 있게 해주는 프로토콜을 장착하고 있어서, 루프를 일으키는 스위치 포트를 선택적으로 막는다. 해당 프로토콜은 하나의 스위치를 **기본 스위치**(root switch)로 선정하고, 기본 스위치에 대한 중복적 경로들을 찾아내어 막는 역할을 수행한다(그 프로세스는 다소 복잡하여 이 책의 범위를 벗어난다). 여기서, 영향을 받는 스위치 포트가 물리적으로 차단되긴 하지만, 단순히 막기만 하는 것(절전 모드와 유사)이기 때문에 필요(예, 네트워크 구조 변화)에 따라서 다시 재가동될 수 있다.

중복 경로를 찾아내어 비활성화시키거나 다시 재가동시키는 표준 프로토콜이 바로 IEEE802.1d 표준인 **스패닝 트리 프로토콜**(STP: Spanning Tree Protocol)이다. IEEE802.1w 표준인 새로운 버전의 **고속 스패닝 트리 프로토콜**(RSTP: Rapid Spanning Tree Protocol)은 루프를 찾아내어 삭제하거나 연결 복원을 위해 차단된 스위치 포트를 재활성화 시키는데 있어서, STP보다 훨씬 더 빠르게 수행된다. STP의 기능을 더욱 향상시킨 RSTP가 데이터 링크 계층의 루프를 막는데 있어 더 선호되는 프로토콜이 되어가고 있다. RSTP는 이전 기종과 호환이 되기 때문에, 만약 네트워크 상의 어느 스위치가 RSTP를 지원하지 않으면 STP로 낮추어져 기능한다.

그림 7.7은 두 개의 서로 다른 시나리오를 간략하게 보여준다.

그림 7.7a에서처럼 정상적인 운영 모드에서 STP/RSTP가 프레임을 상호 교환하는 것을 **브릿지 프로토콜 데이터 유닛**(Bridge Protocol Data Unit: BPDU)이라고 부르는데, 이는 내장된 알고리즘에 기반하여 궁극적으로 중복 경로의 위치를 파악함으로써 스위치가 사용할 수 있는 정보를 제공해준다. BPDU를 교환하고 STP/RSTP 알고리즘을 수행한 후에 루프 차단을 위해 스위치 B와 C 사이의 직접 링크를 작동시키지 말아야 한다는 결정이 내려졌다고 가정해 보자. 이를 수행하기 위해서는, 스위치 B와 스위치 C가 필요한 조정 작업을 위해 BPDU를 교환해야 한다. 그 다음에 한 개 포트(스위치 B의 Fa0/2 혹은 스위치 C의 Fa0/2 중 한 개)가 프레임을 전송하지 않도록 **차단 상태**(blocking state)로 변경된다.

반면, 그림 7.7b에서처럼 스위치 A의 장애와 같은 네트워크 구조의 변화가 생긴 경우에는, 스위치 B와 스위치 C가 BPDU를 교환하고 나서, 그것들을 복원시키기 위해 차단된 포트가 **차단** 모드에서 **전송** 모드로 다시 돌아온다. 이를 수행하기 위해서 스위치 포트는 차단(혹은 절전) 모드에 있을 때에도 BPDU를 처리한다. STP와 RSTP는 스위치가 네트워크에 설치되는 시점에 자동적으로 활성화된다.

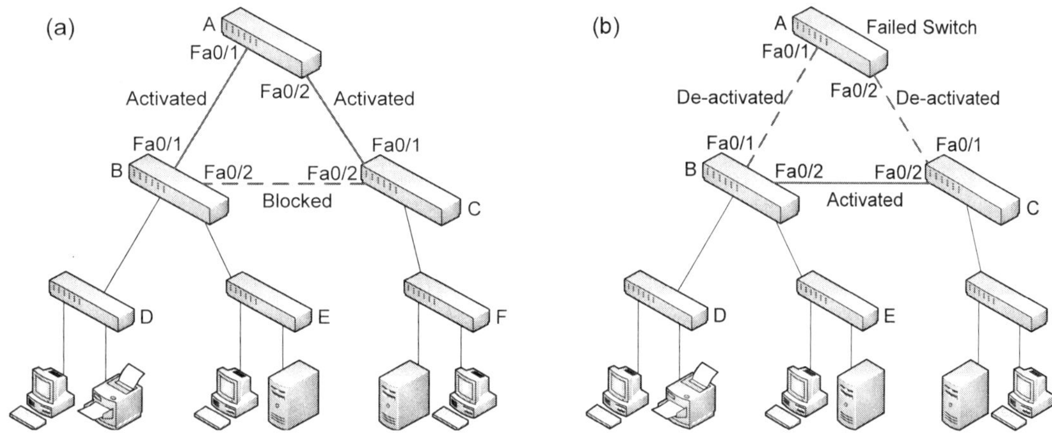


그림 7.7 STB/RSTP의 예시(논리적 구조)

## 7.6 링크 애그리게이션(Link aggregation)

이번 섹션에는 이더넷에 의해 활용되는 **링크 애그리게이션**(Link aggregation)(또는 **트렁킹**(trunking), **본딩**(bonding)이라고도 함) 기술에 대해 설명한다. 이 기술을 이용하면, 어느 두 개 네트워크 노드(예, 서버와 스위치) 사이의 물리적 링크들이 두 개 이상 결합되어 더 큰 용량을 가진 하나의 논리적 링크가 된다. 따라서 링크 애그리게이션을 이용하면 두 기기 간의 전송 대역폭이 동시 발생하는 링크들의 개수만큼 증가하게 된다.

그림 7.8은 링크 애그리게이션에 관련된 두 가지 시나리오를 보여준다. 그림 7.8a에서는 두 스위치 사이의 두 개 고속 이더넷 포트(Fa0/0와 Fa0/1)가 묶여서, 각각의 링크가 100Mbps의 속도를 가질 경우 양방향(이중 방식)으로 200Mbps의 대역폭까지 증가된다. 이는 한 스위치에 연결된 두 개 컴퓨터가 지연 시간 없이 각각의 최대 속도(100Mbps)로 전송할 수 있게 해준다. 또한, 이 링크 본딩(boding)을 이용하면 고속 포트 속도(예, 기가비트 이더넷)를 가진 스위치로 업그레이드를 할 필요가 없어진다. 그림 7.8b에서는 두 개의 고속 이더넷 포트가 한 서버의 두 NIC(또는 멀티포트를 가진 NIC)에 연결되어 양방향으로 200Mbps까지 스루풋을 효과적으로 증진시키고 있다.

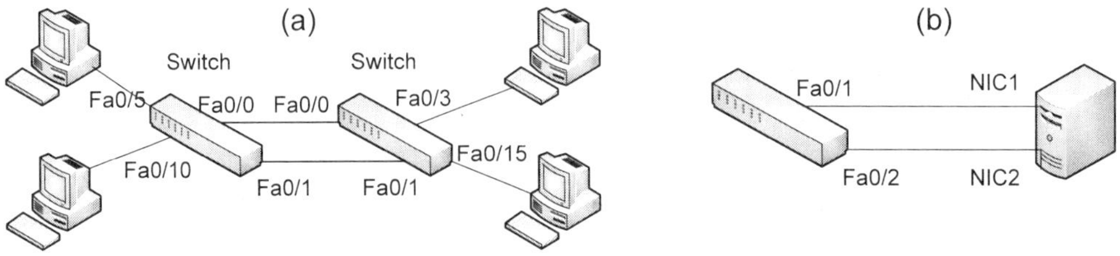


그림 7.8 링크 애그리게이션의 활용

그림 7.9을 통해 보다 복잡한 또 다른 시나리오를 살펴보자. 세 개의 코어/분배 기가비트 이더넷 스위치가 세 개의 워크그룹(혹은 엑세스) 스위치를 연결하고 있다. 모든 코어/분배 스위치가 기가비트 이더넷 포트를 가지고 있고, 워크그룹 스위치는 기가비트와 고속 이더넷 포트 둘 다를 가지고 있다. 접속 스위치들이 고속 이더넷 포트를 통해 서버를 포함한 다수의 호스트들을 연결하고 있다. 서버들은 접속 속도를 높이기 위해 링크 애그리게이션을 활용하고 있다. 이러한 상황에서 A와 B, 그리고 A와 C 사이의 트렁크 링크가 한 개의 기가비트 링크를 사용한다면, 스위치 A를 통과하는 통합 전송량이 그 연결 용량을 넘어설 경우에 그것이 병목 지점이 될 수 있다. 이런 경우에 A와 B, 그리고 A와 C 사이의 링크들을 결합함으로써 그러한 위험을 경감할 수 있다.

링크 애그리게이션은 스위치의 환경설정을 관리함으로써 구현될 수 있다. 관련 기술은 **링크 애그리게이션 통제 프로토콜**(LACP: Link Aggregation Control Protocol)이란 이름으로 IEEE 802.1AX에 의해 표준화되어 있다. 스위치에 LACP 기반의 링크 애그리게이션을 구현하는 작업은 다음과 같은 비교적 간단한 절차에 따라 이루어진다.

```
#lacp              (설명: LACP 프로토콜 활성화)
#add port=1,3      (설명:포트 1 과 포트 3 이 묶여짐)
```

요컨대, 링크 애그리게이션의 활용은 다음과 같은 몇 가지 이점을 제공한다:

- 네트워크 경로의 속도를 증가시켜 네트워크 부하를 균형있게 함으로써 보다 나은 네트워크 성능을 가질 수 있도록 기여한다.
- 더 높은 스루풋을 이용해 기존 하드웨어(예, 중계 기기나 연결 유선)의 교체 없이도 비용 효과적으로 링크 용량을 향상시킬 수 있는 방법이다.
- 스위치 포트들을 결합하여 두 개 노드 간에 한 개 이상의 백업 링크를 가지는 효과를 갖게 되어 네트워크의 가용성과 접근성을 효과적으로 향상시킨다.

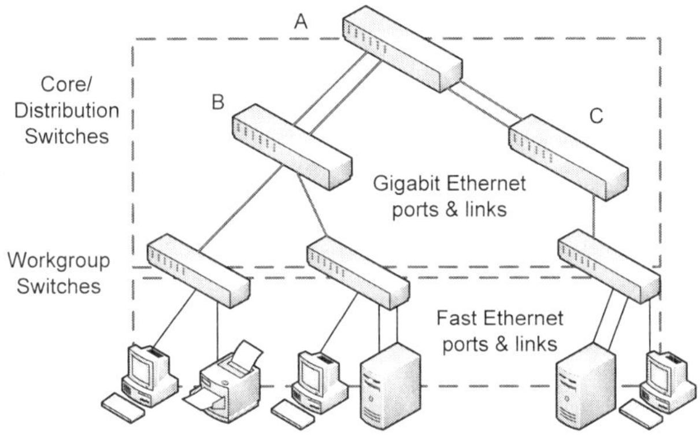


그림 7.9 링크 애그리게이션 시나리오

### [간단한 사례: 이큅(EQUIP)사의 이더넷 LAN]

이 사례는 한 제조 회사의 실제 네트워크를 기반으로 구성되었다. 100명의 직원을 가진 이 회사는 중견 기업이며, 3개 층의 빌딩을 소유하고 있다. **주요 장비실**(Main Equipment Room)은 빌딩의 첫번째 층에 위치해 있으며, 주요 중계 기기(예, 코어 스위치와 라우터)들과 모든 서버들을 갖추고 있다. 2층과 3층에 있는 배선 공간에는 최종 기기들, 주로 사용자 컴퓨터와 IP 감시 카메라들을 연결하는 접속 스위치들이 위치해 있다.

이 기업의 LAN은 두 개 서브넷으로 나뉘는데, 사용자 컴퓨터와 다양한 서버를 포함하는 생산 네트워크(172.16.10.0/24)와 회사 시설을 감시하기 위해 설치된 비디오 카메라를 포함하는 감시 네트워크(172.16.20.0/24)가 그것이다. 감시 카메라는 IP 주소를 하나 갖고 있으며, 한 개 접속 스위치에 연결되어 있다. 이때 라우터가 생산 네트워크와 감시 네트워크를 서로 분리시킨다. 모든 스위치에는 단순히 원격 설정과 관리의 목적으로 IP 주소가 부여되어 있다. 네트워크 링크들의 유선 연결과 전송 속도가 아래 요약되어 있다.

- 중계 기기(스위치와 라우터)들 간의 트렁크 링크: 1Gbps CAT6, 생산 네트워크의 모든 트렁크 링크는 2Gbps 대역폭을 효과적으로 달성하기 위해 링크 애그리게이션을 활용하고 있다.
- 사용자 단말기와 감시 카메라용 엑세스 링크: 100Mbps CAT5
- 서버용 엑세스 링크: 1Gbps CAT6

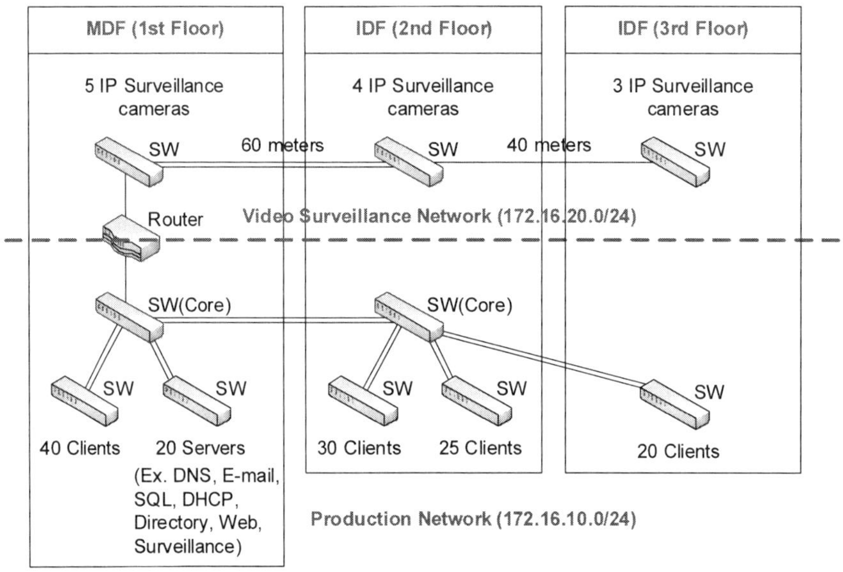


그림 7.10 이큅(EQUIP) 사의 이더넷 LAN(논리적 구조)

## 복습문제

1. 트렁크 라인과 엑세스 라인용으로 어떤 케이블이 사용되는가?
2. 각 트렁크 링크와 엑세스 링크의 연결 속도는 얼마인가?
3. 스위치에 연결된 내부 서버와 클라이언트 단말기의 연결 속도는 얼마인가?
4. 링크 용량을 두 배로 만들기 위해서 어떠한 방법이 사용되는가?
5. 왜 계층2 스위치들이 IP 주소를 갖는가?
6. 총 몇 개의 서브네트워크가 존재하며, 그것들을 나누어야 할 이유가 될 수 있는 사항은 무엇인가?
7. 네트워크 상에 총 몇 개의 브로드캐스트 영역이 존재하는가?
8. 클라이언트와 서버들에 IP 주소 범위를 할당하라.

9. 비디오 감시 카메라에 IP 주소를 할당하라.

10. 감시 네트워크의 설계에 있어서 어떤 접근법이 사용되었는가?: 수평적 혹은 계층적 설계? 몇 개의 계층을 볼 수 있는가?

11. 생산 네트워크의 설계에 있어서 어떤 접근법이 사용되었는가?: 수평적 혹은 계층적 설계? 몇 개의 계층을 볼 수 있는가?

12. 어디에 라우터를 위치시켜야 하는가? 왜 그러한가?

13. 설계 관련 질문: 만약 회사가 현재의 기업 LAN에 인터넷에 노출되어야 하는 이메일 서버와 웹 서버를 놓기 위해 DMZ 서브넷을 추가하려 한다면, 어떠한 설계 방식이 적용될 수 있겠는가? 몇 가지 해결책이 있을 수 있으니, 한 개만 얘기해 보자(5장의 그림 5.18 참조).

14. 위 그림 7.10의 논리적 구조에 기반하여, 그에 대응되는 물리적 설계를 4장의 그림 4.25와 유사하게 그려보자.

## 7.7 가상 LANs(VLANs)

### 7.7.1 배경: 가상랜이 없는 경우

그림 7.11에서처럼 여러 개의 사용자 단말기와 서버들이 몇 개의 스위치로 연결되어 있는 한 기업의 가상적 LAN을 상상해 보자. 이 경우 컴퓨터들이 세 개의 서로 다른 부서/그룹들(**IT**, **마케팅**, **회계**)에 소속되어 있는 것을 볼 수 있다. 좀 더 현실적으로 보자면, 각각의 컴퓨터가 호스트들의 소속된 그룹을 가지고 있다고 가정해 볼 수 있다.

이들 컴퓨터들이 워크그룹과 코어 스위치에 의해 상호 연결되어 있는 빌딩의 세 개 층에 각각 위치해 있다고 가정해 보자. 이는 이컵사가 적용한 설계 방식과 동일한 네트워크이다. 기업의 규모가 상대적으로 작기 때문에, 계층적 방법이 LAN을 설정하고 유지하고 운영하는데 있어 용이하다. 그러나 기업 네트워크가 더 많은 수의 사용자 단말기와 서버를 가지게 되어 규모가 커진다면, 이러한 방식은 모든 노드들이 하나의 브로드캐스트 영역에 속하게 되기 때문에 더 이상 효과적일 수가 없다. 스위치, 컴퓨터, 서버 등의 네트워크 노드는 보통 다양한 네트워크 기능을 수행하기 위한 패킷들을 브로드캐스트(또는 멀티캐스트)하며 그 브로드캐스팅이 전체 노드들에 전달되기 때문이다.

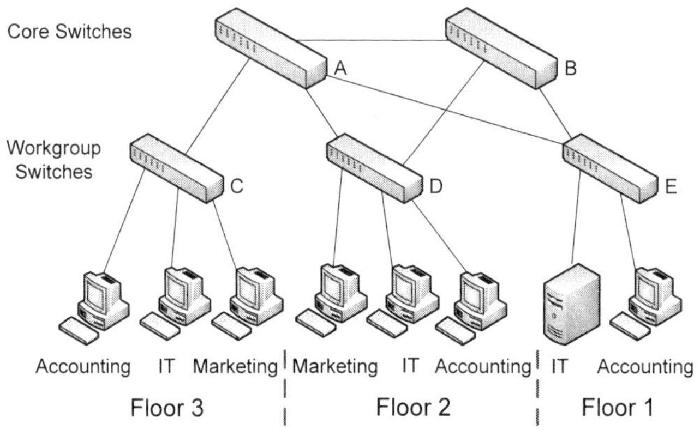


그림 7.11 LAN의 논리적 구조

예를 들어서, 스위치의 **스패닝 트리 프로토콜**(STP)은 두 네트워크 노드 간의 중복 경로를 찾기 위해 주기적으로 멀티캐스팅 메시지를 전송한다. **주소 해석 프로토콜**(ARP) 또한 노드의 IP 주소로부터 MAC 주소를 얻어내기 위하여 매우 자주 브로드캐스팅을 한다. 또 다른 예로는, 호스트 단말기들이 동적 IP 주소를 얻어내기 위해 자주 **동적 호스트 환경설정 프로토콜**(DHCP) 요청을 브로드캐스팅한다.

대개, 브로드캐스팅은 전체 브로드캐스트 영역이 하나의 서브넷(예, 사업 부서나 프로젝트 그룹)으로 제한되어야 한다. 이러한 상황에서 기능 영역을 불필요하게 넘어가는 패킷들은 전체 네트워크 성능에 부정적인 영향을 미칠 뿐만 아니라 보안 위험까지 가지고 있다. 이러한 부작용은 더 많은 호스트가 추가되고 기능적으로 분리된 부서/그룹일 경우에 더욱 명확하고 심각해진다. 이러한 문제에 대한 명확한 해결책은 네트워크를 여러 개 모듈(혹은 세분 영역)의 집합체로 분할하여 관리하는 **모듈화**(modulation) 방식이다.

그러면 네트워크를 더 작은 규모의 분할 영역으로 나누기 위해서는 어떠한 방법들이 있을까? 한 가지 방식은 라우터가 브로드캐스팅(섹션 3.10.2 참조)을 걸러내므로, 라우터를 위치시켜 스위치드 LAN(switched LAN)을 더 작은 규모의 서브네트워크로 나누는 것이다. 이 방법은 그림 7.12에서와 같이 모든 호스트들이 동일한 기능 그룹(예, 회계)에 속한 하나의 특정 스위치에 연결되어 있는 경우에 적절하다. 이런 경우에 라우터 포트(인터페이스)는 한 기능 그룹의 호스트들에게만 전념할 수 있다. 또한 이는 서브네트워크 영역과 비즈니스 부서 영역이 일치하기 때문에 깔끔하게 작동한다.

그러나 그림 7.11에서처럼 한 개 스위치의 포트들이 빌딩의 같은 층에서 사무실을 공유하는 여러 기능적 혹은 부서 그룹에 할당되어 있는 경우에는 라우터를 활용하는 것이 실무적인 어려움을 낳는데, 이는 오늘날 많은 기업들의 현실을 반영한다. 이는 하나의 비즈니스 기능 부서로 가는 전송 용량(특히 브로드캐스팅)을 제한하기 때문에 라우터를 활용하는데 있어 어려움이 발생한다. 그렇다면 스위치드 LAN을 라우터에 의존하지 않고서도 필요에 따라 지역적 세분 영역으로 편리하게 나눌 수 있는 방법이 존재할까? 물리적 위치에 상관없이 스위치에 서로 다른 부서/그룹의 호스트들을 유연하게 추가할 수 있으면서 나눌 수 있는 방법 말이다. 그 방법이 바로 VLAN 기술이다.

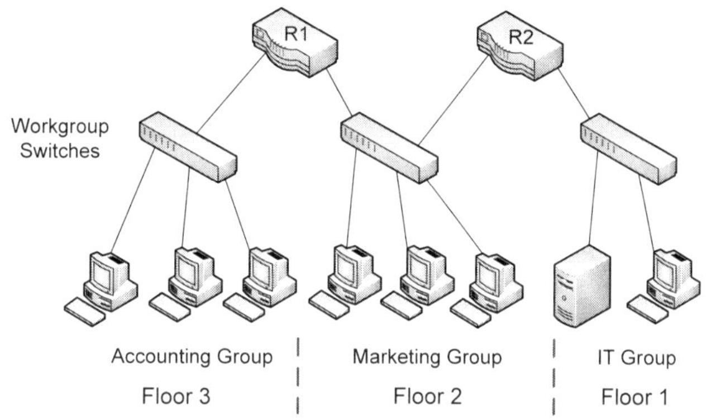


그림 7.12 라우터 기반의 LAN 분할

## 7.7.2 가상랜의 개념

스위치 기반의 VLAN 정의란 하나의 브로드캐스트 영역이 보통 워크그룹, 프로젝트 팀, 부서나 단위 조직 같은 특정 지역 영역을 기준으로 여러 개의 브로드캐스트 영역으로 좀 더 분할될 수 있는 스위치드 LAN을 말한다. 그림 7.13은 두 개 VLAN(1과 2)으로 이루어진 스위치드 LAN 상에서 브로드캐스팅이 발생할 때 무슨 일이 일어나는지를 보여준다. 해당 브로드캐스팅이 동일한 VLAN에 속해 있는 단말기와 서버에만 전송되는 것을 관찰할 수 있을 것이다.

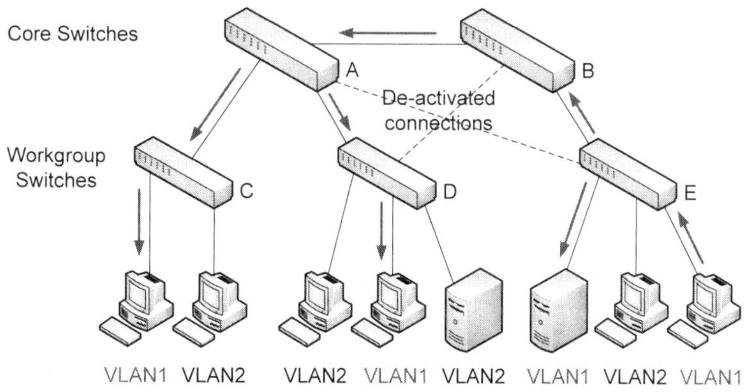


그림 7.13 VLAN 노드들에 대한 브로드캐스팅

# 7.8 가상랜 시나리오

## 7.8.1 가상랜이 없다면

VLAN과 IP 환경설정의 관계에 대해 좀 더 깊이 알아보기 위해, 3개 비즈니스 부서(**IT**, **마케팅**, **회계**)의 6개 컴퓨터와 3개 스위치가 192.168.10.0/24라는 동일 서브넷에 속해 있는 스위치에 의해 단순하게 연결된 이더넷을 예로 들어보자(그림 7.14 참조). 모든 최종 노드가 동일한 서브넷에 속해 있기 때문에, 한 단말기가 보낸 브로드캐스팅이 브로드캐스팅 소스 포트를 제외하고 연결된 모든 스위치 포트들에 도달할 것이다. 다시 좀 더 현실적으로 생각해 보자면, 각각의 컴퓨터가 어느 한 호스트 그룹에 속한다고 가정해 볼 수 있다.

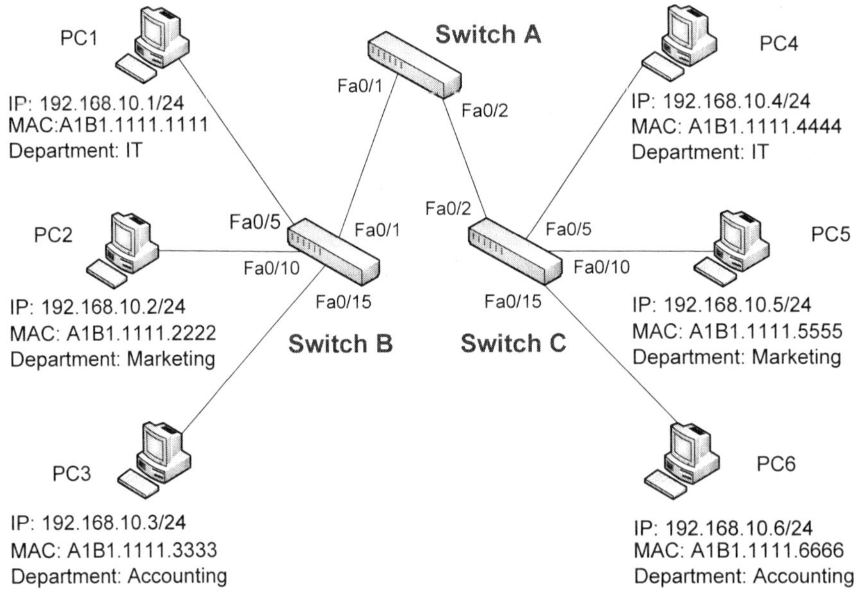


그림 7.14 가상적인 스위치로 연결된 LAN(192.168.10.0/24)

그림 7.14에서 스위치 포트에 특정 VLAN이 설정되어 있지 않은 경우 스위치에 연결된 모든 호스트들이 **디폴트 가상랜**(VLAN ID=1)에 속하게 된다. 다시 말해서, 그림 7.14의 모든 호스트들이 VLAN ID=1인 동일한 VLAN에 속하며, 어떤 호스트라도 제한없이 다른 호스트에 데이터 링크 프레임을 전송할 수 있는 것이다. 특정 VLAN이 정의되지 않으면 스위치 B의 스위치 테이블이 표

7.1과 같이 인식하게 된다. 해당 테이블은 목적지 MAC 주소와 출력 포트가 직접적으로 대응되는 지도를 그릴 수 있도록 해주고, 모든 출력 포트들은 동일한 디폴트 VLAN에 속하게 된다. 이것이 바로 3장에서 설명했던 일반적인 스위치 테이블이다(표 3.4 참조). 그림 3.8의 스위치 테이블에서는 모든 호스트들이 VLAN ID=1인 디폴트 VLAN에 속한다고 가정하고 있기 때문에 VLAN 항목이 생략되어 있다.

[표 7.1] 디폴트 VLAN을 이용하는 스위치 B의 스위치 테이블

| Mac Address | Exit Port | VLAN IC |
|---|---|---|
| A1B1.1111.1111 | FastEthernet 0/5 | 1 |
| A1B1.1111.2222 | FastEthernet 0/10 | 1 |
| A1B1.1111.3333 | FastEthernet 0/15 | 1 |
| A1B1.1111.4444 | FastEthernet 0/1 | 1 |
| A1B1.1111.5555 | FastEthernet 0/1 | 1 |
| A1B1.1111.6666 | FastEthernet 0/1 | 1 |

### 연습문제 7-4

그림 7.14와 표 7.1을 참조하여 추가적인 VLAN을 형성할 수 없는 상황을 가정하고 다음 질문에 답하라.

1. IT, 마케팅, 회계 부서에 있는 호스트들에 VLAN ID를 할당하라.

2. 해당 네트워크에서 총 몇 개의 서브넷 IP를 볼 수 있는가?

3. 컴퓨터(192.168.10.1)가 스위치 B에 프레임을 브로드캐스트 한다면, 스위치 B의 어느 포트가 프레임을 전송하게 되는가?

4. 컴퓨터(192.168.10.1)가 스위치 B에 프레임을 브로드캐스트 한다면, 어느 컴퓨터가 해당 프레임을 받게 되는가?

5. 컴퓨터(192.168.10.1)가 스위치 B에 프레임을 브로드캐스트 한다면, 패킷용의 목적지 IP 주소와 프레임용의 MAC 주소는 무엇이 되는가?

6. VLAN ID를 포함하여 스위치 A와 스위치 C의 스위치 테이블을 구축하라.

7. 이 스위치로 연결된 LAN 설정에서는 어떠한 문제들이 발생할 수 있는가?

8. 스위치와 호스트의 환경설정을 변경하지 않으면서, 세 개 비즈니스 기능 부서들에 대응되는 네트워크 분할 영역의 생성하는데 있어 라우터 대신 스위치 A가 배치될 수 있겠는가?

9. 만약 위 질문 8에 대한 대답이 '그럴 수 없다'라면, 무엇을 변경(예, 네트워크 배선)하면 세 개 비즈니스 기능 부서의 네트워크 분할 영역을 생성하는데 라우터를 사용할 수 있게 되겠는가?(세 개 스위치 모두 재사용될 수 있다고 가정한다).

10. 빌딩 차원에서 위의 질문 9를 생각해 보자. 해당 네트워크가 세 개 층으로 된 빌딩 내에 구현되어 있고, 각 스위치의 위치가 아래와 같다고 가정해 보자.

스위치 A(코어 스위치): 주요 장비실, 1층
스위치 B(워크그룹 스위치): 배선 공간, 2층
스위치 C(워크그룹 스위치): 배선 공간, 3층

2층과 3층 각각에 서로 다른 세 개 비즈니스 부서들이 사용하는 여러 개의 사무실이 있고, 한 개 층의 컴퓨터들이 배선 공간에 위치한 동일한 스위치에 연결되어 있다고 가정하자(4장의 수평적 케이블링 개념을 참조). 이런 상황에서 라우터를 사용해야 한다면, 세 개 비즈니스 기능 부서에 대응되는 세 개 네트워크 분할 영역의 생성을 위해 무엇을 해야 하는가? 그것은 효과적인 방법인가?

## 7.8.2 가상랜이 있다면

라우터에 의존하지 않고서도 스위치로 연결된 하나의 네트워크를 분할 영역으로 나눌 수 있는 방법이 있을까? 이 경우에는 분리된 VLAN들을 형성하는 것이 답이다. VLAN은 스위치 포트를 적절하게 설정함으로써 형성된다. VLAN은 고정적(static) 방식 또는 동적(dynamic) 방식으로 생성될 수 있다. 동적 방식에서는 전용 서버가 스위치 포트에 연결된 컴퓨터의 MAC 주소 같은 정보들에 기반하여 스위치 포트들을 VLAN에 동적으로 할당한다. 그러나 이 동적 할당 방식은 실무에서 널리 사용되지는 않는다. 이 장의 나머지 부분은 고정적 VLAN 설정 방식에 초점을 맞추어 설명한다. 고정적 VLAN을 형성하기 위해서는 네트워크 관리자가 스위치의 명령어 창이나 웹 기반 인터페이스를 통해 다음 두 가지 작업을 수행해야 한다.

(1) VLAN의 정의: VLAN(각각의 VLAN ID와 그에 대응되는 VLAN 이름)은 스위치에서 정의된다.

(2) VLAN에 포트 할당하기: 일단 VLAN이 생성되고 나면, 스위치의 각 포트가 하나의 특정 VLAN에 수작업으로 할당된다.

### [스위치 내에서의 VLAN 정의]

그림 7.14에서 세 개의 스위치 각각에 24개의 고속 이더넷 포트들이 있고, 각 비즈니스 부서(IT, 마케팅, 회계)가 하나의 VLAN을 구축하기로 결정되어 있다고 가정해 보자. 한 예로 VLAN ID가

각각 10, 20, 30인 세 개의 VLAN이 IT, 마케팅, 그리고 회계 부서에 각각 할당되어 있는 간단한 사례가 아래 제시되어 있다. 이 예시는 VLAN 생성이 어떻게 이루어지는지에 대한 감을 제공하기 위한 것이므로 해당 명령어들을 기억할 필요는 없다.

**예시 : 시스코 스위치에서 3개의 VLAN 정의하기**

| | |
|---|---|
| # vlan 10 | 설명: VLAN 10 정의 |
| # name IT | 설명: VLAN 10 의 이름을 부여 |
| # vlan 20 | 설명: VLAN 20 정의 |
| # name Marketing | 설명: VLAN 20 의 이름을 부여 |
| # vlan 30 | 설명: VLAN 30 정의 |
| # name Accounting | 설명: VLAN 30 의 이름을 부여 |

### [VLAN에 포트 할당하기]

이 단계에서는 각 스위치 포트가 서로 겹치지 않게 하나의 VLAN에 할당되어야 한다(여러 개 VLAN들이 한 개의 스위치 포트에 할당되는 경우도 있지만, 그것은 이 책의 범위를 벗어난다). 여기서 스위치 포트는 **엑세스 포트**(access port)나 **트렁크 포트**(trunk port) 중 하나가 될 수 있다(섹션 1.2.3에서 설명한 엑세스 링크와 트렁크 링크의 정의를 상기해 보라.). 예를 들어, 스위치 A, 스위치 B, 스위치 C에 24개 포트들이 존재하는 상황에서 표 7.2에서와 같이 스위치 포트들이 각각의 VLAN에 할당된다고 가정해 보자.

이 할당 기획에 따르면, 스위치 포트 Fa0/4에서부터 Fa0/8가 스위치의 VLAN 10에 주어진다. 이렇게 할당하면 컴퓨터가 IT 부서에 속하는 Fa0/4에서부터 Fa0/8 사이의 스위치 포트 중 하나에 연결된다. 동일한 방식이 VLAN 20과 VLAN 30에도 적용된다. 반면, 세 개 스위치 포트(예, Fa0/1, Fa0/2, Fa0/3)는 트렁크 포트만 전담하기 때문에 어느 특정 VLAN에 할당되지 않는다(그리고 어느 부서에도 할당되지 않음). 엑세스 포트와 트렁크 포트의 특성과 어느 특정 VLAN에 스위치 포트를 할당하는 방법에 대한 자세한 설명은 다음 섹션에서 제공할 것이다.

[표 7.2] VLAN의 스위치 포트 할당에 대한 간단한 예시

| Port Type | Port Ranges | VLAN IDs | VLAN Names |
|---|---|---|---|
| Trunk ports | Fa0/1~Fa0/3 | | |
| Access ports | Fa0/4~Fa0/8 | VLAN 10 | IT |
| | Fa0/9~Fa0/14 | VLAN 20 | Marketing |
| | Fa0/15~Fa0/24 | VLAN 30 | Accounting |

### [엑세스 포트(access port)]

호스트(예, 컴퓨터, 서버)에 직접 연결된 스위치 포트는 **엑세스 포트**로 설정되어, 그 엑세스 포트를 통해 호스트가 네트워크에 물리적으로 연결될 수 있게 된다. 그림 7.15의 예에서 스위치 B는 PC1, PC2, PC3 각각에 대한 연결을 위해 세 개의 **엑세스 포트**(Fa0/5, Fa0/10, Fa0/15)를 사용한다. 각각의 **엑세스 링크**(access link)가 컴퓨터의 NIC 포트(대부분 RJ-45 포트)와 스위치 B의 엑세스 포트를 연결하는 것이다.

보다시피 각각의 엑세스 포트가 하나의 특정 VLAN과 연결되어 있다. 스위치 포트 Fa0/5, Fa0/10, Fa0/15이 VLAN10, VLAN20, VLAN30에 각각 사전 할당되어 있는 것이다(표 7.2 참조). 포트 유형의 정의(엑세스 포트 vs. 트렁크 포트)와 포트의 VLAN 할당은 스위치 B에서 수작업으로 이루어진다. 또한, 동일한 환경설정이 스위치 A와 스위치 C에서도 수행되어야 한다. 실무적으로는 각각의 스위치에서 수작업으로 VLAN을 설정하는 작업을 할 필요가 없다. 왜냐하면, 표준 프로토콜이 네트워크 상에 있는 모든 스위치들에 대해 VLAN 환경설정을 복제할 수 있게 해주기 때문이다. 스위치에 내장되어 있는 그러한 프로토콜을 사용하면, 시간을 상당히 절약할 수 있을 뿐만 아니라 한 기업 네트워크에 여러 개의 스위치가 연결되어 있는 경우 VLAN 환경설정 작업을 하는데 있어서의 실수를 막을 수 있다.

일단 필요한 환경설정 작업이 완료되고 나면, 스위치는 소스/목적지 호스트가 동일 VLAN에 속하는 경우에만 이더넷 프레임을 전송한다. 어떻게 특정 스위치 포트가 하나의 VLAN ID의 엑세스 포트가 되는지를 이해하기 위해, 사용되는 명령어들이 한 상용 제품에 기반하여 예시로 나와 있다.

#### 예시 : VLAN에 엑세스 포트 할당하기(시스코 스위치)

하나의 엑세스 포인트(Fa0/5)를 하나의 VLAN(VLAN 10)에 할당하는 작업은 운영 시스템에 다음 세 개 명령어를 입력하면 된다.

| | |
|---|---|
| # interface Fa0/5 | 설명: 설정된 하나의 포트를 지정 |
| # switchport mode access | 설명: 해당 포트를 엑세스 포트로 설정 |
| # switchport access vlan 10 | 설명: 해당 엑세스 포트를 VLAN 10 에 할당 |

### [트렁크 포트(trunk port)]

또 다른 스위치 연결 방식은 스위치 포트를 **트렁크 포트**로 설정하여, 해당 유선 자체가 하나의 **트렁크 링크**(혹은 **VLAN 트렁크**)가 되도록 하는 것이다. 단일 VLAN의 전송을 허용하는 엑세스 포트와 달리, 트렁크 포트는 서로 다른 VLAN들에 속해 있는 이더넷 프레임을 전송한다. 그래서 트렁크 링크는 서로 다른 VLAN들로부터 오는 이더넷 프레임의 전송을 위해 두 개 스위치의 트렁크 포트를 상호 연결하는 **포인트-투-포인트(point-to-point) 링크**가 된다. 그림 7.15의 예에서 스위치 B의 Fa0/1는 트렁크 포트이며, 서로 다른 세 개 VLAN(VLAN10, VLAN20, VLAN30)의 프레임들을 트렁크 링크를 통해 스위치 A의 트렁크 포트인 Fa0/1으로 전송한다. 어떻게 스위치에 트렁크 포트가 설정되는지를 이해하기 위해 필요한 명령어들이 아래에 나와 있다(명령어를 기억할 필요는 전혀 없다).

**예시 : 트렁크 포트 할당하기(시스코 스위치)**

스위치 포트(예, Fa0/1)를 트렁크 포트로 할당하는 작업은 운영 시스템에 다음 세 개의 명령어를 성공적으로 입력함으로써 이루어진다.

| | |
|---|---|
| # interface Fa0/1 | 설명: 설정된 하나의 포트를 지정 |
| # switchport trunk encapsulation dot1q | 설명: 트렁킹 프로토콜을 사용(802.1Q) |
| # switchport mode trunk | 설명: 해당 포트를 트렁크 포트로 설정 |

### 7.8.3 어떻게 가상랜이 작동하는가

스위치에 가상랜을 정의한 후에는 오직 동일한 VLAN 포트에 연결된 컴퓨터들(예, PC1과 PC4)만 스위치를 통해 프레임을 직접적으로 교환할 수 있게 된다. 또한 각각의 VLAN이 브로드캐스트 영역이 되는데, 이는 스위치 포트가 브로드캐스트 된 프레임을 받을 때 해당 프레임이 오직 '동일 VLAN ID를 공유하는 엑세스 포트'와 '트렁크 포트'를 통해서만 전송된다는 것을 의미한다. 따라서 VLAN은 브로드캐스팅 영역을 훨씬 작은 규모의 영역으로 상당히 제한한다. 예를 들어, 그림 7.15에서 세 개의 VLAN이 생성되고 나면, 그림 7.14의 단일 브로드캐스트 영역이 각 비즈니스 부서에 관계된 세 개의 서로 다른 브로드캐스트 영역으로 나뉘어지게 된다.

VLAN이 스위치 포트에 할당되고 프레임들이 네트워크 상에서 충분히 교환되고 나면(섹션 3.5.3의 스위치 학습을 참조하라), 각 스위치는 전달받은 프레임들로부터 얻은 정보(예, 호스트의 MAC 주소와 연결 포트 정보)와 VLAN 설정 현황에 기반하여 자체적인 스위치 테이블을 완성할 것이다. 스위치 B의 완성된 스위치 테이블이 표 7.3에 나와 있다.

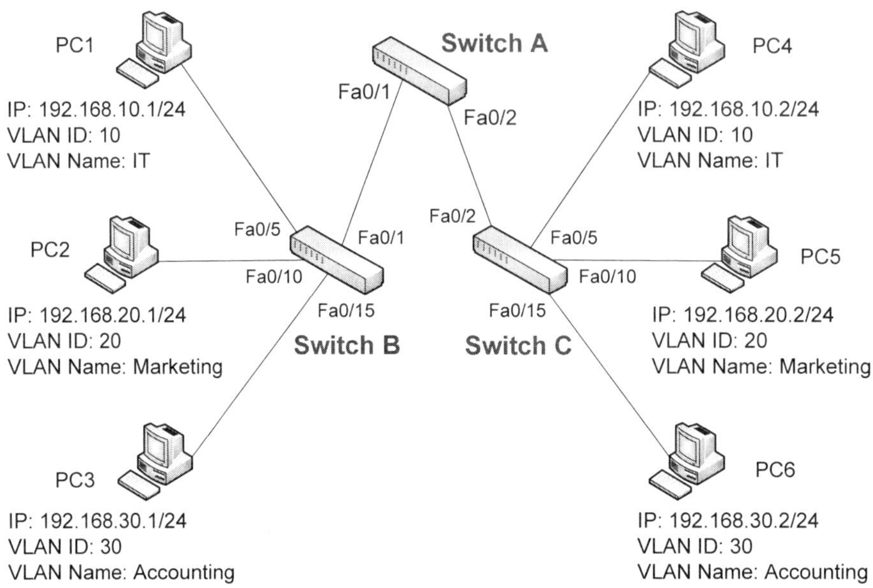


그림 7.15 세 개의 VLAN을 가진 스위치드 LAN

[표 7.3] 세 개 VLAN을 지닌 스위치 B의 스위치 테이블

| Mac Address | Exit Port | VLAN IC |
|---|---|---|
| A1B1.1111.1111 | FastEthernet 0/5 | 10 |
| A1B1.1111.2222 | FastEthernet 0/10 | 20 |
| A1B1.1111.3333 | FastEthernet 0/15 | 30 |
| A1B1.1111.4444 | FastEthernet 0/1 | 10 |
| A1B1.1111.5555 | FastEthernet 0/1 | 20 |
| A1B1.1111.6666 | FastEthernet 0/1 | 30 |

### 연습문제 7-5

그림 7.15를 참고하여 다음 질문에 답하라.

1. 표 7.3의 엔트리들에 기반하여 모든 PC의 MAC 주소를 판단하라.

2. 각 PC의 MAC 주소가 지정되고 나면, 스위치 A와 스위치 C의 스위치 테이블을 구축하라.

   ① MAC 주소와 그에 대응되는 출력 포트 정보를 가진 테이블을 구축하라.

   ② 그 다음에는 위 테이블에 VLAN ID를 추가하라.

### 7.8.4 가상랜 ID vs. 서브넷 IP 할당

VLAN과 서브넷 주소 사이의 관계가 어떻게 설정되어야 하는지에 대한 질문이 남아있다. 일반적으로 실무에서는 VLAN ID와 서브넷 IP 주소(그림 7.15 참조) 사이의 일대일 대응 관계가 가장 널리 사용된다. 하나의 VLAN이 여러 개 서브넷을 포함할 수도 있고, 여러 개 VLAN들이 하나의 서브넷에 속할 수 있음에도 불구하고 말이다. VLAN과 서브넷 주소 간의 이러한 일대일 대응으로 네트워크의 설계와 관리 작업을 단순화할 수 있다. 이는 또한 스위치로 연결된 네트워크(라우터가 없는)에서는 VLAN의 영역이 서브넷의 영역과 동일하다는 것을 의미한다. 이러한 특별한 세분화 방식이 기존 라우터 포트에 의해 결정되는 서브네트워크의 정의와 다르기 때문에 다소 혼란스러울 수도 있다. VLAN을 도입하게 되면, 기존의 서브네트워크 영역이 라우터에 의존하지 않고서도 스위치로 연결된 네트워크를 여러 개의 서브넷으로 더 나눌 수 있다는 것을 알 수 있을 것이다. 다음 그림 7.15에 일대일 대응 관계가 요약되어 있다.

| VLAN name | VLAN ID | Subnet IP |
|---|---|---|
| IT | 10 | 192.168.10.0/24 |
| Marketing | 20 | 192.168.20.0/24 |
| Accounting | 30 | 192.168.30.0/24 |

**연습문제 7-6**

그림 7.15를 참조하여 다음 질문에 답하라.

1. 현재 스위치 A에 의해 사용되고 있는 엑세스 포트들은 무엇인가?
2. 현재 스위치 C에 의해 사용되고 있는 엑세스 포트들은 무엇인가?
3. 스위치 A와 스위치 C에서 총 몇 개의 트렁크 포트들이 사용되었으며 그것들은 무엇인가?
4. 스위치 A의 Fa0/1와 Fa0/2는 엑세스 포트로 설정될 수 있는가?
5. 스위치 B의 Fa0/1이 엑세스 포트로 설정된다면, 그 영향은 어떻게 될 것인가?
6. 표 7.2의 각 VLAN에 대하여 포트 범위가 주어졌을 때, 총 몇 개의 호스트들이 VLAN10, VLAN20, VLAN30 각각에 연결될 수 있겠는가?

7. 만약 PC1이 프레임을 하나 브로드캐스킹 한다면, 어느 스위치와 어느 PC가 그 프레임을 받게 되는가?

8. 만약 PC1이 PC2에 핑(ping)을 보낸다면(*C:₩ping 192.168.20.1*), 그것이 PC2에 도달하겠는가? 만일 그렇지 않다면, 그 이유는 무엇인가?

힌트: 스위치는 계층3 기기이므로 패킷 라우팅을 수행할 수 없다.

9. 만약 PC1이 PC4에 핑(ping)을 보낸다면, 그 핑(ping) 요청이 PC4에 도달하겠는가? 왜 그러한가 혹은 왜 그렇지 않은가?

10. 지금 세 개 모든 스위치들에서 VLAN이 제거된다고 가정해 보자. 하지만 6개 PC의 IP 주소와 서브넷 마스크는 동일하게 유지된다.

    ① 만약 PC1이 PC4에 핑(ping)을 보내면, 그 메시지가 PC4에 도달하겠는가? 왜 그러한가 혹은 왜 그렇지 않은가?

    ② 만약 PC1이 PC5에 핑(ping)을 보내면, 그 메시지가 PC5에 도달하겠는가? 왜 그러한가 혹은 왜 그렇지 않은가?

    ③ 만약 PC1이 PC2에 핑(ping)을 보내면, 그 메시지가 PC2에 도달하겠는가? 왜 그러한가 혹은 왜 그렇지 않은가?

## 7.9 가상랜 태깅(tagging)/트렁킹(trunking)(IEEE 802.1Q)

### 7.9.1 배경

그림 7.15로 다시 돌아가 PC1과 PC3이 동일한 VLAN인 VLAN10에 위치해 있다고 가정해 보자. 만약 이러한 상황에서 PC1이 PC3에 프레임을 보낸다면, 스위치 B가 자체 스위치 테이블을 참조하여 두 개 PC가 모두 동일한 VLAN 내에 있음을 확인한 후에, 그 이더넷 프레임을 직접 PC3에 전송할 것이다.

그런데 만약 동일 VLAN 내의 두 개 PC가 동일한 스위치에 직접 연결된 것이 아니라면, 그 PC 간의 이더넷 프레임 전송이 다소 까다로워진다. 예를 들어, 그림 7.15에서 이더넷 프레임이 PC1에서 PC4로 전송되어야 한다고 가정해 보자. 그 두 개 PC는 두 개의 서로 다른 스위치, 즉 스위치 B와 스위치 C에 각각 연결되어 있다. 이는 해당 이더넷 프레임의 전송이 두 개의 트렁크 링크를 통해 전달되어야 한다는 것을 의미한다(스위치 B와 스위치 A 간의 첫 번째 것과 스위치 A와 스위치 C 간의 두 번째 것).

트렁크 링크는 서로 다른 VLAN에 속한 프레임을 전송하기 때문에, 트렁크 링크를 통해 전송이 이루어질 때는 특정 이더넷 프레임의 VLAN ID를 확인하는 매커니즘이 있어야만 한다. 서로 다른 VLAN에서 생성된 이더넷 프레임의 트렁크 링크를 통한 전송 프로세스를 가리켜 트렁킹(trunking)이라고 부른다(그림 7.16 참조). 그래서 VLAN 트렁킹은 호스트와 스위치 간이 아니라 스위치들 간에서 발생한다. VLAN 트렁킹을 실행하는 매커니즘은 IEEE802.1Q 표준에 의해서 표준화되어 있다.

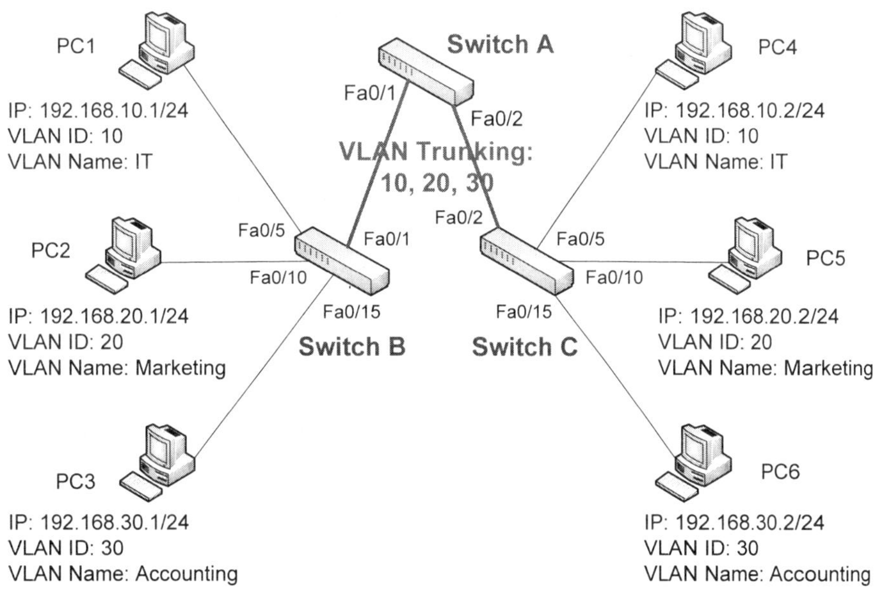


그림 7.16 VLAN 트렁킹

## 7.9.2 가상랜 태깅

IEEE802.1Q는 VLAN 트렁킹을 실행하기 위해 스위치가 호스트로부터 도착한 일반 이더넷 프레임에 VLAN 정보를 추가하도록 하는 **태깅**(tagging)을 사용하여 태그가 부착된 프레임을 트렁크 포트로 내보낸다. 즉, 호스트가 일반 프레임을 생성하면 스위치가 그것에 VLAN 정보가 태그로 부탁된 프레임으로 변환하는 것이다. 그림 7.17에서는 일반 프레임과 VLAN 태깅이 부가된 프레임, 이 두 개 프레임을 비교하고 있다. 태그가 부착된 프레임은 VLAN 정보를 운반하기 위해 **태그 프로토콜**

**식별자**(Tag Protocol Identifier: TPID)와 **태그 컨트롤 정보**(Tag Control Information: TCI)라는 두 가지 추가 항목을 지닌다.

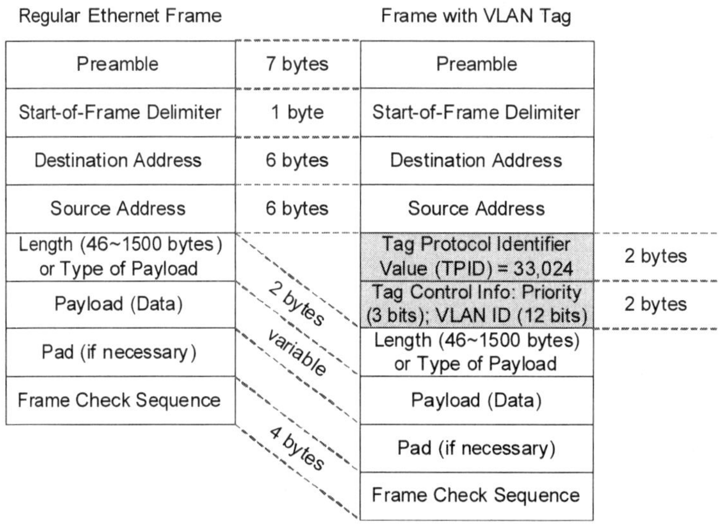


그림 7.17 일반 이더넷 프레임 vs. VLAN 태그를 부착한 프레임

TPID 항목은 이더넷 프레임 내에 VLAN 정보가 있음을 알려주는 33024의 10진법 값을 가지고 있다(일반 프레임의 길이 항목은 10진법으로 1500까지만 가질 수 있기 때문에 스위치는 태그가 부착된 프레임을 식별할 수 있는 것이다). TCI 항목은 **Priority**(3비트)와 **VLAN ID**(12비트)로 구성되어 있다. 이더넷 프레임은 Priority 비트를 이용해 전송의 긴급성을 파악할 수 있다. VLAN ID는 이더넷 프레임이 속한 특정 VLAN의 식별자가 된다.

### 7.9.3 가상랜의 태깅/태깅 해제 프로세스

VLAN 태깅이 어떻게 작동하는지를 설명하기 위하여, 그림 7.16에서 한 이더넷 프레임이 PC3에서 PC6으로 전송되어야 하는 상황을 가정해 보자. 또한 이미 표 7.2의 할당 기획에 따라 스위치에 VLAN들이 생성되어 있다고 가정한다. 또한 세 개 스위치 모두 스위치 B에 대한 표 7.3과 같이 완성된 스위치 테이블을 가지고 있다고 가정한다.

PC3에서 PC6으로의 프레임 전송은 다음과 같은 단계를 거친다:

1. 우선 PC3의 NIC가 일반 이더넷 프레임 구조(그림 7.17)에 맞게 프레임을 생성하여 스위치 B의 Fa0/15로 보낸다.
2. 그 프레임을 받은 스위치 B가 Fa0/15에 VLAN 설정이 되어 있음을 인식하여, 해당 일반 프레

임에 TPID와 TCI의 VLAN 태그를 부착한다(그림 7.17). 여기서, VLAN ID 항목은 30이 된다.

3. 스위치 B에 의해 VLAN ID=30이라는 VLAN 태그가 부착되고 나면, PC6의 MAC 주소용 출력 포트를 찾기 위해 스위치 테이블을 참조하여 PC6가 동일한 VLAN 30에 속해 있음을 확인한다. 스위치 B는 트렁크 포트 Fa0/1을 통해 태그가 부착된 프레임을 전송한다.
4. 스위치 A가 그 태그 부착 프레임을 받아서 PC6의 MAC 주소에 대응되는 출력 포트를 찾기 위해 자체 스위치 테이블을 체크한다. 그리고 동일한 VLAN 30에 속한 목적지를 확인하여 자체 트렁크 포트 Fa0/2에 해당 태그 부착 프레임을 전달한다.
5. 그 태그 부착 프레임을 받은 스위치 C가 PC6의 MAC 주소에 대응되는 출력 포트를 찾기 위해 자체 스위치 테이블을 체크하여, PC6가 동일한 VLAN 30에 속한 사실을 확인한다. 그 다음에는 해당 프레임의 VLAN 태그를 삭제한 후, 원래의 일반 프레임을 자체 엑세스 포트 Fa0/15를 통해 PC6에 전송한다.

PC3과 PC6 간의 태깅과 태깅 해제 절차가 그림 7.18에 요약되어 있다.

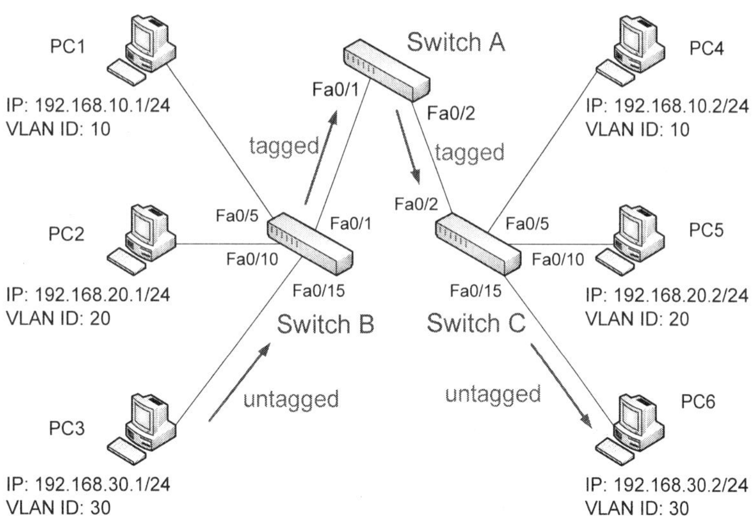


그림 7.18 VLAN 태깅과 태깅 해제

**연습문제 7-7**

그림 7.18을 참조하여, 아래의 핑(ping) 패킷이 전송된 경우에 무슨 일이 일어나는지를 단계별로

설명하라(모든 스위치 테이블 구축이 완료되어 있다고 가정한다).

1. PC1이 PC4에 핑(ping) 전송

2. PC1이 PC6에 핑(ping) 전송

3. PC1이 255.255.255.255에 핑(ping) 전송

4. PC1이 192.168.20.255에 핑(ping) 전송

## 7.10 가상랜 유형

### 7.10.1 디폴트 가상랜

스위치가 무설정 상태에 있고 어느 특정 VLAN이 설정되어 있지 않다면, 모든 스위치 포트들은 **디폴트 가상랜**(default VLAN)에 속하게 된다. 즉, 그 스위치에 연결된 모든 호스트 단말기들이 디폴트 VLAN이라는 하나의 브로드캐스트 영역에 속한다는 뜻이다(표 7.1 참조). 예를 들어, 그림 7.14의 모든 컴퓨터들이 VLAN에 의해 분할되지 않고 모두 디폴트 가상랜에 포함된다는 의미다. 이러한 방식에서는 소스 단말기에서 생성된 일반 프레임(그림 7.2)이 VLAN 태깅 없이 스위치에 의해 전송된다.

**예시 : 시스코 스위치 상의 디폴트 VLAN**

시스코 스위치는 자체 VLAN 정보를 플래쉬 메모리 상의 vlan.data 파일에 저장해 놓는다. 이는 명령어 입력창에 'show vlan'을 입력하면 확인할 수 있다. 그림 7.19는 해당 스위치가 24개 고속 이더넷(100Mbps) 포트들을 장착하고 있으며, 모두 ID가 1인 디폴트 VLAN에 속해 있음을 나타낸다. 이는 모든 24개 포트들이 스위치에 연결된 어느 두 개 컴퓨터 간에 통신 제약이 전혀 없는 동일한 브로드캐스트 영역에 속해 있다는 것을 의미한다.

SwitchB#**show vlan**

| VLAN | Name | Status | Ports |
|---|---|---|---|
| | | | Fa0/1, Fa0/2, Fa0/3, Fa0/4, Fa0/5 |
| | | | Fa0/6, Fa0/7, Fa0/8, Fa0/9, Fa0/10 |
| 1 | default | active | Fa0/11, Fa0/12, Fa0/13, Fa0/14, Fa0/15 |
| | | | Fa0/16, Fa0/17, Fa0/18, Fa0/19, Fa0/20 |
| | | | Fa0/21, Fa0/22, Fa0/23, Fa0/24 |

그림 7.19 디폴트 VLAN

## 7.10.2 데이터 가상랜

데이터 가상랜(data VLAN)은 컴퓨터가 생성한 데이터 전송 신호를 전달하기 위해 설계된다. 예를 들어 그림 7.18은 **스위치로 연결된 이더넷**을 세 개의 논리 영역으로 구분하기 위해 IT(VLAN 10), 마케팅(VLAN 20), 회계(VLAN 30) 사업부용으로 기획된 세 개의 데이터 VLAN을 보여준다. 대부분의 VLAN은 이 유형에 속한다.

### 예시 : 시스코 스위치 상의 데이터 VLAN

그림 7.20은 표 7.2의 할당 기획에 따라 새 개의 서로 다른 데이터 VLAN(VLAN 10, 20, 30)이 할당된 스위치 포트를 보여준다. 이 기획에 따르면, Fa0/4에서부터 Fa0/24까지 범위의 포트들은 엑세스 포트이다. 반면에, 처음 세 개 포트들(Fa0/1, Fa0/2, Fa0/3)은 표 7.2에서 트렁크 포트로 지정되어 있기 때문에, 어느 특정 VLAN에 할당되지 않는다. 따라서 결과적으로 그 세 개 포트는 VLAN 요약에 포함되지 않는다.

SwitchB#**show vlan**

| VLAN | Name | Status | Ports |
|---|---|---|---|
| 10 | IT | active | Fa0/4, Fa0/5, Fa0/6, Fa0/7, Fa0/8 |
| 20 | Marketing | active | Fa0/9, Fa0/10, Fa0/11, Fa0/12, Fa0/13, Fa0/14 |
| 30 | Accounting | active | Fa0/15, Fa0/16, Fa0/17, Fa0/18, Fa0/19 |
| | | | Fa0/20, Fa0/21, Fa0/22, Fa0/23, Fa0/24 |

그림 7.20 데이터 VLAN

### 7.10.3 보이스 가상랜

컴퓨터 네트워크가 음성 통화를 지원하는 기존 전화 네트워크 플랫폼의 비용 효과적인 대안(IP 전화 또는 VoIP라고 부름)으로 등장하고 있다. 기존의 전화 통신 체계는 기업이 보이스(voice) 네트워크 인프라스트럭쳐를 데이터 네트워크와 별도로 분리하여 운영해야 한다. 이는 기업에 상당한 유지 및 운영 비용을 발생시킨다. IP 전화를 사용할 수 있는 보이스 서비스와 데이터 서비스가 모두 동일한 컴퓨터 네트워크 상에서 결합되는 경우(그림 7.21 참조), 장비의 구매와 운영, 그리고 관리에 있어서 상당한 비용 절감 효과를 얻을 수 있다. 예를 들어, 보이스와 데이터 인프라스트럭쳐의 결합을 사용하면 전화 장비를 추가적으로 구매할 필요가 없어지고 전화 네트워크 전문가를 고용할 필요성과 보이스 네트워크 및 데이터 네트워크를 분리 운영할 필요성도 없어진다.

컴퓨터 네트워크 상에서 통화 품질(예, 통화 지연이나 통화 누락)의 저하 없이 보이스 서비스와 데이터 서비스를 결합하기 위해 하나의 VLAN이 음성 전송을 전담하게 할 수 있다. 보이스 VLAN (voice VLAN)은 디지털화된 음성 통화와 필요한 신호 정보(예, 통화 설정, 다이얼 음량, 발신자 ID)를 전송한다. 음성 전송은 시간에 민감한 특성이 있기 때문에, 거의 전송 지연 없이 통화가 이루어져야 한다. 그렇게 하기 위해서는 트렁크 링크를 통한 프레임 전송에 있어 데이터 VLAN보다 보이스 VLAN에 더 높은 우선순위를 부여해야 한다(그림 7.17의 VLAN 태그에서 우선순위 비트를 참조).

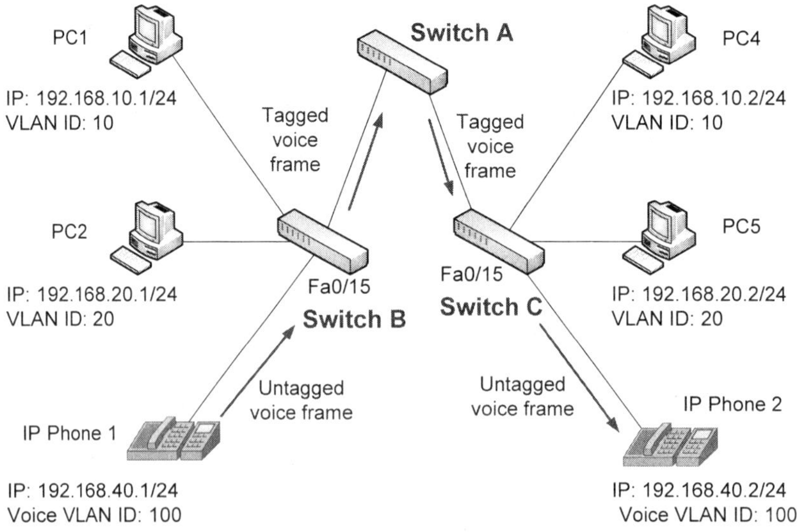


그림 7.21 보이스 VLAN의 예시

그림 7.21은 두 개의 데이터 VLAN(VLAN 10과 VLAN 20)과 한 개 보이스 VLAN(VLAN 100)의

예시를 보여준다. 차별화된 우선순위 체계를 구현하기 위해서는, 스위치 B와 스위치 C가 음성 통화를 처리하는 스위치 포트(Fa0/15)에 도달하는 프레임들에 더 높은 우선순위 비트를 부여하도록 지정해 주어야 한다. 사실, 실재 보이스 VLAN 설정은 그림 7.21의 단순화된 예시보다는 훨씬 더 복잡하다. 환경설정에서 스위치 B와 스위치 C의 포트 Fa0/15에는 두 개의 VLAN ID(데이터 VLAN용으로 하나와 보이스 VLAN용으로 하나인)가 설정될 수 있다. 그렇게 함으로써 하나의 연결선이 두 개의 VLAN(Fa0/15의 VoIP 전화와 컴퓨터)에 의해 공유되는 것이다. 직원의 책상에 연결이 필요한 전화와 컴퓨터 기기마다 각각 별도의 유선 연결을 하는 것은 효과적인 방법이 아니기 때문에 이와 같은 방법이 훨씬 효과적이다.

## 7.11 가상랜 간의 라우팅

이번 섹션에서는 일반적으로 인터-VLAN 라우팅이라고 알려져 있는 VLAN들 간의 프레임 교환에 사용할 수 있는 방법들에 대하여 설명한다. LAN이 그림 7.18에서와 같이 오직 이더넷 스위치들만으로 이루어진 경우에는 프레임이 서로 다른 VLAN 간에는 직접 전달될 수 없다는 점을 생각해 보자. 예를 들어, 그림 7.18의 PC1과 PC5는 각각 VLAN10과 VLAN20에 속해 있기 때문에, 프레임을 직접적으로 교환할 수가 없다. 그러면 한 VLAN에서 프레임을 다른 VLAN으로 전송하는데 사용할 수 있는 방법은 어떤 것이 있을까? VLAN이 서브넷 주소를 가지고 있는 경우 인터-VLAN 통신은 계층3 기기, 즉 보통 라우터에 의존해야 한다. 라우터에 기반한 인터-VLAN 라우팅에 있어서 두 가지 서로 다른 접근법은 다음과 같다.

1. VLAN마다(즉, 서브넷마다) 물리적 라우터 포트(인터페이스)를 할당
2. **서브-인터페이스**(sub-interface)를 지정하여 여러 개의 VLAN(즉, 여러 개의 서브넷)들을 연결해주는 하나의 단일 라우터 포트(인터페이스)를 활용한다.

VLAN들 간에 프레임을 전송하는 또 하나의 방법은 라우터 대신 **다중 계층 스위치**(multi-layer switch: MLS)라는 이름의 계층3 역량을 지닌 스위치를 활용하는 것이다. 이전 3장에서, 기업 LAN 내에서 계층3 스위치가 라우터를 대신해 기본적인 라우터의 기능들을 수행할 수 있다고 언급한 적이 있다. 그러나 계층3 스위치를 활용하는 것에 관련된 상세 사항은 이 책의 범위를 벗어난다.

### 7.11.1 가상랜 마다의 라우터 인터페이스

이 방법에서는 라우터의 한 개 물리적 포트가 하나의 VLAN(즉 하나의 서브넷)을 전담한다. 이 방법을 이용해 라우터로 여러 개의 VLAN들을 상호 연결하려면 물리적 포트가 많이 설치되어 있어야 한다. 이는 하나의 라우터에 LAN(예, FastEthernet0/1 혹은 Fa0/1)과 WAN(예, 시리얼0/0) 포트들에 딸려있는 것 그리고 특정 라우터 폴트 하나에 연결된 네트워크 세분 영역이 하나의 서브넷이 되는 것과 마찬가지 원리이다. 예를 들어, 그림 7.22에서 서브넷 192.168.10.0/24는 라우터의 Fa0/0에 연결되어 있고, 해당 포트는 192.168.10.250의 IP주소를 가지고 있다. Fa0/0의 IP 주소(192.168.10.250)가 두 컴퓨터의 디폴트 게이트웨이가 된다는 점을 상기해 보라. 라우터 포트와 서브넷에 관한 복습을 통해 다음 시나리오에서 인터-VLAN의 개념을 이해해 보자.

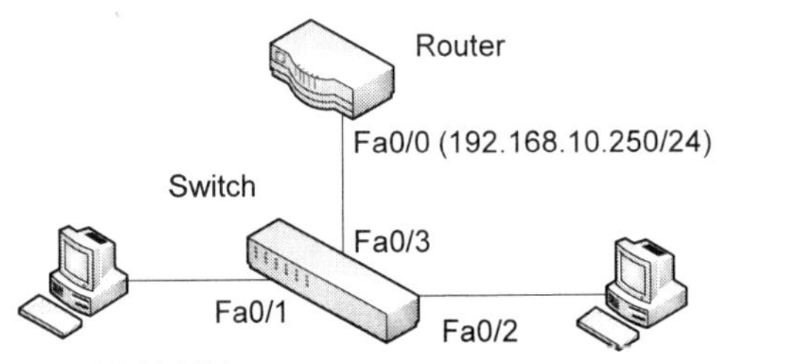


그림 7.22 하나의 서브넷을 연결하는 라우터 포트

#### [시나리오 1]

그림 7.23은 **VLAN 마다(즉, 서브넷마다) 하나의 물리적 포트**를 할당하는 방식에 기반하여 구현된 인터-VLAN 라우팅의 간단한 네트워크 예를 보여주고 있다. 여기서는 두 개 서브넷에 대응되는 두 개의 VLAN(VLAN 10과 VLAN 20)이 존재한다. IP 패킷이 VLAN들 간에 전송될 수 있도록 하기 위해서는, 라우터가 두 개의 분리된 포트(Fa0/0과 Fa0/1)를 통과하는 스위치에 연결되어 각각이 하나의 서브넷, 즉 하나의 VLAN용으로 설정된다. 따라서, VLAN 10은 192.168.10.0/24의 서브넷 주소를 갖게 되고 192.168.10.250의 IP 주소를 지니는 라우터의 Fa0/0는 VLAN10에 속하게 된다. 반면, VLAN 20의 서브넷 주소는 192.168.20.0/24이고 IP 주소는 192.168.20.250인 라우터 포트 Fa0/1은 VLAN 20에 속하게 된다.

이러한 환경설정에서는 스위치의 경우 VLAN 10과 VLAN 20에 각각 속해 있는 두 개 컴퓨터 간에 프레임을 직접 전달할 수 없지만, 라우터는 라우팅 기능을 이용해 그것을 연결할 수 있다. 라우터가 VLAN 간의 연결을 가능케 하기 위해서는, 각 호스트 PC가 라우터 포트의 IP 주소를 디폴트 게이트웨이로 설정해야 한다. 이는 서브넷의 라우터 포트가 각 서브넷 컴퓨터들의 게이트웨이가

되는 것과 같다(그림 7.22 참조). 따라서:

VLAN10의 PC1과 PC2는 192.168.10.250의 디폴트 게이트웨이를 가진다.

VLAN20의 PC3과 PC4는 192.168.20.250의 디폴트 게이트웨이를 가진다.

게다가 하나의 라우터 포트에 연결된 각각의 스위치 포트(VLAN 10용의 Fa0/4과 VLAN20용의 Fa0/11)는 트렁크 포트가 아니라 스위치의 엑세스 포트로 설정된다(그림 7.23 참조). 왜냐하면, 각 링크가 하나의 단일 VLAN(즉, 단일 서브넷)의 프레임들만 전송하기 때문이다. 이는 1장의 그림 1.5에서의 정의, 즉 중계 노드 간의 링크를 트렁크 링크로 간주하는 것과 상반된다. 그럼에도 불구하고 기술은 계속 진화하고 있기 때문에 네트워킹 용어 정의에 있어서의 이와 같은 비일관성을 용인할 수밖에 없다.

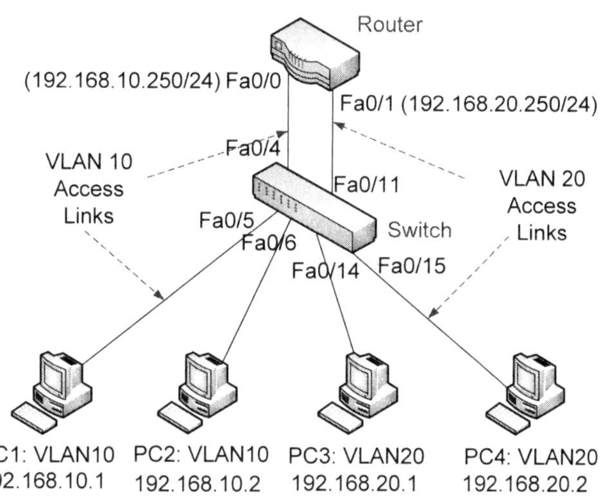


그림 7.23 VLAN마다 하나의 라우터 포트 할당하기

그림 7.23에서 라우터 포트의 IP 주소가 설정되고 나면, 해당 라우터의 라우팅 테이블이 표 7.4와 유사해지고 두 개 VLAN(즉, 두 개 서브넷) 간의 패킷 전송이 가능하게 된다.

[표 7.4] 라우팅 테이블 엔트리(단순화한 구조)

| Subnet ID | Subnet Mask | Exit port(Interface) |
|---|---|---|
| 192.168.10.0 | 255.255.255.0 | FastEthernet0/0 |
| 192.168.20.0 | 255.255.255.0 | FastEthernet0/1 |

### 연습문제 7-8

그림 7.23에 기반하여 다음의 작업을 수행하라.

1. 4개 PC의 MAC 주소와 두 개의 라우터 LAN 포트(Fa0/0과 Fa0/1)를 할당하라.

2. 각 스위치가 24개의 포트를 갖고 있다고 가정하자. 처음 3개 포트를 트렁크 포트로 할당하고, 남은 포트들을 VLAN 10(Fa0/4~Fa0/13)과 VLAN20(Fa0/14~Fa0/24)용의 엑세스 포트로 할당하여, 표 7.2와 유사한 요약 테이블을 생성하라. 실무에서는 이러한 포트 할당이 스위치에서 구현된다는 점을 유념하라.

3. 이제 그림 7.23의 각 PC에 IP 주소, 서브넷 마스크, 디폴트 게이트웨이를 설정하라.

| | PC1 | PC2 | PC3 | PC4 |
|---|---|---|---|---|
| IP address<br>Subnet mask<br>Default gateway | 192.168.10.1 | | | |

4. 초기에는 해당 스위치 테이블이 비어있다. 따라서 이 스위치는 도달한 프레임들을 필요할 때마다 브로드캐스트 할 수 밖에 없을 것이다. 충분한 프레임 교환이 이루어지고 나면, 해당 스위치가 전달받은 프레임 정보와 수작업으로 입력된 VLAN 정보에 기반하여 자체 스위치 테이블을 완성할 수 있게 될 것이다. 이 스위치의 스위치 테이블을 출력 포트, MAC 주소, VLAN ID 항목들을 포함하여 구축하라.

5. 이제 가용한 스위치 테이블(4단계에 구축된)과 라우팅 테이블(표 7.4)을 이용하여, 다음과 같은 명령어가 입력될 경우에 무슨 일이 벌어지는지를 단계별로 설명하라.

   a) `PC1>ping 192.168.10.2`
   
   b) `PC1>ping 192.168.20.2`
   
   c) `PC1>ping 255.255.255.255`

6. 만약 VLAN 옵션을 사용할 수 없다면, 그림 7.23에서 기능적으로 지정된 각각의 네트워크 형성을 위해 다른 대안적인 사례 기법이 적용될 수 있겠는가? 그 대안적인 네트워크 설계 방법의 장점과 단점은 무엇인가?

## 7.12 가상랜 & 네트워크 관리

기업 네트워크에서 VLAN은 매우 널리 사용된다. VLAN을 도입함으로써 가질 수 있는 몇 가지 이점들이 존재한다. 여기서는 그것들 중 일부를 설명하고 가장 중요한 이점을 한번 더 강조하면서 이 장을 마치려 한다.

1. VLAN은 무엇보다 네트워크의 혼잡성을 줄이고 네트워크 성능을 향상시킨다. VLAN은 브로드캐스트 스톰으로부터 네트워크를 보호해 준다. 브로드캐스팅을 전달하지 않는 라우터로 인해 브로드캐스팅 효과가 VLAN과 인터-VLAN 라우팅에 제한되기 때문이다. 수 백 혹은 수 천 개의 컴퓨터가 존재하는 경우에, VLAN을 이용한 브로드캐스팅의 통제 효과는 네트워크 성능에 상당히 큰 영향을 미친다.

2. VLAN을 이용하면 기업 변화(예, 사무실의 물리적 재배치, 인력의 작업 할당)를 다양하게 반영해야 하는 네트워크 관리 작업이 더 투명하고 더 유연해진다. 예를 들어 그림 7.14에서 내부 인력이 회계 부서에서 마케팅 부서로 이동하는 상황을 생각해 보자. 이동하는 인력들의 컴퓨터는 사전 할당된 스위치 포트를 마케팅 VLAN에 연결함으로써 손쉽게 재할당될 수 있다.

3. 인력들을 물리적(예, 빌딩 층)으로 재배치하는 것은 특정 VLAN에 소속되어 있는 그들의 위치에는 영향을 미치지 않는다. 초기에는 네트워크 분할 영역(예, 서브넷)의 생성이 컴퓨터의 물리적 위치를 기준으로 이루어졌었다. 이러한 방식은 서브넷 컴퓨터들이 빌딩 내 동일 층처럼 한 영역 내에 함께 위치하고 있는 경우에는 잘 작동한다. 그러나 기업 성장과 같은 특정 사유로 인해 컴퓨터가 몇 개 층이나 서로 다른 지리적 위치에 분산되어야 하는 경우에는 그러한 지역 기준의 네트워크 분할 방식을 더 이상 사용할 수 없다. VLAN은 이렇게 물리적 위치에 관계없이 논리적으로 하나의 LAN을 여러 개 VLAN으로 분할(물리적 분할 보다는)해야 할 필요성에 따라, 컴퓨터들을 그룹화 혹은 재그룹화하는 작업을 용이하게 해준다.

4. VLAN은 네트워크 보안을 증진시킨다. 하나의 VLAN에 속해 있는 컴퓨터들은 동일한 스위치에 연결되어 있지만, 인터-VLAN 라우팅에 의존하지 않고서는 다른 VLAN들에 있는 컴퓨터에 직접적으로 연결될 수 없다. 또한 컴퓨터가 보낸 브로드캐스팅을 수행함에 있어 VLAN 영역 밖의 누군가가 데이터를 도용하지 못하도록 보호해 준다. 한편, 각각의 VLAN은 자체적인 접속 및 보안 정책에 따라 맞춤화될 수 있다.

# 제8장 무선 랜(WIRELESS LAN)

## 8.1 개 요

미래는 무선 통신의 시대이다. 많은 무슨 네트워킹 기술들이 소개되어 현재 사용이 가능한 상황이다. 그 기술들은 일반적으로 담당하는 기능 영역에 따라 PAN, LAN, MAN, WAN으로 구분될 수 있다. IEEE(Institute of Electrical and Electronics Engineers)는 무선 관련 표준들의 대부분을 수립하는 기관이다. 잘 알려져 있는 표준들 중에는 다음과 같은 것들이 있다:

1. 개인 통신망(Personal area network: PAN): IEEE802.15-일반적으로 10미터 반경 이내의 상대적으로 작은 지역을 커버하기 위해 설계된 표준이다. IEEE802.15는 그 역사적인 배경 때문에 블루투스(Bluetooth)로 더 잘 알려져 있다. 연결 속도는 일반적으로 2Mbps 이내이며, WiFi 표준에 비해 상당히 느린 편이다. 소프트웨어와 하드웨어 제조사들이 라이선스를 무료로 사용할 수 있는 2.45GHz 라디오 주파수 범위에 의존하여 데이터 전송을 한다. IEEE802.15는 고속 네트워킹용으로는 적합하지 않다.

2. 근거리 통신망(Local area network: LAN): IEEE802.11(혹은 WiFi)는 802.11a, 802.11b, 802.11g, 그리고 802.11n 등을 포함한 무선 LAN 표준들의 집합을 의미한다. 캠퍼스나 빌딩 같이 근거리 지역을 커버하기 위해 기획된 IEEE802.11는 다양한 IEEE802.15 어플리케이션용으로는 이상적이지 않다. 그것에 장착되는 칩셋 등의 하드웨어 부피가 크고 비용이 더 많이 들기 때문이다(해당 비용이 상당히 낮아지고 있기는 하지만 말이다). 따라서, IEEE802.15와 IEEE802.11 표준은 각각의 약점을 서로 보완하며 공존하고 있다. 그러나 이러한 보완적 관계는 최근 'WiFi 다이렉트(Direct)' 기술이 소개되면서 변화할 수도 있을 것 같다. IEEE802.15 (Bluetooth)에 직접적인 위협이 될 수도 있는 이 기술은 무선 엑세스 포인트나 핫 스팟이 없이도 WiFi 기기들 간의 통신을 가능하게 해준다.

3. 도시 지역 통신망(Metropolitan area network: MAN): IEEE802.16(WiMax 혹은 WirelessMAN)는 좀 더 긴 거리(예, ISP와 집 사이를 연결하는 최종 마일)를 커버하기 위해 설계된 표준이다. IEEE802.16는 기본적으로 DSL이나 유선 케이블에 대응되는 무선 광대역 서비스를 제공하기 위한 용도이다. 빠르게 움직이는 기기에서 네트워크 접속이 가능하도록 설계된 MAN 표준 또한 존재한다. 한편, MAN 서비스를 위한 IEEE802.11(WiFi)가 도입되고 있다. 예를 들어 몇몇 도시들이 WiFi망(IEEE802.11s)에 기반한 도시 지역 무선 네트워크를 구현하기 위한 시도를 시작하

고 있다.

4. 원거리 통신망(Wide area network: WAN)(예: 위성이나 무선 통신 네트워크)-위성은 TV/라디오 브로드캐스팅, 장거리 음성 네트워크, 데이터 네트워크(예, 인터넷) 서비스 등을 위해 사용되어 왔다. 또한, 주요 통신서비스업체들이 운영하는 무선 통신 네트워크는 애초에 음성 전화 서비스용으로 구축되었지만, 지금은 스마트 폰의 인터넷 접속에도 널리 사용되고 있다.

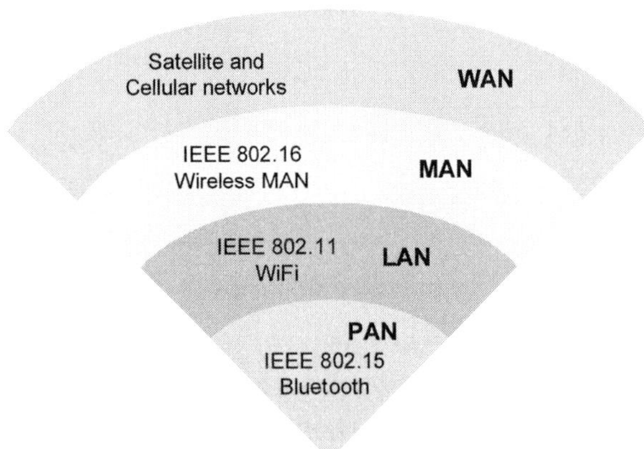


그림 8.1 무선 네트워킹 기술의 선택

WiFi의 사용이 만연해 짐에 따라 윈도우, 맥(Mac), 리눅스 등의 최신 컴퓨터 운영 시스템들 또한 모두 이 기술을 지원하고 있다. 이 장에서는 WiFi(IEEE802.11)에 관련된 상세 기술 사항과 구현 이슈들에 초점을 맞추어 설명한다. 핵심 학습 목표는 다음과 같다.

- WiFi의 표준 계층
- WiFi 환경설정 모드(임시 vs. 인프라스트럭쳐 모드)
- 서비스 셋(기본 서비스 셋 vs. 확장 서비스 셋)
- 서비스 셋 식별자(Service Set Identifier: SSID)
- 현재 사용 가능한 다양한 WiFi 표준들
- 미디어 엑세스 컨트롤의 방법
- WiFi 프레임의 유형
- WiFi에 의한 라디오 주파수와 채널 활용
- WiFi 네트워크에서의 인증과 연합
- WiFi망 네트워크(IEEE802.11s)
- WiFi 기반의 홈 네트워킹

# 8.2 WiFi 기초

## 8.2.1 WiFi 기술의 계층

이더넷과 마찬가지로 WiFi의 기술적 요소들은 데이터 링크와 물리적 계층에 정의되어 있고, 무선 네트워크 인터페이스 카드(혹은 WNIC)에 구현되어 있다. 우선 데이터 링크 계층에서는 다음과 같은 기능들을 수행한다.

- WiFi 프레임의 생성
- 신뢰성 있는 데이터 전송 서비스를 위한 방법론 구현
- 노드 간 인증과 연합(예, 노트북과 무선 엑세스 포인트)
- 암호화를 이용하여 전송 데이터를 보호
- **반송파 감지 다중 접속/출동 방지(CSMA/CA)와 송신 요청/송신 허가(RTS/CTS)** 프로토콜에 기반한 미디어 엑세스 컨트롤

물리적 계층에서 WiFi는 신호 전송을 위해 라디오 파장을 이용한다. 따라서 물리적 계층에서는 주파수 폭과 변조 방법 등 신호화에 관련된 기술적 상세 사항들이 정의된다. WiFi는 다른 고급 무선 통신 시스템(예, 블루투스나 무슨 전화 네트워크)들과 마찬가지로 OFDM(직교 주파수 분할 다중화 Orthogonal Frequency Division Multiplexing) 등의 신호 전파 문제(예, 근처 단말기들 간의 간섭)를 줄이는 효과적인 방식이나 가용한 대역폭을 보다 효율적으로 활용하는 방식 등을 이용해 아날로그 주파수 채널에서 디지털 데이터를 코드화하는 **고차원 확산 스펙트럼**(spread spectrum) 기술을 활용한다.

## 8.2.2 환경설정 방식과 무선 엑세스 포인트

### [임시 모드(Ad Hoc Mode)]

WiFi 네트워크를 설정하는데 있어 사용되는 두 가지 접근 방식이 있다. 바로 **임시 모드**(ad hoc mode)와 **인프라스트럭쳐 모드**(infrastructure mode)이다. **임시 모드**(혹은, 피어-투-피어 모드)에서는 두 개 이상의 무선 단말기가 **무선 엑세스 포인트**(혹은 WAP) 없이 직접적으로 프레임을 교환할 수 있다. WAP가 없는 경우에 사용하는 이러한 방식은 설정과 분해가 용이하기 때문에, 상대적으로 소규모의 임시 네트워크를 설치하는 경우에 활용하기 적합하다.

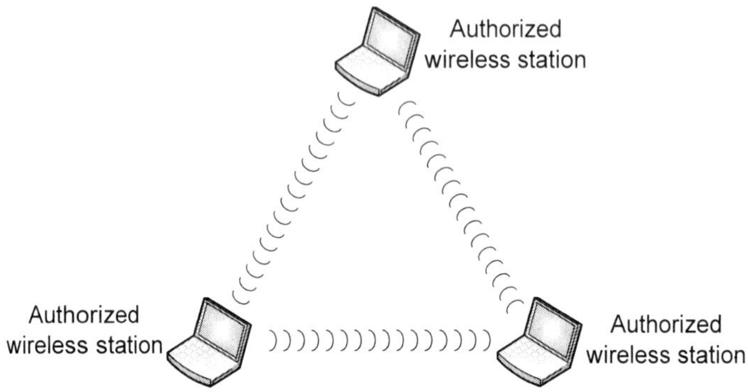


그림 8.2 임시 모드로 된 WiFi 설정

### [인프라스트럭쳐 모드(Infrastructure Mode)]

**인프라스트럭쳐 모드**에서는 WiFi와 유선 네트워크(대부분 이더넷)가 공존하며 WAP가 그것들 간의 연결 기능을 제공한다. 그림 8.3은 두 개의 WAP가 기업 영역의 범위 내에 배치되어 있는 인프라스트럭쳐 모드를 보여준다. WAP는 그림 8.4에서 보여지듯이 전용 기기일 수도 있고, 컴퓨터 상에서 소프트웨어로 운영될 수도 있다. 대부분의 기업 및 캠퍼스 WiFi 네트워크들은 이와 같은 인프라스트럭쳐 모드로 되어 있는데, 서버와 네트워크 프린터 등의 핵심 자원들이 고속의 이더넷에 연결되고 있고 WiFi가 이러한 자원들이 컴퓨터나 모바일 기기들이 접속할 수 있도록 지원해 주어야 하기 때문이다.

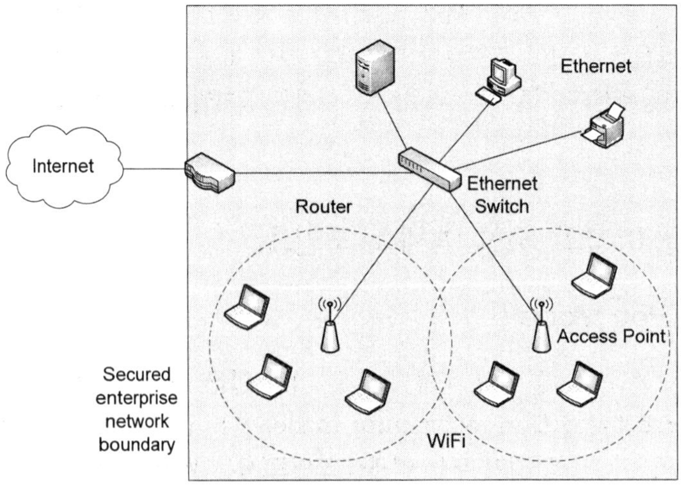


그림 8.3 인프라스트럭쳐 모드로 된 WiFi 설정

## [무선 엑세스 포인트]

WAP는 여러 개의 클라이언트들(보통 노트북이나 모바일 기기 같은 15-50개의 호스트 단말기)을 상호 연결하기 위한 용도로 설계되었다. WAP는 서로 다른 두 개 LAN 표준들 간에 데이터 전송을 가능하게 해주는 자체 WNIC나 **브릿징** 기능을 장착하고 있다. 좀 더 구체적으로 말하면, 이 기본 기능이란 프레임의 변환을 통해 인프라스트럭쳐 모드로 이더넷과 WiFi 간의 상호 연결성을 제공하는 것을 말한다(브릿지 함수에 관해서는 섹션 3.4 참조). 이더넷(그림 7.2 참조)과 WiFi(그림 8.12 참조)는 각각 자체 프레임 구조를 가지고 있기 때문에 이러한 변환 과정을 필요로 한다.

그림 8.4 무선 엑세스 포인트(출처: linksys.com)

WAP는 계층2 기기이기 때문에 WAP에 연결된 스위치와 모든 호스트 단말기들은 동일한 서브넷에 속하게 된다. 계층2 기기임에도 불구하고 WAP은 프레임 전송을 위해서가 아니라 원격 접속과 관리를 위해서만 IP 주소를 설정할 수 있다. 한편 인프라스트럭쳐 모드의 WAP은 브릿징 이외에도 WiFi 네트워크에서 핵심이 되는 다른 여러 기능들을 수행하는데, 그 해당 기능들이 표 8.1에 요약되어 있다. 각 기능에 대한 상세 사항이 이 장에서 설명된다.

[표 8.1] 무선 엑세스 포인트의 핵심 기능

| 기 능 | 설 명 |
|---|---|
| 브릿징<br>(Bridging) | WiFi(IEEE802.11)와 이더넷(IEEE802.3) 표준 간의 프레임 형식을 변환하는 브릿징을 수행 |
| 인증<br>(Authentication) | WiFi 네트워크에 참여하고자 하는 호스트 단말기들을 인증하거나 인증이 된 경우에는 연합(결합 형태)을 허용 |
| 미디어 엑세스 컨트롤<br>(Media access control) | 미디어 엑세스 컨트롤을 수행하여, WAP에 연합된 호스트의 개수에 상관없이 한 번에 오직 하나의 단일 호스트만이 WAP에 프레임을 전송할 수 있도록 허용하여 프레임 충돌을 방지 |
| 데이터 보안<br>(Data security) | 호스트 단말기들 간의 안전한 통신을 위해 암호화를 활용 |
| 프레임 라우팅<br>(Frame routing) | 고성능 WAP은 프레임을 전달할 수 있기 때문에 프레임들이 WiFi 인프라 환경에서도 본래의 목적지 단말기에 전달될 수 있음(섹션 8.8 참조) |

하나의 WAP을 둘러싸고 주위에 형성된 보이지 않는 영역이 기본(혹은 단위) 서비스 셋(basic service set: BSS)이 된다. 각 단위 영역의 크기는 제한이 있는데, WAP과 연합된 단말기 간의 거리에 따른 신호 감쇠(혹은 약화) 효과로 인해 **스루풋**이 역의 영향을 받기 때문이다. 예를 들어 802.11g WAP의 효과적인 영역 범위는 50미터 이내라고 알려져 있다. 이러한 거리 제한으로 인해 어느 정도 이상되는 규모의 기업 LAN의 경우 여러 개의 WAP을 설치해야 한다. 대학교 캠퍼스 네트워크의 경우는 적정 범위를 커버하기 위해 수천 개 이상의 WAP이 필요할 수도 있다. 또한 호스트 단말기가 한 영역 단위에서 다른 영역 단위로 옮겨가는 경우에 전환을 허용하기 위해서는 이웃해 있는 단위 지역들 간에 중첩되는 영역이 있어야만 한다. 일반적으로 WiFi 클라이언트들의 로밍이 가능하도록 하기 위해서는 인접해 있는 영역 단위들 간에 10-15% 정도의 중첩 영역이 필요하다.

단말기는 프레임을 교환하기 전에 한 개 WAP에 자신을 연합(혹은 결합)시켜야 한다. WAP은 연합된/인증된 단말기들의 현황을 목록화해 놓은 연합 테이블을 보유하고 있다. 해당 연합 테이블은 호스트 이름, IP 주소와 MAC 주소(샘플 연합 테이블은 그림 8.5 참조)와 같은 호스트 정보들을 포함하고 있다. 호스트 단말기들은 끊임없이 WAP에 연합되었다가 분리되었다가 하기 때문에, 해당 연합 테이블이 동적으로 업데이트된다.

| 호스트 이름 | IP 주소 | MAC 주소 | 상태 | VLAN |
|---|---|---|---|---|
| Shin09 | 172.26.10.1 | 0203.23AB.D051 | 연합(Associated) | none |
| Jmon | 172.26.10.12 | 0203.23A3.D591 | 인증(Authenticated) | none |
| Glan7 | 172.26.10.14 | 0203.236B.A031 | 연합(Associated) | none |

그림 8.5 샘플 연합 테이블

특히 인프라스트럭쳐 모드에서 WiFi 네트워크 복잡성이 점점 증가하게 됨에 따라, WAP는 **두텁거나**(thick) 혹은 **얇은**(thin) 두 가지 유형으로 진화하게 된다. 두터운 WAP(thick WAP)은 테이블 8.1의 목록에 있는 핵심 기능들을 수행하는 전통적인 WAP이다. 반면에, 얇은 WAP(thin WAP)은 전통적인 WAP 기능을 **마스터 WAP 컨트롤러**(master WAP controller)에 위임하고 대신 통신소의 역할 만을 수행한다. 예를 들어, 그림 8.3에서 이더넷 스위치는 여러 개 엑세스 포인트의 변수들을 재할당할 수 있는 WAP 컨트롤러가 될 수 있다. 따라서 얇은 WAP을 구축하게 되면 관리에 있어서의 노동력 소요가 줄어들게 되어 결과적으로는 유지 및 운영 비용을 절감할 수 있게 된다.

### 8.2.3 서비스 셋 식별자(Service Set Identifier-SSID)

SSID는 WiFi LAN의 고유한 식별자(예, 무선 홈 네트워크용의 JOHN_Residence나 캠퍼스 네트워크용의 SUSU_wireless 등과 같은)로서 WAP에 설정된다. 그림 8.6의 화면이 저자의 이웃 지역에 위치한 WiFi 네트워크들과 그 SSID들의 목록 중 일부를 보여주고 있다. WAP은 자체 SSID를 주기적으로 브로드캐스트 하도록 설정되어 있기 때문에, 근처 최종 단말기들이 인증을 통해 그것과 연합될 수 있다. 사용자 단말기들은 연합을 요청하는 프레임 안에 상황에 민감한 SSID를 포함해야 한다. 커피숍에서처럼 여러 개의 공개적 핫 스팟들이 있는 존재하는 경우에는, 무선 엑세스 포인트들이 인증 없이 클라이언트(예, 고객의 노트북)의 연합을 허용하는 게스트 SSID를 설정하고 있다.

또 다른 방식으로 WAP이 자체 SSID를 브로드캐스트 하지 않도록 설정할 수도 있다. 이런 경우 SSID를 포함한 신호가 엑세스 포인트의 존재를 알리는 등의 다른 기능들도 가지고 있기 때문에 완전히 꺼질 수가 없으므로, 대신에 SSID 필드에 Null 값을 갖는다. 해당 SSID를 브로드캐스팅 하지 않기 때문에, 해당 WAP과 연합을 시도하는 단말기를 인증해주는 방식으로 사용될 수 있는 것이다. 브로드캐스팅을 하지 않는 방식에서 무선 호스트 단말기들은 사전에 동일한 SSID로 설정되어야 한다. SSID가 인증을 위해 사용되는 경우에 이는 암호화하거나 혹은 암호화하지 않은 상태로 교환될 수 있다. 단말기 인증에 있어 SSID를 암호화하지 않은 채로 사용하는 것은 SSID를 포함한 WiFi 프레임들이 쉽게 도청될 수 있는 명확한 텍스트의 형태로 전송되기 때문에 전혀 안전하지가 않다.

### 8.2.4 서비스 셋(BSS vs ESS)

WiFi 네트워크는 그 담당 영역의 범위에 따라 다음 두 단계로 나뉘어진다: **기본 서비스 셋**(basic service set: BSS)과 **확장 서비스 셋**(extended service set: ESS).

#### [기본 서비스 셋(BSS)]

BSS는 가장 작은 규모의 WiFi 구축 단위로서 임시 모드나 인프라스트럭쳐 모드 중 하나로 정의된다. 임시 모드에서는 BSS가 최소한 두 개 단말기로 구성된다. 인프라스트럭쳐 모드에서의 BSS는 최소한 한 개 단말기와 한 개 WAP를 필요로 한다. 일반적으로는 한 단위 영역 내에 하나의 WAP과 여러 개의 사용자 단말기가 연합하여 구성되어 있다. 각각의 BSS는 하나의 BSS를 다른 BSS들과 고유하게 구분하는데 사용되는 48비트의 **기본 서비스 셋 식별자**(Basic Service Set Identifier: BSSID)를 가지고 있다. 이는 특정 WiFi 네트워크가 기본 서비스 셋의 개수만큼 BSSID를 가질 수 있음을 의미한다. 인프라스트럭쳐 모드에서는 BSSID가 WAP의 MAC 주소가 된다. 예를 들어, 그림 8.6에서 각 SSID에 연결된 MAC 주소(BSSID로서의)를 관찰할 수 있다. 여기서 BSSID와 SSID를 혼돈하지 않는 것이 중요하다. 하나의 SSID가 한 개 이상의 BSS를 가질 수 있으므로, 역시 한 개 이상의 BSSID를 가질 수 있다. 홈 네트워크에서는 일반적으로 하나의 엑세스 포인트(즉 하나의 BSS)만으로 전 영역을 커버하기에 충분하기 때문에 하나의 BSSID만을 볼 수 있다.

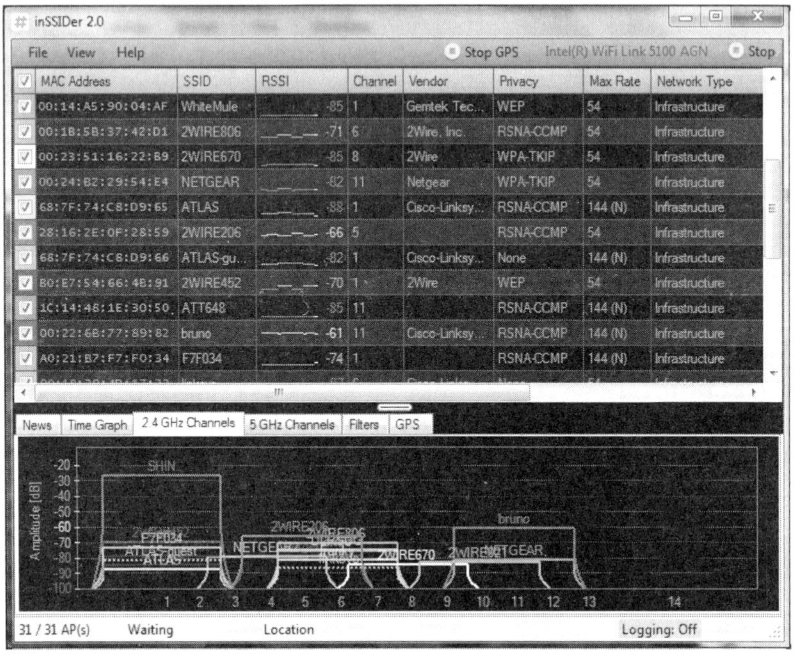

주의:

- 수신호강도지표(Received Signal Strength Indication: RSSI)는 음의 값이기 때문에 더 낮을수록 더 좋다.
- "RSNA-CCMP"는 AES 암호화 방식의 WPA2를 의미하는 라틴어로, 가장 안전한 WiFi 보안 기술이다.
- WiFi 보안은 "None(or Open) ⇒ WEP ⇒ WPA-TKIP ⇒ WPA2-AES(or RSNA-CCMP)"의 순으로 더욱 강화된다.

그림 8.6 인근 지역의 SSID(데모: inSSIDer2.0)

### [확장 서비스 셋(ESS)]

좀 더 큰 영역과 많은 단말기들을 커버하기 위해 여러 개의 **기본 서비스 셋**들이 구성되는 경우, 그 전체를 가리켜 **확장 서비스 셋**(ESS)이라고 한다. 그러므로 ESS는 각각이 하나의 WAP과 하나 이상의 단말기들을 가지고 있는 여러 개의 단위 영역들을 포함하게 된다. 호스트 단말기의 802.11 WNIC는 한 개의 단일 WAP과 연결되어 있지만, ESS를 형성하기 위해 여러 개의 WAP들(즉, 여러 개의 **기본 서비스 셋**)을 갖추게 되면 해당 무선 네트워크 영역이 넓어지게 된다. BSS 단위 영역들은 근접 단위 영역들 간 전환을 허용하기 위해 서로 중첩적으로 구성된다. 두 개 **기본 서비스 셋** 간의 로밍을 위해서는 사용자 단말기가 신호 강도에 따라서 서로 다른 WAP들과 연합하거나, 연합을 해제하거나, 재연합 할 수 있어야 한다.

예를 들어, 하나의 BSS로 이루어진 각 사무실이 하나의 WAP과 그것에 연합된 여러 개 단말기들을 보유하고 있는 4개 사무실을 모두 커버하는 기업의 WiFi LAN(SSID=My_Wireless)을 상상해보자(그림 8.7 참조). 만약 4개의 **기본 서비스 셋**들이 배선 공간에 위치한 한 이더넷 스위치에 의해 상호 연결되어 있다면, 전체 무선 네트워크는 결과적으로 하나의 ESS가 되는 것이다. IP 주소 할당 차원에서 보면, 해당 ESS 내에 있는 WAP과 사용자 단말기 등 모든 노드들이 동일한 서브넷에 속하게 되기 때문에, 두 개 사용자 단말기 사이에 단 하나의 프레임 전송 경로(데이터 링크로서)만이 활성화 되는 것이다.

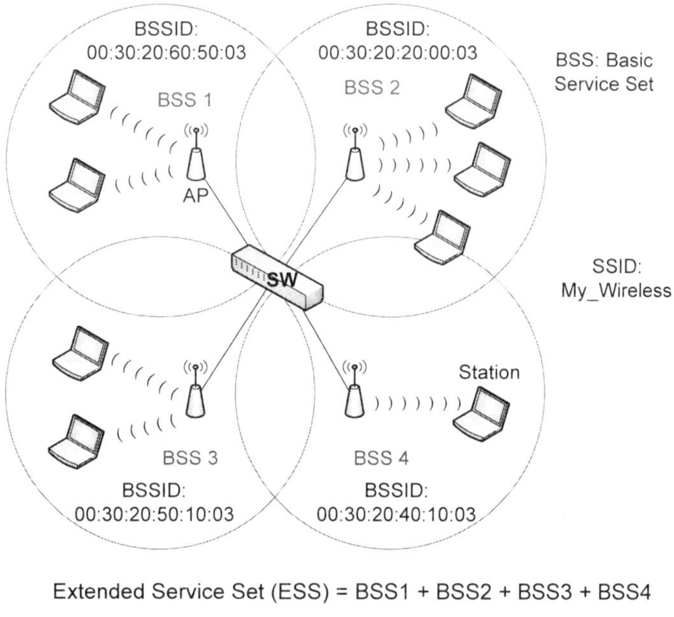


그림 8.7 기본 서비스 셋(BSS) vs. 확장 서비스 셋(ESS)

## 8.2.5 WAP 모드 vs. 리피터 모드

일부 WAP들은 **WAP 모드**(그림 8.7에서와 같은)와 **리피터 모드**(그림 8.8에서와 같은) 간의 전환사용을 허용한다. 리피터 모드의 WAP은 WiFi 네트워크의 범위를 확장하거나 신호의 흐름 장애를 극복하기 위해 라디오 신호를 전달하는 리피터로서 사용된다. 리피터 모드에서 WAP은 이더넷에 물리적으로 연결되어 있어야 할 필요가 없다. 이 리피터 모드의 단점은 두 인접 WAP들 간의 프레임 전송이 스루풋이나 실제 전송 속도에 있어 상당한 손실을 야기할 수도 있다는 점이다.

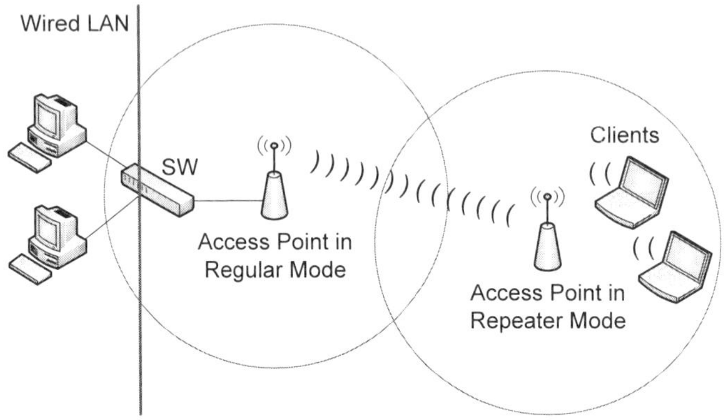


그림 8.8 리피터 모드에서의 무선 WAP

## 8.3 WIFI 표준

IEEE에 의해 몇몇 WiFi 표준들이 소개되어 왔으며, 표 8.2에 그 일부 표준들을 요약하였다. 현재 시장에서는 802.11g와 802.11n 표준이 가장 널리 사용되고 있다. 새로운 표준인 802.11ac(또는 5G Wi-Fi라고도 알려져 있는) 또한 소개된 바 있으며, 802.11ac 표준을 지원하는 제품들 또한 이미 시장에서 상용화되고 있다. 802.11n보다 훨씬 높은 데이터 비율(이론적으로는 8Gbps 가까이)을 지원하기 위한 용도로 개발된 802.11ac는 5Ghz 대역폭을 활용해 8개의 서로 다른 데이터 스트림들을 동시적으로 활용할 수 있다. 그러나 실무적으로 벤더들의 제품은 500Mbps에서부터 1.3 Gbps 사이의 어느 지점에 존재하는 속도를 지원할 것으로 예상된다.

[표 8.2] WiFi 표준

| 구 분 | WiFi 표준 | 정경 속도 | 주파수 채널 |
|---|---|---|---|
| 기존 | IEEE802.11b | 정경 속도: 11Mbps까지 | 2.4GHz 비승인 대역권 |
| | IEEE802.11a | 정경 속도: 54Mbps까지 | 5GHz 비승인 대역권 |
| 기존 것으로 넘어가는 중 | IEEE802.11g | 정경 속도: 54Mbps까지 | 2.4GHz 비승인 대역권 |
| 현재 혹은 새로 등장하는 중 | IEEE802.11n | 정경 속도: 100-600Mbps | 2.4 or 5GHz 비승인 대역권 |
| | IEEE802.11ac | 정경 속도: 1.3Gbps까지 | 5GHz 비승인 대역권 |

### 8.3.1 802.11n 표준

802.11n은 이전의 WiFi 표준들과는 상당히 다르기 때문에 부가적인 설명이 필요하다. 무엇보다도 802.11n은 100-600Mbps의 정경 속도를 지녀, 기존의 802.11 표준은 도저히 따라올 수 없는 유선 LAN의 성능을 제공한다. 이처럼 더욱 빨라진 스루풋은 특히 고품질 비디오 같은 멀티미디어 데이터를 전송하는데 있어서 매우 중요하다. 802.11n은 기존 802.11 표준에 기초하여 개발되었기 때문에 이전 버전과의 호환성이 있으므로 하나의 네트워크 내에서 상호 공존이 가능하다.

#### [다중 입력, 다중 출력]

기본적으로 기존의 802.11 표준들(802.11a, 802.11b, 802.11g)은 **단일 입력, 단일 출력**(single input, single output: SISO) 기술에 기반하고 있다. 이 기술에서는 호스트 단말기의 WNIC와 WAP 사이에서 단일 라디오 신호가 2.4GHz 혹은 5GHz 둘 중에 한 주파수 채널을 통해 전달된다(표 8.2 참조). 반면에, 802.11n은 **다중 입력, 다중 출력**(multiple inputs, multiple outputs: MIMO) 전송 방식을 사용한다. 이는 두 개 노드 사이에서 최대 4개 라디오 시그널이 하나 혹은 두 개의 주파수 채널을 통해 동시에 흐를 수 있는 방식이다. 이러한 **다중-경로 전파** 방식은 채널 스루풋을 상당히 향상시킨다.

이를 위해 802.11n 기반의 WNIC와 WAP은 기존 장비의 단일 안테나(그림 8.9a) 방식과는 반대로 여러 개의 안테나(그림 8.9b)를 가진다. 다중 안테나 방식에서 각각의 안테나는 두 개 통신 노드(전송기와 수신기) 사이에서 독립적인 데이터 스트림을 하나씩 보내거나 받는다. MIMO 기술은 동일한 주파수 채널을 통해 신호를 전송할 때에도 각각의 신호(데이터 스트림)를 다른 신호들과 서로 구별할 수가 있다.

#### [쌍대역 기술(Dual-band Technology)]

또 하나의 첨단 기술은 복잡한(crowed) 2.4GHz와 덜 복잡한(less-crowded) 5Ghz 대역 둘 다를 활용하여 동시다발적 혹은 비동시다발적으로 프레임 전송을 하는 쌍대역 802.11n 기술이다. 하나의 WAP용으로 두 개의 안테나가 존재한다고 가정해 보면, 쌍대역 기술은 하나의 안테나는 2.4Ghz 주파수 채널을 사용하고 다른 하나의 안테나는 5.0Ghz 채널을 활용할 수 있게 해준다. 만약 2.4Ghz 채널과 5.0Ghz 채널이 두 개의 서로 다른 안테나에 의해 동시다발적으로 활용된다면, 이는 **동시적 쌍대역 전송**(concurrent dual-band transmission)이 된다. 만약 두 안테나가 2.4Ghz 채널과 5.0Ghz 채널 중에 하나만 사용할 수 있다면, 이는 **비동시적 쌍대역 전송**(non-concurrent dual-band transmission)이 된다. 5.0Ghz 대역은 2.4Ghz 대역에 비해 훨씬 덜 복잡하기 때문에 신호 인터페이스의 영향을 덜 받는다.

### [채널 결합(Channel Bonding)]

WiFi 스루풋을 향상시키기 위해 설계된 또 하나의 기술로는 802.11n이 단일의 보다 더 큰 채널을 사용할 수 있도록 두 개의 근접해 있는 주파수 채널들을 결합하는 방식인 채널 결합(channel bonding)이 있다. 각각이 20MHz 대역폭인 두 개 채널이 결합된 새로운 채널의 용량은 40MHz로 두 배가 된다. MIMO 기술을 이용하면, 한 개 이상의 주파수 채널이나 채널 결합을 통해 여러 개의 데이터 스트림을 동시 전송함으로써 총 전송 스피드가 향상된다. 게다가 IEEE 802.11n은 시간에 민감한 데이터를 가진 단말기들의 전송 지연을 막기 위해 네트워크 엑세스에 우선 순위를 부여하는 서비스 품질(Quality of Service) 표준(IEEE 802.11e)도 지원한다.

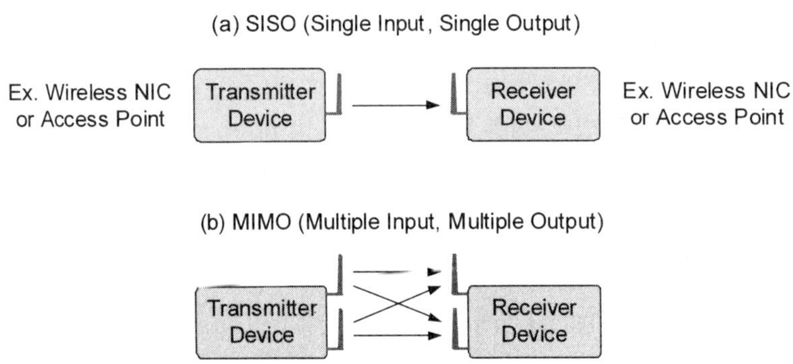


그림 8.9 SISO vs. MIMO

## 8.3.2 정경 속도(Rated Speed) vs. 스루풋(Throughput)

표 8.2에서 보듯이 WiFi 표준들은 다양한 **정경 속도**를 지니고 있다. 이때 정경 속도란 WiFi 표준이 이상적인 상태에서 얻을 수 있는 최대 스루풋을 의미한다. 그러나 어느 한 표준의 정경 속도와 실제 스루풋 사이에는 상당한 갭이 존재한다. 예를 들어, 802.11g의 정경 속도는 54Mbps이지만, 실제 스루풋은 보통 공시된 용량보다 훨씬 느리다. 단말기가 WAP와 3미터 가까이 떨어져 있을 경우에 802.11g의 스루풋은 25Mbps보다 훨씬 적어진다고 보고된 바 있다. 또한 하나의 WAP에 여러 개의 호스트 단말기들이 연결되어 있으면 단말기들 간에 전송을 위한 채널 용량 경쟁을 해야 한다.

WiFi 네트워크의 정경 속도와 실제 스루풋 간의 상당한 차이를 발생시키는 다양한 요인들이 있다.

- 한 BSS 내에서 여러 개의 호스트 단말기들이 채널을 공유
- WAP과 연관 호스트 단말기들 사이의 거리

- 하나의 WAP에 연결된 단말기들의 개수
- 신호 감쇠(혹은 약화)
- 전송 충돌을 막기 위해 필요한 대기 시간(섹션 8.4의 미디어 엑세스 컨트롤 참조)
- 전송된 프레임에 대한 인증 요청

## 8.4 미디어 엑세스 컨트롤

WiFi는 프레임을 브로드캐스팅하므로, 해당 **BSS 내**에서 네트워크 접속을 통제하고 프레임 충돌을 피하기 위한 매커니즘을 강화해야만 한다. 즉 이는 각 BSS가 충돌을 피하기 위해 한 번에 오직 한 개 단말기의 프레임 전송만 허용해야 하는 **충돌 영역**(섹션 3.10 참조)이 된다는 것을 의미한다. 이처럼 서로 다른 최종 단말기들로부터 온 데이터 스트림의 충돌 방지 및 정상 상태 회복을 위한 순차적 프로세스는 네트워크 스루풋의 저하를 야기시킨다.

오직 하나의 단말기에만 네트워크 접속을 허용하는 프로세스는 **미디어 엑세스 컨트롤**(media access control: MAC)에 의해 처리된다. MAC 프로토콜은 BSS 내에서 한 번에 오직 하나의 단말기만 프레임을 전송하도록 통제하기 위해 모든 WiFi 최종 단말기(더 구체적으로는 WNIC)들이 지켜야 하는 규칙들을 정의한다. 두 가지 서로 다른 MAC 표준이 사용되고 있는데, 바로 **반송파 감지 다중 접속-출동 방지**(Carrier Sense Multiple Access-Collision Avoidance: CSMA/CA)와 **송신 요청-송신 허가**(Request to Send/Clear to Send: RTS/CTS) 프로토콜이다. 일반 모드에서는 CSMA/CA가 활성화되며, RTS/CTS는 옵션으로 사용이 가능하다

### 8.4.1 CSMA/CA

CSMA/CA는 이더넷의 MAC 표준(3장 참조)인 CSMA/CD(Carrier Sense Multiple Access-Collision Detection)와 유사하다. 그 둘 간의 핵심적인 차이는 WiFi는 프레임을 전송하기 전 충돌을 막기 위해 **충돌 방지**(CA: collision avoidance) 기능을 적용한다는 점이다. 반면에, 이더넷의 **충돌 감지**(CD: collision detection) 기능은 전송 충돌의 가능성이 있음을 받아들이고 충돌 사후에 그것을 해결하기 위한 처리 절차를 사용한다. 사전에 충돌을 막기 위한 CSMA/CA의 매커니즘과 **인증**(acknowledgement)을 통해 통신 신뢰성을 유지하기 위한 매커니즘이 아래에 요약되어 있다.

[CSMA/CA]

1. 호스트 단말기의 WNIC가 WiFi 활동들을 확인한다.
2. 해당 BSS 내의 채널이 깨끗해 지면(진행되는 전송 활동이 전혀 없다는 의미), 어느 한 개 단말기가 프레임을 내보낼 수 있다. 이러한 선착순 원칙은 CSMA/CA 프로토콜 중에서도 반송파 감지 다중 접속(CSMA) 부문을 통해 정의된다.
3. 그러나 호스트 단말기는 프레임을 전송하기 전에 얼마간의 임의 시간(또는 랜덤 백오프 타임(random back-off time)이라고도 부름) 동안 대기를 해야 한다. 이는 CSMA/CA 프로토콜 중 충돌 방지(CA) 부문이 수행하는 기능이다. 하지만 만약 특정 시간 동안 네트워크 활동(전송)이 전혀 없었다면 해당 단말기는 대기 없이 프레임을 전송할 수 있다.
4. 임의 대기 후에도 네트워크가 여전히 깨끗하다면 해당 단말기는 전송을 시작한다.

[인증(ACK: Acknowledgement)]

5. WAP은 호스트 단말기로부터 전달받은 각각의 프레임에 대해 즉시 인증(ACK)을 요청한다. 이는 호스트 단말기가 특정 프레임을 재전송할 필요가 있는지 어부를 학습할 수 있게 해준다. 만약 사전 정의된 제한 시간 내에 ACK가 오지 않으면, 발신 노드는 해당 프레임을 재전송한다.

WiFi의 CSMA/CA 또한 한계점들을 지니고 있다. 무엇보다도, 하나의 단위 영역에서 몇몇 호스트 단말기들이 동시에 프레임 전송을 시도하는 경우가 있다면, CSMA/CD가 그렇듯이 여전히 충돌이 발생하여 가용한 대역폭을 감소시키는 결과를 낳을 수 있다. 또한, CSMA/CA는 기본 서비스 셋 내에서 채널에 접속하는 모든 노드들에게 선착순으로 동일한 기회를 제공한다. 프레임에 우선순위 체계가 적용되지 않으므로, 당연히 긴급하거나 실시간의 데이터(예, VoIP)들이 다른 것보다 먼저 전송될 수가 없다. 마지막으로, 한 개 전송 단말기가 필요한 만큼 오래도록 채널을 점령하고 있는 경우가 있을 수 있다. 결과적으로 네트워크 접속과 용량 공유에 있어서의 이러한 잠재적 단점들이 WiFi 네트워크의 비효율적 사용을 야기할 수 있다.

## 8.4.2 RTS/CTS

RTS/CTS는 WAP와 호스트 단말기 간 핸드쉐이킹(handshaking)의 한 형태로서, 충돌을 막기 위한 추가적인 확인 절차를 제공함으로써 WiFi의 효율적 운영을 가능케 하기 위해 설계되었다. 이 프로토콜은 주로 하나의 WAP에 연결된 두 개 단말기가 서로 반대편에 있거나(그림 8.10a) 혹은 각각의 사각 지대에 위치해 있는(그림 8.10b) 경우에 발생 가능한 노드 문제를 해결하기 위해 도입되었다. 단말기들이 서로를 감지할 수 없는 경우에는 프레임을 동시에 방출하여 충돌을 일으킬 수 있다. RTS/CTS 프로토콜은 그러한 사고가 발생하지 않도록 막기 위해 옵션으로 사용할 수 있는 도구로 활용된다.

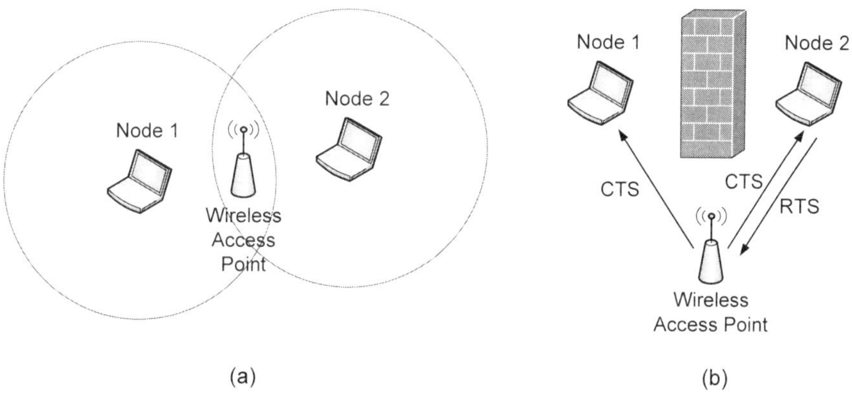


그림 8.10 잠재된 노드 문제

RTS/CTS와 관련된 프로세스가 그림 8.11에 묘사되어 있다. RTS/CTS가 어느 한 호스트의 WNIC에서 활성화 되면, 해당 단말기는 연관 WAP에 RTS를 보낸다. 그러면, 그것을 받은 WAP가 요청한 단말기에 프레임을 전송할 수 있는 권한을 부여하고, 동시에 다른 단말기들의 전송을 미루도록 하는 CTS 프레임을 브로드캐스트 한다. RTS/CTS에 기반한 이러한 핸드쉐이킹이 완료되고 나면, 해당 호스트 단말기가 데이터 프레임을 전송하기 시작한다. 그러나 RTS/CTS의 활성화는 부가적인 RTS/CTS 프레임들의 교환을 발생시켜 WiFi 성능에 부정적인 영향을 줄 수 있기 때문에, 결과적으로 네트워크 부하를 증가시킨다. 이는 특히 RTS/CTS의 활성화가 반드시 필요하지 않은 경우에 문제가 될 소지가 있다(예, 충돌 가능성이 적은 경우).

반면 CSMA/CA를 이용하는 WiFi 네트워크가 잦은 충돌을 경험하는 경우에는 RTS/CTS를 활성화 하는 것이 가치가 있다. RTS/CTS의 활성화는 RTS 메시지에 응답하여 자동으로 CTS를 브로드캐스트 하도록 설정되어 있는 단말기의 WNIC와 WAP 상에서 구현된다. 일반적으로 고가인 고성능 WNIC에서는 RTS/CTS 기능을 옵션으로 제공한다. 반면 저렴한 홈 제품이나 소호(SOHO) 제품들은 이러한 기능 옵션을 제공하지 않을 가능성이 높다.

CSMA/CA이나 RTS/CTS에 기반한 엑세스 컨트롤 매커니즘은 선착순으로 프레임의 네트워크 진입이 허용된다는 한 가지 단점을 가지고 있다. 이러한 접속 체계 하에서는 이메일이 음성 통화와 동일한 우선순위를 가지게 되는데 이는 분명 문제의 소지가 있다. IEEE802.11e 표준은 WiFi 네트워크용의 서비스 품질(QoS)을 제공하여 MAC 프로토콜을 보완하기 때문에, 프레임들을 긴급한 정도에 따라서 우선순위대로 처리한다. 이러한 QoS는 IP 전화망, 오디오/비디오 스트리밍, 비디오 컨퍼런싱과 같이 시간에 민감한 어플리케이션용으로는 훨씬 더 나은 스루풋을 제공한다. IEEE802.11n

표준은 QoS 기반의 프레임 우선 순위화를 위해 IEEE802.11e를 지원한다.

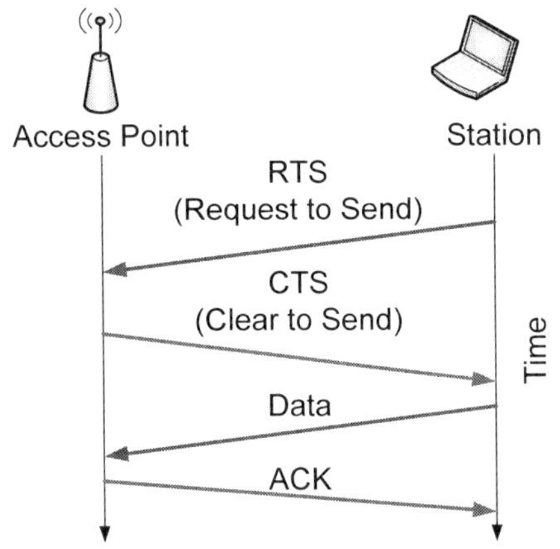


그림 8.11 RTS/CTS를 이용한 4 단계 핸드쉐이킹

## 8.5 WIFI 프레임

프레임들이 비유도 매체(방송)를 통해 브로드캐스트 되는 경우에는 이중와선이나 광섬유 케이블과 같은 유도(유선) 매체를 통해 전파되는 경우에 비해 처리가 훨씬 더 복잡하다. 예를 들어, 무선 링크는 인터페이스, 데이터 스트림 충돌, 신호 감쇠, 전환(hands off) 등과 같은 상황에 의해 유발되는 방해들에 영향을 받는다. 또한, 프레임 브로드캐스팅으로 인해 WiFi 노드들이 보안 위협에 훨씬 더 취약해진다. 이러한 공격적 환경 때문에, 무선 네트워킹을 설치하는 경우에 더 많은 조율과 통제 기능이 필요한 것이다. 이러한 도전에 직면하게 된 WiFi 네트워크는 사용자가 생산한 데이터를 교환하고 감시하는 기능을 수행하기 위해, 다음과 같은 세 가지 서로 다른 프레임 유형들을 활용한다: **데이터 프레임(data frame)**, **관리 프레임(management frame)**, **통제 프레임(control frame)**.

### [데이터 프레임(Data Frame)]

데이터 프레임은 사용자의 데이터(예, 이메일)를 운반한다. 그림 8.12는 헤더, 데이터, 트레일러 항목 등으로 구성된 데이터 프레임의 구조를 보여준다. 그림에서 볼 수 있듯이, 헤더가 이더넷 프레임의 헤더에 비해 훨씬 더 복잡하다. WAP가 이더넷 스위치에 연결되는 경우 WiFi 프레임들은 두 개의 서로 다른 플랫폼을 지나는 전송 작업을 수행하기 위해 WAP에 의해 이더넷 프레임(혹은 그 반대로)으로 변환되어야만 한다. 그림 8.12는 단지 예시용일 뿐이며, 더 상세한 사항은 여기서 설명하지 않겠다. 단, 데이터 필드는 이더넷 프레임의 1500바이트보다 훨씬 더 큰 최고 2300바이트까지 포함할 수 있다는 사실을 유념해야 한다.

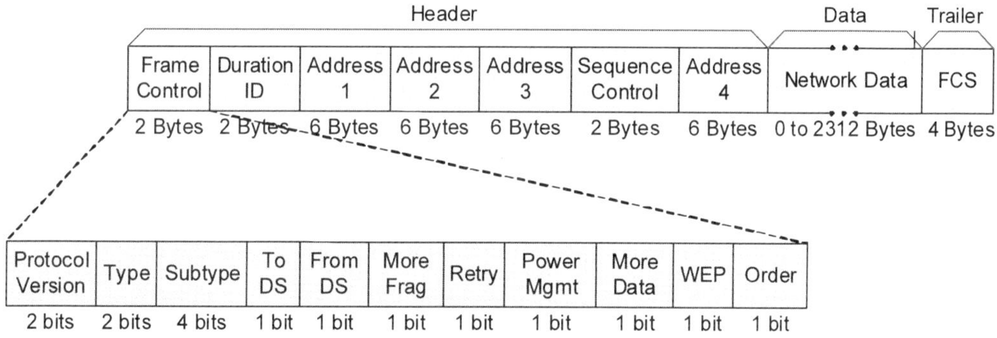


그림 8.12 WiFi 데이터 프레임의 구조

### [관리 프레임(Management Frame)]

관리 프레임의 기본 역할은 **인증**(authentication)과 **연합**(association) 절차를 통해 노드들(예, WAP과 호스트 단말기) 간의 핸드쉐이킹을 수립하고 그 연결을 유지하는 것이다. 이 때문에 관리 프레임에는 인증 프레임(authentication frames), 연합/연합해제 프레임(association/de-association frames), 그리고 신호 프레임(beacon frames) 등이 포함된다.

무엇보다 우선적으로 오직 자격을 갖춘 단말기들만이 WAP에 참여할 수 있도록 허용되어야 한다. 이를 위해 호스트 단말기는 인증 프레임을 보냄으로써 목표 WAP으로부터 인증을 받는다. 또한, 그것과 연합(혹은 결속)을 수립하거나 그 연합을 종료하기 위해 연합/연합-해제 프레임들을 서로 주고 받는다. 반면, 신호 프레임은 WAP의 MAC 주소와 SSID를 포함하고 있다. 호스트 단말기의 WNIC는 모든 WiFi 주파수 채널들을 지속적으로 검색하면서 연합하기에 가장 최적인 WAP를 선택할 수 있도록 신호들을 듣는다.

### [통제 프레임(Control Frame)]

통제 프레임들은 데이터 프레임의 전송을 지원하기 위해 사용된다. 예를 들어, 전송된 프레임에 대한 인증(ACK)이 통제 프레임의 한 예이다. **송신 요청**(RTS)과 **송신 허가**(CTS)를 전달하는 프레임들도 이러한 유형에 속한다.

## 8.6 WIFI & 라디오 주파수

### 8.6.1 라디오 스펙트럼

이번 섹션에서는 WiFi 프레임의 전송을 위해 사용되는 **라디오 전파**(이하 라디오)에 대해 설명한다. 라디오는 **빛**, **엑스레이**, **자외선**까지 포함하는 **전자기 방사선**(electromagnetic radiation) 전파의 한 유형이다. 전자기 전파 중에서도, 라디오가 다양한 기존 서비스(예, AM과 FM 라디오)와 새로운 서비스(예, WiFi와 무선 전화 네트워크)들을 제공하는데 있어 가장 많이 사용된다. 해당 지원 서비스는 고정식일 수도 있고 이동식일 수도 있다.

표 8.3에서 볼 수 있듯이, 라디오 스펙트럼은 항상 **매우 낮은 주파수**에서부터 시작해서 **극단적으로 높은(예, 밀리파) 주파수**까지 여러 개의 주파수 범위들로 나뉘어진다. 라디오 스펙트럼 중에서도 **극초단파**(UHF), **초고주파**(SHF), **밀리파**(EHF) 주파수 범위를 커버하는 라디오들을 가리켜 **마이크로전파**(microwave)라고 부른다. WiFi, 블루투스, WiMax, 위성 브로드캐스팅, GPS(위성 위치 확인 시스템), 무선 전화 시스템 등과 같이 최신 개발된 고급 통신 기술들은 모두 이 마이크로전파를 활용한다.

[표 8.3] 라디오 주파수 스펙트럼 & 마이크로전파 범위

| Radiowave Frequency Ranges | | |
|---|---|---|
| **Name** | **Frequency ranges** | |
| Extremely Low Frequencies (ELF) | 30 – 300 Hz | |
| Voice Frequencies (VF) | 0.3 – 3 kHz | |
| Very Low Frequencies (VLF) | 3 – 30 kHz | |
| Low Frequencies (LF) | 30 – 300 kHz | |
| Medium Frequencies (MF) | 0.3 – 3 MHz | → AM Radio |
| High Frequencies (HF) | 3 – 30 MHz | |
| Very High Frequencies (VHF) | 30 – 300 MHz | → FM Radio |
| Ultra High Frequencies (UHF) | 0.3 – 3 GHz | TV, GPS, Wi-Fi, 3G, Satellite |
| Super High Frequencies (SHF) | 3 – 30 GHz | TV, GPS, Wi-Fi, 3G, Satellite |
| Extremely High Frequencies (EHF) | 30 – 300 GHz | TV, GPS, Wi-Fi, 3G, Satellite |

**[낮은 라디오 주파수 vs. 높은 라디오 주파수]**

그러면 무선 네트워킹에서 낮거나 혹은 높은 라디오 주파수에 기반하여 구현된 것은 무엇이 있을

까? 가장 눈에 띄는 고도 주파수 채널들은 저주파수 채널들에 비해 더 많은 전력(따라서 더 높은 신호 강도)을 사용하는데, 이는 전송된 데이터(예, 음악)의 품질을 더 좋게 한다. 그 반대 효과로 고주파 범위의 라디오 신호들은 전송에 있어 유연성이 부족하여 인터페이스에 더 민감하며, 따라서 영향을 미치는 거리에 제약이 있다. 다시 말해 낮은 주파수 신호는 장애물(예, 산) 주변에서 더 유연성이 있기 때문에 고주파수 라디오에 비해 더 멀리 전파될 수 있다. 표 8.3을 참고하면, 왜 AM 신호가 FM 신호보다 더 멀리 전달되는지, 반면 FM이 AM보다 더 나은 품질의 음향을 전달하는지를 알 수 있을 것이다.

### [감독(Governance)]

라디오 주파수 스펙트럼의 활용은 일반적으로 정부에 의해 국가 차원에서 규제된다. 예를 들어, 미국에서는 연방 정부를 예외로 한 라디오의 사용(예, 버라이즌(Verizon)의 무선 전화 서비스)이 **미연방통신위원회**(Federal Communications Commission: FCC)에 의해 규제된다. 한편, **미정보통신국**(National Telecommunication and Information Administration: NTIA)은 국가 방위, 법률 집행 & 보안, 운송, 긴급 상황, 기타 정부에 의해 활용되는 라디오 스펙트럼의 관리를 담당하고 있다. FCC와 NTIA는 이사회를 통해 운영되고 있다.

### [승인 라디오 vs. 비승인 라디오]

라디오 스펙트럼은 승인(승인이 요구되는) 라디오와 비승인(승인이 필요없는) 주파수 범위를 모두 포함하고 있다. 실제로 라디오 스펙트럼의 상당 부분이 규제되고 있는데, 이는 배타적 사용권에 대한 승인 절차가 필요하다는 것을 의미한다. 또한 종종 ISM(산업, 과학, 그리고 의학(**Industry, scientific, and medical: ISM**) 대역이라고 알려져 있는 비승인 대역권도 존재한다. 오늘날 벤더들은 가전 기기 및 전자 제품(예, 전자레인지, 무선 전화기)에서부터 WiFi나 블루투스 같은 네트워킹 기기 등의 다양한 소프트웨어와 하드웨어 제품들의 개발을 위하여 ISM 대역권을 사용한다. 북아메리카에서 사용하는 주파수 범위인 900 MHz, 2.4GHz, 5.0GHz 대역 등 승인이 필요 없는 이러한 ISM 대역권들이 표 8.4에 요약되어 있다.

[표 8.4] ISM 라디오 주파수 대역권(북아메리카)

| ISM Bands | Frequency range |
|---|---|
| 900MHz band | 902-928MHz |
| 2.4GHz band | 2.4-2.4835GHz |
| 5GHz band | 5.180-5.825GHz |

연습문제 8-1

1. 북아메리카에서 각 ISM 영역의 대역폭은 얼마인가? 표 8.4를 참조하여 그것을 메가헤르츠(megahertz) 단위로 계산하라.

2. 세 개 ISM 영역의 대역폭을 비교할 경우에 그 상대적인 역량 측면에서는 어떻게 말할 수 있을까?

### 8.6.2 WIFI 채널

이번 섹션은 2.4GHz ISM 대역의 주파수 범위가 802.11b, 802.11g, 802.11n 표준들에 의해서 사용되는 WiFi 채널들로 어떻게 더 나뉠 수 있는지에 대해 설명한다(표 8.2 참조). 미국과 캐나다 등의 북아메리카에서는 22MHz의 채널 용량(혹은 대역폭)을 지닌 2.4GHz의 11개 주파수 채널이 존재한다. 다른 지역에서는 각기 다양한 개수의 주파수 채널들을 정의하고 있다. 사실상 세계의 많은 국가들이 2.4GHz의 13개 채널들을 보유하고 있다.

북아메리카에서는 근접 채널들의 주파수 범위가 22MHz 대역폭의 11개 채널들을 가지도록 중첩되어 있다(표 8.5 참조). 예를 들어, 채널 1의 주파수 범위(2.401~2.423GHz)는 채널 2, 3, 4, 5의 범위와 중첩된다. 이는 11개 채널들 가운데 오직 3개의 채널(1, 6, 11)만이 서로 **중복되지 않는** 결과를 낳았다.

연습문제 8-2

음성 통신에 필요한 대역폭은 단일 방향으로 약 4 kHz 정도이다. 2.4GHz 대역권과 각 채널 내에서 얼마나 많은 음성 통신들이 운반될 수 있는가?

5GHz 대역권에서는 문제가 조금 더 복잡해진다. 예를 들어, 미국에서는 각 채널이 20MHz 대역폭인 23개의 중복되지 않는 채널들(예, 36, 40, 44, 100, 132, 165)이 존재한다. 이 채널들은 여러 가지 기술적 이유(예, 다른 무선 서비스들과의 충돌 방지)들로 인해 반드시 인접해 있을 필요가 없다. 2.4GHz 대역과 마찬가지로 5GHz 대역에 대한 채널들을 할당하는데 있어서도 국가들마다 서로 다르다.

[표 8.5] 2.4GHz의 중복되지 않는 채널들(미국과 캐나다의 사례)

| Channel | Lower Frequency | Upper Frequency |
|---|---|---|
| 1 | 2.401 | 2.423 |
| 2 | 2.406 | 2.428 |
| 3 | 2.411 | 2.433 |
| 4 | 2.416 | 2.438 |
| 5 | 2.421 | 2.443 |
| 6 | 2.426 | 2.448 |
| 7 | 2.431 | 2.453 |
| 8 | 2.436 | 2.458 |
| 9 | 2.441 | 2.463 |
| 10 | 2.446 | 2.468 |
| 11 | 2.451 | 2.473 |

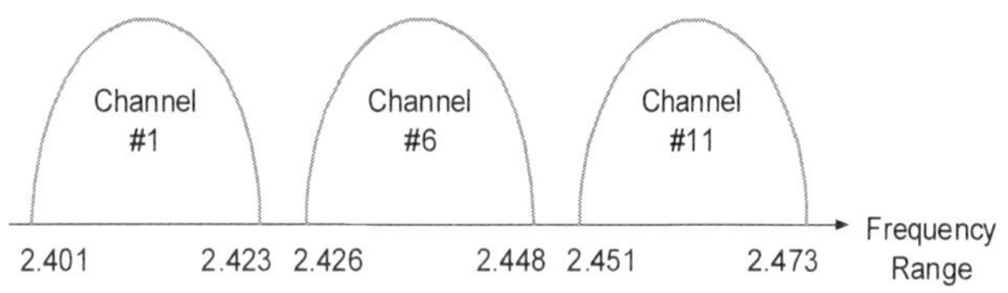


## 8.6.3 기본 서비스 셋(BSS) 기획하기

왜 주파수 채널들은 서로 중첩되는가? 이에 대한 대답은 채널 재사용을 통해 가용한 대역폭을 더욱 효과적으로 활용하기 위해서이다. 어떻게 그렇게 되는지 살펴보자. 근접해 있는 무선 엑세스 포인트(WAP)들이 서로 중첩되지 않은 채널로 운영되는 경우에는 신호 간섭을 줄이고 전송 속도를 최대화한다. 따라서, 여러 개의 WAP을 한 지역에 설치할 경우에 그 위치는 세 개의 서로 중첩되지 않는 채널들이 서로 이웃하여 할당될 수 있도록 선택해야 한다.

그림 8.13은 신호 간섭을 최소화하기 위해 이웃해 있는 단위 지역의 WAP들이 서로 중첩되지 않는 채널을 사용하도록 구성되는 채널 선택 방식의 예를 보여준다. 또한 그림 8.13은 동일한 주파수 채널이 서로 분리되어 있는 경우에 재사용되는 것을 보여준다. 5개의 WAP들은 다섯 개의 서로 다른 단위 영역 혹은 기본 서비스 셋(BSS)를 나타내며, 그 다섯 영역이 전체적으로 하나의 확장 서비스 셋(ESS)이 된다. 하나의 WAP에 얼마나 많은 호스트 단말기들이 연결되어 있든지 간에 WiFi의 **미디어 엑세스 컨트롤**인 CSMA/CA가 한 번에 오직 하나의 단말기만 해당 WAP과 통신할 수 있게 만든다는 점을 기억하는 것이 중요하다.

한 지역(예, 홈)에 오직 하나의 WAP만 존재할 경우에는 인접한 단위 영역에 의해 채널이 재사용되는 것을 염려할 필요가 없기 때문에, 11개 채널들 중 아무거나 선택할 수 있다. 그러나 어느 한 WAP이 그 인접 영역의 WAP과 동일한 채널을 사용하도록 설정된 경우, 해당 WiFi LAN의 성능은 잠재적 신호 간섭에 의해 영향을 받을 수도 있다. 표 8.4에서 보듯이, 5GHz 대역은 더 많은 전송 채널(3 대 23의 비중복 채널)들을 지원하는 2.4GHz 대역에 비해 대역폭이 훨씬 크다. 이로 인해 5GHz 대역은 채널 할당에 있어서 2.4GHz 대역에 비해 훨씬 더 유연하게 만드는 더 많은 수의 기본 서비스 셋들의 생성이 가능하다.

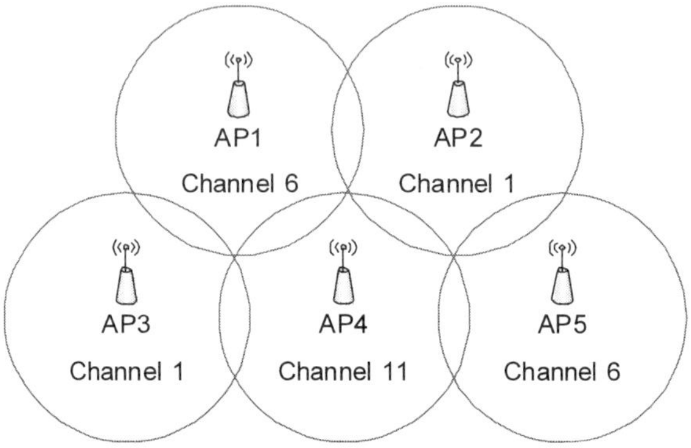


그림 8.13 한 지역의 WiFi 채널 선정

마지막으로, 지금까지 소개된 세 개 용어들(**스펙트럼**(spectrum), **대역**(bands), 그리고 **채널**(channels)) 간의 관계를 좀 더 명확히 설명하고자 한다.

- 라디오 파장 **스페트럼**, 즉 라디오의 전체 주파수 범위(그림 표 8.3 참조)는 다양한 통신/브로드캐스팅 서비스의 제공을 위해 여러 가지 **서비스 대역**들로 나뉘어진다. 예를 들어, 미국에서 AM 라디오의 서비스 대역은 500-1500kHz이다.
- 그 다음에 하나의 특정 서비스 대역은 다시 또 여러 개의 **서비스 채널**들로 나뉘어진다. 예를 들어, AM 라디오의 서비스 대역은 여러 개의 AM 라디오 단말기를 위해 여러 개의 10KHz 채널로 나뉘어질 수 있다.

### 연습문제 8-3

그림 8.14는 몇 개의 WAP을 보유하고 있는 가상적인 기업 네트워크를 보여준다. 각 WAP에 최소 하나 이상의 노트북 컴퓨터가 연결되어 있는 것을 확인할 수 있다. 그림에 기초하여 아래 질문에 답하라.

1. 네트워크가 보유할 수 있는 가장 최소한의 SSID 개수는 얼마인가?

2. 이 네트워크에서 총 몇 개의 기본 서비스 셋을 볼 수 있는가?

3. 이 네트워크는 총 몇 개의 BSSID를 가져야 하는가?

4. 이 네트워크에서 총 몇 개의 확장된 서비스 셋을 볼 수 있는가?

5. 어느 WAP이 리피터 모드로 사용되는가?

6. AP4와 AP5는 802.11g와 802.11n를 동시적으로 사용할 수 있는가? 왜 그러한가 혹은 왜 그러지 못하는가?

7. 해당 기업 네트워크에서 총 몇 개의 서브넷을 볼 수 있는가?

8. 해당 기업은 네트워크 ID 172.16.0.0/16를 사설 IP로 사용하기로 결정했다. 서브넷 생성을 위해 세 번째 자리수를 사용한다고 가정하고, 서브넷 주소들을 할당한 후 해당 라우터 포트에 대응되는 각 서브넷이 가질 수 있는 IP 주소(마지막 자리수)를 할당하라. 라우터 포트 Fa0/0, Fa0/1, Fa0/2의 IP 주소는 무엇인가?

9. 해당 서브넷 주소에 기반하여 H4부터 H7까지 IP 주소를 할당하라.

10. H4부터 H7까지 MAC 주소를 할당하라. 또한 해당 라우터 포트의 LAN 포트 Fa0/1에 대해서도 할당하라.

11. 현재까지의 결과에 기반하여 S2, S3, S4의 정확한 스위치 테이블을 구축하라. 해당 스위치 테이블에 MAC 주소와 출력 포트, VLAN 항목들을 포함시켜라.

12. S2, S3, S4의 스위치 테이블이 완성되었다고 가정하면, H4가 IP 패킷을 브로드캐스트 하는 경우에 무슨 일이 일어나겠는가?

13. 네트워크 관리자가 보다 나은 전송 관리를 위하여 라우터의 Fa0/1 포트에 연결되어 있는 서브넷을 두 개의 데이터 VLAN으로 나누기로 결정하였다. 이는 SW3과 SW4이 각각 서로 다른 비즈니스 부서에 속해 있기 때문에 내린 논리적 의사결정이다. 그렇다면, SW3과 SW4의 어느 스위치 포트들이 트렁크 포트로서 설정되어야 하는가?(섹션 7.8 참조)

14. VLAN을 생성한 후에는 해당 기업 네트워크에서 몇 개의 확장 서비스 셋(ESS)을 볼 수 있는가? 서브넷 주소와 VLAN ID가 쌍으로 매칭되어 있다고 가정하라.

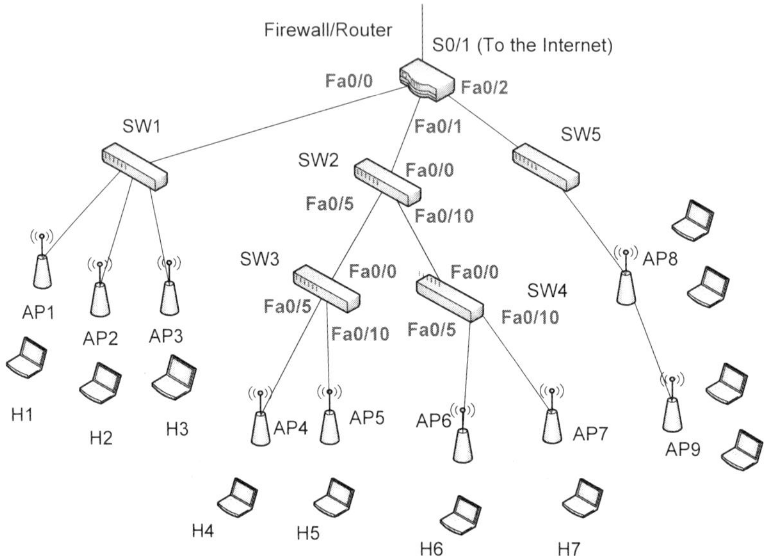


그림 8.14 가상적인 기업 네트워크

## 8.7 인증(Authentication)과 연합(Association)

[표 8.6] 인증과 연합의 세 단계

| 단계 | 상태 | 설명 |
|---|---|---|
| 1 | 비인증(Unauthenticated)/<br>비연합(Unassociated) | • 단말기와 WAP 간에 아무런 관계가 없음 |
| 2 | 인증(Authenticated)/<br>비연합(Unassociated) | • 한 사용자 단말기에 대해 WAP의 인증이 수행됨<br>• 이를 위해 사용자 단말기는 인증 프레임을 발송<br>• 아직까지는 그들 간의 연합이 없음<br>• 기업에서는 일반적으로 WAP과 분리되어 설계된 인증 서버를 보유하고 있음. 이렇듯 WiFi 접근을 중앙집중적으로 통제하는 방식은 보안을 향상시킴 |
| 3 | 인증(Authenticated)/<br>연합(Associated) | • 인증이 성공적으로 이루어지면, 사용자 단말기가 WAP에게 연합 요청 프레임을 전송함<br>• WAP의 연합 응답으로 결속이 완성됨<br>• 이 단계에서 보안이나 데이터 전송률 등 다양한 옵션들이 최종적으로 결정됨<br>• 또한 해당 사용자 단말기는 WAP의 BSSID에 대해서도 학습함 |

WAP과 호스트 단말기는 서로 데이터를 교환하기 전, 두 노드 간의 **인증** 및 **연합** 절차를 완료하기 위해 서로 협력해야 한다. 이는 WiFi LAN에 진입하려 시도하는 비인증된 호스트 단말기나 사람들의 접근을 막고 통제하기 위한 것이다.

## 8.7.1 3 단계 프로세스

사용자 단말기와 WAP 사이의 관계는 다음의 세 가지 상태 중에 하나가 될 수 있다. (1) 비인증/비연합 (2) 인증/비연합 (3) 인증/연합(표 8.6 참조). 따라서 최종적인 결합을 위해서는 두 개 노드 간 관리 프레임들이 교환될 수 있도록 세 단계의 절차를 밟아야 한다.

## 8.7.2 단말기 인증 방법

사용자 단말기를 인증하는데 사용할 수 있는 몇 가지 방법들이 존재하는데 각각의 방법이 장점과 단점을 지니고 있다. 여기서는 여러 가지 방법들 중에서도 **공개 인증**(open authentication), **사전 공유된 키 인증**(pre-shared key authentication), 그리고 **인증 서버**(authentication server) 방식에 대해 설명할 것이다. 무선 단말기의 **공개 인증**과 **사전 공유된 키 인증** 기능은 WAP이 수행한다. **인증 서버** 기반 접근 방식에서의 인증 기능은 지정된 서버가 처리하며, WAP의 역할은 해당 서버와 사용자 단말기 사이에서 인증 프레임을 전달하는 것에 국한된다.

### [공개 인증]

공개 인증은 인증을 위해 SSID를 활용하는 방식이다. 이 방식에서 사용자 단말기는 인증 요청을 위해 목표한 WAP에 MAC 주소와 SSID 같은 기본 정보를 제공한다. 그러면 WAP은 성공 혹은 실패 중에 하나로 응답하도록 되어있는 인증의 두 번째 절차를 밟아야 한다. 이러한 인증 방식에서 통신 노드에는 SSID가 사전 설정되어 있어야 하며, WAP이 SSID를 주기적으로 브로드캐스팅 하는 기능은 꺼지게 된다.

공개 인증은 해킹 소프트웨어 툴들이 가로채기 용이한 형태의 텍스트를 사용하기 때문에 인증용으로 완벽한 방식은 아니라고 할 수 있다. 양측(단말기와 WAP)이 공개 인증을 통해 인증 이후 교환되는 데이터를 암호화하기 위해 **사전 공유된 비밀 키**를 보유하는 방법도 있다. 그러나 이 방법은 초기 인증 단계에 암호화 기능이 적용되지 않는다(그림 8.15 참조).

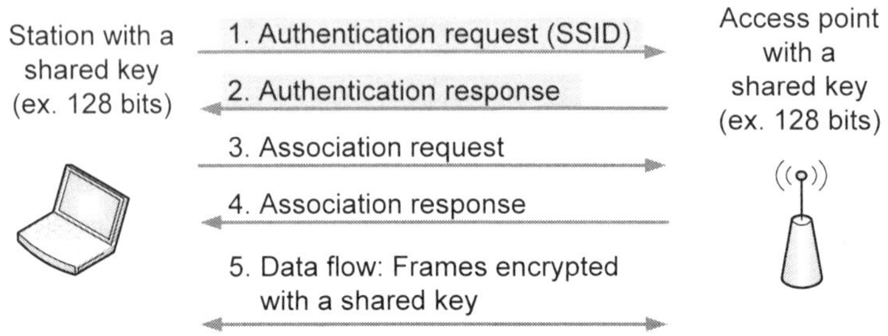


그림 8.15 두 단계 공개 인증(단계 1과 단계 2)

### [사전 공유된 키 인증]

이 방식은 사용자 단말기 인증을 위해 특정 길이(예, 128비트)의 사전 공유된 비밀 키가 사용되는 형식이다. 사전 공유된 키는 재진입을 피하기 위해 컴퓨터 상에 저장 가능한 패스워드/패스프레이즈(passphrase)를 제공하게 함으로써 제기능을 할 수 있다. 사전 공유된 키를 유추할 수 있는 동일한 패스워드/패스프레이즈가 WAP 상에 설정된다. 이 패스워드/패스프레이즈로부터 사전 공유된 키가 직접 도출되기 때문에, 사전 공유된 키를 뚫기 어렵게 만드는 강력한 패스워드/패스프레이즈를 설정하는 것이 중요하다.

사전 공유된 키 인증은 4가지 단계적 절차(**공개 인증**이 **요청**과 **응답**의 두 단계 사이클만 지니는 것과는 달리)를 필요로 한다. 첫째, 사용자 단말기가 WAP에 연합 요청을 보내면, 이 요청을 받은 WAP이 요청한 단말기에 임의의 챌린지 텍스트(challenge text)를 보낸다. 그러면 사용자 단말기가 사전 공유된 키를 이용해 해당 챌린지 텍스트를 암호화하여 암호화된 챌린지 텍스트를 WAP에게 되돌려 보낸다. 그것을 받은 WAP은 암호화된 텍스트를 검증하여 사용자 단말기가 연합을 하기에 적정한지를 판단한다. 이러한 유사 보안 인증 방식은 해커가 공유된 비밀 키를 이용해 암호화된 평문인 챌린지 텍스트와 응답을 모니터링함으로써 해당 공유 비밀 키를 알아낼 수도 있는 약점이 있다. 공유 비밀 키를 알아내기 훨씬 더 어렵게 하려면, 현재의 WiFi 표준들이 사용자 단말기가 한번 인증이 되고 나면 사전 공유된 키가 동일하게 유지되지 않고 다채롭게 변경될 수 있도록 하는 기술을 사용하도록 해야 한다.

사전 공유된 키 인증의 일반적인 4단계 절차가 그림 8.16에 나와 있다. 이 4단계 절차가 그림 8.15의 두 단계 공개 인증(단계 1과 2) 절차를 대신한다고 볼 수 있다.

그림 8.16 4 단계의 공유 키 인증

### [인증 서버]

많은 기관들이 인증 절차 관리를 위한 중앙 인증 서버를 도입하고 있다. RADIUS(**원격 인증 전화 접속 사용자 서비스**(Remote Authentication Dial in User Service))나 **TACACS+**(터미널 엑세스 컨트롤러 엑세스-컨트롤 시스템 플러스(Terminal Access Controller Access-Control System Plus)) 같은 프로토콜들이 클라이언트 단말기로부터의 인증 요청을 전송하는 WAP과 인증 서버 간의 커뮤니케이션을 관리하는데 사용된다. 이 서버는 WiFi 클라이언트에 대한 인증 기능 외에도 전화 접속이나 인터넷 상의 가상 사설망(VPN) 연결을 통한 원격 접속 인증 같은 다른 보안 관련 기능들도 처리할 수 있다(그림 8.17 참조).

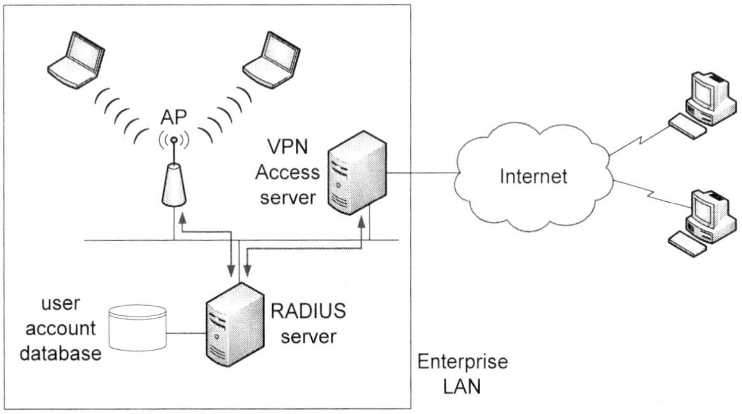


그림 8.17 RADIUS를 이용한 WiFi 단말기 인증

### [보안에 관련된 추가적인 유의점]

WAP은 인증 기능과 함께 목적지 IP 주소, 데이터 필드 프로토콜, TCP/UDP 포트, MAC 주소 등의 부가적인 정보에 기반해 클라이언트 장비나 기기들을 필터링하는 다른 차원의 보안 기능을 장

착할 수도 있다. 또한, WAP은 불필요하다고 여겨지는 어플리케이션 서비스를 꺼버리는 기능을 수행하도록 설정될 수도 있다. 예를 들어, 어느 한 기업이 텔넷(Telnet: 원격 접속용)이나 FTP(원격 파일 전송용) 같은 어플리케이션 서비스의 사용을 허용하지 않는 경우 WAP이 해당 기능들의 사용을 막는 역할을 수행할 수 있다. 마지막으로, WiFi에서 데이터 암호화를 사용하는 것은 해당 네트워크가 공공용(예, 가게 방문자들을 위한)이 아니라면 반드시 필수적인 요건이 되어야 한다. 아울러, 한 기관에서 게스트 접속용으로 WiFi를 공개하는 영역은 해당 기관의 생산 네트워크와는 완전히 분리시켜야 한다.

### 연습문제 8-4

당신 주변에 위치한 WiFi LAN들을 찾을 수 있게 해주는 다양한 툴들이 존재한다. 이 예제에서는 inSSIDer2.0와 명령어 방식의 사용자 프로그램인 netsh, 이 두 개 프로그램을 활용한다.

1. 오픈 소스 기반의 WiFi 스캐닝 프로그램인 insider(그림 8.6에서 보여지듯이)의 최신 버전을 다운로드한 후 활성화 하라.

   ① 당신 주변에 위치한 SSID를 검색해 보라.

   ② WAP들을 가장 많이 사용하고 있는 채널은 무엇인가?

   ③ 총 몇 개의 BSSID를 확인할 수 있는가?

   ④ 어떠한 보안(혹은 프라이버시) 표준들이 가장 많이 또는 가장 적게 사용되고 있는가?

   ⑤ WiFi 네트워크들의 속도는 서로 어떻게 다른가?

   ⑥ 802.11n을 운영하고 있는 WiFi 네트워크가 한 개 이상의 주파수 채널을 활용하고 있는가? 해당 채널들은 무엇인가?

   ⑦ 임시 모드로 운영되고 있는 WiFi 네트워크가 있는가?

   ⑧ 2.4Ghz과 5.0Ghz 채널을 이용하고 있는 네트워크들은 각각 몇 개인가?

   ⑨ WiFi 시그널 중에서 가장 높은 진폭(데시벨(decibel) 단위로 표현되는)은 얼마인가?

2. (선택) 이제 명령어 기반의 활용 프로그램을 윈도우에서 사용해 보고자 한다. 사용 가능한 명령어들은 다음과 같은 것들이 있다.

```
C:\netsh
C:\netsh>wlan
C:\netsh wlan>show interfaces
C:\netsh wlan>show networks
C:\netsh wlan>show networks mode=bssid.
```

위 명령어들을 이용하여, 위 inSSIDer에 관한 동일한 질문들에 답해 보라.

## 8.8 WiFi 망 네트워크(IEEE802.11S)

WiFi 그물망(줄여서 Wi-Mesh)은 WiFi 표준에 기반하여 운영되긴 하지만, WAP의 그물망 연결(**그물 포인트**(mesh points)라고 부른다)을 활용하면 상당히 더 큰 영역(예, 도시 지역)들을 커버할 수 있게 된다. 기존 WiFi에서의 WAP은 라우팅 역량이 부족하기 때문에 일반적으로 이더넷 스위치 같은 유선 네트워크에 연결된다.

Wi-Mesh의 독특한 점은 각 **그물 포인트** 간에 서로 프레임을 전송할 수 있기 때문에, 전송을 유선 LAN에 의존할 필요가 없다는 점이다. Wi-Mesh는 어느 한 유선 네트워크에 연결된 특정 그물 포인트에 프레임을 전달하기 위해 자체적인 라우팅 역량(스위칭과 유사한 전송 매커니즘)을 활용한다. **그물 포인트**는 지능적으로 상황에 맞추어 프레임 전달이 느리거나 문제있는 그물 포인트들을 피해가며 가능한 최적의 경로를 찾아가기도 한다. **그물 포인트** 간 전송 기능을 이용하면, 오직 하나(혹은 소수)의 그물 포인트만 유선 네트워크에 연결되어 있으면 되는 것이다.

그렇기 때문에 Wi-Mesh 네트워크는 해당 지역(예, 빌딩, 캠퍼스, 혹은 도시)의 유선 네트워크 기반 구조가 약할 경우에 기술적으로 좋은 선택이 된다. Wi-Mesh는 모든 그물 포인트에 하드웨어를 연결할 필요가 없기 때문에 기존의 WiFi가 할 수 있는 것보다 훨씬 더 넓은 지역을 커버할 수 있다. 그러나 최근 도입된 이 Wi-Mesh의 가장 큰 단점은 특정 벤더 제품에 국한하여 도입한 기관들이 사용하기에는 해당 라우팅 기술이 너무 표준화되어 있지 않다는 점이었다. 그래서, Wi-Mesh의 인기가 증가하고 있음을 인식한 IEEE가 Wi-Mesh 네트워킹용의 802.11s라는 표준 라우팅 프로토콜을 발표한 바 있다.

Wi-Mesh는 도시 지역(30~40마일에 달하는)을 커버할 수 있도록 설계된 고정 대역폭 무선 표준인 WiMax(IEEE 802.16 표준)과 경쟁할 것으로 예상된다. WiMax의 공식적인 발표 속도는 Wi-Mesh (11Mbps 혹은 54Mbps인)에 비해 상당히 빠른 약 70-100Mbps이다. WiMax는 WiFi 네트워크들 간의 연결성을 제공할 수 있다. 그러나 WiMax 표준은 Wi-Mesh처럼 WiFi와 잘 호환되지는 않는다. WiFi 표준이 상당히 우세하게 사용되고 있는 현재 상황에서, 그러한 호환성의 부족은 WiMax가 대역폭에 있어서 상당히 강력한 장점을 가졌음에도 불구하고 주요한 단점이 되고 있다. WiMax와 Wi-Mesh 모두 각각의 장점과 단점들을 가지고 있기 때문에, 궁극적으로 어느 기술이 우세하게 활용될 것인가에 대한 판단은 아직은 좀 더 지켜봐야 한다.

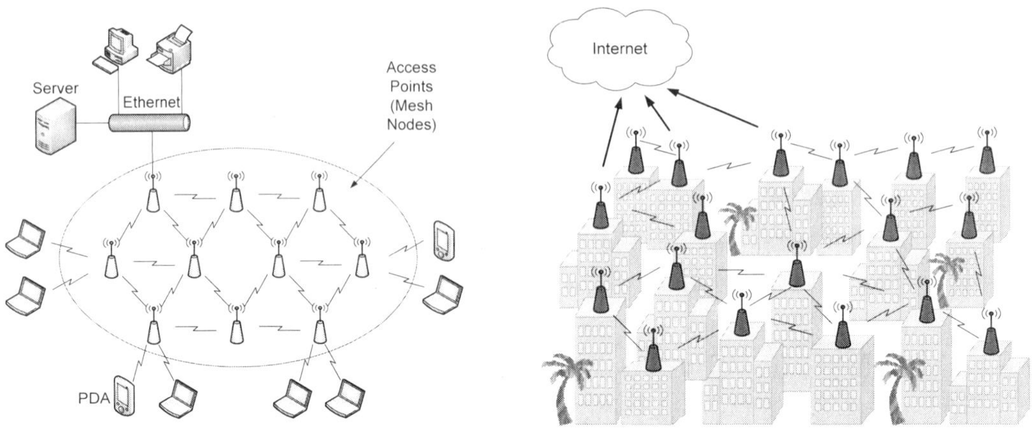


그림 8.18 한 기업과 한 도시의 Wi-Mesh 네트워크

## 8.9 WiFi 홈 네트워킹

이번 섹션에서는 WiFi를 집안이나 SOHO(소규모 오피스와 홈 오피스)에 설치하는 것, 그리고 인터넷에 연결하는 것에 관련된 상세 사항들을 살펴본다. 오늘날 대부분의 홈 네트워크는 무선 네트워크 카드(혹은 WNIC)가 내장된 컴퓨터를 이용하는 WiFi 표준에 기반하여 운영된다. 일반적으로 WiFi 홈 네트워크는 **광대역 모뎀**(예, DSL 혹은 케이블 모뎀), 중계 기기로서의 **무선 엑세스 라우터**, 그리고 노트북, 태블릿 컴퓨터, 스마트폰 같은 **최종 단말기**들로 구성된다. 그림 8.19는 WiFi 네트워크의 전형적 설정 형태와 무선 엑세스 라우터의 구조적 상세 사항의 예시이다.

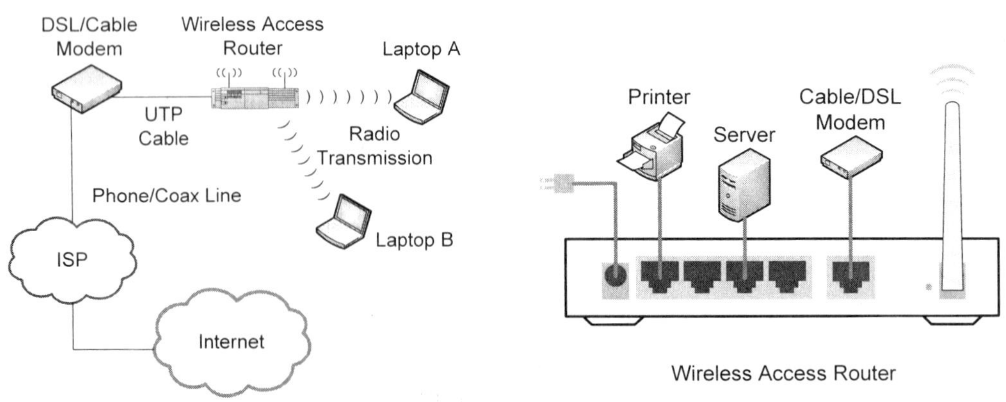


그림 8.19 WiFi 홈 네트워킹과 무선 엑세스 라우터

## 8.9.1 DSL/케이블 모뎀

물리적 계층 장비인 DSL/케이블 모뎀은 기능적 측면에서 기존의 전화선 모뎀과 유사하다. 이 모뎀은 디지털 신호와 아날로그 신호 간의 변환 기능(섹션 4.2.3 참조)을 제공한다. 구체적으로 말하자면, 이 모뎀은 컴퓨터/라우터가 생산한 디지털 신호를 아날로그 신호로 변환하여, 전화선(DSL용)이나 동축선(케이블용) 상에서 전송될 수 있도록 해준다. 또한 이 모뎀은 전화선(이중 와선)이나 동축선을 통해 도달한 아날로그 신호를 디지털 신호로 바꾸어, 그것을 라우터/컴퓨터에 전달한다. 일반적으로 UTP 케이블은 DSL/케이블 모뎀과 무선 엑세스 라우터 사이를 연결하는데 사용된다.

## 8.9.2 무선 엑세스 포인트

무선 엑세스 라우터는 홈 네트워킹을 위해 스위치, 라우터, WAP의 기능을 모두 결합한 것이다. 그림 8.19에서 제시한 특정 제품(실제 모델이 아님)은 4개의 이더넷 포트와 DSL/케이블 모뎀에 연결된 하나의 WAN 포트를 가지고 있다. 일반적으로 무선 엑세스 라우터에 결합되어 있는 핵심적인 기능들은 다음과 같다:

(1) 라우터 기능: ISP 네트워크를 통해 인터넷에 접속하기 위한 기능. 여기서 해당 라우터(경계 라우터인)는 다음 두 개 서브넷을 서로 연결한다. (1) 홈 네트워크 (2) 홈 라우터를 ISP의 라우터에 연결하는 WAN 서브넷. ISP의 DHCP 서버는 홈 네트워크에 동적인 공공 IP 주소를 제공하는데, 이것이 홈 네트워크 WAN 라우터 포트의 IP 주소가 된다.

(2) 이더넷 스위치 기능: 홈 네트워크 상의 무선과 유선 호스트 단말기들 상호 연결할 수 있게 하는 기능

(3) 무선 엑세스 포인트(WAP) 기능: 무선/모바일 단말기용(예, 스마트 폰)

(4) 내부 DHCP 서버 기능: (ISP의 DHCP 서비스와 혼동하지 않도록) 홈 네트워크의 내부 노드에 임시의 사설 IP 주소를 제공한다. 앞서 설명한 바와 같이, 사설 IP 주소는 인터넷 상으로는 전송될 수 없고 이를 소유한 LAN 상에서만으로 그 사용이 제한된다.

(5) 네트워크 주소 변환(NAT) 기능: 내부의 노드(예, 노트북, iPad, 스마트폰)들이 ISP가 제공한 단일한 공공 IP 주소를 공유할 수 있도록 해주는 기능. IP 주소를 공유하는 매커니즘은 섹션 5.6.4에서 이미 설명하였다.

(6) 방어벽과 DNS 같은 기타 기능들

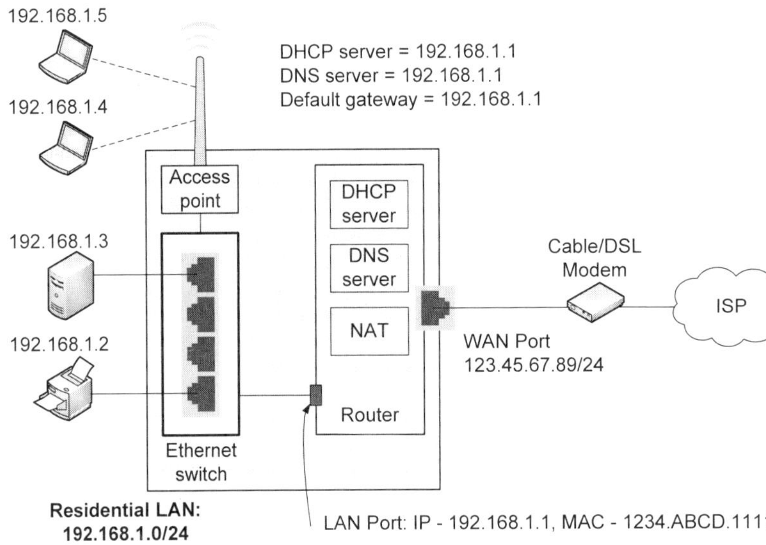


그림 8.20 무선 엑세스 라우터-논리적 구조

그림 8.20은 무선 엑세스 라우터의 기술적 요소들 간의 논리적 관계를 보여주고 있다. 하나의 물리적 단말기에 여러 가지 네트워크 기능들이 구현되는 이유는, 많은 수의 호스트를 보유하고 상당 수준의 전송량을 처리하는 기업 네트워크와는 달리 소수의 호스트만 포함하는 홈 네트워크에서는 장비별로 기능을 분리하는 것이 적절치 않기 때문이다.

### 8.9.3 홈 네트워크의 IP 환경설정

그림 8.20은 홈 네트워크용 IP 주소 할당에 대한 시나리오 예시를 보여주고 있다. 다음은 그 요약 내용이다.

- 하나의 홈 네트워크에 192.168.1.0/24의 네트워크 주소가 주어져 있다. 네트워크의 모든 주소들은 인터넷 상의 패킷 라우팅에는 사용될 수 없는 사설 IP들이다.
- WAN 포트는 다른 서브넷(123.45.67.0/24)상에 있으며 123.45.67.89의 IP 주소가 주어져 있다.
- 무선 엑세스 라우터는 192.168.1.1이라는 IP 주소와 1234.ABCD.1111이라는 MAC 주소를 가진 내부 LAN 포트를 지니고 있다. 해당 LAN 포트는 가시적으로는 보이지는 않지만, 이더넷 스위치 부문에 대해 라우터 부문을 내부적으로 연결시킨다. 따라서 해당 라우터의 LAN 포트(192.168.1.1)가 홈 네트워크에 있는 호스트들의 디폴트 게이트웨이가 된다.
- 해당 라우터는 사용자 단말기들에 사설 IP를 할당하는 DHCP 서버를 하나 가지고 있다. 홈 네

트워크를 공개적으로 드러내는 IP 주소(123.45.67.89)는 ISP의 DHCP 서버가 제공한다.

- 해당 라우터는 홈 네트워크 상에 있는 호스트 이름과 그에 대응되는 IP 주소를 저장하고 있는 DNS 서버를 하나 가지고 있다.
- 해당 라우터는 인터넷 상에 전송될 수 없는 사설 IP를 공공 IP 주소(123.45.67.89)로 변환하는 네트워크 주소 변환(NAT) 기능을 가지고 있다.

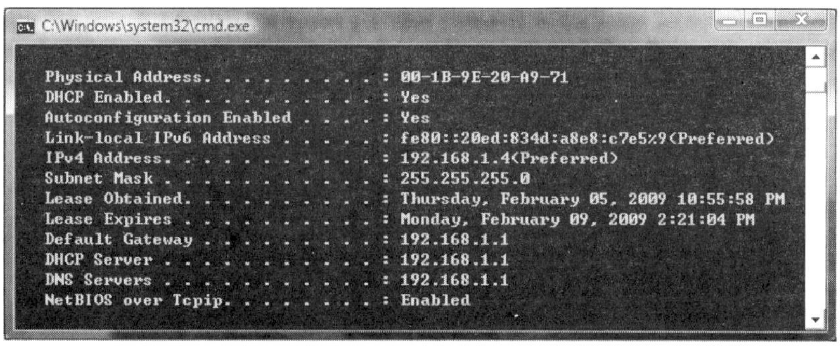

```
C:\Windows\system32\cmd.exe
   Physical Address. . . . . . . . . : 00-1B-9E-20-A9-71
   DHCP Enabled. . . . . . . . . . . : Yes
   Autoconfiguration Enabled . . . . : Yes
   Link-local IPv6 Address . . . . . : fe80::20ed:834d:a8e8:c7e5%9(Preferred)
   IPv4 Address. . . . . . . . . . . : 192.168.1.4(Preferred)
   Subnet Mask . . . . . . . . . . . : 255.255.255.0
   Lease Obtained. . . . . . . . . . : Thursday, February 05, 2009 10:55:58 PM
   Lease Expires . . . . . . . . . . : Monday, February 09, 2009 2:21:04 PM
   Default Gateway . . . . . . . . . : 192.168.1.1
   DHCP Server . . . . . . . . . . . : 192.168.1.1
   DNS Servers . . . . . . . . . . . : 192.168.1.1
   NetBIOS over Tcpip. . . . . . . . : Enabled
```

그림 8.21 홈 네트워크의 IP 설정

그림 8.21에 있는 노트북(192.168.1.4)의 스크린 화면은 라우터의 LAN 포트(192.168.1.1)가 디폴트 게이트웨이가 되고, 동시에 동일한 IP 주소가 DHCP와 CNS 서버에 의해 공유되고 있는 그림 8.20의 홈 네트워크에 대한 IP 설정 내역을 요약해서 보여주고 있다.

**연습문제 8-5**

특정 ISP들은 라우터 기능이 DSL/케이블 모뎀에 결합되어 있는 라우터를 제공한다. 이런 경우에 홈 네트워크에는 다음의 두 개 중계 노드가 존재할 수 있다: (1) 내장된 DSL/케이블 모뎀을 가진 라우터 (2) 이더넷 스위치 기능이 결합된 무선 엑세스 포인트. 이러한 시나리오를 가정하고 변경된 환경설정 내역을 반영하여, 그림 8.20를 다시 한번 그리고 해당 라우터 포트들에 IP 주소를 재할당하라.

### 8.9.4 간단한 사례: 무선 엑세스 포인트의 환경설정

이 사례는 홈 네트워크용 무선 엑세스 라우터에 대해 일반적으로 적용 가능한 환경설정 옵션들을 설명하기 위한 것이다. 엑세스 라우터는 내장된 HTTP 서버(DHCP 및 DNS 서버와 함께)를 지니고 있기 때문에, 클라이언트 컴퓨터의 브라우저가 라우터의 환경을 설정하기 위해 해당 HTTP 서버에 접속할 수 있다. 이 예시에서는 라우터에 장착된 HTTP 서버를 포함한 모든 서버들이 192.168.1.1 라는 IP 주소를 공유하고 있다. 따라서 결과적으로 클라이언트의 웹 브라우저에 'http://192.168.1.1:80' 혹은 간단히 'http://192.168.1.1'를 입력하여 해당 HTTP 서버에 접속할 수 있는 것이다.

### [무선 엑세스 포인트]

무선 환경설정 화면(그림 8.22)에서 보면, 해당 WAP의 SSID가 'SHIN_RESIDENCE'라는 것과 802.11b와 802.11g의 WiFi 연결을 위해 11번째 채널이 사용되고 있음을 확인할 수 있다. 다음으로는 해당 네트워크를 보호하기 위해 세 가지 보안 옵션들(disable, WEP, WPA-PSK) 중에 하나를 선택할 수 있다. 주로 홈 네트워킹으로 이용할 용도라면, 특정 무선 엑세스 라우터가 오직 개인 모드(혹은 PSK 방식)의 보안 표준만을 지원한다. WEP이 선택된 경우에는 사전 공유된 비밀 키가 해킹에 매우 취약한 고정 상태로 유지되기 때문에 이를 피하는 것이 좋다.

좀 더 고차원인 WPA-PSK 보안 옵션이 선택된 경우에는 하위 섹션의 **보안 암호화**(Security Encryption-WPA-PSK) 방식이 **패스프레이즈**에 수반되는 **키의 수명기간**(Key Lifetime)(분 단위로)을 정의하도록 요구한다. 수작업으로 입력되는 패스프레이즈는 사전에 공유된 비밀 키를 생성하는데 사용된다. 입력되는 패스프레이즈는 해당 사용자 단말기에 입력된 것과 동일한 것이어야 하므로, 양측에서 나온 사전 공유된 비밀 키를 서로 매칭해 볼 수 있게 된다. 그러나 WPA-PSK 방식을 이용하면 키 값이 사전 정의된 키의 생존기간에 따라 동적으로 변하기 때문에 해킹 등에 대한 저항력이 훨씬 더 크게 된다. 키의 생존기간이 더 짧을수록 WiFi 네트워크가 보다 안전해 지기는 하지만 추가적인 처리 부하를 일으키기도 한다.

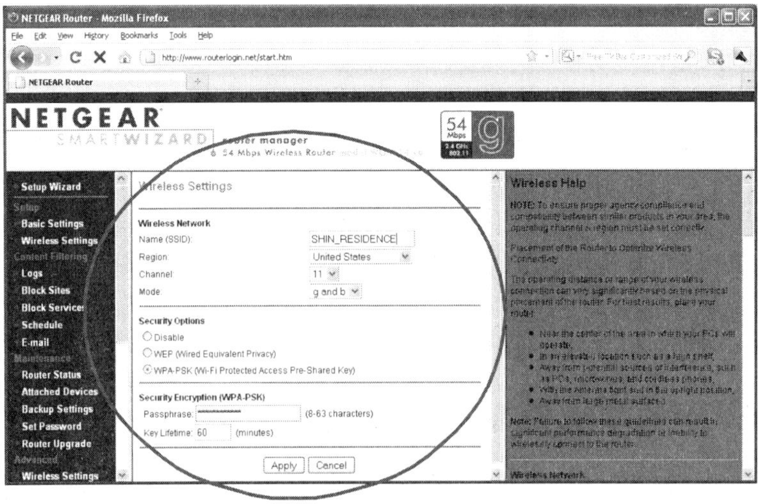


그림 8.22 무선 엑세스 포인트의 환경설정

## [라우터의 환경설정]

### 연습문제 8-6

그림 8.23의 스크린 화면은 무선 라우터의 IP 환경설정 내역을 요약한 것이다. 앞에서 한 설명을 바탕으로 무선 엑세스 라우터의 내부 구조에 대한 다음 질문에 답하라.

힌트: 인터넷 포트는 라우터의 WAN 포트이다.

1. 인터넷 상에서 홈 네트워크를 나타내는 WAN 포트의 공공 IP 주소는 무엇인가?

2. 누가 WAN 포트의 IP 주소를 제공하는가?

3. 해당 공공 IP 주소의 서브넷 주소는 무엇인가?

4. ISP DHCP 서버의 주소를 알아낼 수 있는가?

5. IP와 호스트 네임을 서로 매칭할 수 있게 해주는 ISP의 DNS 서버 주소는 무엇인가?

6. 해당 홈 네트워크의 서브넷 주소는 무엇인가?

7. 홈 컴퓨터의 디폴트 게이트웨이 주소는 무엇이 되어야 하는가?

8. 홈 네트워크의 서브넷 주소가 주어진 상황에서, 하나의 IP 주소에 총 몇 개의 호스트들이 할당될 수 있겠는가?

9. 엑세스 라우터는 네트워크 주소 변환(NAT)에 의존하는가? 왜 그러한가 혹은 왜 그러지 아니한가?

10. 엑세스 라우터는 내부 DHCP 서버를 가지고 있는가?

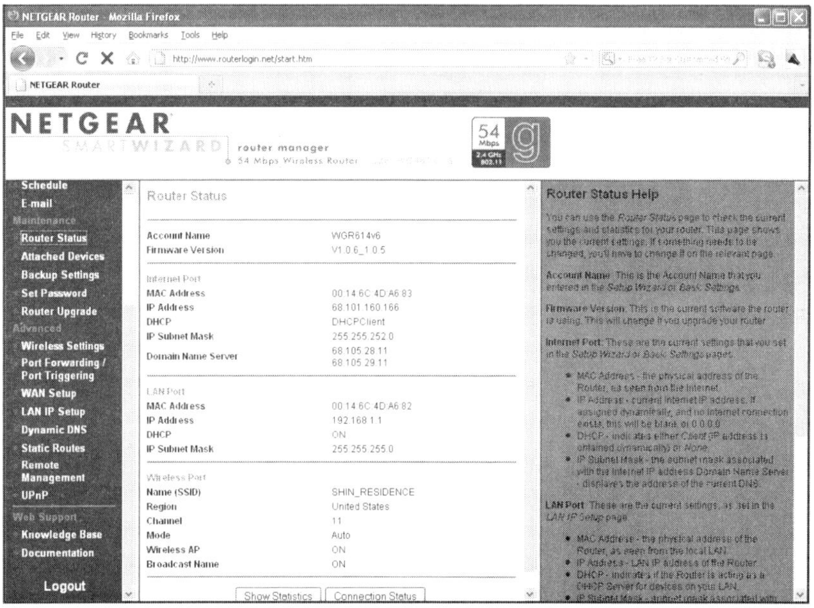

그림 8.23 라우터의 환경설정

# 제9장 원거리 통신망(WAN)

## 9.1 개 요

WAN 링크는 LAN에 비해 지리적으로 훨씬 더 넓은 영역인 주, 국가, 여러 국가들까지 확장된다. WAN 인프라스트럭쳐는 주로 기업체, 대학교, 정부 기관 등이 구축하는 LAN과는 달리, 일반 대중에게 서비스를 제공하는 통신사업자(혹은 공공 통신사업자)들이 소유하고 유지 및 관리를 한다. 기존의 전화 회사(또는 통신 횟)들과 인터넷 서비스 공급자(ISP)들은 개인과 기업에 다양한 음성/데이터 서비스를 제공한다.

통신 사업자들이 제공하는 WAN 서비스는 일반적으로 정부 기관의 규제를 받는다. 예를 들어, 미국에서는 미 정부 독립 기관인 연방 통신 위원회(FCC: Federal Communication Commission)가 각 주 간 혹은 국가 간의 WAN 서비스를 제공하는 통신사업자들을 규제하고 있다. 이들 통신사업자들은 클라이언트에게 다양한 WAN 서비스를 제공하는데 필요한 네트워크를 구축하기 위해 배타적 전송 경로의 사용 권한(the right-of-the-way)을 가진다. 먼 거리에 분산되어 있는 기업 분사와 이동 인력(예, 출장 영업 인력)들이 이들 통신사업자의 WAN 서비스를 이용하여 서로 접속할 수 있는 것이다. 결과적으로 많은 기업 네트워크들은 지역 LAN과 WAN 연결, 둘 다로 구성되어 있다.

더욱더 많은 통신사업자들이 음성 및 데이터 네트워크 서비스를 제공함에 따라 그들 간의 합병이나 통합이 증가하고 있으며, 아울러 통신 회사, ISP, 케이블 회사 간의 차별화도 점차 의미가 없어지고 있다. WAN 서비스는 사용되는 표준 기술, 연결 속도, 서비스 품질, 연결 거리 등과 같은 다양한 요인들에 의해 서비스 비용이 결정되는 수수료 기반(fee-based)의 서비스이다. 이 장의 초점은 통신사업자가 소유하고 있는 인프라스트럭쳐에 기반하여 제공되는 WAN 연결 서비스에 대해 설명하는데 있다.

통신 사업자의 '사설' WAN 인프라스트럭쳐와는 별개로, 어느 단일 서비스 공급자가 배타적 소유권을 갖지 않는 '인터넷' 역시 저비용의 WAN 연결을 위해 널리 사용되는 플랫폼이다. 인터넷 상에서 안전한 WAN 연결을 구축하기 위해 많이 사용되는 인터넷 구조와 가상 사설망 기술에 대해서는 10장에서 설명할 것이다.

이 장의 기본적인 학습 목표는 다음과 같은 내용들을 이해하는데 있다.

- WAN 링크 활용의 시나리오
- WAN 인프라스트럭쳐의 기본 요소
- 핵심 WAN 구조와 설계 시 고려 사항
- WAN 기술과 관련된 계층: 물리적 계층과 데이터 링크 계층
- WAN 링크의 IP 주소화
- WAN 접속 연결 서비스: 임대선과 광대역 서비스
- WAN 계층2 표준들
  - PPP에 초점을 맞춘 임대선 표준
  - 프레임 릴레이(Frame Relay), ATM(Asynchronous Transfer Mode), Metro Ethernet, 다중프로토콜 레이블 스위칭(MPLS: Multiprotocol Label Switching)과 같은 패킷 스위치드 데이터 네트워크(PSDN: Packet Switched Data Network) 표준들

## 9.2 원거리 통신망(WAN)와 기업 네트워크

### 9.2.1 WAN 연결 시나리오

기업의 구조적 요소들이 더욱 분산(예, 지역에서 국가나 글로벌로)되고 있고 기업 관계(예, 기업 간 파트너쉽과 프로젝트 아웃소싱 등)가 더욱 복잡해지고 있기 때문에, 기업 내외부의 비즈니스 커뮤니케이션 및 운영을 더 잘 관리하기 위해 필요한 WAN 연결 서비스에 대한 수요 역시 증가하고 있다. WAN 서비스가 반드시 필요한 주요 상황 중 일부를 살펴보자.

- 한 기업이 어느 한 국가 및 전 세계에 걸쳐 본부 사무실과 몇몇 분사들을 운영하고 있다. 통신 사업자의 '사설' WAN 인프라스트럭쳐와 인터넷을 통해 이용할 수 있는 WAN 링크를 통해 이 기업의 분산되어 있는 비즈니스 영역의 각 지역 네트워크(LAN)들이 상호 연결되어 있다.
- 파트너십 기업들(예, 부품 공급업체, 제조업체, 유통업체)의 네트워크가 WAN 링크를 통해 연결되어 있기 때문에, 파트너들 간의 비즈니스 거래가 전산을 이용해 효과적으로 수행될 수 있다. 예를 들어, WAN 링크를 이용한 기업 간 데이터베이스 접속과 업데이트, 재고 모니터링, 제품 주문, 신용장 처리 등의 작업이 더 저렴하고, 더 빠르며(예, 실시간), 더 정확하게 비즈니스 절

차들을 처리할 수 있도록 해준다. 기업 간의 이러한 활동들은 소위 **공급망 관리**(supply chain management)라 불리우는 업무 절차들로 구성되며, 이때 WAN 링크가 효과적인 공급망 관리의 도구가 되고 있다.

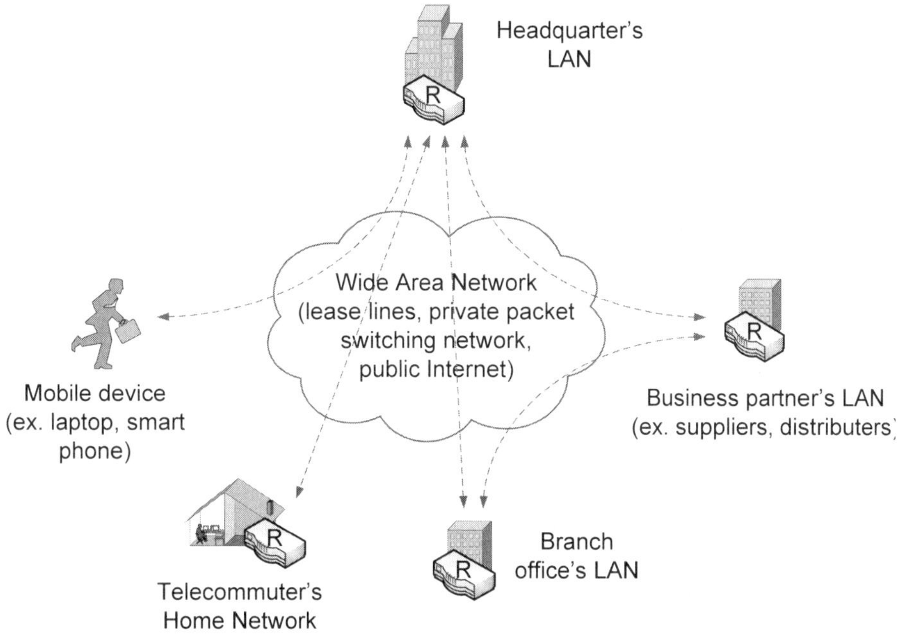


그림 9.1 사설 WAN 플랫폼과 인터넷을 통한 WAN 링크

- 집에서 일하는 통신판매원들이 파일의 업로딩 및 다운로딩, 데이터베이스 업데이팅, 그리고 비즈니스 커뮤니케이션 등의 업무 관련 기능들을 수행할 수 있도록 자사 기업 시스템에 접속할 수 있게 해준다. DSL, 케이블, 위성 같은 광대역 기술들이 WAN 인프라스트럭쳐를 통해 통신판매원들이 홈 네트워크 상에서 필요한 지역에의 접속 서비스를 받을 수 있게 해주기 때문에, 결과적으로 기업 LAN에 접속할 수 있는 것이다.
- 출장 영업 인력이나 현장 고객 서비스 지원 인력 등 이동하는 인력들은 필요한 정보/데이터 조회, 파일 업로드, 데이터베이스 업데이트, 비즈니스 커뮤니케이션 등을 수행하기 위해 WAN 연결을 통해 기업 시스템에 접속할 수 있다. 대게 이동 인력들은 오늘은 어느 한 지역에 머물지만, 내일이면 또 다른 지역에 머물게 될 가능성이 많다. 이동 인력들을 지원하기 위한 WAN 링크는, 변함없이 지속적인 연결(예, 내부 LAN 연결)과는 달리 동적으로 설치되고 사용자의 위치에 따라서 필요 시에 종료된다.

### 9.2.2 서비스 수준 협약

통신사업자와 클라이언트 기업은 WAN 서비스를 제공하는데 있어서 관련 조약과 조건들을 명확히 하는 정형화된 서비스 수준 협약(SLA: Service Level Agreement)을 상호 교환한다. SLA를 상세화하는 작업은 양측 모두에게 있어서 중요한데, 이는 양측의 기대 수준(예, 서비스 품질)이 반드시 일치하는 것은 아니므로 특정 WAN 연결 서비스의 상세 규약과 관련하여 논란이 발생할 수도 있기 때문이다. 서비스 관련 이슈와 관련하여 주로 협의되는 조약과 조건들에는 다음과 같은 것들이 있다.

- 공급받는 WAN 서비스의 데이터 정경 속도
- 지연(예, 왕복 전송 지연)과 그것을 측정하는 방법(예, 평균 지연 시간이 샘플 측정치에 기반하여 90밀리세컨보다는 적어야 함)
- 수용 가능한 에러 비율과 그것을 측정하는 방법(예, 샘플 측정치에 기반하여 통신사업자에 의해 전달되는 패킷의 평균 비율)
- 네트워크 서비스의 가용성과 그 계산 방법(예, 네트워크의 가동 시간이 적어도 99.95%는 되어야 함)
- 서비스 장애에 대비한 범칙금 규약(에. 클라이언트에게 서비스에 대한 신뢰를 보상해 줌)
- 주기적/비주기적 유지 관리 임무에 대한 상세 사항
- 고객 지원 옵션과 서비스 콜 절차
- WAN 서비스에 대한 취소 조약

## 9.3 WAN 구성요소

### 9.3.1 CPE vs. SPF

WAN 링크는 고객 측 현장에 상주해 있는 **고객 구비 장비**(Customer Premises Equipment: CPE)와 멀리 떨어져 있는 클라이언트 현장 간의 WAN 연결을 가능하게 해주는 **서비스 제공업체 시설**(Service Provider Facility: SPE)에 의해 형성된다. CPE에는 모뎀, CSU/DSU, 라우터와 같이 잘 알려져 있는 네트워크 요소들이 포함된다. SPE에는 다음과 같은 것들이 있다: (1) 인터넷 접속 포인트(Point of Presences: POPs): 국가 통신사업자의 WAN 네트워크에 연결하기 위한 고객사의 지역 연결 포인트 (2) CPE를 POP에 연결하는 지역 접속선 (3) POP 간에 고객 데이터를 전송하는 WAN 백본.

[표 9.1] WAN 연결의 구축 단위

| 유형 | 장비/시설 |
|---|---|
| 고객 구비 장비(CPE) | • 모뎀(예, 전화선, DSL, 케이블 모뎀)<br>• CSU/DSU(채널 서비스 유닛/데이터 서비스 유닛)<br>• 라우터 |
| 서비스 제공업체 시설(SPF) | • 인터넷 접속 포인트(POP)<br>• 지역 엑세스 링크<br>• WAN 백본 네트워크 |

## 9.3.2 분계 포인트(Demarcation Point)

분계 포인트, 즉 **디마케이션 포인트**(Demarcation Point)란 CPE가 SPE와 만나는 지점을 의미한다. 이는 고객 현장 측 내부(기업 및 개인 클라이언트 둘 다)에 위치해 있는 케이블 선의 연결 상자(junction box)를 기준으로 네트워크 유지에 대한 책임의 경계 지점을 구분하게 된다. 기업이 소유하고 있는 빌딩에서는 **빌딩 입인 설비**(섹션 4.4 참조)가 분계 포인트가 된다. 가정집의 경우 **네트워크 인터페이스 장치**(NID)라고 부르는 케이블 연결 상자가 일반적으로 집 외부벽에 위치해 있기 때문에 서비스 기술자들이 필요 시에 접근이 가능하다(그림 9.2 참조). WAN 서비스 업체는 분계 포인트에 이르기까지 위치한 모든 케이블 연결선 및 장비의 유지와 수리를 담당하고, 집의 소유주는 분계 포인트에 이르기까지 집안 내부의 연결선 전부를 유지하는데 대한 책임이 있다.

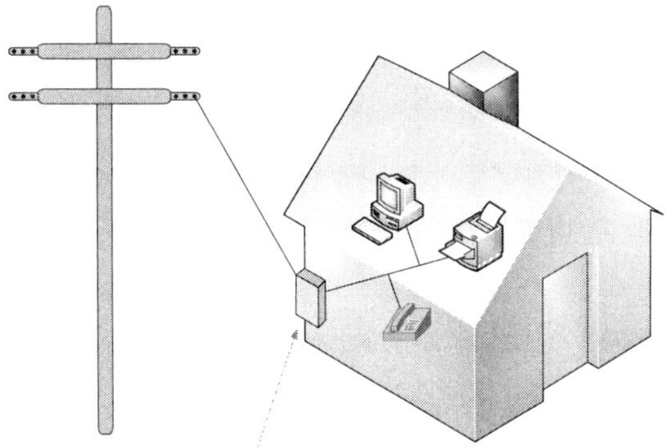


그림 9.2 분계 포인트(demarcation point)

# 9.4 WAN 구조와 설계

## 9.4.1 WAN 설계시 고려 사항

비즈니스 기관들은 지속적으로 변화(예, 기업 규모의 성장이나 축소, 구조 조정, 재구성, 인수와 합병)에 부딪힌다. 이러한 변화는 WAN과 같은 기업 네트워크 역시 이렇게 변화하는 비즈니스 요건에 적응해야만 하는 어려움을 제시한다. 따라서 궁극적인 회사의 기업 네트워크는 계속적인 기획, 도입, 그리고 시간에 따른 적응의 결과물이 된다. 각각의 네트워크 구조가 장점과 단점을 지니고 있는 상황(1장의 네트워크 구조 부문 참고)에서, 기업들은 WAN 설계에 있어 다양한 접근 방식을 취할 수 있다. 그러므로 기업의 WAN 설계시에는 다음과 같은 여러 가지 내외부 요인들을 고려해야 한다.

- 가용 자원(예, 예산, 내부 IT 인력)
- 비용 평가(예, 총 소요 비용)
- 어플리케이션이 요구하는 데이터 전송 속도(예, 이메일, IP 전화, 대규모 데이터 백업)
- 필요한 서비스 품질 수준(예, 최선의 서비스 수준 vs. 실시간 혹은 중요한 업무용 어플리케이션에 대해 서비스 품질이 보장되는 수준)
- WAN 링크에 요구되는 안정성(혹은 신뢰성)
- WAN 링크의 확장성(예, 향후 성장이나 확장 가능성 감안)
- 데이터/통신 보호의 중요성(예, 데이터 보안)

## 9.4.2 주로 쓰이는 WAN 구조

여기서는 1장에서 소개한 다양한 네트워크 구조들 중에서도 기업 네트워크의 WAN 링크용으로 주로 활용되는 것들에 대해 좀 더 자세히 설명한다.

### [스타(Hub-and-Spoke) 구조]

어느 한 기업에 지리적으로 분산되어 있는 몇 개의 LAN들이 존재하는 경우, 그것들 중 하나의 중심 지역이 허브로 선택되어 해당 경계 라우터가 서로 다른 두 지역 간 전송을 중재하기 위해 다른 모든 LAN들에 연결되는 스타(Hub-and-Spoke) 구조의 형태로 모두 연결될 수 있다. 다시 말해서, 어느 두 LAN 간의 WAN 전송은 허브 지역에 있는 라우터를 통해 오고 갈 수 있는 것이다. 이러한 설계 방식의 주요 장점은 모든 분산 지역들을 연결하는데 있어 최소 개수의 WAN 링크를 사용하기 때문에 비용 효과적이라는 것이다. 반면, 단점은 WAN 링크 전체를 다운(특정 기업들은 이러한 상황의 결과를 감당하기에 너무 위험할 수 있다) 시킬 수도 있는 단일 장애 지점(허브 라우터)를 가지고 있다는 점이다. 또한, 이러한 구조는 허브 라우터에 전송량이 집중되기 때문에, 기업 네트워크가 병목 현상이나 그에 따른 네트워크 속도 저하의 위험성을 감당할 수 없는 경우에 적절하지 않다.

그림 9.3은 스타 구조를 구현하는데 사용할 수 있는 두 가지 접근 방식을 보여준다: (1) 임대선 (2) 공중 회선 데이터 네트워크(PSDN). 임대선을 선택한 경우에는, LAN 연결을 위해 허브 지역에 직접 연결되는 전용 회선이 존재한다. 임대선 방식을 사용하면, 허브 지역의 라우터가 세 개의 임대선(그림 9.3a)에 할당된 세 개의 라우터 포트(인터페이스)를 활용한다. 반면, PSDN에 의존하는 경우에는 라우터가 통신사업자의 네트워크로 연결된 단 하나의 물리적 링크(따라서 하나의 라우터 포트)만을 사용한다. 대신에 몇 개의 **가상 회선**(virtual circuits)들이 단일 물리적 링크 상에 형성되어 목적지마다 하나의 가상 회선을 할당함으로써 필요한 물리적 연결선의 수를 줄이는 것이다. 허브 지역의 라우터에 목적지의 개수만큼의 가상 회선들이 설정될 수 있다(그림 9.3b 참조).

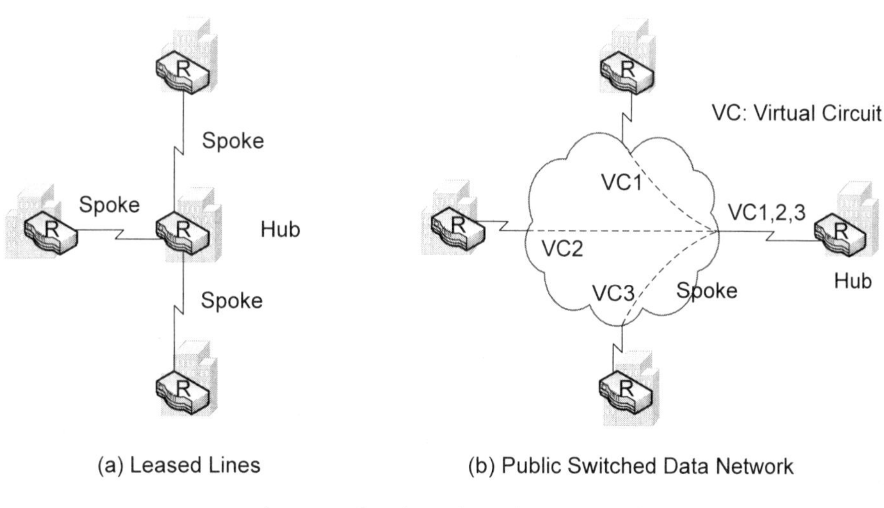


그림 9.3 스타(Hub-and-Spoke) WAN 연결

### [그물(Mesh) 구조(완전 혹은 부분 그물)]

기업은 WAN 링크 설계 시에 스타 구조를 사용하는 대신 완전 그물(full mesh)이나 부분 그물(partial mesh) 구조를 사용할 수 있다. 완전 그물 구조를 이용하면 모든 지역 LAN이 다른 LAN

과 직접적으로 연결된다. 이러한 완전 그물 구조는 다음과 같은 것들을 활용하여 구성할 수 있다:

1) 각 연결에 전용 회선 용량을 제공하는 임대선

2) 각 연결에 비전용 회선 용량을 제공하는 PSDN(그림 9.3b 참조)

3) 임대선과 PSDN 연결의 조합

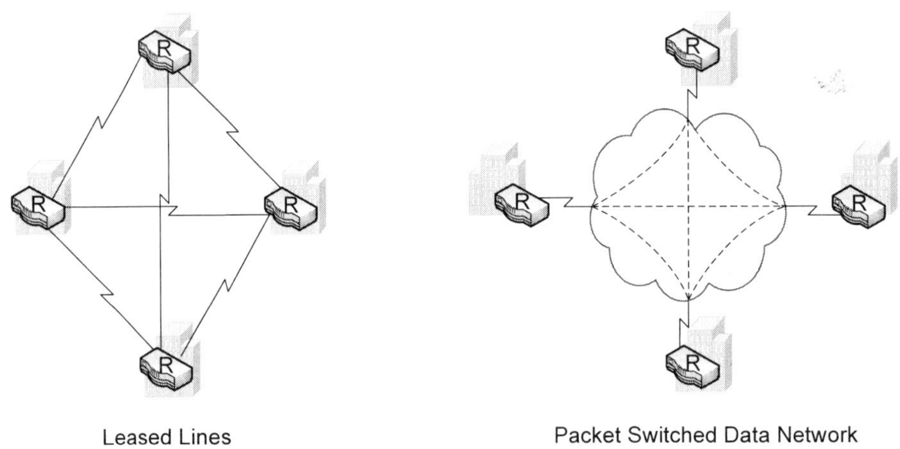


그림 9.4 완전 그물형 WAN 구조

완전 그물 구조는 두 개 원격 지역 간에 연결의 중복성을 제공하므로 네트워크의 안전성과 가용성을 향상시킨다. 이러한 옵션은 소수의 몇몇 LAN들이 상호 연결되어 있는 경우에 더욱 적합하다. 그림 9.4는 4개의 서로 다른 지역에 위치한 네 개의 라우터가 임대선이나 혹은 PSDN을 통해 완전 그물 구조로 연결되어 있는 경우를 예시로 보여준다. 일반적으로 임대선이 사용되는 경우에는 마치 스타 구조처럼 하나의 라우터 포터가 각 WAN 링크를 전담한다. 따라서 그물 구조를 완성하기 위해서는 각 지역의 경계 라우터가 3개의 포트를 사용해야 하는 것이다. PSDN 방식에서는 각각의 라우터가 통신사업자의 네트워크(그림에서 구름처럼 보여지는)에 연결된 단 하나의 물리적 링크만을 필요로 하기 때문에, 세 개의 가상 회선들(각 목적지에 하나씩)이 하나의 물리적 링크를 통해 정의된다.

그러나 기업분사의 수가 늘어나게 되면, 완전 그물 구조를 적용하기 위한 물리적 링크(임대선 접근법에서의)와 가상 회선(PSDN 접근법에서의)들의 숫자가 기하급수적으로 증가하게 되어 구현에 드는 비용을 도저히 감당할 수 없게 된다. 분산된 사무실을 가진 비즈니스 기업들 중 다수가 사용하는 보다 실용적인 방식은 부분 그물 구조이다(그림 9.5). 부분 그물 구조에서는 스타 구조보다는 많지만 완전 그물 구조보다는 적은 수의 WAN 링크들이 존재한다. 따라서 부분 그물 구조는 어느 정도 수준의 링크 중복성을 제공하므로 스타 구조의 위험성(예, 단일 고장 지점)을 줄이는 동시에 완전 그물 구조의 경제적 부담 또한 감경시킨다.

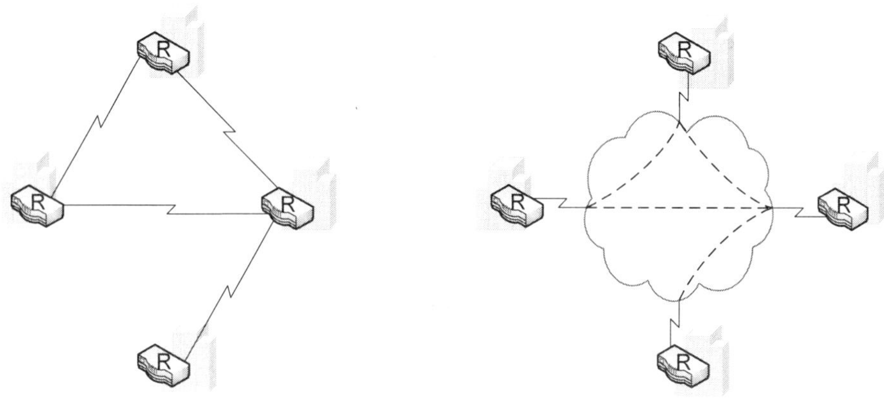


그림 9.5 부분 그물형 WAN 구조

### [계층형(Hierarchy) 구조]

많은 경우 기업 네트워크는 구조화되어 있기 때문에, WAN 연결이 계층적인 구조를 형성하고 있다. 예를 들어, 한 기업이 두 개 지역에 흩어져 있는 몇 개의 LAN을 보유한 상황(예, 미국 뉴욕과 달라스 지역에 분산되어 있는 LAN)을 상상해 보자. 분사들의 위치를 지리적으로 집중해서 보면, 한 지역의 LAN들이 두번째 계층 라우터를 기준으로 그룹화(각 LAN이 하나의 접속 라우터를 지닌) 될 수 있는 계층적인 구조를 설계하고, 그 두 개의 두번째 계층 라우터가 WAN 회선을 통해 결합될 수 있는 형태가 된다. 두번째 계층 라우터는 뉴욕과 달라스에 있는 LAN들 중에 각각 어느 한 지역에 설치될 것이다. 이것이 결국 지역 LAN의 접속 계층(혹은 첫번째 계층)이 핵심 계층(혹은 두번째 계층)의 라우터에 의해 상호 연결되는 2계층 WAN 구조가 되는 것이다.

만약 하나의 기업 네트워크가 여러 지역에 원격으로 분산되어 연결된 많은 수의 LAN들을 가지고 있다면, 이 LAN들을 3계층 구조(접속, 분산, 그리고 핵심 계층)로 구현함으로써 보다 안정성 있고 비용 효과적인 네트워크 구조로 만들 수 있다(그림 9.6). LAN들을 2계층 혹은 3계층 구조로 그룹화하는 경우에, 핵심 계층 라우터는 중복성을 높이고 단일 고장 지점이 형성되는 것을 막기 위해 완전 그물 혹은 부분 그물 구조로 구성된다. 또한, 핵심 계층에 너무 많은 전송량이 집중되는 경우, 핵심 계층의 WAN 링크들이 접속 계층의 그것들에 비해 보다 높은 수준의 스루풋을 가질 수 있도록 설계해야 한다.

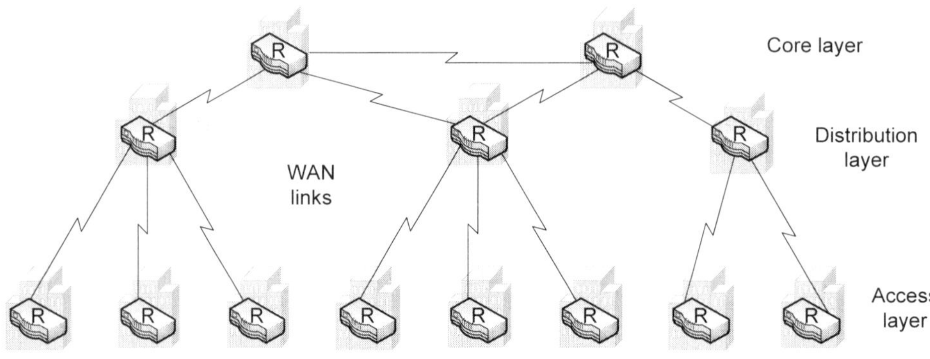


그림 9.6 계층형 WAN 구조

## 9.5 WAN 표준 계층

LAN 표준(예, 이더넷과 WiFi)과 유사하게, 통신사업자의 WAN 인프라스트럭처도 기본적으로 물리적 계층과 데이터 링크 기술들을 활용한다. 예를 들어, T1 회선은 WAN 데이터 링크 계층의 표준(예, 프레임 릴레이(Frame Relay))에 기반하여 생성된 프레임을 전송하는데 많이 사용되는 물리적 계층 기술(혹은 서비스)이다.

### 9.5.1 물리적 계층

물리적 계층은 표준 포트, 전송 속도, 신호 강도, 비트 암호화 매커니즘 등 WAN 링크 상 데이터 전송에 관련된 기술적 상세 사항들을 정의한다. 기업 및 개인 고객들이 이용하는 WAN 연결 속도는 실제 LAN 속도에 비해 상당히 느리다. 예를 들어, 물리적 계층에서 가장 널리 쓰이는 WAN 링크인 T1(1.54Mbps)은 고속 이더넷(100Mbps)나 기가 이더넷(1Gbps)과 같은 일반적인 LAN표준들에 비해 훨씬 느리다. 그러나, WAN 링크들이 더욱더 시간에 민감하면서도 대역폭을 많이 소비하는 전송량(예, 멀티미디어나 IP 전화)을 감당하게 되면서, 더 높은 스루풋과 서비스 품질에 대한 요구 수준 역시 증가하고 있다. WAN 서비스를 위해 설계된 몇 가지 물리적 계층 표준들이 있다. 그러한 표준들에는 T-반송파(T-carrier) & E-반송파(E-carrier), 동기식 광통신망(SONET: Synchronous Optical Network), 디지털 가입자 회선(DSL: Digital Subscriber Line), 그리고 광대역 무선(Broadband Wireless-예, WiMax, 위성) 등이 포함된다.

WAN 링크 상의 데이터/음성 전송은 회선 스위칭이나 패킷 스위칭 방식 중 한 가지를 취할 수 있다(여기서는 지금 데이터/음성 전송을 수행하는 물리적 계층의 매커니즘을 다루고 있으므로, 섹션 3.7에서 다루었던 계층2 스위칭 방식과는 다르다는 점을 기억하라.).

### [회선 스위칭(Circuit Switching)]

회선 스위칭 방식에서는 소스 및 목적지 노드(혹은 지역 현장) 간에 회선용으로 배정된 특정 용량의 대역폭을 지닌 end-to-end 회선이 사전에 형성되어 있다. 아날로그 방식으로 생각해 보면 미국 보스턴과 뉴욕 간에 한 가지 유형의 자동차용으로 건설되어 있는 배타적인 고속도로와 같은 상황을 생각해 볼 수 있다. 이러한 end-to-end 회선이 여러 가지 네트워크 노드(예, 고속의 WAN 스위치)들 간에 구축되어 해당 회선 용량이 약정 기간(예, 컨퍼런스 콜) 동안 두 커뮤니케이션 쌍방에 의해서만 배타적으로 사용된다.

### [패킷 스위칭(Packet Switching)]

WAN의 패킷 스위칭 방식에서는, 데이터가 분산 단위로 패키지화되어 물리적으로 다른 것들과는 "독립적으로(independently)" 전달된다. 이 방식에서는 두 커뮤니케이션 쌍방(혹은 지역)이 회선 스위칭용으로 용량을 사전 배정해 놓을 필요가 없다. 대신 패킷을 전송하는 신호들이 보다 동적인 방식으로 가용한 네트워크 공간을 그냥 활용한다. 이러한 연유로 두 개 최종 노드 간(혹은 두 현장 간)의 패킷 운송이 동일한 전송 경로를 취할 필요가 없다. 동일한 소스 노드로부터 생성된 패킷이라 할지라도 목적지로 보내질 때마다 그 경로가 재조립되는 것이다. 이러한 기술은 초기에 IP 패킷을 물리적으로 전송하는 인터넷용으로 개발되었으나 이후에 WAN 통신사업자들에 의해 응용되었다.

패킷 스위칭은 몇 가지 장점을 가지고 있다. 가장 눈에 띄는 점은 회선 스위칭에 비해 네트워크 용량을 훨씬 더 효과적으로 활용한다는 점이다. 수요에 기반한 네트워크 활용 방식이므로 고객들이 통신사업자의 WAN 용량을 상황에 따라 동적으로 공유할 수 있게 된다. 이는 보스턴과 뉴욕 간의 고속도로를 여러 가지 종류의 자동차들이 공유할 수 있어서, 도로의 용량을 훨씬 더 효과적으로 사용할 수 있는 상황과 유사하다. **공중 회선 데이터 네트워크(PSDN)는 패킷 스위칭 기술을 이용하여 클라이언트의 음성/데이터 전송량을 전달하는 통신사업자의 WAN 플랫폼을 의미한다.** PSDN은 통신사업자들이 운영하기 때문에 클라이언트들에게 주로 "클라우드(cloud)"로 소개된다.

오늘날 대부분의 PSDN은 데이터 전송을 위해 소위 **가상 회선**(virtual circuit)이라고 부르는 것을 활용한다. **가상 회선**이란 두 개의 원격 클라이언트 현장 간 사전에 결정되어 있는 **논리적인** end-to-end 경로를 의미한다. 이는 회선 스위칭 방식처럼 멀리 떨어져 있는 두 지역 간에 물리적인 전용 용량을 할당하는 것이 아니라, WAN 스위치들을 통해 지나가는 데이터 전송 경로를 사전에 결정한다. 이러한 면에서 볼 때, **가상 회선**은 두 호스트 간의 데이터 전송 경로가 사전에 결정되어 있는 LAN 스위칭과 유사하다. 두 고객 사이트 간의 가상 회선은 WAN 스위치에 영구적이거나(예, 설치 위치에 몇 달 혹은 몇 년간 지속) 혹은 일시적으로(예, 특정 세션용) 프로그램 된다.

### 9.5.2 데이터 링크 계층

데이터 링크 계층에서는 다양한 프로토콜들이 WAN 링크용으로 사용되어 오고 있다. 이 계층은 프레임 내의 주소화나 패킷 암호화 등의 기능을 담당한다(2장 참조). 데이터 링크 계층의 WAN 표준들은 크게 다음의 두 개 그룹으로 나뉜다: 임대선용으로 설계된 것과 PSDN용으로 설계된 것.

포인트-투-포인트(PPP: Point-to-Point)는 전용 임대선용으로 널리 쓰이는 표준이다. **프레임 릴레이**(Frame Relay), **메트로 이더넷**(Metro Ethernet), 그리고 **다중프로토콜 레이블 스위칭**(MPLS: Multi-Protocol Label Switching)이 PSDN용 데이터 링크 계층 표준으로 수용되어 왔다(그림 9.3과 9.4 참조). **ATM**(Asynchronous Transfer Mode) 또한 다른 대안적인 기술들이 등장하면서 그 수용폭이 점차 감소하고 있기는 하지만 PSDN용의 표준 중 하나이다. 표 9.2는 계층1과 계층2에서 사용되는 기본적인 WAN 기술들을 요약한 것이다.

[표 9.2] 주로 쓰이는 WAN 표준들

<table>
<tr><th>계층</th><th>임대선</th><th>패킷 스위치드 데이터 네트워크(PSDN)</th></tr>
<tr><td>데이터 링크<br>(계층2)</td><td>• 포인트-투-포인트(PPP)</td><td>• 프레임 릴레이(Frame-Relay)<br>• 메트로 이더넷(Metro-Ethernet)<br>• 다중프로토콜 레이블 스위칭(MPLS)<br>• ATM</td></tr>
<tr><td>물리적<br>(계층1)</td><td colspan="2">• T-반송파 & E-반송파(예, T-1/E-1, T-3/E-3)<br>• 동기식 광통신망(SONET)<br>• 디지털 가입자 회선(DSL)<br>• 광대역 무선(예, WiMax, 위성)</td></tr>
</table>

### 9.5.3 비교: WAN vs. LAN

LAN 표준과 WAN 표준 간의 차이를 조명해 볼 필요가 있다. 이더넷 등 각 LAN 기술은 데이터 링크 표준(예, 미디어 엑세스 및 프레임화)과 물리적 계층 표준(예, 속도, 신호화, 케이블링), 이 두 가지 측면에서 모두 정의된다. 예를 들어, 고속 이더넷은 전송 속도(예, 100Mbps), 가용 케이블(예, 이중 와선, 광섬유), 각 케이블 선에서 요구되는 사양(예, 최대 분할 지역 거리, 피트 단위 별 꼬임의 수), 그리고 전송 기술(예, 디지털 신호화 방식) 등을 구체적으로 지정한다. 반면 WAN 표준에서는 일반적으로 하나의 특정 데이터 링크 표준이 한 개 이상의 물리적 계층 표준에 연결되어야 할 필요가 없다. 예를 들어, 물리적 계층의 T-반송파/E-반송파 회선은 프레임 릴레이(Frame

Relay), ATM, 그리고 PPP 등 다양한 데이터 링크 계층의 프레임들을 전달한다.

게다가 통신사업자들은 네트워크 성능을 최적화하고 운영 비용을 줄이기 위해 WAN 데이터 링크 표준들을 유연한 방식(예, 하나의 데이터 링크 프레임을 또 다른 데이터 링크 프레임으로 암호화하는 등의)으로 활용하는데, 이것이 독자들에게는 꽤 혼란을 줄 수도 있다. 예를 들어, 고객 사이트에 위치한 경계 라우터가 T-1을 통해 프레임 릴레이(Frame Relay)의 프레임을 전송하도록 설정될 수 있으며, 반면 통신사업자의 백본 네트워크는 또 다른 데이터 링크 표준인 ATM에 기반하여 운영되고 있을 수도 있는 것이다. 두 개 클라이언트 간에 ATM 백본을 통해 프레임 릴레이의 프레임을 전송하려면, ATM 프레임 내부에서 프레임 릴레이의 프레임을 암호화해야 한다. 이렇게 서로 다른 두 개 WAN 표준들의 장점을 모두 활용하기 위해 하나의 프레임을 또 다른 프레임 안에 넣는 일은 LAN 환경에서는 일어나지 않는다.

그림 9.7은 두 개 최종 단말기 간에 패킷 교환을 할 수 있게 해주는 이더넷 LAN과 프레임 릴레이 WAN의 연결을 보여준다. 이 때 경계 라우터가 필요한 프레임 변환을 하기 위해서는, 이더넷과 프레임 릴레이의 데이터 링크 표준 둘 모두를 지원해야만 한다는 것을 확인할 수 있다. 다시 말해, 경계 라우터가 자체 LAN 포트에 도달한 이더넷 프레임을 프레임 릴레이의 프레임으로 변환한 후에 그것을 WAN(혹은 시리얼) 포트를 통해 전송하는 것이다. 물론 이 때 해당 이더넷 프레임과 프레임 릴레이의 프레임 모두 소스 호스트 컴퓨터에서 생산한 동일한 IP 패킷을 포함하고 있다. 목적지 LAN에 도착하는 즉시, 다음 전송 작업을 위해 프레임 릴레이의 프레임이 다시 이더넷 프레임으로 변환된다. 물론 WAN 프레임과 LAN 프레임의 전송에 활용되는 물리적 계층의 기술은 서로 다르다.

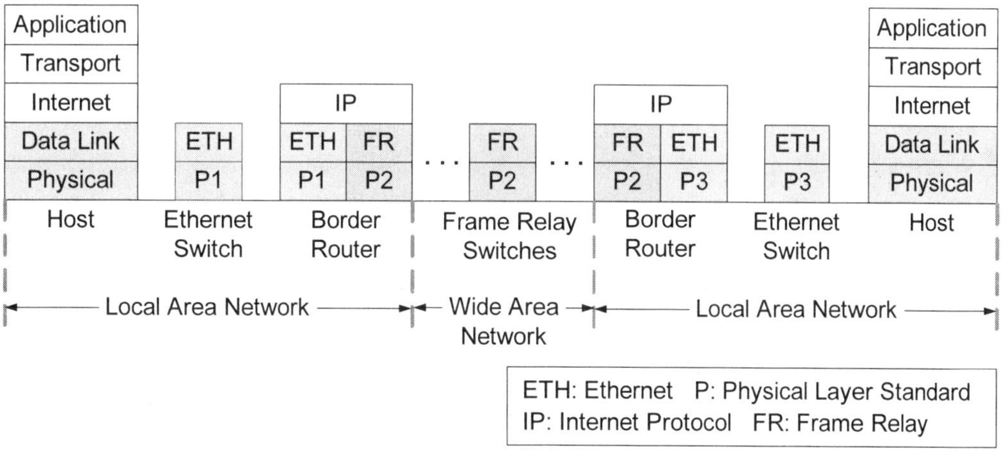


그림 9.7 LAN vs. WAN 표준 계층들

## 9.6 WAN 연결을 위한 IP 주소화

어느 한 기업 네트워크의 WAN 링크들은 각각 한 개 이상의 서브네트워크들로 이루어진 여러 개의 LAN들을 상호 연결하고 있다. 서로 다른 세 지역에 각각 사무실이 있는 한 기업의 네트워크를 상상해 보자. 그 세 개 지역에 있는 경계 라우터들은 임대선이나 PSDN(인터넷이 아닌) 중 하나에 기반하고 있는 통신사업자의 WAN 링크를 통해 IP 패킷들을 교환한다. 그러면, 멀리 떨어져 있는 두 개의 경계 라우터를 연결하는 각 WAN 링크가 자체 서브넷 주소를 지닌 하나의 서브넷이 되고 각 라우터의 WAN 포트에 해당 서브넷에 관계된 IP 주소들이 설정되는 것이다. 이는 그림 9.8에서 세 개의 WAN 링크들로 인해 생성된 세 개의 서브넷이 존재한다는 것과 각각의 서브넷이 그것에 연결된 각 라우터의 WAN 포트에 할당된 두 개의 영구적 IP 주소를 지닌다는 것을 의미한다.

WAN 링크의 IP 주소 할당 측면에서 살펴보면, 기업은 공공 IP와 사설 IP 중에 하나를 선택하여 해당 서브넷에 부여할 수 있다. 통신사업자에의 가입을 통해서 할당되긴 하지만, 해당 링크들은 기업 네트워크에서 필수적인 일부분이기 때문이다. WAN 링크가 일반 통신사업자의 네트워크를 통하여 운영되는 경우, 기업들은 사설 IP 할당 방식이 가지고 있는 다음과 같은 여러 장점들을 누리기 위해 대부분 사설 IP 체계를 적용한다.

- 향상된 보안(예, 내부 노드들이 노출되지 않음)
- 내부 IP 할당에 있어서의 유연성(예, 상당한 IP 영역을 사용할 수 있음)
- 내부 IP 할당에 있어서의 일관성(예, 기업이 WAN 통신사업자를 변경하는 경우에도 내부 호스트의 IP 주소가 영향을 받지 않음)(보다 상세한 사항들에 대해서는 섹션 5.6.4 참조)

### 9.6.1 임대선(Leased Lines)

하나의 경계 라우터가 여러 개의 임대선들에 연결되어 있다면, 하나의 IP 주소를 가진 라우터 포트(인터페이스)가 각각의 임대선에 하나씩 할당된다. 예를 들어, 그림 9.8은 본사의 R1이 분리되어 있는 두 개 임대선용으로 서로 다른 포트인 S0/0/0(10.10.10.1/24)과 S0/0/1(172.16.10.1/24)를 사용하고 있음을 보여준다. 따라서 이 방식에서는 각각의 임대선 연결이 하나의 서브넷이 된다. 그림 9.8은 각각의 서브넷 주소가 10.10.10.0/24, 172.16.10.0/24, 192.168.10.0/24인 세 개의 서브넷을 보여주고 있다. 세 개 서브넷 모두가 사설 IP의 범위에 있음을 유의하라.

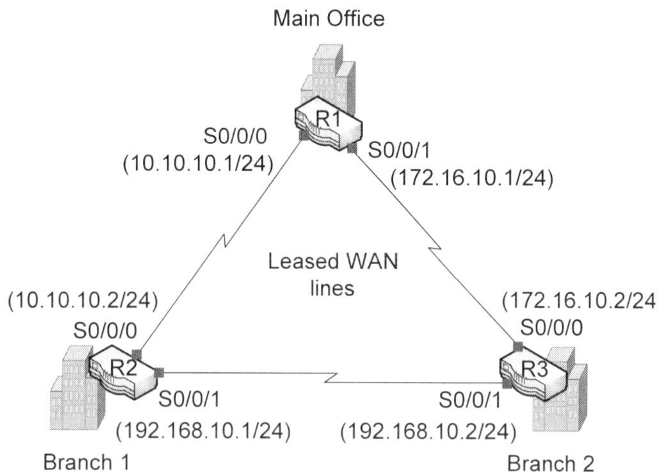


그림 9.8 임대선에서의 IP 주소화

## 9.6.2 패킷 스위치드 데이터 네트워크(Packet Switched Data Network)

WAN 링크가 PSDN 클라우드를 이용하는 경우에는 클라이언트 사이트의 경계 라우터가 통신사업자의 네트워크로 하여금 여러 개의 가상 회선을 이용하여 몇몇 원격 지역들을 연결할 수 있도록 해주는 단 하나의 물리적 링크만을 필요로 한다.

예를 들어 그림 9.9는 R1이 R2 및 R3과 패킷 교환을 하기 위해, 그림 9.8에서처럼 두 개의 구분된 WAN 링크가 아닌 PSDN 클라우드에 할당된 하나의 WAN 링크만을 필요로 하는 상황을 보여주고 있다. 대신에 R1의 단일 물리적 링크(WAN 인터페이스 S0/0/0)는 가상 회선들을 활용하여 R2와 R3에게 패킷을 전달해야 한다. 이를 위해 두 가지 서로 다른 IP 주소화 접근법이 적용 가능하다.

(1) 두 지역 간의 각 WAN 링크(예, R1-R2)를 하나의 단일 서브넷에 포함시킨다.

(2) 모든 WAN 링크들(R1-R2, R1-R3, R2-R3)을 하나의 서브넷에 할당한다.

이 두 가지 주소화 방식에 대해 좀 더 설명을 이어가면,

### [두 지역 간 하나의 서브넷]

이 접근법은 두 지역(혹은 두 개 라우터) 간에 전담 할당된 서브넷 주소를 생성한다. 따라서, R1의 S0/0/0이 분리되어 있는 두 개의 서브넷에, 즉 하나는 R2에 다른 하나는 R3에 연결된다. 보통 하나의 라우터 포트가 하나의 단일 서브넷에 연결된다고 설명할 수 있다. 여러 개의 서브넷을 단 하

나의 물리적 라우터 포트에 연결하기 위해서는 정상적이지 않은 방식인 **서브-인터페이스**(sub-interfaces)를 사용해야 한다. 이 방식을 이용하면 한 개의 라우터 인터페이스(예, S0/0/0)가 각각 고유의 IP 주소를 지닌 여러 개의 서브-인터페이스에 할당될 수 있기 때문이다. 일반적인 인터페이스(예, S0/0/0)가 하나의 물리적 개체인 반면, 서브-인터페이스는 물리적으로는 존재하지 않지만 라우터의 운영 시스템에 의해서 **논리적으로** 정의된다는 점을 기억하라. 한번 정의되고 나면, 해당 서브-인터페이스가 일반 라우터 인터페이스와 마찬가지로 작동하는 것이다. 예를 들어 그림 9.9는 본사 지역의 R1이 자체 물리적 인터페이스 S0/0/0 아래에 두 개의 서브-인터페이스(그것을 S0/0/0.10과 S0/0/0.20이라고 하자)를 정의해 놓은 상황을 보여준다. 각 서브-인터페이스는 그에 상응하는 IP 주소를 지니는데, 서로 다른 두 개의 서브넷에 속하는 10.10.10.1/24와 172.16.10.1/24가 바로 그것이다. 그러고 나면 그 두 개 서브-인터페이스 각각이 VC1 및 VC3과 짝지어진다.

이러한 결과는 그림 9.3에서와 같이 R1의 매핑 테이블 구축에서도 나타난다. 해당 테이블은 자동적 혹은 수동적으로 생성될 수 있으며, R1의 메모리에 저장된다. 해당 매핑 테이블에는 **목적지 라우터**의 IP 주소 등이 포함된다는 점을 유념하라. 또한 가상 회선은 **단일 방향**이므로 VC1과 VC3이 각각 R1에서 R2 그리고 R1에서 R3으로의 프레임 전송을 위해서는 사용되지만 그 역 방향으로는 사용되지 않는다는 점을 유의하라. 이는 R2에서 R1으로의 패킷 전송을 위해서는 통신사업자가 할당한 별도의 가상 회선(V2)이 필요하다는 것을 의미한다. 결과적으로, R1의 테이블은 오직 R1이 WAN 링크를 통해 패킷을 전송하기 위해 알아야 할 필요가 있는 VC1과 VC3 만을 유지하고 있으면 되고, VC2, VC4, VC5, VC6 등에 대해서는 알아야 할 필요가 없다.

[표 9.3] R1의 IP 주소와 VC 매핑 테이블

| 목적지 라우터의 IP 주소 | 가상 회선 식별자 | 출력 인터페이스(혹은 서브-인터페이스) |
|---|---|---|
| 10.10.10.2(to Branch1) | VC1 | S0/0/0.10 |
| 172.16.10.2(to Branch2) | VC3 | S0/0/0.20 |

IP 패킷의 전송(예, R1에서 R로의)을 위해서는 R1이 매칭되는 가상 회선(VC1)을 찾기 위해 매핑 테이블을 참조하고 난 뒤, 가상 회선 ID로 VC1을 포함하고 있는 데이터 링크 프레임 안에 IP 패킷을 캡슐화한다(이해를 쉽게 하기 위해 WAN용의 가상 회선 ID가 LAN에서의 MAC 주소와 같다고 상상해 보자.). 해당 데이터 링크 프레임은 출력 포트 S0/0/0.10(따라서 물리적으로는 S0/0/0인)을 통해 전송이 된다. 해당 프레임을 전달받은 통신사업자의 PSDN 네트워크는 해당 WAN 프레임을 순전히 가상 회선 정보에 기반하여 전달한다(가상 회선에 기반한 프레임 전송은 섹션 9.10에서 예를 들어 설명된다). 표 9.3의 매핑 테이블이 WAN 연결을 위해 수행하는 역할(예, VC 구분자와 IP 주소 간의 매핑)이 ARP 테이블이 LAN 연결을 위해 수행하는 역할(예, MAC 주소와 IP 주소의 매핑)과 동일하다라는 것을 유추할 수 있어야 한다.

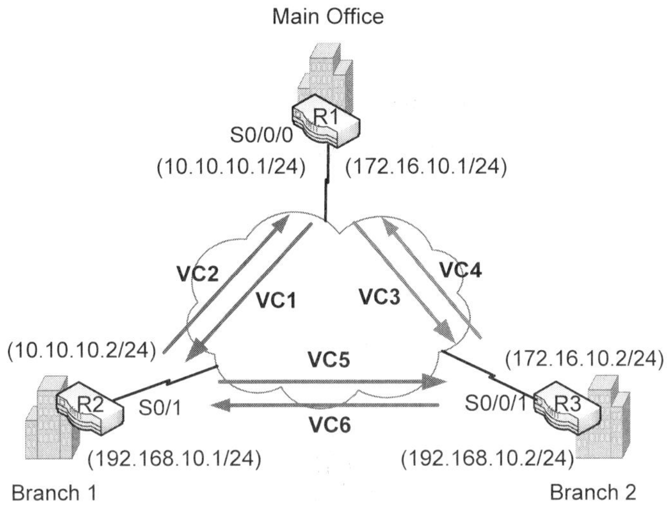


그림 9.9 IP 주소 할당: 두 지역 간 하나의 서브넷

연습문제 9-1

그림 9.9를 참조하여 다음 질문에 답하라.

1. 표 9.3을 참조하여 R2와 R3의 IP 주소와 VC 매핑 테이블을 구축하라.

2. 세 개의 비즈니스 지역을 완벽하게 상호 연결(완전 그물 구조)하기 위해서는 통신사업자를 통해 총 몇 개의 가상 회선에 가입하여야 하는가?

### [모든 지역에 대한 하나의 서브넷]

또 다른 접근법으로는 모든 WAN 링크들을 하나의 서브넷 주소에 포함시킬 수 있다. 이러한 환경 설정 방식에서는 각 라우터의 WAN 포트가 동일한 서브넷에 속하는 단 하나의 IP 주소만을 필요로 한다. 그림 9.10은 세 개의 모든 라우터 포트들이 한 서브넷(172.16.10.0/24)의 IP 주소들(172.16.10.1/24, 172.16.10.2/24, 172.16.10.3/24)을 사용하고 있는 시나리오의 예시를 보여준다. 패킷의 전송 과정은 이전 섹션에서 설명했던 것과 동일하다. 예를 들어 한 지역(예, R1)에서 다른 지역(예, R2)으로 IP 패킷을 전송하기 위해서는, R1이 대응되는 가상 회선(VC1)을 찾기 위해 자체 매핑 테이블을 참조한 후에 해당 가상 회선 ID가 VC1인 데이터 링크의 프레임 내에 IP 패킷을 캡슐화하는 식이다. 해당 데이터 링크 프레임은 출력 포트 S0/0/0를 통해 전송된다.

### 연습문제 9-2

그림 9.10을 참조하여 다음 질문에 답하라.

1. 표 9.3을 참조하여 R1, R2, R3의 IP 주소와 VC 매핑 테이블을 구축하라.

2. 세 개의 비즈니스 지역을 완벽하게 상호 연결(완전 그물 구조)하기 위해서는 총 몇 개의 가상 회선이 필요한가?

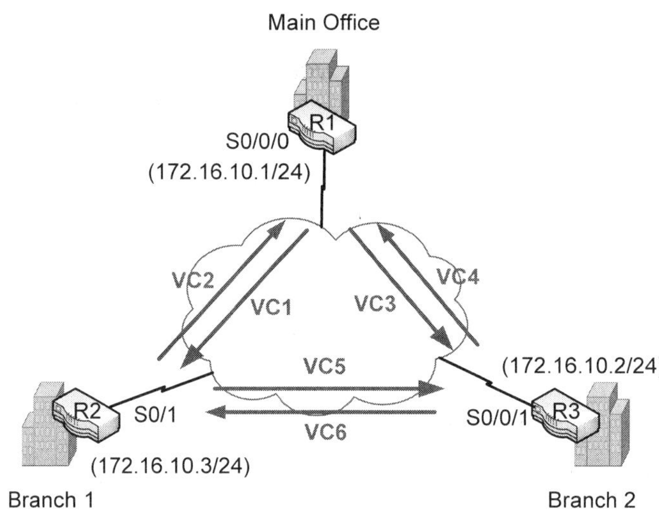


그림 9.10 IP 주소 할당: 모든 지역에 대한 하나의 서브넷

IP 주소 할당을 위해 사용 가능한 위 두 가지 옵션을 이용할 경우에, 어느 방식이 더 나은 선택인가 하는 질문이 하나 더 남아있다. 간단히 말하면, 이러한 의사결정은 기업의 비즈니스 상황과 설계되는 WAN 링크의 쓰임새에 대한 평가에 기반해 이루어져야 한다. 예를 들어 이러한 기준에 따라서 네트워크 보안에 있어 갖는 의미가 달라진다. 그림 9.9에서와 같이 분리되는 서브넷을 사용하면, 한 지역에서 다른 지역으로의 접근성이 훨씬 더 잘 통제될 수 있다. 반면, 두 지역 간에 IP 패킷의 브로드캐스팅이나 멀티캐스팅을 자주 필요로 하는 상황을 가정해 보자. 이런 경우에는 모든 원격 연결에 대해서 하나의 서브넷을 가지는 것이 그러한 작업을 더 수월하게 만드는 길이 된다.

## 9.7 WAN 옵션: 물리적 계층

이번 섹션에서는 특히 임대선에 초점을 맞추어 WAN 서비스용으로 물리적 계층에서 사용되는 다양한 기술 옵션들에 대해 알아본다. 통신사업자를 통해 사용 가능한 임대선 서비스는 결과적으로 포인트-투-포인트 링크를 제공한다. 전용 임대선의 주요 용도는 다음과 같다.

(1) 통신사업자 네트워크를 통한 두 개 클라이언트 현장 간의 end-to-end 임대선 연결(그림 9.8 참조). 이러한 end-to-end 연결은 클라이언트의 현장을 통신사업자의 인터넷 접속 포인트(POP: Point of Presence)에 연결하는 **로컬 루프**(local loop)와 클라이언트에 전용 채널 용량을 제공하는 통신사업자의 **트렁크 링크**를 통해 이루어진다(그림 9.8에서 보이지는 않지만, 임대선이 POP를 통과한다).

(2) 클라이언트 현장과 통신사업자 POP 사이의 로컬 링크(그림 9.9와 그림 9.10 참조). 해당 임대선은 클라이언트 현장이 PSDN 클라우드에 접근할 수 있도록 해주어 많은 수의 고객들이 그 네트워크 용량을 가상 회선의 구성을 통해 공유할 수 있게 하기 위한 용도이다.

임대선 가입자들은 그 활용 수준과는 상관없이 WAN 서비스 제공자로부터 제공받은 용량에 대해 대가를 지불해야 한다. 대신 전용 링크 용량을 사용하는 경우에는 임대선이 패킷 손실, 패킷 지연, 통화 유실(음성 커뮤니케이션에 대한)과 같은 품질 문제를 일으키지 않는다. 고비용임에도 불구하고 ene-to-end 임대선을 선택하는 것이 정당화되는 많은 상황들이 존재한다. 특히, 전송되는 패킷이 상당히 시간에 민감하고, 핵심적인 업무와 관련되어 있으며, 전송에 있어 보장된 성능을 요구하는 경우가 그런 경우다. 예를 들어 실시간 금융 거래(예, 주식의 일간 거래) 정보를 전송하는 금융 네트워크를 생각해 보자. 이러한 기업은 비전용 WAN 링크 역량의 위험성을 감당할 수가 없다. T-반송파/E-반송파 및 SONET/SDH가 가장 많이 쓰이는 두 가지 임대선 기술(혹은 서비스) 유형이다.

### 9.7.1 T-반송파/E-반송파(T-Carrier/E-Carrier)

T-반송파는 최초의 디지털 전송 시스템으로서 해당 서비스가 **디지털 신호**(DS: digital signal)의 데이터 전송속도 체계(섹션 4.2.7 참조)에 따라 제공된다. 초기에는 음성 커뮤니케이션의 디지털화를 지원하기 위한 용도로 소개되었지만, 오늘날에는 음성 및 데이터 모두에 폭넓게 사용되고 있다. 다음과 같은 두 가지 유형의 임대선 표준이 존재한다: (1) 북 아메리카 디지털 체계에 기반하고 있는 T-반송파 (2) ITU-T(**국제전기통신연합-통신 표준 부문**)의 국제 디지털 체계 표준에 기반하고 있

는 E-반송파. 각각의 채널 속도는 표 9.4에 요약되어 있다.

### [T1과 T3 회선]

가장 널리 사용되는 임대선 서비스 중 하나인 T1은 24 DS0 디지털 채널(64Kbps×24channels =1.54Mbps)을 대표하는 DS1(1.54Mbps)의 속도로 데이터를 전송하도록 설계되었다(섹션 4.2.7 참조). 24개 채널들로부터 나온 음성 및 데이터 전송량이 전파를 위해 **시 분할 다중화**(TDM) 방식을 이용해 결합(혹은 멀티플렉싱) 된다(그림 4.16 참조). 이중 방식(full-duplex)의 용량을 가진 T1 회선 하나는 데이터를 양방향으로 1.54Mbps의 속도로 주고 받는다. 채널 활용은 음성 단일이나 데이터 단일일수도 있고, 혹은 결합된 형태(음성과 데이터의 결합)가 될 수도 있다. T1은 UTP나 광섬유를 이용해 제공되는데 주로 UTP가 선호되는 경향이 있다. 또한 서비스 제공업체들은 보다 절감된 가격에 다소 낮은 수준의 스루풋만을 필요로 하는 고객들을 위해 1.54Mbps 이하의 256Kbps나 384Kbps 같은 **프렉셔널 T1**(Fractional T1)을 제공하기도 한다.

많이 사용되는 또 하나의 옵션인 T3 회선은 일반적으로 광섬유 케이블선의 최고 대역폭에 기반하여 44.7Mbps의 DS3 속도(28 T1 채널들이 결합된)로 전송한다. T-반송파에 대응되는 것으로 전 세계 대부분의 국가들은 임대선 서비스용으로 E-반송파를 채택하였다. E-반송파 체계에서 가장 하위에 위치해 있는 E1 채널은 각 방향으로 30 DS0 채널들을 멀티플렉싱한 것과 동일한 2.048 Mbps의 속도로 전송할 수 있도록 설계되었다.

[표 9.4] 임대선 속도 체계

| 북 아메리카 체계 | 디지털 데이터 전송 속도 |
|---|---|
| T1 | 1.544Mbps |
| T1C | 3.152Mbps |
| T2 | 6.312Mbps |
| T3 | 44.746Mbps |
| T4 | 274.176Mbps |

| ITU 국제 표준 체계 | 디지털 데이터 전송 속도 |
|---|---|
| E1 | 2.048Mbps |
| E2 | 8.448Mbps |
| E3 | 34.368Mbps |
| E4 | 139.264Mbps |
| E5 | 465.148Mbps |

## 9.7.2 SONET/SDH

SONET/SDH는 광섬유 케이블에 기반하고 있는 고속 임대선 서비스를 위한 것이다. SONET 표준은 북 아메리카에서 사용되어 왔으며, 이로부터 파생되어 국제 표준으로 적용된 것이 SDH이다. SONET 서비스는 **광 반송파(OC: Optical Carrier)** 데이터 전송속도 체계(섹션 4.2.7 참조)에 따라 OC1용 51.84Mbps의 기본 속도로 제공된다.

SDH의 데이터 전송 속도는 **동기식 전송 모듈(STM: Synchronous Transport Module)**의 속도 체계에 기반한다. STM1의 기본 데이터 전송 속도는 156Mbps(OC3와 동일한)이다. SONET/SDH 기술들도 T-반송파/E-반송파와 마찬가지로 물리적 계층에서 정의된다. SONET/SDH은 주파수 분할 멀티플렉싱 기술의 한 유형인 소위 **고밀도 파장 분할 멀티플렉싱(Dense Wave Division Multiplexing)**이라 부르는 것을 활용하여 낮은 속도의 채널들을 멀티플렉싱 함으로써 더 큰 용량의 파이프를 형성한다.

SONET/SDH는 비즈니스 클라이언트용의 임대선 서비스로서 사용될 수도 있지만, 통신사업자들이 비즈니스 고객들로 하여금 T1/E1 등의 선을 통해 연결될 수 있도록 자체 백본 네트워크의 스루풋을 정의하는 데에도 많이 사용된다. 일반적으로 SONET 인프라스트럭처는 고장 허용 범위(fault-tolerance)를 향상시키기 위하여 이중 링(dual-ring) 구조에 의존하기 때문에, 만약 주요 링에 장애가 발생한다 해도 신속히 네트워크를 복원할 수 있다. **분기-결합 다중화기**(ADM: Add-Drop Multiplexer)는 SONET 링에 전송량을 입력하거나 삭제하는 표준 구성 요소이다. 그림 9.11은 통신사업자의 POP에서 만나는 두 개의 SONET 링(엑세스 링들을 상호 연결하는 백본 링과 고객 사이트에서 백본 링까지의 엔트리를 제공하는 엑세스 링)을 보유한 SONET 구조의 예이다. 이 그림은 엑세스 링의 속도가 155Mbps에서 운영되는 반면, 백본 링은 OC12(622Mbps)처럼 상당히 높은 수준의 대역폭을 지니고 있음을 보여주고 있다.

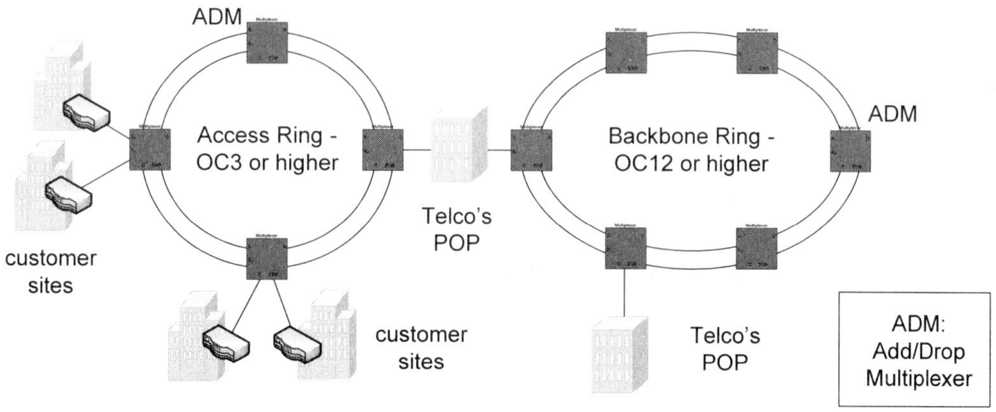


그림 9.11 SONET의 링 구조에 대한 예시

임대선에서 가장 많이 사용되는 회선 속도와 케이블링이 표 9.5에 요약되어 있다.

[표 9.5] 가장 널리 쓰이는 임대선 옵션들

| 표준 | 채널 속도(대역폭) | 많이 쓰이는 케이블링 |
|---|---|---|
| T1/E1 | 1.54Mbps/2.04Mbps | UTP |
| Fractional T1 | 다양함(예, 256Kbps, 384Kbps) | UTP |
| Bonded T1 | 여러 개의 T1 라인들이 결합됨 | UTP |
| T3/E3 | 44.7Mbps/34Mbps | 광섬유(Optical fiber) |
| SONET/SDH | 다양함(예, 51.8Mbps, 156Mbps) | 광섬유(Optical fiber) |

### 9.7.3 기타 광대역 서비스

임대선 이외에 통신사업자의 네트워크와 인터넷에 고속의 WAN 연결을 제공하는 기타 다른 종류의 광대역 접속 라인 서비스들이 존재한다. 이러한 서비스에는 디지털 가입자 회선(예, 고속 비트의 DSL 혹은 HDSL과 초고속 비트의 DSL 혹은 VDSL), 케이블, WiMax나 위성 같은 광대역 무선 연결이 포함된다. 이러한 광대역 접속 서비스들은 전송 속도 측면에서는 임대선에 필적하는 수준이지만, 임대선이 제공하는 서비스 품질(예, 안정성, 일관성, 접근성, 가용성) 수준의 측면에서 보면 그보다는 부족하다. 특히 해당 링크가 여러 개의 음성 및 데이터 채널들을 동시적으로 활용해야 하는 경우에는 임대선이 전반적으로 훨씬 더 낫다. 또한, 임대선과 달리 DSL의 성능은 고객 사이트와 통신사업자의 POP 사이 간의 거리에 훨씬 더 민감하다. 임대선 대신 광대역 서비스를 이용할 경우에 있어서의 가장 큰 장점은 가입 비용이 저렴하다는 점이다.

## 9.8 임대선: 데이터 링크 계층

임대선을 통해 IP 패킷을 전송하는데 있어서 몇몇 데이터 링크 프로토콜들이 사용되어 왔으나, 그 중에서도 포인트-투-포인트 프로토콜(PPP)이 가장 많이 사용된다. 앞서 언급했듯이, 일반적으로 물리적 계층의 임대선 표준(예, T1)은 특정 데이터 링크 프로토콜과 연결되어 있지 않다. 다시 말해서, IP 패킷을 포함한 PPP 데이터 링크 계층 프레임은 T-반송파/E-반송파나 DSL 같은 다양한 물리적 계층 표준들에 기반하여 전송될 수 있다.

## 9.8.1 PPP 프레임의 구조

PPP 프레임의 일반적인 구조가 그림 9.12에 나타나 있다.

| Flag | Address | Control | Protocol | Information | FCS |
|---|---|---|---|---|---|
| 8bits | 8bits | 8bits | 16bits | Variable | 16/32bits |

그림 9.12 PPP 프레임의 구조

각 정보 항목의 기능은 아래에 요약되어 있다.

- **Flag** 비트, 01111110는 PPP 프레임의 시작을 표시한다.
- **Address** 항목은 포인트-투-포인트 링크에서는 의미가 없으므로(전송 가능한 목적지가 오직 하나만 있기 때문에), 통신 장비가 이 항목을 모두 1값으로 채워 처리한다.
- **Control** 항목은 다소 미미한 역할을 담당하며 00000011의 값으로 채워진다.
- **Protocol** 항목은 아래 **Information** 항목이 포함하고 있는 프로토콜(예, IP)을 정의한다.
- **Information** 항목은 인터넷 계층으로부터 온 IP 패킷을 포함한다. 그 사이즈가 다양하며, 일반적으로 1,500바이트가 최대값이다.
- **FCS(Frame Check Sequence)** 항목은 에러 감지 코드를 운반한다.

## 9.8.2 라우터 인증

PPP는 WAN 링크의 성능과 안정성 유지를 위해 설계된 몇 가지 특징적인 기능들을 가지고 있다. 그러한 기능에는 연결 품질의 모니터링, 가용한 대역폭의 효과적 활용을 위한 데이터 압축, 동종 라우터 인증 등이 있다. 그 중에서도 네트워크 보안유지를 위한 도구인 **라우터 인증**(router authentication)에 대해 간단히 설명하고자 한다.

먼 거리에 분산되어 있는 고객 사이트의 경계 라우터들 각각에 동일한 사용자명과 패스워드가 설정되어 있다고 가정하면, 그 라우터들은 데이터 프레임을 교환하기 전에 서로 인증을 수행할 수 있다. 이것은 네트워크들이 점점 더 보안 위협에 노출되어 있는 오늘날 매우 중요한 기능이라 할 수 있다. 라우터 인증을 위해서는, PPP에서 다음 두 개의 프로토콜을 사용할 수 있어야 한다: **패스워드 인증 프로토콜**(PAP: Password Authentication Protocol)과 좀 더 고급 기술인 **챌런지-핸드쉐이크 인증 프로토콜**(CHAP: Challenge Handshake Authentication Protocol)이 그것이다.

## [PAP vs. CHAP]

그림 9.13에 표현된 바와 같이, PAP는 양방향 인증 프로세스로 정의되는 반면 CHAP는 라우터 인증을 위해 3 단계의 절차를 밟는다. PAP는 암호화 되어 있지 않아 도청 등에 취약한 평문(plain text)으로 사용자명과 패스워드를 교환하는 반면, CHAP는 그렇지 않다. 대신에 원격 라우터로부터 챌린지 텍스트(challenge text)를 받아서, 해당 지역 라우터가 사전 설정된 패스워드와 해당 챌린지 텍스트를 결합하여 이에 기반한 해쉬 값(hash value)을 생성하도록 한다. **메시지 다이제스트 5**(MD5: Message Digest 5) 알고리즘이 바로 그러한 해쉬 값을 생성하는데 주로 사용되는 단방향 해쉬 함수이다. 그러면 생성된 해쉬 값이 도전자에게 다시 보내진다. 해당 해쉬 값을 받은 원격 라우터는 챌린지 텍스트와 보유하고 있던 사전 설정된 패스워드를 이용하여 자체적인 해쉬 값을 계산한다. 그것들이 서로 일치하면 지역 라우터가 인증을 해주고 WAN 연결을 허용하게 된다.

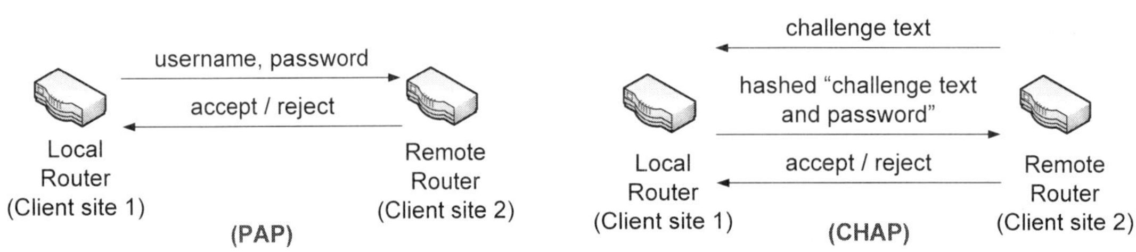


그림 9.13 PAP와 CHAP를 이용한 인증

### 예시 : 시스코 라우터에 PPP 설정하기

그림 9.14는 T-1 임대선을 통해 연결된 두 개의 라우터(R1과 R2)를 보여준다. 각 라우터에는 이미 동일한 접속 패스워드가 설정되어 있고, R1과 R2의 운영 시스템에 다음 명령어를 입력함으로써 PPP가 시리얼 0/0/1에 활성화 된다.

R1(config)#**interface serial 0/0/1**
설명: R1 에서 시리얼 0/0/1 인터페이스를 선택

R1(config-if)#**encapsulation ppp**
설명: R1 이 PPP 프레임에 IP 패킷들을 캡슐화할 수 있도록 지시

R1(config-if)#**ppp authentication CHAP**
설명: CHAP 프로토콜에 기반한 라우터 인증이 가능하도록 함

위 세 개 명령어는 R2에도 동일하게 입력된다. R1과 R2에서 모두 설정이 완료되고 나면, 그 둘

간에 교환되는 모든 IP 패킷들이 PPP 프레임 내에 캡슐화된다. 그리고 데이터 교환에 앞서 CHAP (그림 9.13 참조)에 기반한 인증 절차가 수행된다.

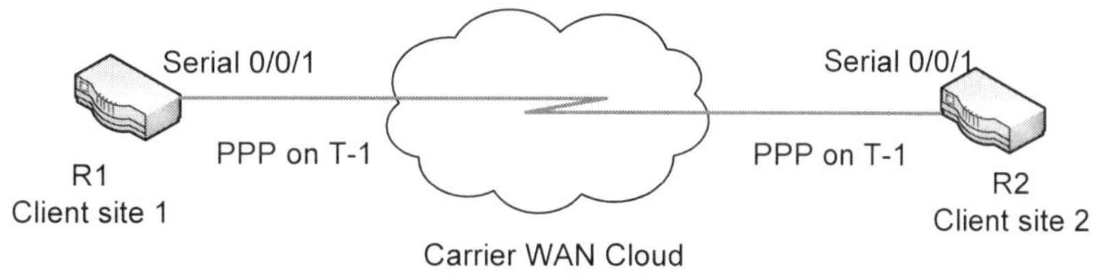


그림 9.14 PPP를 이용한 T-1 임대선 연결

## 9.9 PSDN: 데이터 링크 표준

임대선 서비스는 두 지역 간의 전용 회선을 이용하기 때문에 데이터 전송에 있어서 매우 안정성이 있고 정확하다. 그러나 상호 연결되는 원격 현장의 수가 증가하고 기업의 네트워크 구조가 더욱 복잡해지면, 임대선 기반의 배타적인 기업 네트워크를 구성하는데 드는 비용이 커진다. 통신사업자들은 임대선 이외에 패킷 스위칭 기술을 활용하는 PSDN 인프라스트럭쳐를 이용해 WAN 서비스를 제공할 수도 있다. PSDN 서비스 구조는 PSDN 내 가용한 네트워크 용량을 동적으로 공유하기 때문에 기본적으로 (전용 회선인) 임대선의 서비스 구조와는 많이 다르다.

떨어져 있는 두 고객 사이트를 연결하는 PSDN 기반의 WAN 링크는 다음 두 가지 유형의 네트워크 단위들로 구성된다. (1) 로컬 엑세스 링크 (2) PSDN 백본 클라우드. PSDN 백본은 사실상 비즈니스 고객들에게 투명하게 공개될 수 있도록 통신사업자가 그 운영과 유지를 완전히 통제하기 때문에 클라우드라고도 부른다. PSDN 고객들은 일반적으로 통신사업자의 **POP(point of presence)**/본사(central office)까지는 임대선을 사용하고 PSDN 클라우드에 대해서는 엔트리 포인트를 사용하는 경향이 있다. 따라서 해당 클라우드의 네트워크 용량을 WAN 서비스 가입자들이 공유하게 되는 것이다. 그림 9.15는 하나의 백본 네트워크 형성을 위해 여러 개의 고속 WAN 스위치(혹은 라우터)들이 상호 연결되고, POP 라우터에 경계 라우터를 연결함으로써 해당 백본에 고객 사이트가 연결되는 '내부 클라우드(inside cloud)'의 전형적 구조를 보여준다.

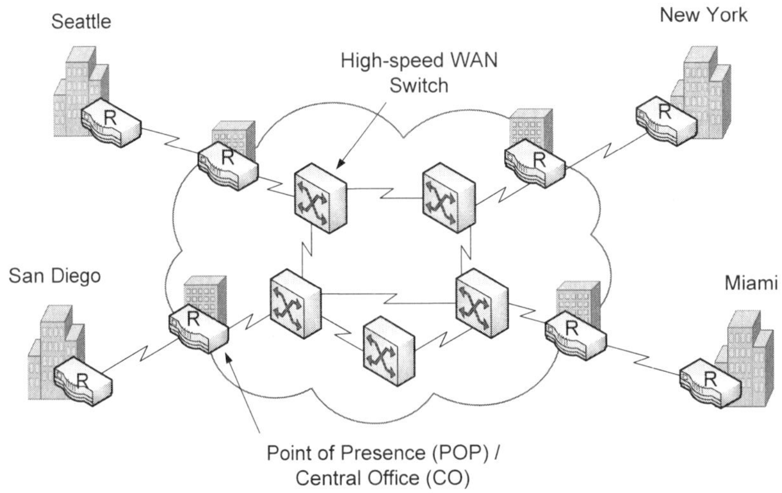


그림 9.15 PSDN: 클라우드의 일반적 구조

## 9.9.1 PSDN 서비스의 일반적 속성

### [공유된 용량(Shared Capacity)]

공유 환경을 이용하면 더 많은 클라이언트들이 네트워크 용량에 대한 동일한 수준의 서비스를 받을 수 있다. 예를 들어, 64Kbps의 속도로 각 자원 전송을 하고 있는 24개의 전용 데이터 소스들에 대해 동시적으로 T1 용량과 동일한 1.54Mbps 속도로 지원할 수 있는 다음의 시나리오에 대해서 생각해 보자. 동일한 24개 채널들이 동적으로 할당되는 경우, 연결된 모든 사용자 시스템들이 데이터를 동시다발적으로 전송하는 것은 아니기 때문에 40개 이상의 서로 다른 데이터 소스들이 지원을 받을 수 있다(연관 개념으로 섹션 4.2.6에서 살펴보았던 **통계식 시 분할 멀티플렉싱**(Statistical Time Division Multiplexing)을 참조하라.). 가용 용량을 공유하여 활용하는 방식은 WAN 서비스의 비용을 절감시킨다.

### [속도의 맞춤화(Customization of Speeds)]

PSDN은 고객의 요구를 충족시키는 데 있어서 임대선에 비해 보다 더 유연하다. 임대선을 사용하는 경우 고객들이 이용 가능한 대역폭은 일반적으로 64Kbps(단일 음성 전화 용량)의 증분값 내에 있다. 그러나 PSDN을 사용하면 고객 니즈에 훨씬 더 맞춤화하여 제공할 수 있도록 그 증분값을 64Kbps보다 훨씬 더 작은 값을 기준으로 가져갈 수 있다. 예를 들어, 어느 비즈니스 고객은 자신의 두 개 지사 간에 30Kbps의 WAN 링크 서비스를 원할 수도 있다. 임대선 서비스를 이용하는 경우라면, 64Kbps 혹은 128Kbps의 프렉셔널 T1(Fractional T1)이 통신사업자가 제공할 수 있는 가장 근접한 속도의 서비스가 될 것이다. 그 대신 프레임 릴레리를 운영하는 PSDN을 선택한다면, 통신사업자가 4Kbps처럼 훨씬 더 작은 증분 기준값을 제공할 수 있으므로 고객들에게 상당한 비용 절감 효과를 제공할 수 있게 된다.

### [데이터와 음성(Data and Voice)]

WAN 링크를 위해 비전담 용량을 활용하는 PSDN은 애초에 전송 지연을 감당할 수 없는 음성 전화 보다는 데이터 서비스용으로 설계된 것이었다. 그러나 기술이 발전하고 서비스 비용이 낮아지면서 더 많은 비즈니스 기업들이 음성 커뮤니케이션용으로 PSDN을 선택하고 있는 추세이다.

### [프레임 멀티플렉싱(Frame Multiplexing)]

PSDN 클라우드는 트렁크 선들을 상호적으로 연결하는 고속의 WAN 스위치들을 포함하고 있다. 이러한 스위치들은 사용자 위치 지역 간에 중복적인 경로를 형성하기 위하여 그물 구조로 배치된다. 고객 사이트에서 생성된 IP 패킷을 포함한 WAN 프레임은 지역 POP들에서 다중화(혹은 멀티플렉싱)되고 트렁크 링크를 통해 전송이 된다.

### [불안정 전송(Unreliable Transmission)]

PSDN은 일반적으로 데이터 링크 내 불안정 전송에 기반하는데, 이는 곧 패킷 전송 과정에서 에러에 대한 통제가 전혀 없고 전송 에러에 대한 수정 기능이 클라이언트의 호스트 단말기(전송 계층의 TCP)에게로 떠넘겨 진다는 것을 의미한다. 불안정한 방식으로 IP 패킷을 전송하게 되면 비즈니스 고객들 측면에서는 서비스 비용이 절감된다. 한편, PSDN 서비스는 일반적으로 이중 방식(패킷의 흐름이 양방향으로 동시에 일어나는)이고, 대칭적(양방향의 전송 속도가 서로 동일한)인 특징이 있다.

## 9.9.2 가상 회선(Virtual Circuits)

PSDN은 가상 회선에 의존하기 때문에, 두 원격 지역 간의 프레임 전송을 위한 전송 경로를 논리적으로 정의한다. 따라서 해당 가상 회선은 두 개 최종 지점들 사이에 전용 채널 용량이 주어져 있는 임대선의 물리적 회선과는 차이가 있다. 프레임의 전송 경로를 알아내기 위해서는 PSDN 클라우드의 각 WAN 스위치 상에 가상 회선 테이블(LAN의 스위치 테이블과 유사한)이 구축되어 관리되어야 하며, 이것이 프레임의 전송 의사결정을 위한 참조 자원으로 사용될 수 있어야 한다.

### [WAN 스위치 테이블]

LAN과 WAN의 스위치 테이블에 저장되는 정보 항목들은 서로 다르다. LAN 스위치 테이블은 MAC 주소와 그에 대응되는 출력 포트 정보로 구성되어 있다(3장 참조). 반면, WAN 스위치 테이블은 가상 회선(VC) 구분자와 그에 대응되는 출력 포트 정보를 포함한다. 통신사업자가 WAN 스위치에 어느 비즈니스 고객의 VC 구분자를 추가하고 나면, 해당 클라이언트는 그와 동일한 VC 구분자를 PSDN 클라우드에 연결되어 있는 자체 경계 라우터에 프로그래밍한다. 그런 후에 고객의 현장에서 생성된 모든 프레임들이 그 프레임 헤더에 사전 설정된 VC 구분자를 포함하여 운반하게 된다. 그러면 해당 클라우드 내의 WAN 스위치(혹은 라우터)들이 그 VC 구분자에 기반하여 프레임을 전송하는 것이다.

### [PVC vs. SVC]

두 가지 서로 다른 유형의 가상 회선이 존재한다. **영구적 가상 회선**(PVC: permanent virtual circuit)과 **스위치드 가상 회선**(SVC: switched virtual circuit)이 그것이다. PVC를 이용하다면, 한 고객의 가상 회선이 통신사업자에 의해 클라우드 상에 한번 설정되고 나면, 영구적으로 변하지 않은 채로 남아있게 된다. 반면 SVC는 각 커뮤니케이션 세션의 시작 시점에 동적으로 결정되고 난 후 해당 세션이 끝날 때까지만 유지되는 일시적인 특징을 지닌다. 통신사업자들은 일반적으로 PVC를 사용하는데, 이는 SVC가 WAN 스위치에 부과하는 처리 부하가 상당하다는 점 때문이다.

### [엑세스 링크 속도]

앞서 언급했듯이, 고객 사이트와 통신사업자의 POP 간 엑세스 링크는 기본적으로 T1/E1 같은 임대선이다. 이런 경우에, 고객 측의 라우터는 프레임 릴레이 같은 WAN 프레임을 생성하도록 설정된다. 가상 회선의 대역폭을 온전히 활용할 수 있으려면 엑세스 링크가 계약된 WAN 스루풋보다 더 고속이어야만 한다. 또한 어느 한 지역 현장에서 원격 지역들에 여러 개의 PVC를 설정해 놓았다면, 해당 엑세스 링크는 PVC를 통한 WAN 프레임들의 동시다발적 흐름이 가능하기에 충분한 정도의 대역폭을 확보해야만 한다.

**연습문제 9-3**

그림 9.16은 통신사업자의 PSDN 클라우드를 통하여 분산되어 있는 LAN들과 WAN 링크를 상호 연결한 가상적인 기업 네트워크의 예시를 보여준다. 휴스턴 지역의 경계 라우터는 하나의 물리적 링크에 세 개의 서로 다른 속도를 가진 세 개의 PVC(각 지사에 1 개 PVC)를 가지고 있다. 전송 지연을 피하기 위해 해당 물리적 링크에 필요한 최소한의 데이터 전송 속도는 얼마인가?

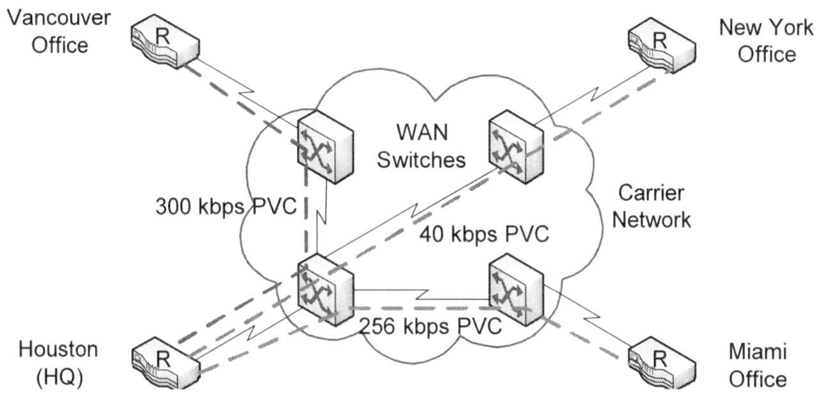


그림 9.16 3개의 영구적 가상 회선을 지닌 물리적 링크

다음에는 가상 회선의 매커니즘을 설정과 운영 측면에서 설명하기 위해 프레임 릴레이, ATM, 메트로-이더넷(Metro-Ethernet), MPLS 등 여러 가지 PSDN 기술들 중에서도 프레임 릴레이(Frame Relay)에 좀 더 초점을 두어 설명하기도 한다.

## 9.10 프레임 릴레이(Frame Relay)

### 9.10.1 일반적 특성

프레임 릴레이(Frame Relay)는 경쟁력 있는 가격대에 기업 수요를 대체로 만족시키는 속도 범위를 제공하므로 가장 널리 사용되어 온 PSDN 서비스이다. 클라이언트 기업은 통신사업자의 WAN 백본 네트워크에 연결하기 위해 일반적으로 다음의 기능을 활용한다: (1) 프레임 릴레이 프로토콜에 따라 데이터 링크 계층 프레임을 생성할 수 있는 라우터 (2) 통신사업자가 제공하는 프레임 릴레이 접근 장치(FRAD: Frame Relay Access Device).

프레임 릴레이는 다음과 같은 특성을 가지고 있다:

- 고객 사이트들 간의 연결에 영구적인 가상 회선(PVC)을 활용
- 낮은 과부화(단순한 헤더 구조)로 인한 프레임 전송의 효율성
- 프레임 전송 중의 불안정성(중계 노드 간의 승인 절차가 없음)

클라우드 상에 있는 통신사업자 스위치는 자체적인 **Frame Check Sequence(FCS)** 에러 감지 코드를 사용하여 전송 에러를 포함하고 있는 프레임을 찾아낼 수 있으므로, 에러가 있는 프레임이 더 이상 전파되는 것을 막는다. 거부된 프레임의 복원은 목적지 호스트의 TCP의 역할로 넘겨진다.

초기에 프레임 릴레이는 데이터 서비스 기능을 위해 소개되었지만, 전화 통화나 팩스 문서(아날로그 형태인)들이 전송 프레임에 담기게 되면서 음성용으로도 많이 사용되고 있다. 프레임 릴레이를 통한 음성 전송은 적어도 다음과 같은 두 가지 중요한 이점을 제공한다.

- 더 비싼 회선 스위칭 기술에 의존하는 통신사업자의 기존 공중 회선 교환 전화망(PSTN)이 제공하는 음성 서비스에 비해 비용 효과적인 방법이다. 앞서 설명했듯이, 커뮤니케이션 양측 상대방 간에 설치되는 PSTN 회선은 통화 세션 동안 전용 용량이 주어지기 때문에 가입자에게 비용 부담이 많다.
- 기업이 음성 및 데이터용으로 분리된 두 가지 네트워크와 장비를 유지해야 할 필요가 없다. 기업 네트워크 인프라스트럭쳐의 융합은 그 운영 및 유지, WAN 연결의 분리 가입, 특화된 IP 전문가의 고용과 관련된 비용을 절감시켜 준다.

## 9.10.2 프레임의 구조

데이터 링크 계층 표준인 프레임 릴레이는 인터넷 계층으로부터 IP 패킷을 받아 자체 데이터 필드에 해당 패킷을 캡슐화한 후, 전송을 위해 해당 프레임을 물리적 계층으로 내려 보낸다. 이 프레임은 그림 9.17에서처럼 간결한 구조를 가지고 있다. 프레임 릴레이는 고객에게 저비용 서비스를 제공하기 위해 교환에 드는 네트워크 부하를 최소화하도록 설계되어 있기 때문이다. Flags (01111110 비트), FCS(전송 에러의 감지), Data 항목들이 담당하는 역할은 다른 프로토콜과 동일하다. Address 항목은 **데이터 링크 접속 식별자**(DLCI: data link connection identifier)와 가상 회선 정보를 포함하고 있다.

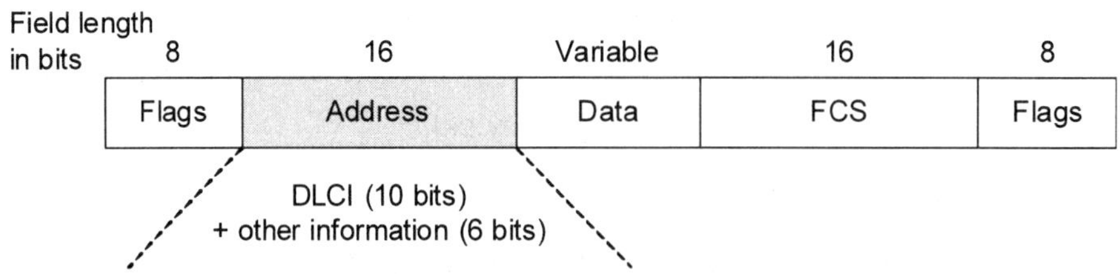


그림 9.17 프레임 릴레이의 프레임 구조

### 9.10.3 데이터 링크 접속 식별자(Data Link Connection Identifier-DLCI)

DLCI는 네트워크의 목적지 라우터(호스트 단말기가 아닌)에 프레임 릴레이 프레임을 전송하는데 사용되는 영구적인 가상 회선 식별자이다. 고객사가 통신사업자를 통해 프레임 릴레이 서비스에 가입한 경우, 해당 통신사업자는 클라우드 상의 자체 백본 스위치들에 해당 고객사의 DLCI(10비트)를 설정한다. 그 후에 통신사업자가 해당 고객사에게 고객사의 경계 라우터에 설정되어야 할 DLCI 정보를 알려준다.

하나의 특정 DLCI가 두 개 이웃 네트워크 노드 간에 하나의 단일 물리적 링크를 통하여 프레임 릴레이의 프레임을 전송하는데 활용된다. 다시 말해, 두 개 원격 클라이언트 지역 사이에 있는 가상 회선은 클라우드 상에 있는 여러 개 WAN 스위치들을 통과할 수 있지만, DLCI는 오직 지역 범위 내에서만 유효하다. 즉 두 개 노드 간의 직접 연결용으로 하나의 고유한 DLCI가 할당된다는 뜻이다. 따라서 프레임의 DLCI는 통신사업자의 WAN 스위치를 통과할 때마다 변경된다. 결과적으로, 하나의 end-to-end **영구적 가상 회선**(PVC)은 여러 개의 DLCI들로 구성된다. DLCI는 동일한 DLCI가 두 지역 사이에서 양쪽 방향(분리된 두 개의 가상 회선을 의미)으로 사용될 수 있는 양방향성을 지니고 있다.

#### [DLCI가 작동하는 방식]

가상 회선의 형성에 있어서 DLCI가 사용되는 방식을 설명하기 위해서 그림 9.18에 한 예시가 제시되어 있다. 이 그림에서는 어느 한 기업의 두 원격 라우터(휴스턴의 본사(A)와 토론토의 지사(E)) 사이에 설치된 영구적 가상 회선이 하나 존재한다. 프레임 하나가 A에서부터 E로 보내져, 사전 설정된 가상 회선이 해당 프레임을 3개의 WAN 스위치(B, C, D)를 통과해 전송한다고 가정해 보자. 해당 라우터의 A와 E의 S0/1 포트가 DLCI 101과 201에 각각 할당되고, 4개의 DLCI(101, 203, 301, 201)들이 end-to-end 가상 회선을 형성하게 된다. 각각의 물리적 링크가 하나의 고유한 DLCI(그러므로 지역적으로만 유효한)를 사용한다고 볼 수 있는 것이다. 예를 들어, DLCI 101은 A와 B 간의 링크를 위한 것이고, DLCI 203은 B와 C 간의 연결을 위한 것이다. 따라서, DLCI는 클라우드 상의 WAN 스위치들 내에 설정되는 것이다.

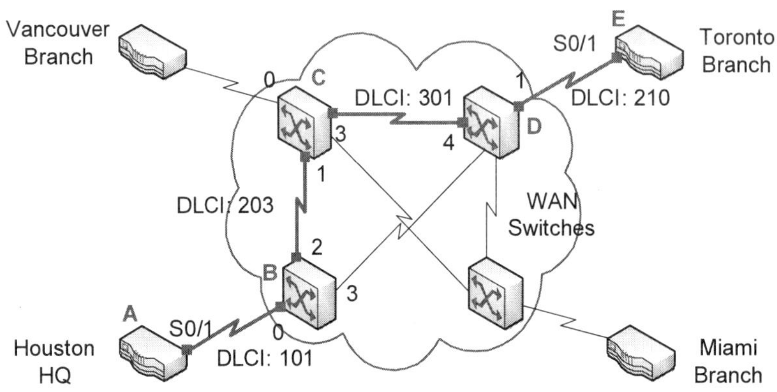


| | Arrival | | Departure | |
|---|---|---|---|---|
| Nodes | DLCI | Port (Interface) | DLCI | Port (Interface) |
| A | | | 101 | S0/1 |
| B | 101 | 0 | 203 | 2 |
| C | 203 | 1 | 301 | 3 |
| D | 301 | 4 | 210 | 1 |
| E | 210 | S0/1 | | |

Summary of DLCI changes within the virtual circuit from A through E router

Source DLCI: 101

Destination DLCI: 210

그림 9.18 라우터 A에서 라우터 E까지 DLCI의 변화

### [FR 스위치 테이블]

클라우드 상의 각 WAN 스위치는 LAN 스위치가 자체적인 스위치 테이블을 갖고 있는 것과 마찬가지로 스위치 테이블을 보유하고 있다. 가상 회선을 통한 프레임 전송을 위해, 통신사업자는 VC 경로에 있는 WAN 스위치들에 DLCI 정보를 첨부한다. WAN 스위치 테이블의 구조는 그림 9.18에서 스위치 B의 예를 들어 설명되고 있다. 이 스위치 테이블에는 다음 4가지 컬럼이 포함된다: 입력 포트 넘버, 입력 DLCI 넘버, 출력 포트 넘버, 출력 DLCI 넘버. 일반적인 스위치 테이블의 구조는 표 9.6에서 보여주고 있다. 표 9.6의 첫번째 엔트리는 DLCI 101인 한 프레임이 스위치 B의 포트#0에 도달하면, 해당 스위치가 프레임의 DLCI 값을 203으로 변경한 후에 이를 포트#2를 통해 내보낸다는 것을 의미한다. 두 번째 엔트리는 그 역의 방향으로 프레임 전송을 수행하도록 한다. 스위치 B의 이 두 개 엔트리가 휴스턴과 토론토 사무실 간에 설치되어 있는 양방향 가상 회선을 통해 프레임 전송을 할 수 있게 해주는 것이다.

[표 9.6] 스위치 테이블의 엔트리(그림 9.18 스위치 B의 경우)

| 입력 포트 # | 입력 DLCI # | | 출력 포트 # | 출력 DLCI # |
|---|---|---|---|---|
| 0 | 101 | | 2 | 203 |
| 2 | 203 | | 0 | 101 |
| – | – | | – | – |

### [다중 VC와 DLCI]

프레임 릴레이 네트워크에서는 고객의 로컬 라우터를 연결하는 엑세스 라인 각각이 고유한 DLCI 넘버를 가진 여러 개의 영구적 가상 회선(PVC)들을 운영할 수 있다. 예를 들어, 세 개 지사(밴쿠버, 토론토, 마이애미)가 있는 어느 한 기업(휴스턴에 본사를 둔)은 본사에서부터 지사를 연결하는 세 개의 PVC를 설치할 수 있다. 이러한 경우를 그림 9.19에서 휴스턴 지역의 라우터 포트 S0/0/1에 할당된 세 개의 가상 회선 넘버(101, 112, 120)를 통해 보여주고 있다. DLCI 101은 토론토를 위한 가상 회선이고, DLCI 112는 밴쿠버용, DLCI 120은 마이애미용이다.

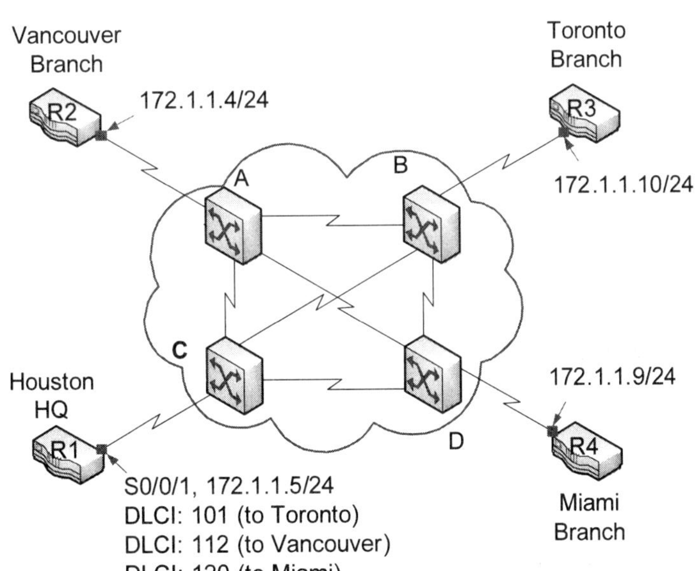


그림 9.19 세 개의 가상 회선을 지닌 하나의 물리적 회선

### 9.10.4 IP 주소와 가상 회로의 매핑

DLCI를 이용해 계층2 WAN 프레임을 구성하는 고객 사이트 측의 경계 라우터는 수작업으로나 또는 자동적으로 구축된 IP 주소와 DLCI를 매핑하는 테이블을 가지고 있어야 한다. 라우터는 목적지 라우터의 IP 주소에 기반하여 프레임의 주소 필드에 들어가 있는 DLCI를 식별하기 위해 이 매핑 테이블을 이용한다. 예를 들어, 그림 9.19에서 휴스턴 본사의 로컬 라우터(172.1.1.5/24)의 매핑 테이블은 목적지 라우터의 IP 주소와 그에 대응되는 DLCI 정보(표 9.7 참조)를 포함하고 있다. 구조적으로 표 9.7은 표 9.3과 동일하다. 또한, 표 9.7의 매핑 테이블은 LAN의 ARP(주소 해석 프로토콜) 테이블과 유사한데(그림 3.17b), 단지 ARP 테이블은 DLCI 대신에 MAC 주소를 보유하고 있다는 점만이 다르다.

[표 9.7] R1의 IP 주소와 DLCI 매핑 테이블(휴스턴 본사)

| IP Addresses of destination routers | Local DLCI # | Router exit port |
|---|---|---|
| 172.1.1.10/24(to Toronto) | 101 | Serial 0/0/1 |
| 172.1.1.4/24(to Vancouver) | 112 | Serial 0/0/1 |
| 172.1.1.9/24(to Miami) | 120 | Serial 0/0/1 |

**예시 : 시스코 라우터에서 IP 주소와 DLCI 매핑 설정하기**

표 9.7에서 R1의 IP 주소와 DLCI 매핑 테이블의 생성은 수작업이나 자동식 둘 중 하나의 방식으로 이루어질 수 있다. 아래는 R1에 IP 주소와 DLCI 매핑을 수작업으로 프로그래밍하는 것의 예시를 보여주고 있다.

R1# **interface Serial0/0/1**
설명: 라우터 포트에 Serial0/0/1 설정하기

R1# **ip address 172.1.1.5 255.255.255.0**
설명: IP(172.1.1.5)와 서브넷 마스트(255.255.255.0)를 Serial0/0/1 에 할당

R1# **encapsulation frame-relay**
설명: Serial0/0/1 이 프레임 릴레이 표준에 따라 프레임을 생성하도록 됨

R1# **frame-relay map ip 172.1.1.10 101 broadcast:**
설명: 목적지 IP 172.1.1.10 와 로컬 DLCI 10 매핑

R1# **frame-relay map ip 172.1.1.4 112 broadcast:**
설명: 목적지 IP 172.1.1.4 와 로컬 DLCI 112 를 매핑

R1# **frame-relay map ip 172.1.1.9 120 broadcast:**
설명: 목적지 IP 172.1.1.9 와 로컬 DLCI 120 를 매핑

## 9.11 메트로-이더넷(Metro-Ethernet)

이더넷 LAN이 엄청난 인기를 끌게 되면서 통신사업자들은 메트로-이더넷(Metro-Ethernet)이라는 명칭의 도시 지역을 커버할 수 있는 기술 또한 도입해 왔다. 도시 지역 통신망(MAN)이 도시 및 그 근교 지역을 커버하는 상황에서, 메트로-이더넷의 주요 활용처는 다음과 같다.

- 특정 도시 지역 내에 분산되어 있는 LAN들을 상호 연결
- 비즈니스 고객사의 LAN을 인터넷에 연결
- 비즈니스 고객사의 LAN을 통신사업자의 사설 WAN 백본에 연결

### 9.11.1 장점과 단점

#### [장점]

파이버의 10Gbps와 동일한 수준의 대역폭 등을 지닌 메트로-이더넷이 인기있는 이유는 이더넷 기술이 통신사업자와 고객 둘 모두에게 제공하는 여러 가지 장점들 때문이다. 주목할 만한 장점들로는 다음과 같은 것들이 있다.

- 이더넷은 상당 부문 설치를 기반으로 하고 VLAN 등의 고급 네트워킹 특성들을 지니기 때문에 핵심 업무 응용 프로그램의 처리를 훨씬 더 잘 할 수 있으며, 로컬 LAN들을 상호 연결하는데 있어서 성공적인 옵션을 제공한다.
- 메트로-이더넷은 제조에 있어 규모의 경제성을 지닌 중계 기기(예, 스위치)들을 사용하기 때문에 기타 다른 WAN 기술들에 비해 서비스 비용이 낮다.
- 이더넷 LAN을 이용하는 메트로-이더넷의 기술 경쟁력이 고객사들이 서비스 인프라를 구축할 시에 환경설정 및 운영 측면에서의 비용 효율성을 제공한다.
- 메트로-이더넷은 여러 Gbps(예, 10Gbps, 40Gbps) 수준의 높은 대역폭을 경쟁력 있는 가격대에 제공한다. 또한 기업 고객들은 자체 수요에 맞춤화된 증분 대역폭을 구매할 수도 있다.

- 비즈니스 고객들은 이미 이더넷에 익숙하다. 그러므로 자사 LAN을 메트로-이더넷에 연결하는 것이 PSDN과 비교하여 상대적으로 용이하다. 예를 들어, 클라이언트 지역들 간의 end-to-end 연결에 온전히 메트로-이더넷을 이용한다면, LAN과 MAN 영역에서 프로토콜 변환(예, 프레임 변환)을 할 필요가 없어진다.

**[단점]**

메트로-이더넷이 기타 다른 MAN/WAN 표준(예, 프레임 릴레이와 ATM)들에 비해 가지고 있는 상대적인 단점들 또한 다음과 같은 측면에서 제기되고 있다.

- 통신사업자가 MAN 서비스 운영을 위해 사용하는 기술에서 예상되는 네트워크의 안정성
- 증가하는 네트워크 전송량을 순조롭게 처리할 수 있는 네트워크의 확장성
- 서비스의 품질(QoS)

프레임 릴레이와 ATM이 애초부터 WAN용으로 도입된 것과는 달리 이더넷은 초기에 LAN용으로 설계되었기 때문에, 이러한 이슈들은 어쩌면 당연한 것일 수도 있다. WAN 표준들은 LAN 표준들과는 매우 다른 기술적 특성들을 요구한다. 그러나 메트로-이더넷의 사용이 급속히 증가하고 있기 때문에, 많은 산업 전문가들은 이것이 MAN 서비스에 있어서 가장 우세한 영향력을 행사할 것으로 보고 있다.

## 9.11.2 구현 방법

WAN 통신사업자들은 메트로-이더넷의 트렁크 라인을 구현하는데 있어 두 가지 서로 다른 접근 방식을 사용해 왔다. 바로 **순수 이더넷**(pure Ethernet) 접근 방식과 **하이브리드 방식**(hybrid solution)이다.

1. 통신사업자는 데이터 링크 및 물리적 계층에서 이더넷 LAN과 기술적으로 동일한 순수 이더넷(pure Ethernet) MAN을 운영하기도 한다. 이런 경우에, MAN은 고객들이 서비스 인프라를 구축함에 있어서 매우 비용 효과적인 순수 이더넷 스위치들로 구성된다. 계층2 스위치 상에서 운영되는 순수 이더넷은 MAC 주소와 출력 포트 정보를 보유하고 있는 스위치 테이블을 참조하여 프레임들을 전송한다. 해당 스위치 테이블이 엔트리를 상대적으로 적게 유지하는 경우에만 MAN이 순조롭게 잘 수행될 수 있다. 하지만 테이블이 커지면 커질수록 메트로-이더넷의 성능에 상당한 부담이 되고, 이것이 기업 고객들의 서비스 품질에 파급 효과를 미칠 수도 있다.
2. 통신사업자는 이더넷 표준과 다른 물리적 계층 기술을 함께 이용해 이더넷 프레임을 운반하는 하이브리드 방식(hybrid solution)을 적용할 수도 있다. 예를 들어 이더넷 프레임이 SDH/SONET 링을 통해 전송될 수 있는데, 이 경우 그림 9.11에서 보여지듯이 이더넷이 가진 장점들의 대부

분과 SONET/SDH의 안정성을 모두 함께 취할 수 있다(SONET이 물리적 계층 표준이라는 것을 상기시켜 보라.). 이러한 접근 방식은 통신사업자가 서비스 지역에 이미 SONET/SDH 기반의 구조 시설을 설치해 놓은 경우에 더욱 매력적일 수 있다.

## 9.12 다중 프로토콜 레이블 스위칭(MPLS)

다중 프로토콜 레이블 스위칭(MPLS: Multi-Protocol Label Switching)은 점점 더 그 사용이 증가하고 있는 또 하나의 매우 중요한 WAN 기술이다. MPLS는 계층3 라우팅보다는 계층2 스위칭과 유사한 매커니즘을 이용하는 고속의 IP 패킷 전송 방식으로 통신사업자들에 의해 도입되어 왔다. MPLS는 **레이블**(label)이라는 것에 의존하는데, 개념적으로는 프레임 릴레이와 ATM의 가상 회선과 유사하며, MPLS 기능을 가진 라우터가 IP 패킷 전송을 더욱 신속하게 처리할 수 있도록 해주는 방식이다. MPLS 기술을 장착하면, 라우터가 IP 패킷에 대한 기존의 라우팅 의사결정을 무시한다. 대신 라우터는 신속한 IP 패킷 전송 의사결정을 위해 레이블을 보유한 MPLS 테이블을 참조한다. IETF에 의해 표준화된 MPLS는 통신사업자들이 WAN 성능을 향상시키기 위한 수단으로서 주로 활용하고 있다.

### 9.12.1 레이블(Labels)과 레이블 정보 베이스(Label Information Base-LIB)

앞에서 언급한 바와 같이, 레이블은 가상 회선 식별자(예, 프레임 릴레이의 DLCI)와 유사한 기능을 수행한다. 레이블은 IP의 헤더와 PPP(그림 9.20 참조) 등 계층2의 헤더 사이에 추가되어, MPLS 기능이 있는 라우터들이 목적지 IP 주소가 아닌 레이블에 기반하여 IP 패킷을 전송할 수 있게 해준다. MPLS 기능을 지닌 라우터들은 패킷 전송에 사용되기 때문에, 섹션 3.5와 3.7에서 설명했던 계층2 스위칭과는 다르다. 이러한 연유로 그것들을 때로 2.5 계층 기술이라 불리우기도 한다.

| IP Packet | | | |
|---|---|---|---|
| Transport layer PDU | IP Packet Header | MPLS Label | Layer 2 Frame Header |

그림 9.20 MPLS 레이블을 지닌 IP 패킷

레이블 스위칭을 위해서는 **레이블 스위칭 라우터**(LSR: Label Switching Router)라 부르는 MPLS 기능을 지닌 라우터가 **레이블 정보 베이스**(LIB: Label Information Base)라는 이름의 테이블(그림 9.21)을 보유하고 있어야 한다. LIB는 레이블 넘버와 출력 포트(인터페이스)의 쌍대 정보를 가지고 있다. 이러한 쌍대 정보가 비연결형 IP 라우팅을 연결-지향의 가상 스위칭으로 변경시키는 것이다. 이러한 레이블은 지역 범위 내에서만 유효한데, 이는 두 개 라우터 간의 각 연결이 하나의 고유한 레이블을 사용한다는 것을 의미한다. 예를 들어, 그림 9.21의 LIB에서 첫번째 엔트리는 레이블 10을 가진 패킷이 S0/0/0에 도달하면 해당 레이블에 다시 15가 부여되고, 그것이 S0/0/1을 통해 전달됨을 의미한다. 이러한 재-레이블링 프로세스는 해당 패킷이 WAN 클라우드나 ISP 네트워크 내에서 그 여정을 완료할 때까지 계속 반복된다. 이러한 스위칭에 기반한 레이블의 매커니즘 절차가 가상 회선의 그것과 유사하다는 것을 유추할 수 있겠는가?

에지(edge) LSR은 레이블을 입력하거나 삭제하는 라우터이다. 그림 9.21은 클라우드 상 MPLS 기능이 있는 라우터(에지 라우터)가 클라이언트 네트워크로부터 IP 패킷을 전달 받을 경우, 전송을 위해 해당 패킷에 레이블을 부여하는 과정을 예시로 보여준다. 각각의 중계 LSR(intermediate LSR)은 IP 헤더 대신 그 레이블 정보만을 읽어 해당 패킷에 다시 레이블을 부여한 후 다음 단계의 라우터로 전송한다. 클라우드 내의 최종 LSR(에지 라우터)는 해당 패킷이 그 목적지 네트워크에 전달되기 전에 그 레이블을 삭제한다.

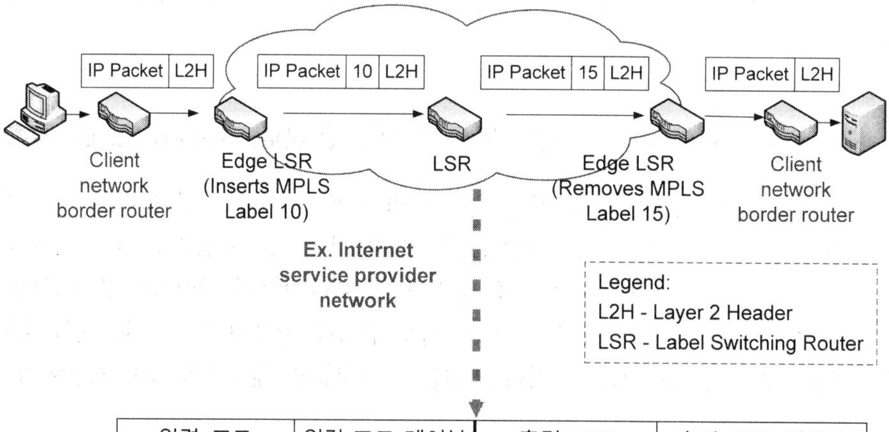


| 입력 포트 | 입력 포트 레이블 | 출력 포트 | 출력 포트 레이블 |
|---|---|---|---|
| S0/0/0 | 10 | S0/0/1 | 15 |
| S0/0/0 | 18 | S0/0/2 | 22 |

레이블 정보 베이스(부분적 구조)

그림 9.21 MPLS 네트워크

### 9.12.2 MPLS의 장점

라우터가 IP 주소가 아닌 레이블에 의존하게 되면 무엇보다 IP 패킷 전송 속도가 더욱 빨라지게 되고, 이것이 바로 MPLS가 널리 사용되는 주요한 이유가 된다. MPLS는 다음과 같은 다른 장점들도 가지고 있다.

(1) 전송량 관리(혹은 전송량 부하의 균형 관리)

(2) 서비스 품질(QoS)에 대한 규약

전송량 관리 기능을 이용하면 두 지역 간의 패킷 전송 경로가 네트워크 링크 및 자원들의 균형적 사용 관리를 위해 사전에 계획될 수 있다. 이러한 전송량 관리 기능은 라우팅의 경로가 최단 전송 경로(shortest delivery path)나 네트워크 스루풋 등의 요인들(섹션 6.6)에 따라 결정되게 함으로써 기존 IP 패킷 라우팅의 단점을 해결해 준다. 반면, 패킷 라우팅 경로의 우선 순위 결정에 이러한 기준들을 적용하는 것은 불안정한 라우터 활용을 야기할 수도 있고, 아울러 전송량이 많은 지역에서 혼잡을 일으킬 수도 있다. 이는 결국 네트워크 인프라스트럭쳐의 전체 성능에 부정적인 영향을 미칠 수도 있다.

MPLS는 두 지역 간에 하나 이상의 레이블 유형을 활용하므로 서로 다른 데이터 유형에 대해 더 나은 서비스 품질을 제공할 수 있기 때문에, 시간에 민감하거나 핵심적인 업무 정보(예, VoIP나 비디오 스트리밍)를 전달하는 IP 패킷들에 전송의 우선 순위를 부여할 수 있다.

# 제10장 인터넷

## 10.1 개 요

인터넷의 핵심 기술은 앞서 IP 패킷의 전송에 사용되는 TCP/IP 표준(2장과 5장)과 인터넷의 라우팅 매커니즘(6장)을 설명하면서 다룬 바 있다. 이번 장에서는 인터넷의 인프라스트럭쳐와 구조적인 측면에 보다 중점을 둔다. 아울러, 이번 장에서는 인터넷 영역을 현재 장악하고 있거나 장차 장악하게 될 다음 세 가지 기술적 패러다임들에 대해 설명한다. (1) 가상 사설망(VPN); (2) 현재 IPv4를 대체할 차세대 IP 표준인 IPv6; (3) 클라이언트-서버 모델.

앞서 설명한 바와 같이, 지구 상에서 가장 큰 단일 네트워크인 인터넷(Internet)은 소문자로 시작하는 인터넷(internet)과는 그 정의상 서로 다르다. 인터넷은 규모 면에서 매우 거대함에도 불구하고 중앙 관리처는 없고 인터넷과 관련된 정책 및 운영 측면(예, IP 주소와 도메인 네임)을 관리하는 기관들은 있다. 그러한 기관에 국제인터넷주소관리기구(ICANN: Internet Corporation for Assigned Names and Numbers), ICANN의 한 부서인 인터넷 할당 번호 관리기관(IANA: Internet Assigned Numbers Authority), 그리고 IETF 등이 있다. 이들 기관에 대해서는 2장과 5장에서 간단히 소개한 바 있다. 이 기관들이 수행하는 역할을 살펴보면, ICANN/IANA는 IP 주소 영역, 도메인 네임 시스템(DNS)의 최상위 도메인, 자율 시스템(autonomous system) 넘버 등의 관리를 담당한다. IETF는 핵심적인 TCP/IP 프로토콜(2장 참조)의 표준화를 관장한다. 앞서 다룬 TCP/IP에 관한 내용들에 덧붙여서, 인터넷과 관련된 핵심적인 구조 요소들에 대해 설명함으로써 인터넷의 작동 방식에 대한 이해를 돕고자 한다.

이 장의 핵심적인 학습 목표는 다음 내용들을 이해하는 것이다.

- 인터넷의 구조
  - 인터넷 서비스 제공업체(Internet Service Providers)
  - 인터넷 교환 포인트(Internet Exchange Points)
  - 자율 시스템(Autonomous Systems)
  - 검색 엔진(Search Engines)
- 가상 사설망(VPN) 기술

  - 장점과 위험 요인
  - VPN의 구현 방식
  - 많이 쓰이는 VPN 프로토콜: IPSec과 SSL/TLS
- 차세대 IP 표준인 IPv6와 그 주소화 매커니즘
- HTTP, DNS, DHCP에 대한 상세 이해를 통한 클라이언트-서버 패러다임 확인

## 10.2 인터넷의 구조

인터넷은 사실 여러 ISP(예, AT&T, 브리티쉬 텔레콤, 버라이즌)들이 제공하는 유선 및 무선(예, 위성)의 네트워크들로 연결된 하나의 글로벌 네트워크로 볼 수 있다. 그 거대함과 복잡성에 기반해 인터넷 상의 수많은 라우터들이 기업 네트워크와 ISP 네트워크 간, 그리고 ISP 네트워트 간에 IP 패킷들을 전달하고 있는 것이다. IP 패킷은 커뮤니케이션 할 호스트의 위치에 따라 목적지에 다다를 때까지 몇몇 ISP 네트워크들을 통과해야 한다. ISP들은 자신들의 인터넷 접속 서비스에 더 많은 개인 및 기업 고객들을 끌어들이기 위해 경쟁하지만, 여러 네트워크를 거치는 패킷의 전송을 위해서는 서로 협력을 해야하기도 한다. 이번 섹션에서는 인터넷 서비스 제공업체(ISP), 인터넷 교환 포인트(IXP), 그리고 자율 시스템(AS)의 측면에서 인터넷의 구조를 좀 더 자세히 살펴본다.

### 10.2.1 인터넷 서비스 공급자(Internet Service Provider-ISP)

#### [국가 ISP(National ISP)]

ISP는 개인 고객들뿐 아니라 크고 작은 기업 고객들에게 인터넷 접속 서비스를 제공하기 위해 자체 보유한 네트워크들을 활용한다. 미국의 경우 ISP들은 기본적으로 두 가지 유형으로 나뉜다. 바로 **국가 ISP**(National ISP-Tier 1 ISP)와 **지역/로컬 ISP**(Regional/local ISP-Tier 2/Tier 3 ISP)가 그것이다. 각 국가 ISP에 의해 운영되는 네트워크 인프라스트럭쳐가 인터넷 백본(backbone)을 구성하고 있다. 따라서 인터넷은 국가 ISP들이 소유하고 운영하는 여러 개의 백본 네트워크들로 이루어진 전체적으로 하나의 거대한 개체가 되는 것이다. 국가 ISP는 지역/로컬 ISP들에게 약정된 서비스 수수료를 받고 인터넷 접속 권한을 제공한다. **AT&T**, **레벨 3 커뮤니케이션**, **일본 전신 전화 회사(NTT)**, **브리티쉬 텔레콤**, **UUNet**, **스프린트**(Sprint) 등이 세계적으로 가장 큰 규모의 백본 제공업

체들이다. 국가 ISP의 백본 네트워크는 광섬유선들이 결합된 트렁크 링크들로 구성되어 있어, 데이터를 광 반송파(OC: optical carrier) 체계에 따라 고속으로 전송한다. 그림 10.1은 9.95Gbps (OC-192) 데이터 전송 속도를 지닌 도시 간 트렁크 링크를 보유한 국가 ISP의 위계적 백본 네트워크 예시를 보여준다. ISP들은 인터넷 전송량이 급속히 증가하면 이를 유지하기 위해 네트워크 용량을 계속해서 추가한다.

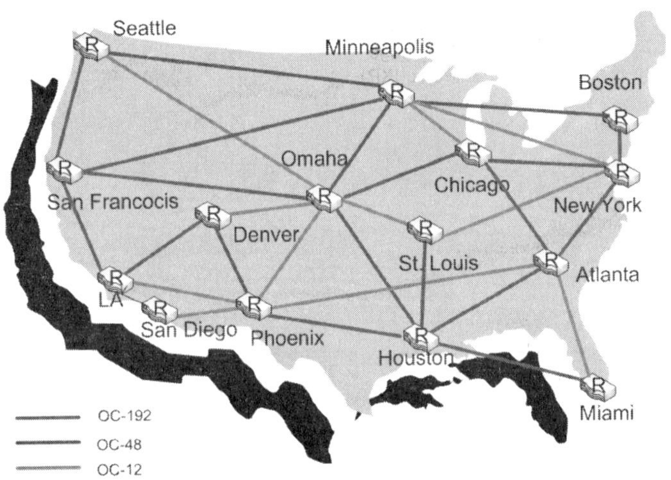


그림 10.1 국가 ISP의 위계적 인터넷 백본(미국)

### [지역/로컬 ISP(Regional/Local ISP)]

로컬 ISP 혹은 지역 ISP는 국가 ISP의 인터넷 백본에 자신들의 IP 패킷을 전송해 가며 상대적으로 한정적인 영역(예, 워싱턴 도시 지역)에서 개인 및 고객 고객들에게 인터넷 접속 서비스를 제공한다. 미국에서는 다수의 로컬 ISP들이 지역 ISP들을 통하여 국가 ISP에 연결된다. 로컬 및 지역 ISP의 역할은 개인/기업 고객들의 LAN과 인터넷 백본을 연결하는 것이기 때문에, 그들의 네트워크를 일컬어 종종 피더 네트워크(feeder network-*사용자들을 백본 네트워크에 연결해 주는 중간자적 네트워크)라고도 부른다. 로컬, 지역, 그리고 국가 ISP의 연결은 서비스 수수료 등의 비즈니스 계약 관계에 기반하여 이루어진다. 다시 말해서, 로컬/지역 ISP들이 인터넷 접속을 위해 지불하는 서비스 수수료가 백본 서비스 제공업체들에게 있어 가장 중요한 수입원이 된다. 반면, 개인 및 기업 고객들은 로컬/지역 ISP들에게 인터넷 접속에 대한 수수료(예, 월 약정액)를 지불한다. 다수의 Tier-1 통신사업자들이 다른 운영 사업(예, 전화 서비스 및 웹 호스팅)들과 더불어 로컬/지역 ISP 및 국가 ISP 비즈니스를 모두 함께 운영하고 있다.

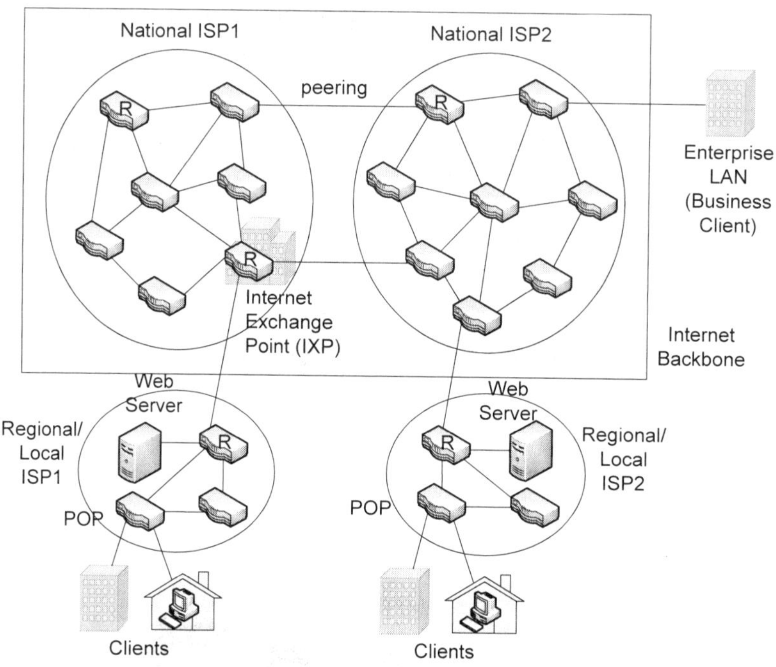


그림 10.2 인터넷의 구조와 ISP

## [ISP 네트워크 구조]

ISP 네트워크는 인터넷의 게이트웨이인 여러 POP들과 그것들을 상호 연결하는 트렁크 링크들로 구성된다. 하나의 대규모 ISP는 수십 개의 POP들, 즉 자체적으로 보유한 내부 LAN들로 이루어진 거대한 빌딩과 같다고 볼 수 있는 것이다. 각각의 POP는 다음과 같은 여러 가지 유형의 라우터들을 장착하고 있다.

- 고객 사이트(개인/기관)에 연결되는 한 개 이상의 엑세스 라우터
- 자체 POP를 다른 POP들에 연결하는 코어 라우터
- 다른 ISP들과 연결되는 경계 라우터
- POP 내부에 배치되어 웹 검색자들에게 빠른 웹사이트 접속 서비스를 제공하는 웹 서버를 연결하는 호스팅 라우터. 여기에 대해서는 좀 더 설명이 필요하다. 구글닷컴이나 야후닷컴 같이 인기있는 포털사이트들이 다른 사이트들에 비해 대부분 훨씬 더 빠르게 반응한다는 것을 알고 있을 것이다. 이는 포털 서버들이 전략적으로 POP들을 고객 사이트 바로 옆에 배치하여 사용자 요청 패킷이 인터넷을 건너야 할 필요가 없게 함으로써 응답 시간을 상당히 절감하기 때문이다.

ISP의 POP들은 기본적으로 OC-192(9.95Gbps) 등의 높은 속도를 지닌 광섬유 선으로 운영되는 SONET 링(그림 9.11)을 통해 상호 연결되어 있다. Tier-1 ISP들은 Tier 2나 Tier 3의 ISP들에 비해 더 빠른 회선 속도를 사용하는데, 이는 Tier-1의 백본이 Tier 2나 Tier 3 피더 네트워크들로부터 밀려들어오는 상당량의 IP 패킷들을 처리해야 하기 때문이다.

## 10.2.2 인터넷 교환 포인트(Internet Exchange Point-IXP)

ISP 네트워크들이 서로 함께 구축되어 있기 때문에 IP 패킷이 목적지에 도착하기 위해 그것들을 서로 지나가게 될 수도 있다. ISP들은 **인터넷 교환 포인트**(IXP)라 불리는 지정된 접속 위치 혹은 **피어링**(peering)(그림 10.2)을 통하여 서로 연결된다. 역사적인 이유로 인해 종종 **네트워크 엑세스 포인트**(NAP)라고도 부르는 IXP는 빌딩 내에 설치된 10기가비트 이더넷 등의 고속 표준으로 운영되어 그 자체가 고속의 LAN이며 ISP 네트워크들을 참여시키는 연결점이 된다.

전 세계적으로 수많은 IXP들이 존재한다(IXP의 위치 선정과 관련해서는 그림 10.3을 참조). IXP를 통해 서로 연결된 ISP 네트워크들은 양자간 혹은 다자 간의 상업 계약으로 엮여 있다. 인터넷이 처음 탄생했을 때 미국의 경우 기본적으로 뉴욕, 워싱턴 D.C, 시카고, 샌프란시스코에 4개의 네트워크 엑세스 포인트가 존재했다. 지금은 전국적으로 훨씬 많은 IXP들이 존재하며, 그 대부분이 사설이고 국가-수준의 통신사업자들에 의해 소유되어 운영되고 있다.

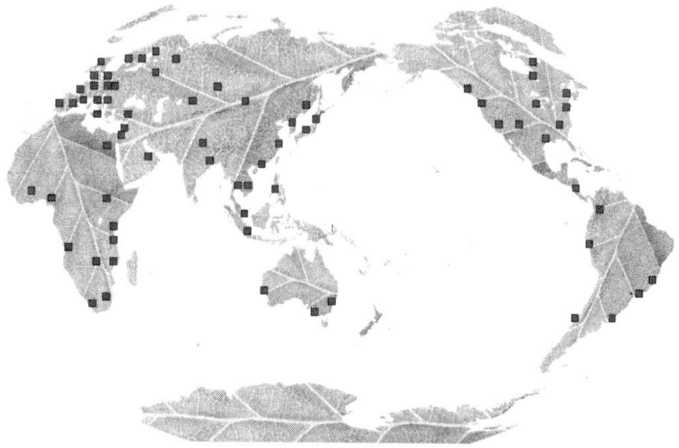

그림 10.3 지구상의 일부 IXP들의 위치(Go Green!)

인터넷 전송량이 끊임없이 증가함에 따라 IXP가 종종 병목지점이 되어가고 있으므로 인터넷의 게이트웨이로서 단순히 IXP에만 의존하는 것은 문제를 일으킬 소지가 있다. 결과적으로, ISP들은 네트워크 접근성을 향상시키고 링크 중복성이나 인터넷 접속 비용 감축 등의 기타 이점을 얻기 위해

IXP를 우회하여 자체 네트워크를 직접적으로 상호 연결하는 피어링(peering) 방법도 함께 사용하고 있다. 사설 피어링을 설치하기 위해서는 ISP들이 계약 조항에 동의해야 한다.

**연습문제 10-1**

2장(그림 2.11 참조)에서 설명한 바와 같이, *traceroute*(Linux와 Mac)/*tracert*(Windows)가 소스로부터 목적지까지의 IP 패킷의 전송 경로를 추적하는 ICMP(인터넷 통제 메시지 프로토콜)을 이용할 수 있는 하나의 방법이다.

1. 지구 반대편에 있는 어느 기관(예, 대학교)의 웹사이트를 목표로 *tracert* 명령어를 입력하라. "*C:₩>tracert*"와 "*C:₩tracert–d*" 간의 차이를 관찰하라.

2. 해당 패킷이 목표한 웹사이트에 도달할 때까지 통과하는 라우터들의 이름과 IP 주소들은 무엇인가?

3. 해당 라우터의 이름이 소속되어 있는 ISP를 명확히 노출시키지 않을 수도 있다. 그러나, 해당 라우터의 이름이나 IP 주소에 기반하여 ISP 소유권 정보를 찾아내는데, *www.arin.net* 같은 인터넷 등록 사이트를 사용할 수 있을 것이다. 얻은 결과에 기반하여 해당 tracert 패킷이 목표 사이트에 도달할 때까지 통과한 ISP들을 알아내라.

4. 상기 1, 2, 3 단계를 다른 대륙에 있는 다른 두 개 웹사이트들에 대해서도 반복적으로 수행해보라.

### 10.2.3 자율 시스템(Autonomous System-AS)

**자율 시스템**(AS)이란 한 지역(혹은 한 기관) 내에서 상호 연결되어 있는 서브넷들의 집합을 의미하며, 한 '관리 기관의' 통제 하에 있다. 따라서 AS는 라우터들이 내부적으로 동일한 라우팅 프로토콜을 사용하고 일관성 있는 패킷 라우팅 정책을 적용할 수 있도록, 하나의 통합된 패킷 라우팅 규칙 셋들을 프로그램해 놓아야 한다. 이러한 이유 때문에 AS는 라우팅 도메인(routing domain)으로 불리기도 한다. 대규모의 기업이나 대학은 자체적인 라우팅 정책을 적용해야 할 영역이 자연스럽게 정해지기 때문에 하나의 독립적인 AS를 할당한다. 예를 들어 MIT의 캠퍼스 네트워크가 하나의 자율 시스템이 되는 것이다. 많은 경우에 한 기관(예, 소규모 캠퍼스 네트워크나 기업)은 인터넷 접속을 위해 통합된 라우팅 정책을 설정해 놓은 ISP의 AS에 소속된다.

2013년을 기준으로 인터넷 상에 60,000개가 넘는 자율 시스템들이 존재한다. 각각의 AS에는 인터넷 할당 번호 관리기관(IANA)이 할당하는 해당 네트워크를 나타내는 자율 시스템 넘버(ASN:

autonomous system number)가 부여된다. 다시 말해서, ASN은 인터넷 상에서 하나의 네트워크(서브넷이 아닌)를 고유하게 지정하는 것이다. ASN은 **www.arin.net** 같은 등록 웹사이트에서 검색해 볼 수 있다.

각각의 자율 시스템은 내부 라우터들에 의해 함께 구축되어 있는 여러 개의 서브넷들로 구성된다. 반면, 자율 시스템들은 경계 라우터들을 통해 서로 연결된다. 하나의 AS 내부에 있는 라우터들은 IP 패킷의 내부 도메인(혹은 로컬) 라우팅을 위한 자체 라우팅 테이블을 구축하기 위해 OSPF(섹션 6.6 참조)와 같은 **내부 게이트웨이 프로토콜**(Interior Gateway Protocol)에 의존한다. 반면에 자율 시스템들의 경계 라우터들은 IP 패킷의 내부 도메인 라우팅을 위해 필요한 라우팅 테이블 엔트리(표 6.2 참조)를 구축하기 위해 대부분 BGP(경계 게이트웨이 프로토콜)로 많이 알려져 있는 **외부 게이트웨이 프로토콜**(Exterior Gateway Protocol)을 사용한다.

더 자세한 내용은 이 책의 범위를 벗어나기는 하지만, AS 넘버는 인터넷 상의 네트워크(서브넷이 아닌)을 고유하게 지정하기 때문에 패킷의 인터-도메인(혹은 자율 시스템들 간의) 라우팅을 가능하게 하는 핵심적인 정보 요소가 된다는 점은 이해하자. 두 원격 호스트 간의 인터넷 상 패킷 전송이 인트라-도메인 라우팅과 인터-도메인 라우팅의 결합으로 이루어진다는 점을 이해하는 것은 그리 어렵지 않을 것이다.

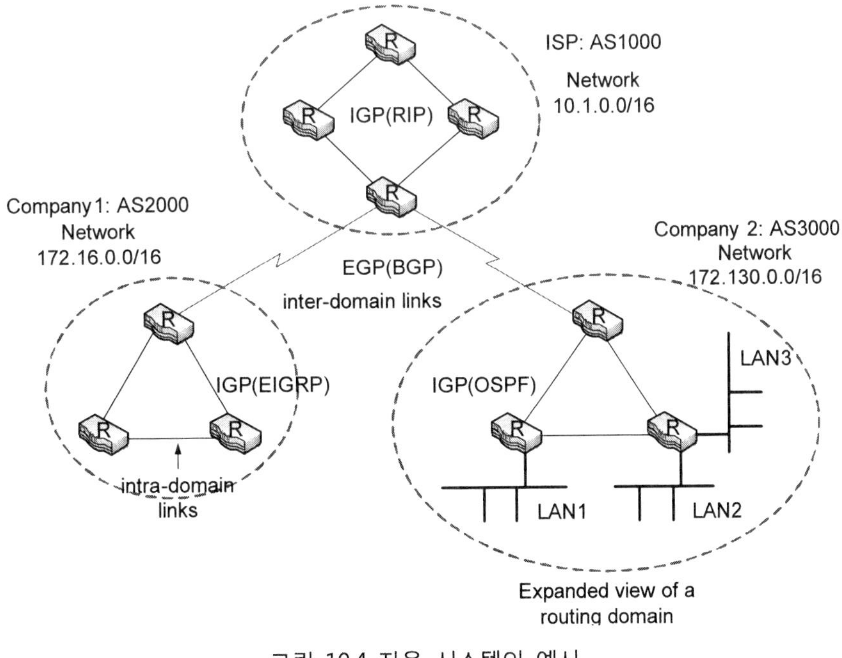


그림 10.4 자율 시스템의 예시

연습문제 10-2

1. *www.arin.net*을 이용하여 다음 기업들과 대학교들의 자율 시스템 넘버를 지정하라: Google, Facebook, Apple, Georgia Tech.

2. 앞서 말했듯이, 한 기업은 자체적인 AS를 보유하기 보다는 가입 ISP의 AS에 속해 있을 수 있다. 아래 제공된 AS 넘버들에 기반하여 ARIN 데이터베이스를 검색한 후, 다음 기업들의 ISP들을 확인하라.
   - Proctor and Gamble(AS3561)
   - Toyota(AS3549)
   - BusinessWeek(AS7843)
   - McDonald(AS3707)

## 10.2.4 검색 엔진

인터넷은 엄청난 분량의 주제들을 다루고 있는 수백만 개의 웹 사이트에 접근할 수 있게 해준다. 한 자료에 따르면, 2012년에만 650백만의 활성화 사이트들이 존재한다. 당연히 찾고 있는 관련 웹 사이트들의 목록 위치를 확인하고자 하는 웹 검색자들에게 구글, 야후, 마이크로소프트 등과 같은 IT 기업들이 제공하는 검색 엔진들이 절대적으로 필요하다. 가장 강력한 검색 엔진은 하루에만 수억 만명의 사용자들이 입력한 쿼리에 응답하고 있다. 검색 엔진은 각종 서비스들을 제외하고서도 수억 개 웹 페이지에 대한 정보를 찾고, 획득하고, 정리하고, 저장하여야 한다. 이는 모든 검색 엔진들이 수행하는 공통적인 기본 업무이기 때문에 여기서 간단히 설명하겠다.

첫째, 검색 엔진은 인터넷 상의 수많은 웹 페이지에 대한 정보를 찾고 정리하기 위해 스파이더(spiders)라 부르는 특화된 소프트웨어 로봇을 이용한다. 웹 스파이더는 인터넷을 훑어 방문 사이트와 그에 대응되는 웹 페이지 정보를 모은 후, 관련 단어들의 목록을 구축하고, 그것을 주인(예, 구글)에게 보낸다. 일반적으로 스파이더는 인기있는 웹 사이트(예, 웹 포털)에서부터 검색을 시작하여 그 웹 페이지에 대한 데이터를 얻고, 리스트의 연결정보를 따라 검색을 계속한다. 예를 들어 구글은 여러 개의 스파이더를 사용한다고 공개했는데, 각각의 스파이더가 초당 100페이지가 넘는 수준까지 검색하고, 매초당 600킬로바이트에 가까운 데이터를 수집한 후 그것을 구글에 넘겨준다고 한다.

스파이더들은 데이터를 수집하는데 있어서 데이터를 얼마나 많이 수집할지, 수많은 웹 페이지로 구성된 하나의 웹 사이트를 얼마나 깊숙이 파고들지에 따라 다른 접근법을 취한다. 예를 들어, 데이터를 얼마나 많이 수집할지의 측면에서 일부 스파이더는 한 웹페이지의 모든 중요한 단어들을 포착하도록 설계되어 있지만, 다른 스파이더는 한 웹 페이지의 제목, 하위제목, 메타-테그와 특정 위치에 나타난 단어들만 수집하도록 되어 있다. 또한 방문한 사이트의 전체 웹 페이지들을 복사해서 전송하도록 프로그램 되어있는 스파이더들도 있다. 예를 들어, 구글의 검색 서비스는 "은닉해놓은" 페이지들도 볼 수 있는 옵션을 가지고 있다. 이는 해당 페이지들이 전체적으로 복사되어 구글의 자체 서버에 저장되기 때문에 가능한 것이다.

두번째, 스파이더에 의해 수집되어 전송된 정보들은 웹 검색자들이 관련 사이트를 빨리 찾고 걸러낼 수 있게 해주는 인덱싱 체계에 따라 정리된다. 이 단계에서 웹 사이트의 순위 역시 단어의 위치, 단어의 빈도수, 단어들 간의 거리, META 테그에 포함된 단어들, 참조 링크에 있는 라벨 등의 다양한 중요성 기준에 기반하여 산정된다. 검색 사이트들은 각기 기준을 달리하여 가중치 값을 할당한 서로 다른 함수를 사용한다. 이것이 바로 웹 검색자들이 동일한 키워드를 입력해도 그 검색목록과 순위가 검색 엔진들 간에 서로 다른 이유가 된다. 인덱싱 작업이 완료되면, 사람들이 키워드로 웹사이트 검색을 할 수 있도록 그 결과 정보들이 코드화되어 대규모의 데이터베이스에 저장된다. 인덱싱 작업을 포함한 이러한 전체 프로세스는 고도로 자동화되어 있다(그림 10.5 참조).

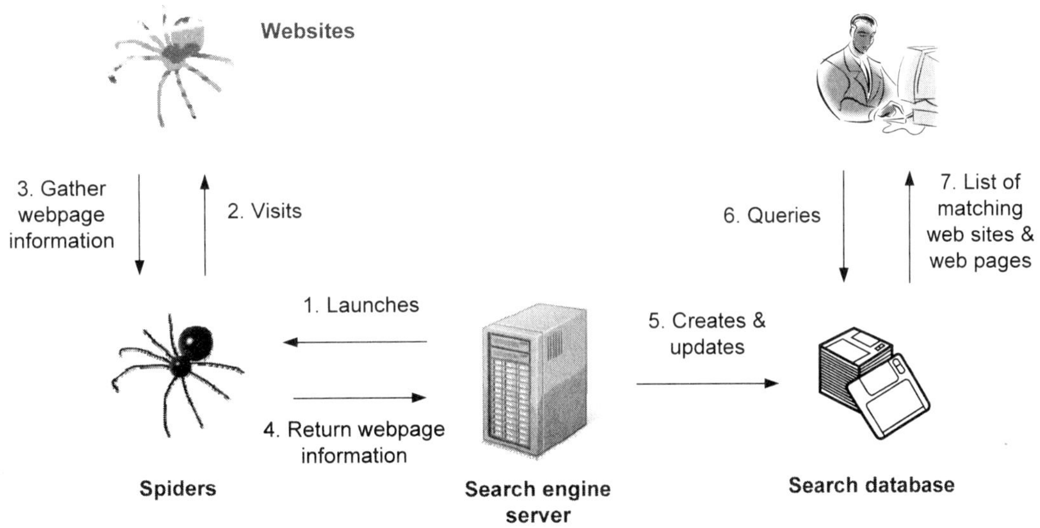


그림 10.5 검색 엔진이 작동하는 방식

# 10.3 가상 사설망(VPN)

## 10.3.1 기술

### [배 경]

글로벌한 영역을 담당하는 인터넷은 기업으로부터 인증을 받은 사람들(예, 출장 직원이나 비즈니스 파트너)이 전 세계 어디서든 접근 가능한 기업 네트워크를 동적으로 구축할 수 있게 해줌으로써, WAN 링크의 생성에 있어 하나의 이상적인 플랫폼이 되었다. 하지만 WAN 플랫폼으로써 인터넷이 가진 명확한 장점들에도 불구하고 많은 기관들이 도입을 꺼리는 이유는 보안에 대한 우려와 불확실한 네트워크 안정성, 그리고 패킷 전송에 있어서 한계가 있는 서비스 품질(QoS) 때문이다.

### [VPN 기술]

**가상 사설망**(VPN) 기술이 도입되면서 WAN 플랫폼으로써의 인터넷의 부정적인 측면들을 상당히 변화시켰다. VPN은 IP 패킷을 안전하게 전송하기 위해 소위 **터널링**(tunneling)을 이용한다. 터널링은 보안 전송을 위해 암호화된 IP 패킷을 또 다른 패킷 내에 캡슐화하는 과정을 말한다. 이는 인터넷 상에서 보안된 파이프를 통해 패킷을 전송하는 것과 같다. 캡슐화 과정에는 원래의 패킷을 암호화하고 새로운 IP 헤드를 부가하는 작업들이 포함된다. 마지막으로 이를 전달받은 라우터/VPN 게이트웨이가 해당 패킷의 캡슐을 해제하고 그 원래의 패킷을 목적지 호스트에 전달한다.

따라서, VPN은 통신사업자들이 자체적으로 소유한 사설 인프라스트럭쳐(9장 참조)를 통해 제공되는 임대선이나 프레임 릴레이 같은 기존의 WAN 연결 서비스와는 다르다. VPN은 공공 인터넷을 통해 운영되기는 하지만 전송하는 IP 패킷들을 보호하기 때문에 결과적으로 그 연결이 사적(private)인 것이 된다. VPN을 이용하면 이동 인력, 자택 근무 인력, 지사 사무실 인력 등과 같은 원격지 인력들이 인터넷을 통해 연결된 가상 기업 네트워크에 참여할 수 있게 된다.

## 10.3.2 가상 사설망의 장점

### [비용 효과성]

인터넷은 기업들이 대부분 이미 인터넷 접속에 가입되어 있고 VPN이 추가적인 네트워크 서비스 비용을 발생시키지 않기 때문에, 매우 비용 효과적인 커뮤니케이션 플랫폼이 된다. 실증적 데이터에 의하면 VPN은 임대선이나 통신사업자의 PSDN 기반 서비스와 비교해 볼 때 네트워크 장비의 유지, 관리, 커뮤니케이션에 드는 비용을 상당히 절감시킨다. 만약 어느 공공 또는 사설 기업이 이동 인력, 재택 근무 인력, 지사 인력들을 대규모로 파견하고 있다면, 그 비용 절감 효과가 훨씬 더 커질 것이다.

#### [접근성과 확장성]

글로벌하게 걸쳐 있는 인터넷은 다른 사설 통신사업자 네트워크(예, PSDN)들이 따라올 수 없는 접근성(accessibility)을 제공한다. 기업은 인터넷의 보편성(ubiquity)으로 인해 언제 어디서나 어느 노드들 간에서나 VPN 기반의 WAN 링크들을 부가할 수 있다. 또한, VPN은 인터넷 접속용으로 다양한 가용 서비스들(예, DSL, 케이블, 임대선, 위성)을 필요에 따라 활용함으로써 클라이언트 사이트와 ISP 간의 전송 속도를 높일 수 있게 해주기 때문에 대역폭의 확장성을 지닌다.

#### [유연성]

VPN은 링크들이 더 이상 필요치 않은 경우에는 해체하거나 필요에 따라 다양하게 형성할 수 있기 때문에 기업 운영에 있어서의 유연성을 높인다. 예를 들어, 기업의 공급업체와 고객들이 인터넷을 통해 손쉽게 기업 네트워크에 추가될 수 있다. 이는 기업이 향상된 고객 서비스를 제공할 수 있게 하거나, 비즈니스 프로세스를 더 잘 관리할 수 있게 하는 등의 다양한 방식으로 기업에 이점을 제공할 수 있다. 경제 활동이 더욱 분산화되고 글로벌화되면서, 기업들이 VPN을 비용 효과적인 커뮤니케이션이나 글로벌 파트너와의 네트워킹에 활용할 수 있게 된 것이다. 출장을 많이 하는 영업 인력이 영업 관련 정보와 데이터를 안전하게 다운로드하거나 업로드하기 위해 자신의 스마트폰이나 태블릿을 이용해 인터넷으로 기업 데이터베이스에 접속하는 경우를 상상해 보자. 해당 영업인력이 기업 네트워크에 원격 접속을 수행할 때마다 그 연결은 WAN 링크가 된다. 그리고 그 영업인력이 해당 원격 링크를 끊으면 그 연결은 종료된다. 통신업체가 소유한 플랫폼 상의 기존 WAN 링크는 설정 및 해제에 일정 소요 시간이 들기 때문에, 원격 링크를 동적으로 형성하고 변경시킬 수 있는 VPN의 유연성에는 필적할 수가 없다.

### 10.3.3 가상 사설망의 위험성

#### [안정성]

VPN이 이를 도입한 기관에 상당한 이점을 제공하는 반면, 통신업체의 WAN 플랫폼 상에서 제공되는 기존 서비스들에 비해 잠재적인 위험성 또한 존재한다. 우선, VPN은 인터넷의 속도, 안전성, 성능에 의존한다. 인터넷은 상대적으로 통신사업자의 네트워크에 비해 혼잡과 속도 저하에 취약하기 때문에, 중요한 핵심 업무를 처리하는 어플리케이션의 데이터 전송에 있어서 안정성과 신뢰성을 유지하기가 상대적으로 더 어렵다. 또한, 인터넷 기반의 연결은 IP 패킷들이 목적지에 도달할 때까지 대부분 여러 ISP 네트워크를 통과해야 하기 때문에, 통신업체의 WAN 플랫폼 상의 연결에 비해 신뢰가 덜 간다. 만약 고객이 자사의 모든 원격지를 커버할 수 있어 서비스 품질이 보장될 수 있는 ISP의 인터넷 백본을 이용할 수 있다면 안정성 문제가 경감될 수 있을 것이다.

**[보안성]**

오늘날의 보안 기술(예, 암호화)들이 데이터를 안전하게 보호할 수 있기는 하지만, VPN은 인터넷이 개방된 환경에서 운영되기 때문에 여전히 통신업체의 WAN 플랫폼만큼 안전하게 인식되지 않고 있다. 초기에는 이러한 보안에 대한 우려로 업계는 VPN의 도입을 꺼리기도 했다. 하지만 VPN 기술의 지속적인 발전으로 인해, 더 많은 기업들이 VPN 사용자 그룹에 참여하고 있는 추세이다. 한편, VPN의 향상된 데이터 보호 역량에도 불구하고, 인터넷 상에서 만연되고 있는 보안 위협들이 기업들의 VPN 수용을 가로막고 있을 수도 있다. 기업들은 민감한 데이터들을 보호할 수 있는 철저한 보안 장치를 필요로 하기 때문이다.

### 10.3.4 가상 사설망의 유형

VPN 설정에 있어 이용 가능한 여러 가지 접근 방식들이 존재하는데, 크게 원격-접속(Remote-Access) VPN과 사이트-대-사이트(Site-to-Site) VPN으로 나뉜다.

**[원격-접속(Remote-Access) VPN]**

이 방식은 멀리 떨어진 곳에 위치해 있는 직원들이 기업 시스템에 접속하여 현장의 데이터를 전송하거나 필요한 정보(예, 마케팅 자료)를 다운로드 받을 수 있게 해준다. 이는 재택 근무 인력, 이동 인력, 출장 영업 인력 등을 연결하는 Person-to-LAN 연결로 구현된다. 원격-접속 VPN은 멀리 떨어진 곳에 위치해 있는 인력들이 기업과 연결될 수 있는 WAN 채널로서 전 세계의 인터넷을 활용할 수 있게 해주어 적시에 할당된 업무를 수행할 수 있게 해준다.

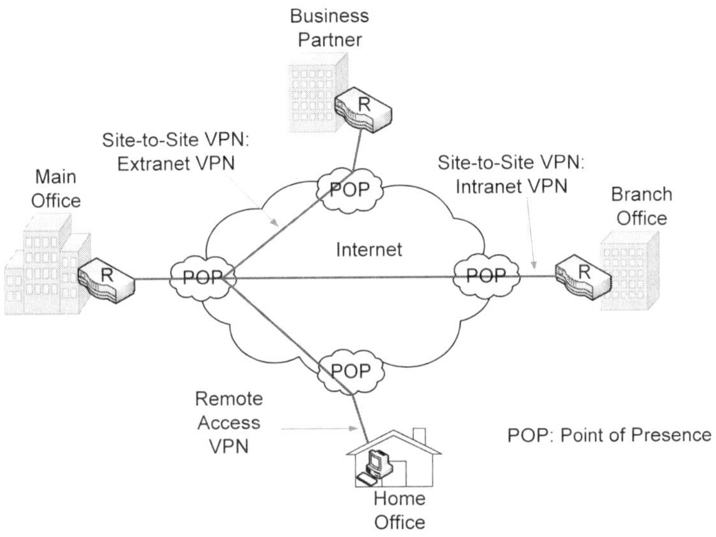


그림 10.6 VPN 유형

### [사이트-대-사이트(Site-to-Site) VPN]

사이트-대-사이트 VPN을 이용하는 경우에는, 지역적으로 분리되어 있는 두 개 LAN 간에 IP 패킷의 전송을 보호하기 위해 암호화를 사용하여 보안된 연결이 구축된다. 목적지에 도착하게 되면 해당 패킷의 암호화가 해제되고 목적지 호스트로 전달된다. 이 방식에서는 경계 라우터(혹은 VPN 게이트웨이/방어벽)가 프라이버시 보호를 위한 패킷의 암호화와 암호화 해제 작업을 수행한다. 사이트-대-사이트 VPN은 두 가지 방식이 있는데 인트라넷(intranet)-기반과 엑스트라넷(extranet)-기반이 그것이다.

인트라넷-기반의 VPN은 인터넷을 통해 기업의 사무실 LAN들을 상호적으로 연결한다. 일반적으로 양쪽의 최종 단말기(예, 지역 사무실)들은 안전하고 신뢰할 수 있다고 간주된다. 따라서 이러한 LAN-to-LAN 연결은 최소한의 보안 위험성을 가지고 있다고 볼 수 있다. 소위 비즈니스-투-비즈니스 VPN이라고도 불리우는 엑스트라넷-기반의 VPN은 공급망 관리와 같은 비즈니스 업무 프로세스를 간소화하기 위해 서로 다른 두 기업의 LAN들을 연결한다. 인트라넷-기반의 VPN은 신뢰할 수 있는 최종 포인트들을 연결시키는 반면, 엑스트라넷-기반의 VPN은 비즈니스 파트너, 고객, 공급 업체, 컨설턴트 등을 연결하고 위한 것이다.

## 10.3.5 가상 사설망 표준

VPN을 구현하는데 사용할 수 있는 몇 가지 프로토콜들이 존재한다. 이 중 잘 수용되고 있는 것들로는 SSL/TLS(줄여서 SSL)과 IPSec 등이 있다. IPSec은 어플리케이션들과는 독립적인 반면, SSL은 종종 어플리케이션들 안에 내장되어 있는데 가장 두드러지는 것이 웹 브라우저(예, HTTP+SSL ⇒ HTTPS) 어플리케이션이다. 데이터 링크 계층에서 정의되는 PPTP나 L2TP 같은 기타 다른 VPN 표준들도 있다. 여기서는 IPSec과 SSL에 대해 좀 더 자세히 다룰 것이다.

[표 10.1] 많이 사용되는 VPN 프토토콜

| 계층 | 프로토콜 |
|---|---|
| 전송(Transport) | SSL(Secure Socket layer/Transport Layer Security) |
| 인터넷(Internet) | IPSec(IP Security) |
| 데이터 링크(Data Link) | PPTP(Point-to-Point Tunnelling Protocol) |
| | L2TP(Layer 2 Tunnelling Protocol) |

## 10.3.6 IPsec(IP 보안)

IPSec은 VPN용으로 소개된 표준(표 10.1 참조)들 중에서도 일반적으로 가장 안전한 프로토콜로 간주된다. IPSec은 인터넷 상 데이터 교환에 있어서 인증, 통합, 비밀 보장 등 핵심적인 보안 기능을 제공하기 위해 IETF에 의해 개발되었다.

- 인증(authentication)은 커뮤니케이션 상대방의 실제 신분을 검증하기 위한 것이다.
- 데이터 통합(data integrity)은 전송된 패킷이 우연히 변경되었거나 미인증된 상대방에 의해 조작되지 않았음을 보장한다. 패킷에 의도치 않은 조작이 발생한다면 그것을 감지해 내야 한다.
- 데이터 비밀 보장(data confidentiality)(또는 프라이버시)은 전송된 패킷이 도청되는 것을 막아야 함을 의미한다.

IPSec 프로토톨은 이러한 보안 요건들을 만족시키기 위하여 다양한 기술 요소들을 활용한다. 그러한 기술 요소들에는 사전-공유된 키나 디지털 서명, DES나 3DES 같은 암호화 기술들, MD5나 SHA-1 같은 해쉬 알고리즘 등이 포함된다.

| Application layer(e.g. HTTP, SMTP) |
|---|
| Transport layer : TCP/UDP |
| Internet layer : IPSec Protocol |
| Internet layer : IP Protocol |

그림 10.7 IPSec 계층

IPSec는 인터넷 계층에서 운영되기 때문에, 전송 계층과 어플리케이션 계층(그림 10.7 참조)에서 오는 모든 프로토콜 데이터 유닛(PDU)을 보호할 수 있다. 이러한 보안 방식은 IP 프로토콜 자체가 그러한 역량을 가지고 있지 않기 때문에 필요하다. IPSec의 사용은 IPv4에서는 옵션 사항이지만, IPv6에서는 반드시 사용하도록 되어 있다. 내부에 필수 소프트웨어가 설치되어 있다면, IPSec가 네트워크 노드들 간(예, 라우터-라우터, 방어벽-라우터, 클라이언트-라우터, 클라이언트-서버)에 교환되는 데이터를 암호화할 수 있다. 기업 영역 내에 독립된 전용 IPSec 서버를 설치하거나, 혹은 그것을 방어벽/경계 라우터에 설치할 수도 있다. IPSec 서버와 방어벽/경계 라우터가 분리되어 있는 경우에는 방어벽/경계 라우터가 IPSec 전송의 통과를 허용하도록 적절하게 설정을 해주어야만 한다.

IPSec 표준은 다음 두 가지의 다른 방식으로 구현될 수 있다: **터널 모드**(tunnel model)와 **전송 모드**(transport mode).(그림 10.8 참조)

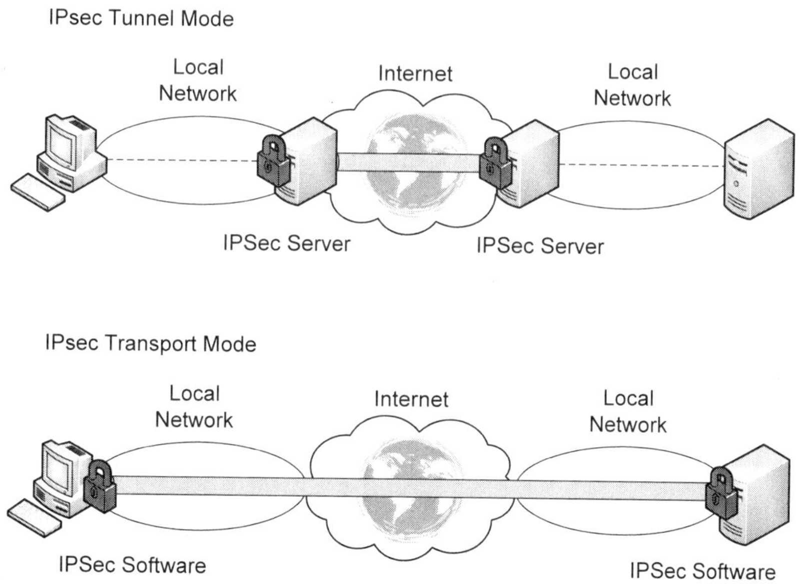


그림 10.8 IPSec 터널 모드 vs. 전송 모드

### [터널 모드(Tunnel mode)]

터널 모드로 구현된 IPSec은 다음과 같은 특징들을 수반한다.

- IPSec 서버들이 데이터 암호화를 통해 모든 내부 거래들을 보호하도록 로컬 영역 범위 내에 설치된다(사이트-대-사이트 보안).

- 내부 호스트들이 IPSec 서버의 존재를 인지하지 않도록 하여 호스트들에 대한 투명성을 갖게 한다.
- 로컬 네트워크의 범위를 벗어난 IP 패킷들에 대해서는 보안을 제공하지 않는다. 다시 말해서, 패킷이 기업 네트워크의 범위 내에 있을 경우에만 암호화가 해지되지 않는다.
- 터널 모드는 원격 접속 VPN과 사이트-대-사이트 VPN의 구현, 둘 모두에서 많이 사용된다.

패킷의 암호화/암호화 해제의 측면에서 보면, IPSec 서버는 밖으로 나가는 IP 패킷을 암호화하고 암호화된 패킷을 또 다른 IP 패킷 안에 캡슐화한다(그림 10.9 참조). 그러는 도중에, IPSec 서버는 암호화된 원래의 IP 패킷에 보안 헤더(암호화에 필요한 정보를 제공하는 IPSec 헤더)를 추가한다. 새로운 IP 헤더가 추가되고 나면, 새로운 IP 주소를 포함한 그 정보가 인터넷 상에서의 패킷 라우팅에 사용되는 것이다. 따라서, 이 방식에서는 원래의 IP 패킷이 전체적으로 암호화됨으로써 전송 중 도청으로부터 보호되게 된다. 이 새로운 IP 헤더는 두 개 IPSec 서버(예, 경계에 설치된 라우터나 IPSec 게이트웨이) 간의 패킷 라우팅용으로만 부가된다.

### [전송 모드(Transport Mode)]

전송 모드로 구현된 IPSec은 end-to-end(혹은 호스트-대-호스트) 보안을 제공한다. 이를 위해서는 IPSec 소프트웨어가 각 호스트 단말기에 설치되어야 하기 때문에 터널 모드에 비해 구현 비용이 상당이 많이 든다. 전송 모드를 이용하면, 패킷이 LAN의 내부를 벗어나 횡단하고 있는 동안에도 암호화된 채로 남아 있다(그림 10.8 참조). 이 방식에서는 패킷의 IP 헤더가 아닌 원본 데이터 필드만이 암호화를 통해 보호된다. 왜냐하면 해당 패킷을 목적지 호스트에 전달하기 위해서는 원본의 IP 헤더에 있는 정보(예, 목적지 IP 주소)가 필요하기 때문이다.

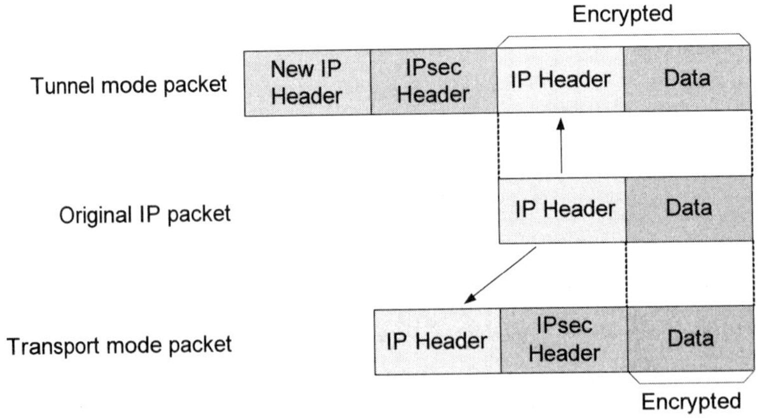


그림 10.9 IP 패킷 캡슐화: 터널 모드 vs. 전송 모드

IP 패킷을 이중으로 보호하기 위해 IPSec의 터널 모드와 전송 모드가 결합될 수도 있다. 두 가지 유형의 IPSec 모드가 함께 사용되는 경우에는 호스트들이 end-to-end 전송 방식으로 커뮤니케이션하기 때문에 그들을 제외한 다른 어느 누구도 암호화된 메시지를 읽을 수 없다. 아울러, 소스와 목적지 호스트의 IP 주소를 숨기기 위한 사이트-대-사이트 터널링(site-to-site tunneling)이 LAN 영역들 사이에 구축될 수 있다. 이러한 방식은 IP 패킷에 견고한 이중 보호 장치를 제공하지만, 상당한 프로세스 부하를 야기하고 비용이 많이 든다.

### 10.3.7 SSL(보안 소켓 계층-Security Socket Layer)

**[광범위한 수용]**

SSL은 인증, 데이터 암호화, 데이터 통합 기능을 수행함으로써 인터넷 상 데이터 전송에 보안 수단을 제공하는 프로토콜이다. 초기에 SSL은 HTTP에 기반한 웹 브라우저와 웹 서버 간의 보안 커뮤니케이션, 정보 접속, 전자상거래(예, 온라인 뱅킹이나 신용카드를 이용한 제품 구매) 등을 위해 네스케이프(Netscape)라는 기업에 의해 개발되었다. HTTP가 거래에 있어서의 보안성을 향상시키기 위해 SSL과 결합되면서 HTTPS(HTTP over SSL)가 되었다. 브라우저가 보안에 민감한 웹 사이트(예, 뱅킹 사이트)를 방문하면, 웹 서버가 클라이언트 브라우저로 하여금 교환되는 데이터의 보호를 위해 HTTPS를 사용하도록 요구한다.

SSL가 IETF에 의해 표준화된 것이 TLS(전송 계층 보안: Transport Layer Security)이다. SSL은 해당 프로토콜이 웹 브라우저에 내장되어 사람들이 보안 기능의 이용을 위해 별도로 프로그램을 설치할 필요가 없게 되자 급속히 부상하였다. HTTPS 뿐만 아니라 SSL도 다른 비보안 프로토콜들을 보안된 것으로 변환시키는데 활용되어 왔다. 예를 들어 FTP(파일 전송 프로토콜)과 SMTP(간이 전자 우편 전송 프로토콜)은 데이터와 파일을 평문(clear text)으로 교환하기 때문에 도청 등에 취약하다. 이 경우 SSL을 부가한 FTPS(FTP over SSL)와 SMTPS(SMTP over SSL)가 FTP와 SMTP 데이터를 보호할 수 있게 되는 것이다.

**[VPN의 구현]**

SSL 또한 VPN을 구현하는데 있어 많이 사용되어 왔다. IPSec와 마찬가지로 SSL 기반의 VPN도 역시 전송 방식이나 터널 방식, 둘 중에 하나로 유연성 있게 구현될 수 있다(그림 10.10 참조). 기업이 VPN용으로 SSL을 사용하는 경우, 브라우저(클라이언트)와 SSL 서버 모두 각자의 인증 정보(예, 디지털 서명)를 이용하여 서로 인증을 해야만 한다. 이러한 절차는 세션을 침략자가 가로채는 일이 없도록 해줌으로써 중간자 공격(man-in-the-middle) 등과 같은 위험을 피할 수 있게 해준다. 특히, WiFi 네트워크가 파급됨에 따라 VPN의 상호 인증 기능이 더욱 중요해지고 있다.

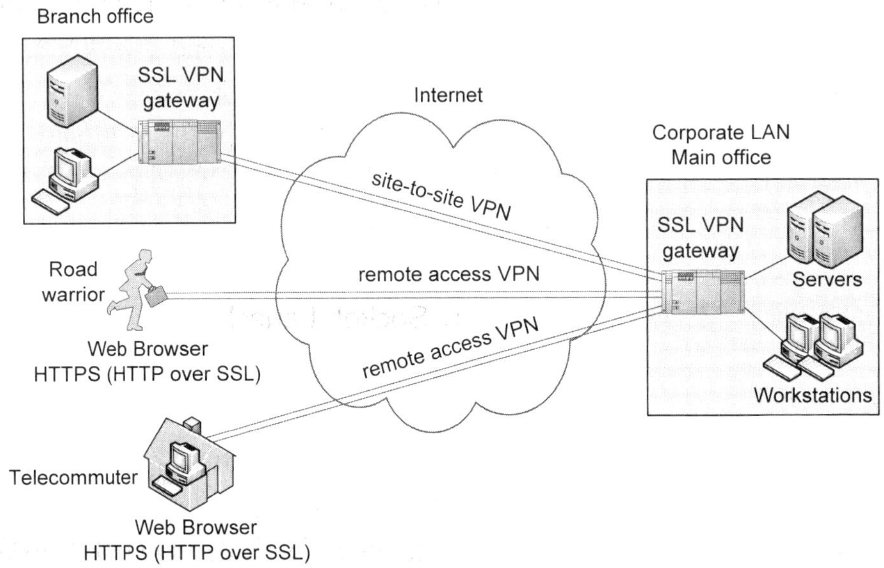


그림 10.10 SSL을 이용한 VPN 구현

### [SSL과 전자상거래]

SSL이 전자상거래(예, 아마존 닷컴에서 책을 구매하는 것)에 이용되는 경우에는 온라인 스토어의 HTTP 서버가 상호 인증을 요구하기가 어렵게 된다. 대부분의 웹 브라우저들에는 디지털 서명이 딸려있지 않기 때문에 클라이언트(브라우저) 인증은 일반적으로 생략된다. 이러한 디지털 서명은 인증 기관(Certificate Authority)에서 구매하여 사용자 컴퓨터에 설치되어야 하지만, 대부분의 웹 검색자들은 이러한 과정을 생략한다. 이러한 연유로 인해, 오직 온라인 쇼핑자들을 사기성 웹 사이트로부터 보호하기 위한 브라우저(클라이언트)에 대한 서버(예, 아마존 닷컴 서버)측의 인증만이 사용되고 있다. 서버 인증은 다음과 같은 단계를 거쳐 이루어지는데 그림 10.11이 그 과정을 요약해 주고 있다.

1. 웹 브라우저(클라이언트)가 해당 웹 서버에 접촉하여 데이터 교환을 위한 간단한 보안 협상을 한다.
2. 서버가 자체 디지털 서명을 전송하여 클라이언트에게 인증을 한다.
3. 클라이언트는 인증 기관에 접촉하여 인증서 폐지 목록(certification revocation list)을 체크하여 해당 디지털 서명이 진짜이고 유효함을 확인한다.
4. 서버의 디지털 서명을 검증하고 나면, 해당 클라이언트는 대칭적 세션 키를 생성하여 그것을 서버의 공공 키로 암호화 한 후 이를 서버에게 전송한다.

5. 그러면 브라우저(클라이언트)와 웹 서버 간의 교환되는 데이터가 위의 세션 키를 이용해 암호화 된다.

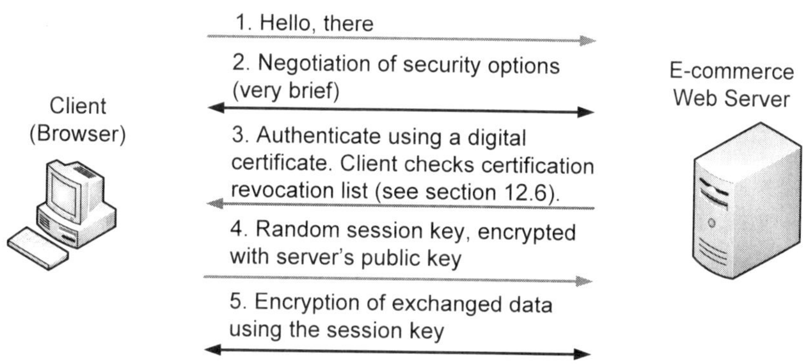


그림 10.11 전자상거래에서 SSL을 이용한 서버 인증

### 10.3.8 IPSec vs. SSL

가장 많이 사용되는 두 가지 VPN 표준인 IPSec과 SSL은 각기 표 10.2와 같은 장단점을 지니고 있다. 사실상, IPSec과 SSL은 VPN의 보안 향상을 위해 함께 결합하여 사용되기도 한다.

[표 10.2] 비교: IPSec vs. SSL

| | IPSec(IP Security) | SSL(Secure Socket Layer) |
|---|---|---|
| 계층 | 인터넷 계층 | 전송 계층 |
| 소프트웨어 | 각 사용자 단말기에 설치되어 관리되어야 함 | 웹 브라우저 상에 내장되어 있어 부가적인 클라이언트 측 소프트웨어가 필요치 않음 |
| 설정 및 유지 비용 | 별도의 소프트웨어가 구입 및 설치되어야하므로 높은 설치 비용이 듦<br>대규모의 설치 기반이 필요한 경우 유지와 업데이트에 상당한 비용이 듦 | 웹 브라우저에 사전 설치되어 있기 때문에 유지 및 업데이트 비용이 낮음 |
| 사용 용이성 | 활용을 위해서는 최종 사용자 교육이 필요함 | 소프트웨어가 브라우저에 내장되어 있기 때문에 최종 사용자 교육이 필요 없음 |
| 전체적인 보안성 | 일반적으로 SSL에 비해 높은 수준의 보안성을 제공 | IPSec에 비해 보안성이 낮다고 간주됨 |
| VPN 구현 | 각 단말기에 대한 보안 설정이 까다롭기 때문에 전문가를 필요로 함 | 클라이언트 측면의 소프트웨어 브라우저에 내장되어 있으므로 전력을 연결하면 돌아가는 식(plug-and-play) 식으로 작동함 |

# 10.4 IPv6(차세대 IP)

## 10.4.1 배경

IPv4가 지닌 단점 중 하나는 32비트 주소 체계로 인한 한정된 주소 영역 때문이다. IETF는 처음 IPv4가 소개되었을 시점에 IP 수요가 그렇게 폭발적으로 증가할 것을 예상하지 못했다. 특히 이러한 증가 현상은 스마트폰이나 태블릿 같은 모바일 기기들이 새롭게 등장하면서 더욱 가속화되었다. 더구나 조만간 대부분의 (전부 다는 아니라도) 컴퓨팅 및 통신 기기들, 가전 제품들, 게임 기기들, 기타 소비자 전자 제품들이 인터넷을 통해 연결되는 시대가 오게 되면, IP 주소의 소비가 엄청나게 일어날 것이다.

그 동안은 인터넷의 초기 단계에 도입되었던 클래스형 IP 할당 체계가 가용한 IPv4 주소 영역의 비효율적 활용에 일조를 해왔다. 사설 IP 주소화 및 네트워크 주소 변환 등의 수단들이 IPv4의 수명을 연장시켰음에도 불구하고, IANA(인터넷 할당 번호 관리기관)는 2011년 ISP들에 가용한 IPv4 주소를 할당하는 작업을 완료하였다. 이제 머지않아 우리는 IPv6로 옮겨갈 수 밖에 없을 것이다. 이미 Windows를 비롯한 주요 운영 시스템들이 IPv4와 IPv6를 동시 지원하고 있는데, 이는 느리지만 서서히 진행되고 있는 새로운 시대로의 변화를 반증한다 할 수 있다. IPv6의 적용은 유럽과 아시아 지역에서 더욱 빠르게 진행되고 있다고 알려져 있는데, 이는 이들 지역에서 IPv4 주소의 부족 현상이 심각하기 때문이다. 이번 섹션에서는 새로운 인터넷 프로토콜 표준인 IPv6를 소개하고, 특히 그것의 주소화 매커니즘에 초점을 맞추어 설명하고자 한다.

## 10.4.2 IP 패킷의 구조

IPv6는 긴 IP 주소 비트를 가지기 때문에 그 헤더 길이(40 바이트)가 IPv4(약 20 바이트)의 헤더 길이보다 두 배나 더 길지만, 더 적은 수의 필드를 가진 단순화된 헤더 구조를 가지고 있으므로 패킷 처리가 보다 효율적이다. IPv4와 눈에 띄게 다른 점 중 하나는 라우터가 IP 패킷의 헤더에 있는 에러를 감지하기 위해 사용하는 헤더의 Checksum이 생략된 점이다(그림 10.12 참조).

아래는 헤더 항목들에 관한 설명이다.

- **Traffic Class**와 **Flow label**은 서비스 품질(QoS)을 지원하기 위해 설계된 항목이다.
- **Payload length**는 IPv6 페이로드(데이터 필드)의 길이를 뜻한다.
- **Next header**는 데이터 필드에 있는 PDU(예, 프로토콜)의 유형을 뜻한다.

- Hop limit은 패킷이 통과할 수 있는 라우터의 최대 개수를 의미하며 IPv4에서의 time-to-live (TTL)와 동일하다.
- Source address는 소스 노드의 IPv6 주소를 뜻한다.
- Destination address는 목적지 노드의 IPv6 주소를 나타낸다.

<table>
<tr><td>Version 6(= 0110)</td><td>Traffic Class(8bits)</td><td colspan="2">Flow Label(20bits)</td></tr>
<tr><td colspan="2">Payload Length(16bits)</td><td>Next Header(8bits)</td><td>Hop Limit(8bits)</td></tr>
<tr><td colspan="4">Source IP address(128bits)</td></tr>
<tr><td colspan="4">Destination IP address(128bits)</td></tr>
<tr><td colspan="4">Next Header or Payload(Data Field): Variable in size</td></tr>
</table>

Bit0 Bit31

그림 10.12 IPv6 패킷

### 10.4.3 IP 주소

IPv6 주소는 128비트 혹은 각 자리수가 4개 이진법 비트를 나타내는 16진법의 32개 숫자(예, 0089:A0CD:0234:EF98:0000:000F:0D0B:0F20)를 사용한다. 이 16진법의 숫자는 대소문자를 구별하지 않는다(예, A0CD는 a0cd와 동일하다). IPv6는 IPv4에 주소보다 4배는 더 긴 128비트의 주소화 체계를 사용하므로 엄청난 주소 영역(IPv4 영역의 1조 배의)이 사용 가능하게 됨에 따라 상당히 오랜 기간 동안은 IP 부족 문제를 염려하지 않아도 된다. 128비트 중에서 처음 64비트는 네트워크 주소를 나타내고, 나머지 64비트는 특정 네트워크 내의 호스트 주소를 의미한다.

**연습문제 10-3**

IPv4는 32비트 IP 주소의 서브넷 부문을 표현하기 위해 255.255.255.0와 같은 서브넷 마스크를 사용한다. IPv6에서도 서브넷 마스크가 필요할까?

#### [서브넷 주소 비트]

또한 IPv6는 계층적 IP 주소화 체계를 도입하여, 64 서브넷 주소 비트를 더 나아가 다음과 같이 나눌 수 있다.

- 지역 등록기관 표시용 접두사를 위한 처음 23비트

- ISP 접두사에 대한 다음 9비트
- 글로벌 라우팅에 필요한 사이트 접두사에 대한 다음 16비트
- 서브넷 접두사에 대한 마지막 16비트

IPv4처럼 IPv6 패킷 라우팅 역시 서브넷 접두부와 가장 길게 매칭되는 부문을 기준으로 한다.

**연습문제 10-4**

인터넷을 검색하여 AfriNIC, ARIN, APNIC, LACNIC 그리고 RIPE NCC 등 모든 지역 인터넷 주소 등록 기관들에 할당된 접두사를 찾아보라.

### [호스트 주소 비트]

호스트 주소 부문인 나머지 64비트와 관련하여, 호스트 주소를 할당하는데 있어 다음의 세 가지 옵션이 있다.

- 호스트 주소는 마치 IPv4의 고정적 설정처럼 컴퓨터 상에서 수작업으로 설정될 수 있다.
- 호스트 주소는 DHCPv6 같은 프로토콜을 통해 동적으로 제공될 수도 있다.
- IPv6에만 있는 세번째 IP 주소화 옵션을 EUI-64라고 부른다. EUI는 확장된 고유 식별자(Extended Unique Identifier)를 의미한다. EUI-64를 이용하면, 컴퓨터가 지닌 64비트의 호스트 주소가 그것의 48비트 MAC 주소로부터 자동적으로 산출된다.

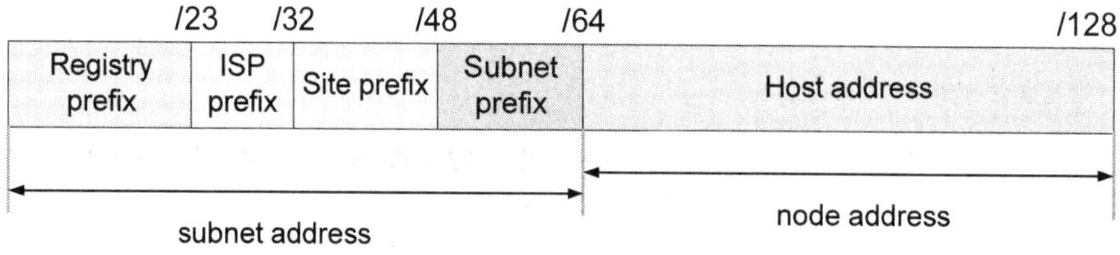


그림 10.13 IPv6 주소의 구조

사설 IP 주소의 영역과 루프백 IP 주소의 영역 또한 존재한다. 예를 들어 IPv6용 루프백 주소는 IPv4의 127.0.0.1/8와 동일한 0:0:0:0:0:0:0:1(또는 축약형으로 "::1")이다. 필요에 따라 기업이 내부적으로 사용할 0:0:0:0:0:0:0:1 이외의 루프백 주소를 추가적으로 정의할 수도 있다.

### 10.4.4 주소의 축약형

IPv6 주소들은 길기 때문에 다음 두 가지 축약 규칙에 따라 짧게 줄일 수가 있다.

규칙 1: 콜론(:)으로 분리되어 있는 16진법 값의 각 블록 내 앞부분에 있는 제로 값들은 생략될 수 있다. 예를 들어, 다음의 두 개 주소는 동일한 것이다.

0089:A0CD:0234:EF98:0000:000F:0D0B:0000
89:A0CD:234:EF98:0:F:D0B:0

규칙 2: 연이은 제로 값들의 그룹은 더블 콜론(::)으로 대체될 수 있다. 예를 들어, 다음의 주소들은 모두 동일한 것이다.

0089:A0CD:0234:0000:0000:0000:0D0B:0F20
89:A0CD:234:0:0:0:D0B:F20
89:A0CD:234::D0B:F20

**연습문제 10-5**

1. 다음의 IP 주소들을 가능한 한 작은 사이즈로 줄일 수 있도록 주소 축약 규칙을 적용하라.

   a) AD89:00C0:0204:0000:0000:ABC0:000B:0020
   b) 0000:0000:0000:0D89:0EC0:0204:00FB:0A20
   c) 0000:0D89:00C0:0204:0000:0000:000B:0000

2. 다음의 축약된 IP 주소들을 본래(축약되지 않은)의 주소로 복원하라.

   a) 89:CD:4::B:20
   b) B:FD:3:F98:0::D0B:F20
   c) B:1:3:8:0::B:0

### 10.4.5 IPv6 vs. IPv4 표준

IPv6 표준은 대규모의 주소 영역 이외에도 여러 가지 면에서 IPv4를 더욱 발전시켰다. 핵심적인 차이점들 중 일부가 아래에 요약 정리되어 있다.

[표 10.3] 비교: IPv4 vs. IPv6

| 특징 | IPv4 | IPv6(IPng) |
|---|---|---|
| 네트워크 보안 | 보안 옵션을 사용하는 것은 옵션임 | IPsec이 패킷 암호화, 전송 인증, 데이터 통합 등을 위해 반드시 사용됨 |
| 서비스 품질 | Diff-Serv 필드에 기반함 | 보다 정교한 QoS를 위한 규약이 Flow Label 필드를 통해 사용 가능함 |
| 패킷 사이즈 | 페이로드에 64KB까지 가능함 | • 페이로드가 64kB 이상 더 커질 수 있음<br>• 64KB 이상의 패킷을 점보그램(jumbogram)이라고 함<br>• 점보그램은 이론적으로는 4GB까지 커질 수 있음 |
| 패킷 분산 방식 | 유니캐스트, 멀티캐스트, 브로드캐스트가 가능함 | • 브로드캐스팅이 가능하지 않기 때문에, 브로드캐스트 스톰의 위험성은 없음<br>• 멀티캐스팅은 사용 가능하기 때문에 확장적으로 활용될 수 있음 |
| 네트워크 주소 변환 (NAT) | • IP 주소 영역의 부족과 취약한 보안 때문에 많이 사용됨<br>• NAT를 이용해 네트워크 보안성을 높이는 것은 대부분의 보안 위협들이 어플리케이션과 전송 계층 기능을 주 타겟으로 하기 때문에 그 효과성이 떨어짐<br>• 이 때문에 보안에서 NAT의 역할은 점점 작아지고 있음 | IPv6는 NAT가 불필요하게 설계되어 있기 때문에 가상 사설망(VPN)과 같은 고급 네트워크 어플리케이션들의 구현을 용이하게 만듦 |
| 주소 변환 프로토콜 (ARP) | IP 주소와 물리적(MAC) 주소 간의 매핑에 많이 사용됨 | • IPv6는 ARP가 필요치 않도록 설계되어 있음<br>• 예를 들어, EUI-64를 이용하면 48비트 MAC 주소가 64비트 호스트 주소에 포함됨 |

## 10.4.6 IP 전환 방법

IPv4에서 IPv6로의 전환 현상은 다소 점진적으로 일어날 것이다. 현재는 일부 호스트와 라우터들이 IPv4에 의존하는 반면, 다른 일부는 IPv4와 IPv6를 모두 다루고 있다. 가까운 미래에 IPv4와 IPv6가 공존할 수 있도록 하기 위한 몇 가지 기술적 방법들이 소개되어 왔다. 그러한 방법들에는 **듀얼 IP 스텍**(dual IP stacks), **터널링**(tunneling), **직접 주소 변환**(direct address conversion) 등이 있다.

### [듀얼 IP 스텍(dual IP stacks)]

하나의 노드 내에 듀얼 IP 스텍 방식을 이용하면, 노드(예, 컴퓨터나 라우터)의 운영 시스템이 IPv4와 IPv6를 동시에 지원하게 된다. 예를 들어, 그림 10.14에서는 듀얼 스텍 라우터(R4, R5, R6)가 IPv4와 IPv6 네트워크 주소들 간의 전환이 가능토록 하기 위한 매핑 정보를 제공한다. 듀얼

IP 스텍의 운영은 오늘날 운영 시스템들에서 가장 많이 활용되는 방식이다.

### [직접 주소 변환(Direct Address Conversion)]

이 방식에서는 IPv4 패킷이 IPv6 패킷으로 변환되거나 그 역으로 변환될 수 있다. 이를 위해 약간의 트릭을 이용함으로써 32비트의 IPv4 주소가 128비트의 IPv6 주소로 직접적으로 변환될 수 있다. 변환을 위해서 32비트 IPv4 주소 앞부분에 80 제로 비트가 오고, 그 다음에 16비트가 온다. 예를 들어, 123.45.67.89라는 IP 주소는 다음과 같이 변환될 수 있다.

0000:0000:0000:0000:0000:ffff:123.45.67.89 또는
0:0:0:0:0:ffff:123.45.67.89 또는
::ffff:123.45.67.89.

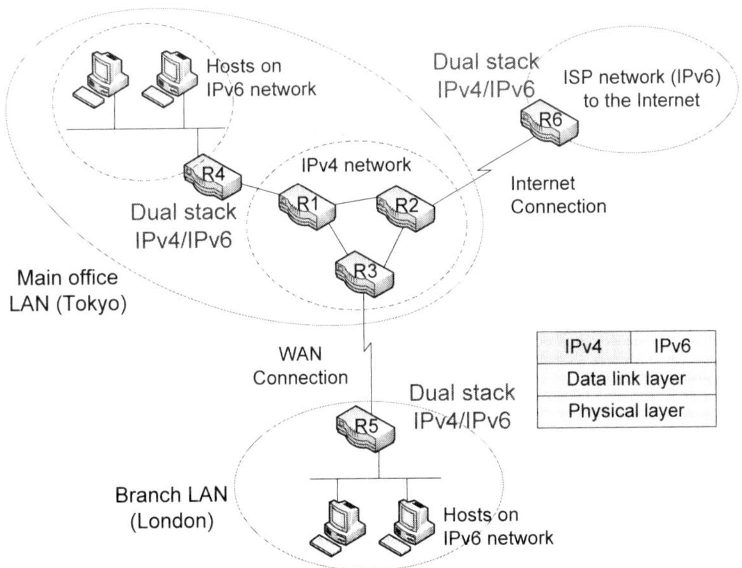


그림 10.14 듀얼 스텍 라우터의 시나리오

### [패킷 터널링 Packet Tunneling]

터널링이라는 방법 또한 IP 전환방법으로 소개되어 왔다. 예를 들어, 목적지 네트워크는 IPv6에 기반하여 운영되고 있지만, 그 로컬 네트워크는 여전히 IPv4 기반인 상황에서, 해당 로컬 호스트는 IPv6 패킷을 생산하고 그것을 IPv4 패킷 내에 캡슐화하여 전송할 수 있어야 한다. 또한 그 역의 경우, 즉 IPv4 패킷이 생산되어 그것이 IPv6 패킷 내에 캡슐화되어 전송되는 경우도 발생할 수 있다.

또 다른 시나리오로는 듀얼 스텍 라우터(그림 10.14)가 패킷 전송을 하는데 터널링 방식을 사용할 수도 있다. 예를 들어 소스와 목적지 호스트들이 모두 IPv6 네트워크에 기반하고 있지만 패킷이 IPv4 네트워크를 통과해야 하는 경우라면, 듀얼 스텍 라우터는 IPv4 헤더를 추가/삭제함으로써 IPv6 패킷을 캡슐화/캡슐화 해제할 수 있다(그림 10.15 참조).

| IPv6 Header | IPv4Header | IPv4 Data |
|---|---|---|

| IPv4 Header | IPv6Header | IPv6 Data |
|---|---|---|

그림 10.15 패킷 터널링

## 10.5 클라이언트-서버: 응용 계층 기술

인터넷 상의 어플리케이션들은 대부분 클라이언트가 서버의 자원을 활용하는 클라이언트-서버 관계로 운영된다. 또한 이러한 프로그램들은 응용 계층에서 운영된다. 그림 10.16은 IIS 웹 서버가 서로 다른 운영 시스템 플랫폼 상에서 운영되는 웹 브라우저 클라이언트들과 웹 페이지를 교환하는 클라이언트-서버 관계를 보여주고 있다.

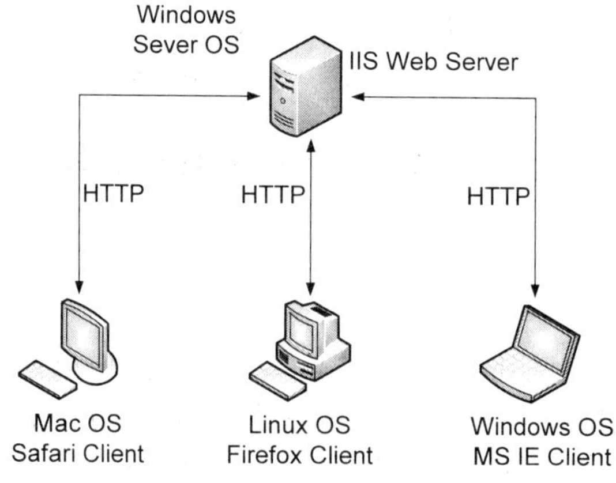


그림 10.16 클라이언트와 서버 모델

나머지 섹션에서는 응용 계층에서 정의되는 세 가지 클라이언트-서버 프로토콜(HTTP, DNS, DHCP)들에 대해 좀 더 자세히 설명할 텐데, 이것들은 오늘날 인터넷과 웹의 기능에 있어 절대적으로 중요한 기본 표준들이다.

### 10.5.1 하이퍼텍스트 전송 규약(Hypertext Transfer Protocol-HTTP)

웹 브라우저와 웹 서버는 HTTP에 기반하여 통신을 한다. 예시로, **www.president-news.org**의 메인 웹 페이지가 다음과 같이 3개의 파일로 웹 서버에 저장되어 있다고 가정해 보자. 배너와 회장의 사진 등 총 세 개 파일의 이름은 다음과 같다.

File #1: index.html(the main text page)
File #2: banner.jpg(a photo)
File #3: president.jpg(a photo)

이는 사용자에게 온전한 웹 페이지를 구현해 제공하기 위해서는 위 세 개 파일이 모두 웹 브라우저 상에 다운로드 되어야 한다는 것을 의미한다.

사용자가 브라우저의 URL 란에 **http://www.president-news.org**를 입력하면, 해당 브라우저는 간단한 헤더와 데이터 필드가 없는 요청 메시지(어플리케이션 PDU)를 생성하기 위해 HTTP를 활용한다. 헤더에 있는 GET은 파일 요청을 지시하는 키워드이다. HTTP/1.1이란 브라우저가 타겟 서버와 통신하기 위해 사용하고자 하는 HTTP 버전을 나타낸다. 브라우저의 요청을 받은 **www.president-news.org** 서버는 헤더와 데이터 필드로 구성되어 있는 HTTP 응답을 돌려 보낸다. 그 헤더에는 서버 프로그램(예, Apache, Microsoft의 IIS), 내용의 유형(예, 텍스트, 이미지), 그리고 데이터 사이즈 등의 정보가 포함되어 있다. 데이터 필드에는 브라우저가 요청한 실제 데이터 내용(예, **index.html**)이 포함된다. 아래에는 브라우저 요청과 서버 응답의 일부분을 예시로 보여주고 있다.

| | |
|---|---|
| Browser request: | GET/HTTP/1.1<br>Host: www.president-news.org<br>*** Output omitted **** |
| Server response:<br>(header+data) | HTTP/1.1·200·OK<br>Date:·Mon,·16·Feb·2009·21:41:33·GMT<br>Server:·Apache/1.3.37·(Unix)<br>**** Output omitted **** |

위의 세 개 파일을 다운로드 하기 위해서는, 브라우저와 웹 서버 간에 상기 요청-응답 사이클이 세 번 반복적으로 일어나야 한다(그림 10.17).

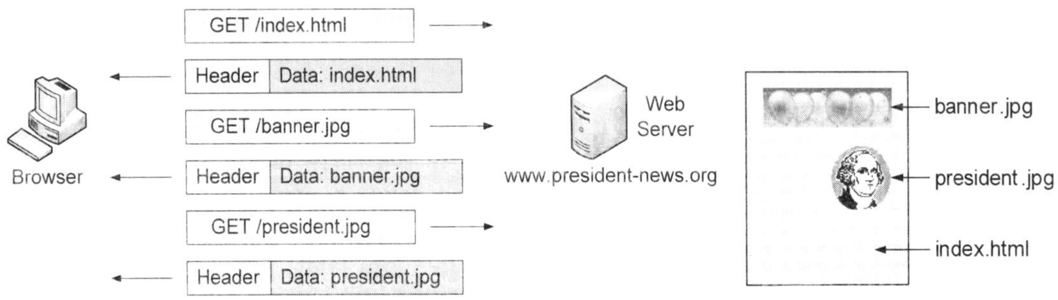


그림 10.17 세 개 파일의 다운로드 과정

### 연습문제 10-6

*http://www.rexswain.com/httpview.html* 같은 HTTP 뷰어 사이트나 *http://www.httpwatch.com* 같은 뷰어 프로그램을 이용해 HTTP 요청/응답 메시지 구문을 확인해 볼 수 있다. *http://www.rexswain.com/httpview.html*를 이용하여 당신이 선택한 웹 사이트에 접속한 후 다음의 질문에 답하라.

1. 요청 헤더에 포함되어 있는 정보 항목들에는 무엇이 있는가?

2. 서버 응답과 관련하여:

① 응답 메시지는 ________ 와 ________ 의 두 부문으로 나뉜다.

② 첫 번째 라인에 포함되어 있는 값 200은 무엇을 의미하는가?(인터넷을 검색해 보라)

③ 브라우저와 서버에서 사용된 HTTP 버전은 무엇인가?

④ 웹 서버 프로그램의 이름은 무엇인가?

⑤ 웹 서버가 사용하는 운영 시스템은 무엇인가?

⑥ 응답 메시지의 전체 사이즈는 얼마인가?(byte 단위)

⑦ 메시지 헤더의 사이즈는 얼마인가?(byte 단위)

⑧ 본 데이터 내용의 사이즈는 얼마인가?(byte 단위)

⑨ 본 데이터 내용의 유형은 무엇인가?

## 10.5.2 도메인 네임 시스템(DNS)

### [도메인과 네임의 해석]

**indianna.edu**와 같은 도메인은 어느 한 기관이 자사의 네트워크 자원들을 통제하는 범위를 정의하고 있다. 해당 범위 내에 있는 호스트들에는 인간이 읽을 수 있는 형태의 **www.indiana.edu** 같은 도메인 네임(웹 서버)과 그와 쌍을 이루는 IP 주소가 붙여진다. 그러나 라우터는 도메인 네임을 읽지 못하기 때문에 오직 IP 주소에 기반하여 패킷을 전송한다.

컴퓨터의 도메인 네임과 그에 대응되는 IP 주소 간의 매핑 프로세스는 DNS 서버가 수행한다. 따라서 네임의 해석을 위해서는 DNS 서버가 도메인 네임과 그에 대응하는 IP 주소에 관련된 데이터베이스를 유지해야 하며, 해당 리스트는 수작업이나 혹은 자동적으로 계속 업데이트되어야 한다. 네임 해석은 상향(예, **www.facebook.com** ⇒ 12.34.56.78)과 하향(예, 12.34.56.78 => **www.facebook.com**), 양방향 모두로 일어날 수 있지만 DNS의 활용은 대부분 상향 해석에 주로 쓰인다.

### [도메인 계층]

일반적으로 도메인 네임 자체는 **최상위**(top-level), **차상위**(second-level), 그리고 **하위**(lower level) 도메인으로 이루어진 계층적 구조로 이루어진다. **최상위 도메인**(TLD: Top level domains)에는 .com, .edu, .gov, .org 같은 소위 **일반 최상위 도메인**(generic TLD)과 .jp(일본) 그리고 .uk(영국) 같은 **국가 코드 최상위 도메인**(country code TLD)이 포함된다. 차상위 도메인은 최상위 도메인의 하위 도메인이다. 예를 들어 **texas.edu**에서 **texas**가 차상위 도메인이 된다. 차상위 도메인은 대부분 기관, 학교, 기업 등을 나타낸다.

ICANN 산하 **인터넷 할당 번호 관리기관**(IANA)는 IP 주소 할당뿐만 아니라 최상위 도메인의 관리도 담당한다. 구체적으로 일반 최상위 도메인(generic TLD: gTLD)과 국가 코드 최상위 도메인(country code TLD: ccTLD)을 관리하며, 그에 대한 통제 업무를 기업 및 개인들의 도메인 네임 신청을 처리하는 **도메인 네임 등록기관**(예, Network Solutions Co.)에 위임한다. 전 세계적으로 ICANN가 공인한 다수의 등록기관들이 존재한다(등록기관 리스트는 **www.icann.org**를 참조). 인터넷 상에서 활동하고 싶어하는 기업 및 개인은 이러한 등록기관들 중 하나에다 고유한 차상위 도메인 네임을 등록해야만 한다. 국가 코드 TLD와 관련해서는 일반적으로 도메인 등록기관이 각 국가 정부의 통제를 받는다.

차상위 도메인 네임을 할당받은 조직은 자유롭게 하위 도메인 네임들을 생성할 수 있다. 예를 들어 도메인 네임이 **www.cba.sdsu.edu**인 계층적 웹 서버를 생각해 보자. 이 네임은 웹 서버 호스트가 edu라는 최상위 도메인에 속하며, sdsu(대학교)가 차상위 도메인, 그리고 cba(경영 대학)가 세 번째 수준의 도메인이라는 것을 나타낸다.

인터넷 주소(URL)와 도메인 네임 간의 차이점에 대해 명확히 짚고 넘어가야 할 필요가 있다. 일반적으로 도메인 네임 앞에는 http, https, ftp와 같은 프로토콜이 먼저 오기 때문에, URL은 다음과 같은 형태가 된다.

URL = 프로토콜 + 도메인 네임

예를 들어 **http://www.yale.edu**는 하나의 URL로서 **www.yale.edu**가 웹 서버의 도메인 네임이고 브라우저가 서버와의 통신을 위해 HTTP 프로토콜을 사용하는 것을 나타낸다.

### [DNS의 구조]

전 세계의 DNS 서버는 네임 해석을 위해 **로컬 DNS**(local DNS)와 **루트 DNS**(root DNS) 서버로 구성된다. 기업 및 ISP들은 자체적인 로컬 DNS 서버를 가지고 있다. 예를 들어, 대학교는 로컬 질의들을 처리하는 적어도 한 개 이상의 DNS 컴퓨터를 가지고 있다. DNS 서버는 로컬 도메인 네임과 그 IP 주소들을 저장한 데이터베이스를 보유하고 있으며, 자주 방문하는 외부 사이트들에 대한 정보들 또한 저장한다.

네임 해석은 로컬 DNS 서버가 처음 시도한다. 만약 로컬 서버가 그 질의를 해석할 수 없으면 그것은 루트 DNS 서버로 전송된다. 루트 서버 역시 그 정답을 가지고 있지 않을 수도 있지만, 인터넷 상의 어느 DNS 권한 서버가 해당 질의에 응답할 수 있는지를 알고 있다(그림 10.18). 따라서 결국에는 해당 인증 서버가 도메인 네임의 IP 주소를 요청한 호스트에 보내주게 된다.

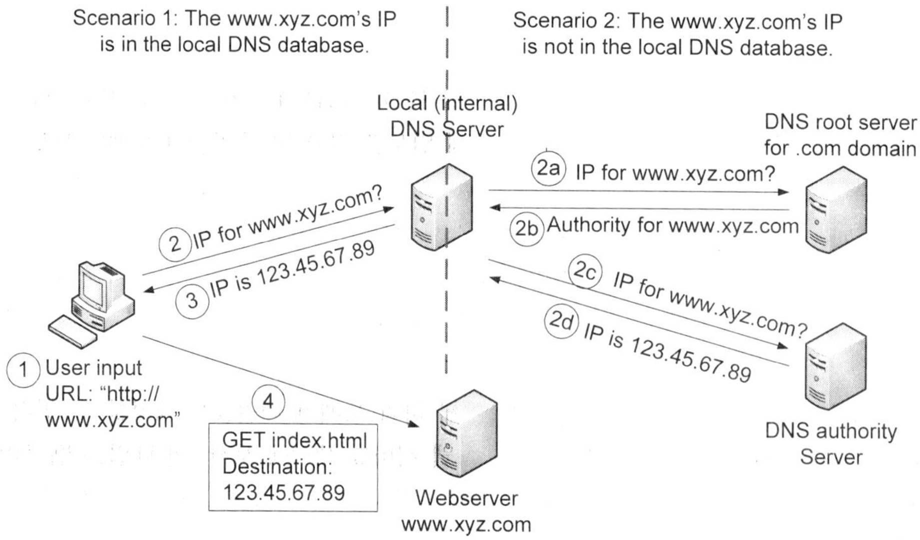


그림 10.18 도메인 네임의 IP 주소 획득하기

### 연습문제 10-7

1. 당신의 컴퓨터 명령어 입력창(Windows라고 가정하고)에 "*C:₩>ipconfig/all*"를 입력하여, 로컬 DNS 서버의 IP 주소를 찾아내라.

2. 호스트는 자체 캐쉬에 이전에 방문했던 사이트에 대한 정보들을 보유하고 있다. "*C:₩>ipconfig/displaydns*" 명령어를 이용하여 도메인 네임과 IP 주소의 쌍대 목록을 찾아내라.

3. 캐쉬에 그러한 쌍대 목록 정보를 유지하는 것의 장점은 무엇인가?

4. "*C:₩>ipconfig/flushdns*" 명령어를 이용하여 네임 해석 테이블을 삭제한 후, "*C:₩>ipconfig /displaydns*" 명령어를 이용하여 제대로 삭제되었는지 확인하라. 그리고 나면 오직 127.0.0.1 (루프백 IP)와 쌍을 이루는 로컬 호스트에 대한 엔트리만 남아 있게 될 것이다. 만약 컴퓨터에서 "요청한 작업은 권한 상승을 필요로 합니다(*The requested operation requires elevation*)." 란 메시지가 나타나면, 다음의 작업 절차를 완료하라: 모든 프로그램 > 보조 프로그램 > 명령 프롬프트에서 오른쪽 마우스를 클릭해서 관리자 권한으로 실행하기를 눌러 권한을 얻는다.

5. DNS 목록이 비어있다고 가정하고, 당신이 소속되어 있는 대학의 웹사이트를 방문해 보라. 그리고 나서, 명령어 입력창에 "C:₩>*netstat–n*"를 입력하여 TCP 연결이 추가되는 것을 확인하라. 또, "*C:>ipconfig /displaydns*"를 입력하여 네임 해석 테이블이 표시되는지를 확인하라. 단지 하나의 사이트를 방문했는데 왜 여러 개의 DNS 엔트리들이 추가되는지를 설명할 수 있겠는가?

6. 아래의 스크린 화면에서 "*C:/nslookup www.sdsu.edu*"의 입력문이 130.191.8.198를 돌려주었다. 그러면 'nslookup' 프로그램은 ________ 서버에 해당 쿼리문을 전송해야 한다.

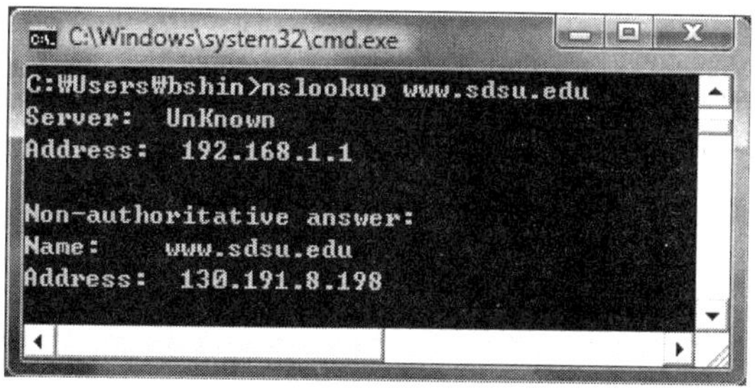


그림 10.19 예시 nslookup 질의문

### [호스트 DNS 파일]

호스트 컴퓨터의 운영 시스템은 네임 해석을 위해서 수작업으로 설정될 수 있는 작은 규모의 DNS 파일을 유지한다. 예를 들어, Windows OS에서 해당 파일의 이름은 호스트(**hosts**)이고, **C:\windows\system32\drivers\etc**에서 확인이 가능하다. 이 파일의 초기 엔트리에는 패킷을 컴퓨터에서 자기 자신에게 직접 돌려보내는 루프백 주소만이 포함된다(섹션 5.6.1 참조). 호스트 파일에 자동으로 입력되는 루프백 주소는 다음과 같다.

| | | |
|---|---|---|
| "127.0.0.1 | localhost" | (for IPv4) |
| "::1 | localhost" | (for IPv6) |

사용자가 브라우저에 원하는 도메인 네임을 입력하면, 컴퓨터는 우선 자체 소유하고 있는 호스트(hosts) 파일을 검색한다. 호스트(hosts) 파일에서 매핑 정보가 발견되지 않으면, 컴퓨터는 그림 10.18에서와 같이 디폴트 로컬 서버에 질의를 보낸다. 만약 해당 엔트리가 호스트 파일에 존재한다면 컴퓨터가 로컬 DNS 서버와 접촉할 필요가 없다. 이러한 호스트(hosts) 파일은 로컬 DNS 서버의 데이터베이스 엔트리를 수정하지 않고서도 새롭게 개발된 시스템에 대한 테스팅을 수행할 수 있게 해주기 때문에 유용하다. 한편 호스트(hosts) 파일은 악성 프로그램들(예, Trojan)이 감염된 컴퓨터의 호스트 파일 엔트리를 비밀리에 변경시켜 사용자 쿼리가 악성 웹사이트로 재연결되게 하는 등의 보안 위협의 대상이 되기도 한다.

#### 연습문제 10-8

Windows OS

1. 당신 컴퓨터 DNS 서버의 IP 주소가 의심스러운 주소로 변경되었는지 아닌지를 체크하기 위해서 입력 창에 입력하여 활용할 수 있는 명령어는 무엇인가?

2. 노트패드에서 호스트 파일을 열어라. 그냥 연습 삼아서 호스트 파일에 3개의 계층적 DNS 엔트리를 추가해 보라(파일을 저장하지는 말 것).

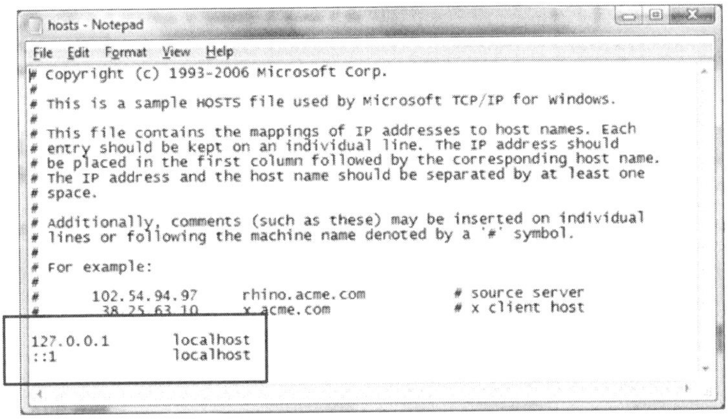

hosts - Notepad

File Edit Format View Help

```
# Copyright (c) 1993-2006 Microsoft Corp.
#
# This is a sample HOSTS file used by Microsoft TCP/IP for Windows.
#
# This file contains the mappings of IP addresses to host names. Each
# entry should be kept on an individual line. The IP address should
# be placed in the first column followed by the corresponding host name.
# The IP address and the host name should be separated by at least one
# space.
#
# Additionally, comments (such as these) may be inserted on individual
# lines or following the machine name denoted by a '#' symbol.
#
# For example:
#
#      102.54.94.97     rhino.acme.com          # source server
#       38.25.63.10     x.acme.com              # x client host

127.0.0.1       localhost
::1             localhost
```

그림 10.20 Windows에 있는 호스트 파일의 예시 화면

## 10.5.3 동적 호스트 환경설정 프로토콜(DHCP)

DHCP(Dynamic Host Configuration Protocol, 동적 호스트 환경설정 프로토콜)은 요청하는 호스트 단말기들에 임시적인 IP 주소를 할당한다. DHCP 서버는 전용 컴퓨터일 수도 있고, 라우터에 설정될 수도 있다. 한 클라이언트 단말기에 전원이 켜지면, 그 단말기에 내장되어 있는 절차에 따라서 임시 IP 주소의 범위를 관리하고 있는 DHCP 서버에 도달하기 위한 IP 요청이 브로드캐스트된다. 그 요청을 받은 DHCP 서버는 요청 단말기에 IP 주소를 일정 시간(예, 하루) 동안 빌려준다. 예를 들어, Windows에서는 "**C:>ipconfig /all**"를 그리고 Unix/Linux에서는 "**C:>ifconfig /all**"를 명령어 창에 입력하면, **Lease Obtained(임대 IP 획득 시간)**과 **Lease Expires(임대 IP 만료 시간)**이 화면에 나타난다(그림 10.21).

임대된 IP 주소는 호스트의 연결이 끊어지거나 네트워크에서 제외되는 경우에 DHCP 서버로 반환된다. 따라서 클라이언트 단말기가 임대 만료 전에 IP 주소를 갱신하기 위해서는 DHCP 서버에 관련 요청을 입력해야 한다. 그 외에 **자동설정 활성화 여부**(Autoconfiguration Enabled)(그림 10.21) 기능을 이용하면, 해당 단말기의 DHCP 요청이 실패하거나 컴퓨터가 DHCP 서버가 복원될 때까지 기다려야 하는 경우에 한하여 **내부 네트워킹**(인터넷 검색용이 아닌)용으로 사전 할당된 IP 주소를 사용할 수 있게 된다.

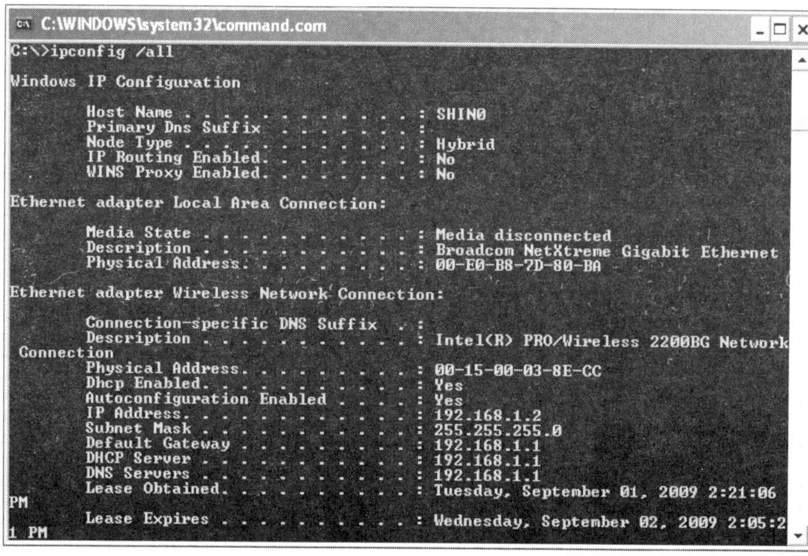


그림 10.21 IP 환경설정 스크린 화면(Windows)

### [프로세스 확인]

다음은 DHCP에 기반하여 IP 주소를 획득하는 절차를 설명하고 있다.

(1) 컴퓨터의 초기 프로그램이 시작되면, 먼저 자체 MAC 주소와 컴퓨터 이름을 포함하고 있는 IP 요청을 브로드캐스트 한다(그림 10.22 참조). 초기에 자체 IP 주소가 없는 상황에서, 해당 요청 패킷은 목적지 주소인 255.255.255.255(브로드캐스트)와 소스 주소인 0.0.0.0를 포함하고 있다.

해당 컴퓨터와 DHCP 서버가 라우터에 의해 분리되어 있는 경우에 해당 브로드캐스팅은 라우터를 거치게 된다. 이런 경우에는 두 가지 서로 다른 방법을 적용할 수 있다. 첫째, 라우터가 DHCP 요청에 응답하기 위해 프로그램 된 자체적인 DHCP 서버를 가질 수 있다. 또 다른 방법은 라우터가 브로드캐스트 패킷을 유니캐스트 패킷으로 변환한 후, 그것을 타겟 DHCP 서버에 전달하는 것이다.

(2) 요청을 받은 DHCP 서버는 단말기에 동적 IP 주소를 제공한다. 여기에 IP의 서브넷 마스크, 디폴트게이트웨이, DNS 서버 주소, 시/일/주 단위의 임대 기간 등의 정보들 또한 함께 제공된다. 한편 DHCP 표준은 단말기가 여러 DHCP 서버들로부터 여러 개의 IP 주소를 제공받은 경우에 그에 대한 부가적인 정리 규칙들도 정의하고 있다.

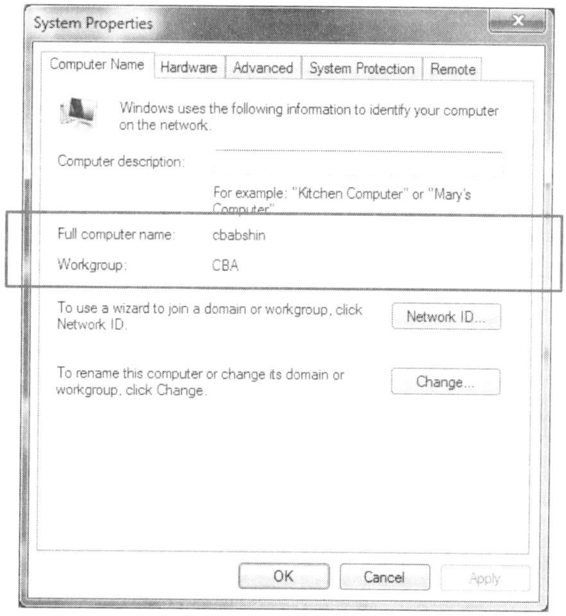


그림 10.22 컴퓨터 이름의 예시 화면(Windows)

(3) 단말기에 임시 IP 주소가 주어지고 나면, DHCP 서버가 호스트 단말기의 정보를 DNS 서버에 넘겨 자체 데이터베이스를 업데이트한다(그림 10.23 참조).

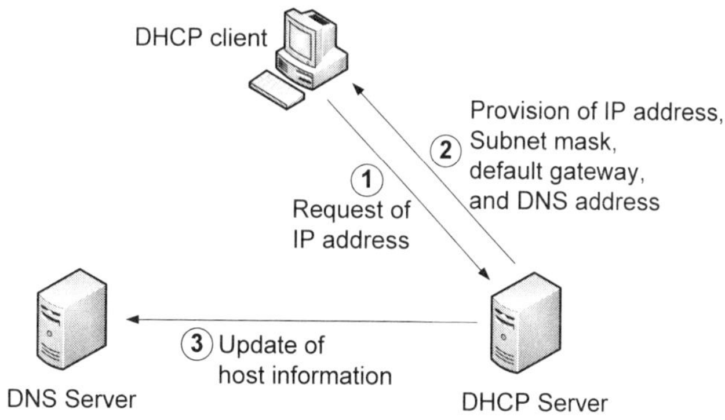


그림 10.23 DHCP와 동적 IP 할당

(A)



(C)



(D)



(E)



(F)



(H)



(I)



(J)



(L)



(M)



(N)



(P)

(ㄴ)



(ㄷ)



(ㄹ)

(ㅁ)



(ㅂ)



(ㅅ)

(ㅇ)



(ㅈ)

(ㅎ)

**신봉식** 현재 샌디에고 주립 대학교의 MIS 전공 교수이다. 아리조나 대학교에서 Ph.D. 학위를 받았으며, 샌디에고 주립대에 합류하기 전에는 오마하에 있는 네브라스카 대학교에서 교수로 근무한 경력이 있다. 전공 분야로서 컴퓨터 네트워킹과 네트워크 보안, 비즈니스 인텔리전스(데이터 웨어하우징 및 데이터마이닝, 통계), e-commerce, IT 경영 및 전략, 운영 시스템 등을 주로 연구하며 가르치고 있다. 그 중에서도 컴퓨터 네트워킹과 네트워크 보안 분야에 있어서는 근 20년이 넘는 기간의 교육 경력을 가지고 있다. 아울러 저명한 국제 학술지(MIS Quarterly, IEEE Transactions, Journal of AIS, European Journal of IS, Journal of MIS, Information Systems Journal, Communications of the ACM, Information & Management, and Decision Support Systems 등 다수)에 30편이 넘는 논문을 게재한 연구 업적을 지니고 있다. 또한 이러한 학술적 업적과 교육적 공로를 인정받아 세계적 인명 사전인 마르퀴즈 후즈 후(Marquis Who's Who In the World)의 IT 부문, 경영 고등 교육 부문, 교수 부문, 과학 기술 부문에 저자의 프로필과 업적이 등재되어 있다.

- Contact: bshin@mail.sdsu.edu

**김선희** 현재 경희대학교 차세대정보기술연구센터의 선임 연구원으로 재직 중이며, 동 대학 [BK+ 데이터 과학에 기반한 경영전문연구인력 양성 사업팀]의 실무 책임을 맡고 있다. 또한 한림대학교, 흑자 경영연구소 등에서 빅데이터 활용, 마케팅 및 브랜딩 등의 관련 강의를 이행한 바 있다. 역자는 한동대학교 경영경제학부를 졸업 후 이화여자대학교에서 MIS 전공으로 경영학 석사학위를 취득하였고, 경희대학교에서 MIS 전공으로 경영학박사 과정을 수료하였다. 학계에 몸담기 이전에는 신한은행 마케팅부, SAS Korea 컨설팅부, 농협 여신부 등에서 CRM 분석 모델, 금융 리스크 관리 모델, 기업신용평가 예측 모델 등의 다양한 애널리틱스 실무 분야를 폭넓게 경험한 데이터 분석 전문가로서 활동하였다. 기존 저역서로 [빅데이터 비즈니스 성공 지도], [B2B 브랜드 마케팅], [기업은 왜 사회적 책임에 주목하는가] 등이 있다.

- Contact: crediteva@hanmail.net

**권오병** 현재 경희대학교 경영대학 교수이며 차세대정보기술연구센터 센터장으로 빅데이터 및 사물인터넷 관련 연구를 수행 중이다. [BK21 Plus 데이터과학에 기반한 경영전문연구인력 양성 사업팀]의 사업팀장이기도 하다. 서울대학교 경영대학을 졸업하였으며, 한국과학기술원(KAIST)에서 경영과학(MIS) 전공으로 공학 석사 및 박사 학위를 받았다. 샌디에고 주립대학 경영정보학과 및 카네기 멜론 대학 전산학부의 교환교수, 한동대학교 경영경제학부 부교수로 재직한 바 있다. 기존 저역서로 [경영학입문], [유비쿼터스 라이프케어 테크놀로지 트렌드], [유비쿼터스 시대의 정보기술과 경영정보시스템] 등 다수가 있다.

- Contact: obkwon@khu.ac.kr

# 데이터 통신과 네트워크 원론


| | |
|---|---|
| 지 은 이 | 신봉식 |
| 역　　자 | 김선희 · 권오병 |
| 펴 낸 이 | 김형근 |
| 펴 낸 곳 | 도서출판 기한재 |
| 신 주 소 | 경기도 파주시 회동길 56 |
| 구 주 소 | 경기도 파주시 교하읍 문발리 535-11<br>(파주출판문화정보산업단지) |
| 전　　화 | 031)955-0900~2 |
| 팩　　스 | 031)955-0100 |
| 등　　록 | 1990년 3월 15일 제2-968호 |
| 발　　행 | 2014년 12월 30일 1판 1쇄 |
| 정　　가 | 20,000원 |





Published by Kihanjae Co.

ISBN 978-89-7018-750-1

http://www.kihanjae.com

E-mail : kihanjae@hanmail.net